初歩から学ぶ　SEMICONDUCTOR ENGINEERING

半導体工学

Akito Hara
原　明人［著］

講談社

まえがき

本書は半導体工学の基礎を学ぶために執筆された工学系学部学生のための参考書である。半導体の物性からデバイスまで記述された入門的な教科書は多々あるものの，それを勉強してすぐに，専門性の高い教科書に進めるわけではない。例えば，専門性の高い半導体物性を扱う教科書は，量子力学を当たり前のように利用して議論を展開する。しかし，物理系の学生ならともかく，一般的な工学系の学部 2, 3 年生は量子力学を十分に勉強しているわけではなく，専門性が高い教科書にチャレンジするには障壁がある。筆者は，工学系の学部 2, 3 年生で勉強する教科書と専門性が高い教科書の間を埋める参考書が必要であると常々感じていた。本書はそのようなスタンスで書かれている。すなわち，過去において偉大な先生方によって執筆された半導体物理および半導体デバイスの名著と呼ばれる教科書にチャレンジするための準備としての参考書である。

本書の読者は工学系の学部3年生から4年生前半を想定している。学部4年生後半および大学院生は，より専門性の高い教科書に挑戦すべきである。それらは，本書の最後にリストとしてあげてある。

本書のタイトルには「初歩から学ぶ」と入っているが，学部 2 年生程度の初歩的な量子力学の知識を有していることを前提としている。また，物理的なイメージを持つことを重要視しているため，厳密でない表現を使用している箇所が多々ある。あらかじめお断りをさせていただきたい。

内容はバルク半導体のバンド構造・不純物半導体・輸送現象・光物性に関する基礎的な物理，pn 接合・MOS 電界効果トランジスタ（MOSFET）・集積回路に関するデバイス動作，さらに界面の量子化についてであり，全体的に古い話題である。デバイスに関する内容は，今後の重要性に鑑み，また頁数の制限から，ディジタル社会に不可欠な MOSFET の記述のみに絞った。ただし，MOSFET の重要な構成要素である pn 接合については事前に章を設けて説明を与えている。ナノスケールのデバイスでは量子力学的な効果が重要になる。最終章「界面の量子化」は，ナノ MOSFET や今後発展が期待される半導体量子デバイスに対する導入的な内容である。

このような構成にしたため，バイポーラトランジスタ，光デバイス，パワーデバイスなどの通常の半導体デバイスの教科書で扱う内容は削除させていただいた。興味ある読者は，巻末の参考リストで勉強していただきたい。版を改める機会があれば，これらの項目や，最近の MOSFET，半導体量子スピン制御，著者が専門とする薄膜トランジスタ（TFT）などの話題を追加したいと考えている。

本書を出版するにあたって，同シリーズの『初歩から学ぶ　固体物理学』の著者である矢口裕之先生に査読していただき，不明瞭な表現，多数の誤記，著者の理解の誤り，全体構成などについてご指摘をいただいた。ここにお礼を申し上げる。なお，本書に内容の誤りや不備な点があれば，それらはすべて本書の著者の責任であることを付け加えさせていただく。

講談社サイエンティフィクの五味研二氏よりお話をいただいてから随分時間が経過してしまった。私のような浅学非才な人間が教科書を書いてよいものかと悩んだりもしたが，半導体を志す学部生に多少なりとも役に立てることがあればと思い執筆を決意した。忍耐強く，また温かく見守っていただいた五味氏に対して深く感謝の意を表す。

2022 年 7 月
原　明人

目 次

第1章　量子力学の基礎

1.1　波の表現

この節では波の性質と表現方法について学ぶ。まず1方向(x方向)に進行する波を考える。高校物理では，波は図1.1で表現され，波の進行方向と垂直な方向に変位している。変位の方向は重要なポイントであるので後で再度触れる。この波は一般的に次式で表される。

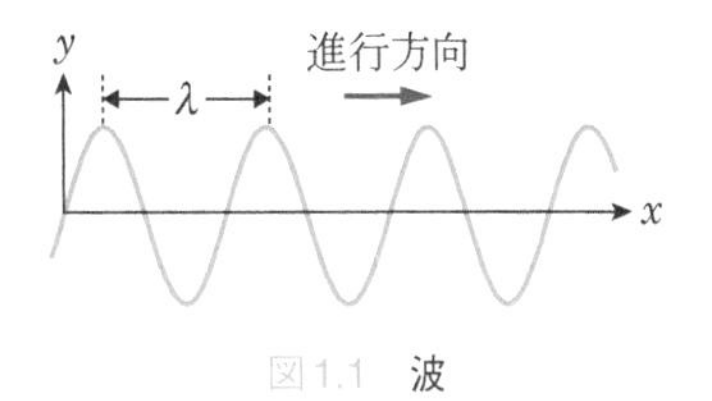

図1.1　波

$$y = A\cos\left[2\pi\left(\frac{x}{\lambda} - \frac{t}{T}\right)\right] \tag{1.1}$$

ここで，yは座標x，時刻tにおける波の変位であり，Aは振幅，λは波長，Tは周期である。いま，座標xに注目すると，式(1.1)のxに波長の整数倍離れた位置$x+n\lambda$(nは正および負の整数)を代入すると同じ振幅を示す。また，ある時刻tに注目すると，tに$t+nT$を代入するとやはり同じ振幅を示す。波は波長λの周期性を有し，周期Tで振動しているから当然の結果である。

式(1.1)は括弧内に分数が入っており，非常に複雑である。そこで括弧内の分数を無くすように$2\pi/\lambda$をkで表現する。このkは**波数**(wavenumber)と呼ばれる。また，$1/T$は周波数νであり，$2\pi\nu$を新たにωと定義する。ωは**角振動数**(angular frequency)と呼ばれる物理量であり，角度で表現すると1周期ごとに1回転(2π)するため，角振動数は1秒間に何回転するかを表す物理量である。波数と角振動数を用いると，式(1.1)は次式のように簡単に表現される。

$$y = A\cos(kx - \omega t) \tag{1.2}$$

ここで三角関数の代わりに指数関数および虚数単位iを使って，次式のように波を表現することを考える。

$$y = Ae^{\mathrm{i}(kx-\omega t)} = A\exp[\mathrm{i}(kx - \omega t)] \tag{1.3}$$

オイラーの公式から式(1.3)の実数部をとれば式(1.2)と同じ式になる。以降では波を式(1.3)のように指数関数で表す。複素数が出てくるが，後で示すように電子の状態を表す関数(波動関数)は複素数で表現されるため，この表記は非常に便利である。

式(1.3)から波の速度がわかる。式(1.3)の指数部を$k[x-(\omega/k)t]$のように変形すると，ω/kは速度の次元を有しており，この値を**位相速度**

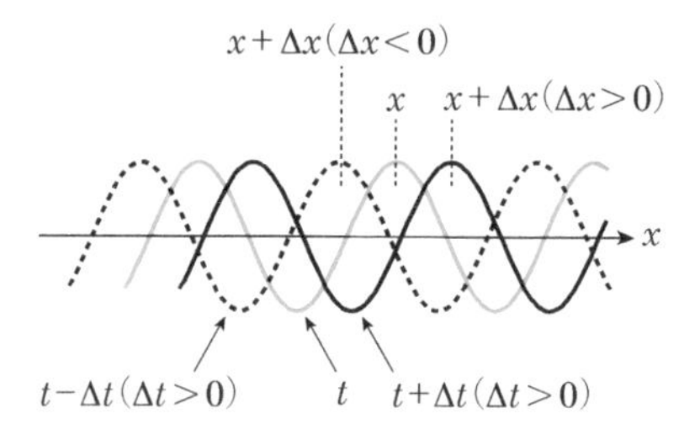

図1.2　xが大きくなる方向（図の右方向）に進行する波

(phase velocity) と呼ぶ。ω/k を波長と振動数を用いて書き換えると $\omega/k=\lambda\nu$ となり，波の速度としてよく知られている関係と等価であることがわかる。

次に式(1.3)の波が x の正の方向に進んでいるのか，負の方向に進んでいるのかについて議論する。いま，時刻 t から Δt だけ経過した時刻を考える。Δt は t から経過した時刻で正の値であるとする。角振動数は正の物理量であり，また速度 v は大きさ（絶対値）のみを議論し正の値であるとする。さらに，座標 x と同じ振幅になる位置を $x+\Delta x$ とする。Δx が正の値であれば，図1.2の黒い線で示すように波は x 軸の正の方向に進んでいることになる。一方，Δx が負の値であれば，図1.2の破線で示すように波は x 軸の負の方向に進んでいることになる。同じ振幅を示すためには

$$kx-\omega t=k(x+\Delta x)-\omega(t+\Delta t) \tag{1.4}$$

の関係を満足しなければならないことから，Δx は正の値になる。すなわち，式(1.3)は正の方向に進んでいる波となる。同様の議論を行うと，負の方向に進む波は

$$y=A\exp[\mathrm{i}(-kx-\omega t)] \tag{1.5}$$

と表現される。式(1.3)と式(1.5)を比較すると，時間依存性の表現は同じであるが，座標に依存する部分の符号が変わっていることに気がつく。上の議論では，速度の大きさ（絶対値）のみを考慮し，これを $v=\omega/k$（これは正の値）としたが，波の進む方向まで考慮し，k に対して正負の値を許すとすれば，波を表す式は

$$y=A\exp[\mathrm{i}(kx-\omega t)] \tag{1.6}$$

の1つで済むことになる。

ここで縦波と横波について付記しておく。図1.1は，波の進行方向が x 軸方向で，変位が y 方向であるから，2次元に存在する波であって1次元に存在する波ではない。このように進行方向と変位する方向が垂直な波は横波と呼ばれる。一方，波の進行方向と変位する方向が平行な波も存在し，このような波は縦波と呼ばれる。1次元に存在する波は，その次元性から縦波のみである。

つづいて，2次元，3次元の波について考える。ただし，議論する波は平面波と呼ばれる波である。まず，2次元の平面波について考える。平面波は，波の進行方向に対して垂直な線(2次元なので線になる)が同じ位相を有していることを特徴とする波であり，

$$\boldsymbol{y} = \boldsymbol{A}\exp[\mathrm{i}(\boldsymbol{k}\cdot\boldsymbol{r} - \omega t)] \tag{1.7}$$

と表現される。$\boldsymbol{k}$ および $\boldsymbol{r}$ はそれぞれ2次元面内の波数ベクトルおよび位置ベクトルである。また，変位 $\boldsymbol{y}$ もベクトルである。これは，先に述べたように，変位の方向は進行方向に対して平行および垂直の2種類が存在しうるためである。2次元の平面波がこのように表現される理由は，波の進行方向と大きさを表す波数ベクトル $\boldsymbol{k}$ と位置ベクトル $\boldsymbol{r}$ の内積が一定であれば，指数関数の中は同じ時刻である限り同じ値になるためである。

これを3次元に拡張する。波の進行方向を波数ベクトル $\boldsymbol{k}$ で表現すれば，それに垂直な面(3次元なので面になる)は位相がそろっていることが特徴である。3次元の平面波は，波数ベクトル $\boldsymbol{k}$ および位置ベクトル $\boldsymbol{r}$ を3次元に拡張すれば式(1.7)と同様の式で表現できる。3次元の場合でも，波の振動方向が進行方向に対して平行な縦波と進行方向に対して垂直な横波が存在する。横波の変位は，互いに垂直な2方向が可能であるため，2種類存在する。したがって，合計で3種類の波が存在する。

自由度という概念で考えると，1次元では自由度は1しかないため，進行方向と変位方向は同じ方向，2次元では自由度は2であるので，変位する方向は波の進行方向と垂直方向の2種類，3次元では自由度は3であるため，波の進行方向に変位する縦波が1つ，波の進行方向に垂直な方向に変位する互いに垂直な横波が2つの合計3つが存在する。

1.2　位相速度と群速度

式(1.3)は，波はマイナス無限大からプラス無限大まで均一に存在し，速度 ω/k で移動することを表現している。これを位相速度と呼ぶことは前節で述べたとおりである。したがって，どの位置であっても同じ式で記述することができる。これに対して，波束というものがある。図1.3に波束の例を示すが，ある位置に波が集中して塊を形成している状態である。波束はその漢字が示すとおり，波長(波数)の違う波をいくつか重ね合わせて(束にして)つくられるものである。波束が進行する速度を**群速度**(group velocity)という。

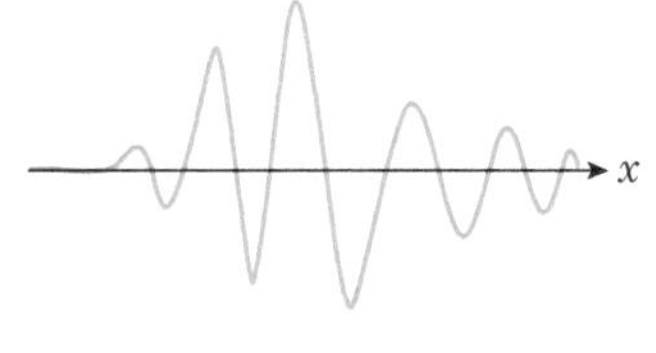

図1.3　波束

まず，1次元の波束を考える。波束は波を重ね合わせたものであるから

$$y = \sum_k A(k)\exp[\mathrm{i}\{kx - \omega(k)t\}] \tag{1.8}$$

と表現される。角振動数 ω は一般に波数 k の関数であるので，ここで

は $\omega(k)$ とした。波束は波数 k_0 を中心として，k_0 から正負にわずかにずれた波数 $(k_0-\Delta k \sim k_0+\Delta k)$ を有する波から構成されていると仮定する。また，重ね合わせの強度は波数 k_0 の波がもっとも強いとする。このとき，振幅 $A(k)$ の分布は図 1.4 のようになる。

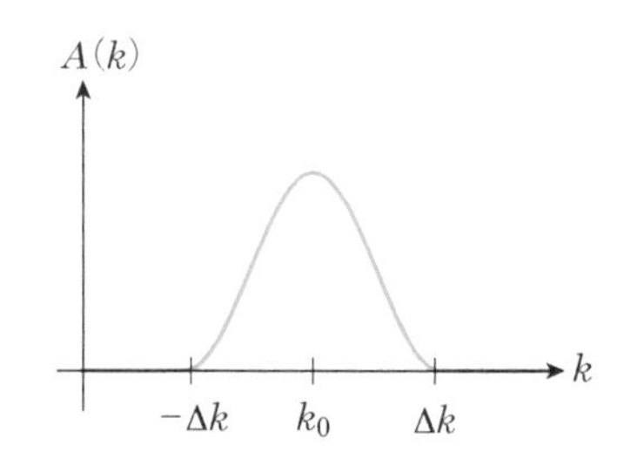

図 1.4　波束を形成する波における振幅の波数依存性

上の仮定に基づけば，式(1.8)は次式のように変形できる。

$$y \propto \int_{k_0-\Delta k}^{k_0+\Delta k} A(k)\exp[\mathrm{i}\{kx-\omega(k)t\}]\mathrm{d}k \tag{1.9}$$

ここでは Σ を積分表示に変えている。角振動数の波数依存性を，k_0 を中心に展開すると，$k=k_0+k'$ として式(1.9)は

$$y \propto \exp[\mathrm{i}\{k_0x-\omega(k_0)t\}] \times \int_{-\Delta k}^{\Delta k} A(k_0+k')\exp\left[\mathrm{i}k'\left(x-\left.\frac{\partial\omega(k)}{\partial k}\right|_{k=k_0} t\right)\right]\mathrm{d}k' \tag{1.10}$$

にように変形できる。積分の項は位置と時間の関数であり，k' で積分した際に適切な値でないと非常に小さくなってしまう。しかし，

$$x = \left.\frac{\partial\omega(k)}{\partial k}\right|_{k=k_0} \times t \tag{1.11}$$

の関係が成立する場合，積分は大きな値をもつ。この大きな値を満足する位置は

$$v_{\mathrm{g}} = \left.\frac{\partial\omega(k)}{\partial k}\right|_{k=k_0} \tag{1.12}$$

の速度で移動している。これが波の塊の速度，すなわち群速度 v_{g} である。これを 3 次元に拡張することは容易であり，3 次元の群速度 $\boldsymbol{v}_{\mathrm{g}}$ は

$$\boldsymbol{v}_{\mathrm{g}} = \left.\frac{\partial\omega(\boldsymbol{k})}{\partial\boldsymbol{k}}\right|_{\boldsymbol{k}=\boldsymbol{k}_0} \tag{1.13}$$

と表される。

1.3　物質波としての電子

本書は量子力学を学ぶことを目的としているわけではないので，少し天下り的にはなるが，ド・ブロイの物質波の概念を認めるものとして話を進める。ド・ブロイの物質波の考え方が導入された歴史的な経緯については，量子力学の教科書を参考にしていただきたい。

ド・ブロイの物質波は，ミクロな世界では物質は粒子であると同時に波であるという考え方に基づいている。粒子としての物質の性質と波としての物質の性質は，次に示すド・ブロイの関係式によって関係づけられる。

$$\lambda = \frac{h}{p} \tag{1.14}$$

ここで，p は物質の運動量であり，λ は物質を波として考えた場合の波長である。h はプランク定数である。また，波の振動数とエネルギーに

関して，

$$\mathcal{E} = h\nu \tag{1.15}$$

の関係が成立する。ここで，ν は波の振動数である。この式は，激しい振動は高いエネルギー状態であることを想像すると納得できる。式(1.15)は角振動数 ω を使うと

$$\mathcal{E} = \frac{h}{2\pi}\omega \tag{1.16}$$

に変形されるが，$h/(2\pi)$ を換算プランク定数 $\hbar$ に置き換えると

$$\mathcal{E} = \hbar\omega \tag{1.17}$$

と書ける。物質を構成する基本的な素粒子である電子に対してもド・ブロイの物質波の概念が適用される。

ここで物質が波であるという考え方には違和感を覚える方もいるだろう。自動車のような巨視的な物体が波として見えるわけではない。これは以下のような考え方で説明できる。例えば，直径が 1.0 mm で 1.0 g の球体が 100 m/s で運動しているとしよう。すると，ド・ブロイの関係式から波長 λ は $\lambda = 6.6 \times 10^{-33}$ m となる。したがって，物体の大きさに対して波長は極端に小さく，この球体は波として見えない。しかし，質量が軽い電子（質量 9.1×10^{-31} kg）が光速（3×10^{8} m/s）の 1％の速度で動いていたとすると，波長は 2.4×10^{-10} m となる。この大きさは原子のサイズに近く，ミクロな世界では波として見えるであろう。

ミクロな世界では物質は波であるという考え方を適用すると，水素原子を構成する電子のエネルギーに関する重要な関係式が得られる。高校物理でも学んだように，水素原子を構成する電子は，正の電荷を有する重い原子核のまわりを安定に周回していると考えることができる。安定に周回しているということは，1 周したら元の位置に戻ってくることを意味する。すなわち，出発点から 1 周して同じ位置に戻ってきたときには，図 1.5(a)のように位相が異なるのではなく，図 1.5(b)のように出発点と同じ位相でつながることを意味する。したがって，

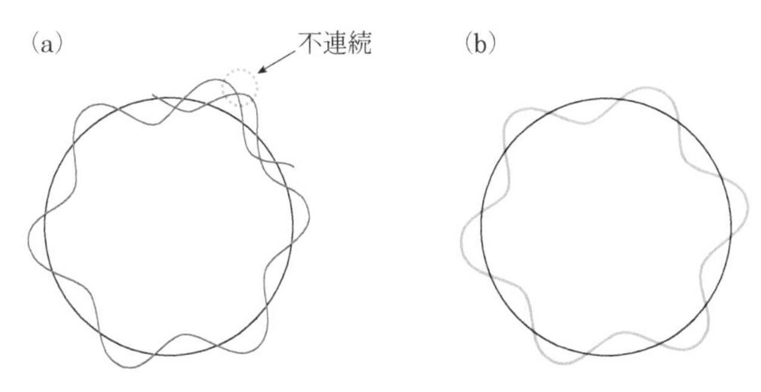

図 1.5　原子核のまわりを周回する波
(a)波が連続的につながっていない場合，(b)波が連続的につながっている場合。

$$n\lambda = 2\pi r \tag{1.18}$$

が成立する。ここで，r は周回する軌道の半径であり，$n = 1, 2, 3, \cdots$ である*1。

＊1　図1.5では，わかりやすくするために波を横波で示したが，電子の物質波は横波ではないので注意が必要である。

一方，電子は粒子でもある。電子が軌道を周回するのは，電子と原子核の間のクーロン力と遠心力がつり合っていることによる。すなわち，次式が成り立つ。

$$\frac{e^2}{4\pi\varepsilon_0 r^2} = m\frac{v^2}{r} \tag{1.19}$$

ここで，m は電子の質量，v は電子の速度，e は電子の電荷，ε_0 は真空の誘電率である。全エネルギー $\mathcal{E}$ は運動エネルギーと位置エネルギーの和であり，次式のように表される。

$$\mathcal{E} = \frac{p^2}{2m} - \frac{e^2}{4\pi\varepsilon_0 r} \tag{1.20}$$

これらの式から，ド・ブロイの物質波の関係を用いて全エネルギーを求めると

$$\mathcal{E} = -\frac{m}{2\hbar^2}\left(\frac{e^2}{4\pi\varepsilon_0}\right)^2\frac{1}{n^2} \tag{1.21}$$

となる。すなわち水素原子の中の電子のエネルギーは n で特徴づけられる不連続の値をもつことになる。n が不連続になる理由は，式(1.18)の条件を満足するためには，物質波の波長に制限があることによる。ここで求めた水素原子の電子のエネルギーは，後に述べるシュレーディンガー方程式から得られる解と一致する。また，式(1.21)が負の値を有する理由は，原子核からの束縛を離れて自由に運動できるようになる状態をエネルギーの基準($\mathcal{E} = 0$)と考えたことによる。

1.4　不確定性原理

一般的な進行波は式(1.3)のように記述されるが，この波はマイナス無限大からプラス無限大まで分布し，位相速度 ω/k で運動している。電子を物質波と考えた場合，電子がどこにいるかは決められないため，位置の不明瞭性(不確定性)は無限大である。一方，ド・ブロイの物質波の考え方に従えば，運動量は $p = h/\lambda = \hbar k$ という決まった値をとる。すなわち，運動量の不確定性はゼロである。電子を物質波と考える場合には，このように位置と運動量には何らかの相関がある。

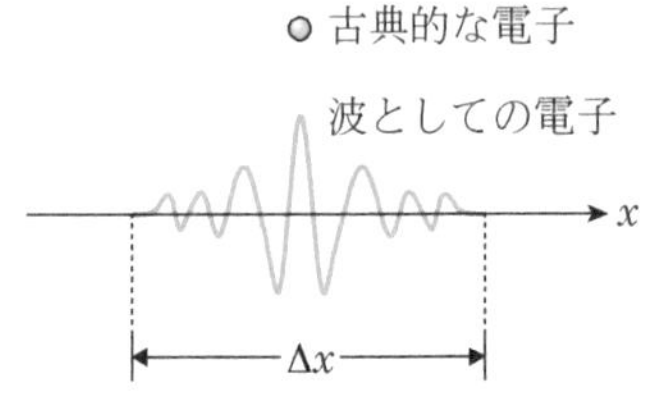

図1.6　電子を古典的な粒子として考えた場合と波として考えた場合の表現の違い

物質波である電子に対して，ある時刻にある場所に存在するという古典力学的なイメージを表現するためには図1.6のように波束を考える。いま，物質が存在する幅(波束の広がり)を Δx とする。この波束は先に述べたように，さまざまな波数(波長)の波の重ね合わせであるが，最大波長は Δx 程度と考えることができる。Δx の中には Δx より短い波長の

波が存在しているので，その波長を $\Delta x/a\,(a>1)$ と書くことにする。ここでド・ブロイの関係式を用いると運動量がとりうる値の幅は

$$\Delta p = \frac{h}{\Delta x/a} - \frac{h}{\Delta x} = (a-1)\frac{h}{\Delta x} \tag{1.22}$$

となる。この値は運動量の不確定性と考えることができる。Δx と Δp のかけ算をとると

$$(\Delta x)\times(\Delta p) = (a-1)h \tag{1.23}$$

となる。$a>1$ であるが，極端に 1 からかけ離れた大きな値にはならない。a が非常に大きな値であることは波長が極端に短いことを意味するが，このような波長の波を含む波束の Δx は非常に小さくなるはずだからである。したがって，粗い近似では，

$$(\Delta x)\times(\Delta p) \simeq h \tag{1.24}$$

と書くことができる。より正確に計算すると

$$(\Delta x)\times(\Delta p) \geq \frac{\hbar}{2} \tag{1.25}$$

の関係が得られることが知られている。この関係をハイゼンベルグの不確定性原理と呼ぶ。

一方，エネルギーと時間の間にも不確定性原理が成立する。電子がある 1 つの安定な状態に存在しているとしたときには，エネルギーの不確定性はゼロである。このとき，安定な状態であるから寿命 $\Delta\tau$ は非常に長いはずである。一方，電子が存在している状態に寿命があるとすると，これは別のエネルギーの状態に遷移しうることを意味する。すなわち，エネルギーには幅が存在する（エネルギーに不確定性がある）。寿命が短い場合には，さまざまなエネルギー状態を転々としていることを考えると，エネルギーの幅が大きい状態であると考えられる。したがって，

$$(\Delta\tau)\times(\Delta\mathcal{E}) \geq \text{一定値} \tag{1.26}$$

の関係が成立する。この関係は，位置と運動量の間の不確定性原理に似ており，正確な議論を行うと

$$(\Delta\tau)\times(\Delta\mathcal{E}) \geq \frac{\hbar}{2} \tag{1.27}$$

が得られることが知られている*2。

*2 この関係は，簡単な計算からも得られるので紹介しておく。不確定性原理の式(1.25)の両辺に p/m をかけると左辺は $p/m\,(\Delta x)\,(\Delta p)$ となるが，この式は $(\Delta x)\times\Delta[p^2/(2m)]$ と書ける。Δx を $v\times\Delta\tau$, $p=mv$ と書くと，式(1.27)と類似した式が求まる。

1.5 シュレーディンガー方程式と波動関数

この節では物質波としての電子の運動を決める方程式を求める。これは古典力学におけるニュートンの運動方程式に相当する基本方程式である。ここでもド・ブロイの物質波の考え方が成立すると仮定して話を進める。また，物質波としての電子は，もっとも簡単な波である 1 次元

の平面波

$$\psi(x,t)=A\exp[\mathrm{i}(kx-\omega t)] \tag{1.28}$$

で表されるとする。さらに電子に対するポテンシャルエネルギーは0(ゼロ)と仮定する。

1.3節で述べたように，物質波としての振動数とエネルギーの間には$\mathcal{E}=h\nu=\hbar\omega$の関係がある。一方，古典力学に対応する全エネルギーは，ポテンシャルエネルギーがゼロの下では，運動エネルギー$p^2/(2m)$のみであるが，この値はド・ブロイの関係式に従うと$(\hbar k)^2/(2m)$と書くことができ，

$$\frac{(\hbar k)^2}{2m}=\hbar\omega \tag{1.29}$$

の関係が成立する。

電子の物質波としての状態は式(1.28)の平面波で表現されるため，この波に対して何らかの演算を与えることで，式(1.29)の関係が成立するような方程式を探し出すことを考えよう。まず，わかりやすい式(1.29)の右辺から議論すると，式(1.28)の右辺を時間で微分し，係数$\mathrm{i}\hbar$をかけると右辺を得ることができる。したがって，右辺の演算子は

$$\mathrm{i}\hbar\frac{\partial}{\partial t} \tag{1.30}$$

である。一方，式(1.29)の左辺には波数kがあることから，式(1.28)をxで微分してみる。そうすると$\mathrm{i}k$という係数が出てくる。そこで，もう1回xで微分すると再び$\mathrm{i}k$という係数が出てくるので，平面波をxで2回微分すると係数は$-k^2$となる。したがって，係数$-\hbar^2/(2m)$をかけて，xで2回微分すると目的とする式(1.29)の左辺の運動エネルギー項が得られる。以上より，ポテンシャルエネルギーが無い1次元の平面波に対しては，次の関係が成立する。

$$-\frac{\hbar^2}{2m}\frac{\partial^2}{\partial x^2}\psi(x,t)=\mathrm{i}\hbar\frac{\partial}{\partial t}\psi(x,t) \tag{1.31}$$

これを3次元の平面波に対して拡張する。運動エネルギーにはx, y, z成分が存在するが，それらを加算したものが全運動エネルギーであることを考慮すると，

$$-\frac{\hbar^2}{2m}\left(\frac{\partial^2}{\partial x^2}+\frac{\partial^2}{\partial y^2}+\frac{\partial^2}{\partial z^2}\right)\psi(\boldsymbol{r},t)=\mathrm{i}\hbar\frac{\partial}{\partial t}\psi(\boldsymbol{r},t) \tag{1.32}$$

となる。

ポテンシャルエネルギーが存在する場合には，この項をどのように表現するかが難しい問題であるが，全体として

$$\left[-\frac{\hbar^2}{2m}\left(\frac{\partial^2}{\partial x^2}+\frac{\partial^2}{\partial y^2}+\frac{\partial^2}{\partial z^2}\right)+V(\boldsymbol{r},t)\right]\psi(\boldsymbol{r},t)=\mathrm{i}\hbar\frac{\partial}{\partial t}\psi(\boldsymbol{r},t) \tag{1.33}$$

と書けばよいことが知られている。ポテンシャルエネルギーは位置と時

間に依存するとして，$V(\boldsymbol{r}, t)$と表現した。こうして求められた式(1.33)を時間に依存するシュレーディンガー方程式と呼ぶ。また，一般的に電子の物質波としての状態を表す関数$\psi(\boldsymbol{r}, t)$を波動関数と呼ぶ。式(1.28)の平面波も波動関数であるが，振幅は決まっていない。これについては後の章で触れることにする。

ポテンシャルエネルギーが時間に依存している場合には，波動関数も時間に依存して変化する。このような例としては，半導体内における電子と電磁波との相互作用や電子と格子振動との相互作用などをあげることができる。いま，ポテンシャルエネルギーが位置のみに依存し時間に依存しない位置のみの関数$V(\boldsymbol{r})$で表されるとすると，シュレーディンガー方程式は次式のように書ける。

$$\left[-\frac{\hbar^2}{2m}\left(\frac{\partial^2}{\partial x^2}+\frac{\partial^2}{\partial y^2}+\frac{\partial^2}{\partial z^2}\right)+V(\boldsymbol{r})\right]\psi(\boldsymbol{r}, t)=\mathrm{i}\hbar\frac{\partial}{\partial t}\psi(\boldsymbol{r}, t) \tag{1.34}$$

このときにはシュレーディンガー方程式の左辺は位置のみの関数となっていることから，波動関数は位置のみの関数を含んでいると考えられる。そこで波動関数を

$$\psi(\boldsymbol{r}, t)=\varphi(\boldsymbol{r})f(t) \tag{1.35}$$

に変数分離すると，式(1.34)は次のように表される。

$$\left[-\frac{\hbar^2}{2m}\left(\frac{\partial^2}{\partial x^2}+\frac{\partial^2}{\partial y^2}+\frac{\partial^2}{\partial z^2}\right)+V(\boldsymbol{r})\right]\varphi(\boldsymbol{r})=\mathcal{E}\varphi(\boldsymbol{r}) \tag{1.36}$$

$$f(t)=C\exp\left(-\frac{\mathrm{i}\mathcal{E}t}{\hbar}\right) \tag{1.37}$$

式(1.36)の[　]内の第1項は運動エネルギー，第2項はポテンシャルエネルギーであるから，$\mathcal{E}$は全エネルギーに対応する。まとめると，波動関数は

$$\psi(\boldsymbol{r}, t)=\varphi(\boldsymbol{r})\exp\left(-\frac{\mathrm{i}\mathcal{E}t}{\hbar}\right) \tag{1.38}$$

と書くことができ，式(1.36)を解けばエネルギーや波動関数が求まる。なお，式(1.37)の係数Cは$\varphi(\boldsymbol{r})$に含ませている。式(1.36)を時間に依存しない(定常状態の)シュレーディンガー方程式と呼ぶ。なお，定常状態の波動関数をすべて書き下すと時間因子を含んでいることに注意する必要がある。しかし，時間因子は式(1.38)のように決まった形式で書かれるため，空間部分の波動関数のみを問題にする場合が多い。

波動関数の意味するものについては，確率的解釈が広く受け入れられている。シュレーディンガー方程式や波動関数の解釈の正当性は長い年月にわたる実験によって検証されてきた。すなわち，ある未知の実験結果をシュレーディンガー方程式と波動関数の確率的解釈を用いて説明できれば，シュレーディンガー方程式や波動関数の確率的解釈が正しいと

結論される。シュレーディンガー方程式および波動関数の確率的解釈は，約100年にわたって種々のミクロな世界の現象を説明することに成功してきた。

確率的解釈とは，次のようなものである。例えば，運動する粒子の位置 $\boldsymbol{r}$ を測定することを考える。量子力学では粒子はどこに現れるかを1回の測定で予測することはできない。しかし，粒子の状態が波動関数 $\psi(\boldsymbol{r}, t)$ で表現されるとき，ある時刻 t において位置 $\boldsymbol{r}$ に粒子を見いだす確率は $|\psi(\boldsymbol{r}, t)|^2$ に比例すると考える。ある時刻 t において多数回測定できたときには，平均としてどこにいるかを知ることができ，位置の平均値は

$$\langle \boldsymbol{r} \rangle = \frac{\int \boldsymbol{r}|\psi(\boldsymbol{r},t)|^2 \mathrm{d}\boldsymbol{r}}{\int |\psi(\boldsymbol{r},t)|^2 \mathrm{d}\boldsymbol{r}} \tag{1.39}$$

で表現される。この平均値は期待値と呼ばれる。量子力学では一般的に物理量は対応する演算子によって表され，その観測値(期待値)は平均として次式のように表される*3。

*3　例として，位置の平均を示している。

$$\langle \boldsymbol{r} \rangle = \frac{\int \psi^*(\boldsymbol{r},t)\boldsymbol{r}\psi(\boldsymbol{r},t) \mathrm{d}\boldsymbol{r}}{\int |\psi(\boldsymbol{r},t)|^2 \mathrm{d}\boldsymbol{r}} \tag{1.40}$$

もし，

$$\int |\psi(\boldsymbol{r},t)|^2 \mathrm{d}\boldsymbol{r} = 1 \tag{1.41}$$

の関係を満足していれば，式(1.40)は

$$\langle \boldsymbol{r} \rangle = \int \psi^*(\boldsymbol{r},t)\boldsymbol{r}\psi(\boldsymbol{r},t) \mathrm{d}\boldsymbol{r} \tag{1.42}$$

という簡単な式で表現される。式(1.41)の関係を満足する波動関数を規格化されているという。

運動量を決める演算子は $-\mathrm{i}\hbar\partial/\partial\boldsymbol{r}$ のように書かれる。3次元の平面波にこの演算子を作用させると

$$\boldsymbol{p} = \hbar\boldsymbol{k} \tag{1.43}$$

となり，運動量が得られる。また運動量の期待値は

$$\langle \boldsymbol{p} \rangle = \int \psi^*(\boldsymbol{r},t)\left(-\mathrm{i}\hbar\frac{\partial}{\partial\boldsymbol{r}}\right)\psi(\boldsymbol{r},t) \mathrm{d}\boldsymbol{r} \tag{1.44}$$

と表され，波数 $\boldsymbol{k}$ の状態にいる3次元平面波の運動量の期待値は $\boldsymbol{p} = \hbar\boldsymbol{k}$ と得られる。

1.6　1次元の井戸型ポテンシャル

1.6.1　1次元の無限障壁井戸型ポテンシャル

井戸型ポテンシャルはシュレーディンガー方程式の良い練習問題である。また，半導体デバイスの微細加工技術の発展により，ここで述べるようなポテンシャルに類似した人工的な構造を実際に作りだし，電子状態あるいはスピン状態を制御することが可能になっている。こうした微細加工技術は量子コンピュータ実現のためのキーテクノロジーとしても注目されている。

まずは，1次元の問題から考える。井戸の幅を a とし，井戸の深さは無限大とする。簡単のために電子が存在する空間のポテンシャルエネルギー $V(x)$ をゼロとする。井戸の深さが無限大ということは，井戸の両端は無限に高いポテンシャル障壁に囲まれていることと等価である。すなわち，図1.7のようなポテンシャル形状の中に電子が存在することを意味する。この問題ではポテンシャルエネルギー $V(x)$ は時間変化しないため，定常状態のシュレーディンガー方程式の問題となる。したがって，シュレーディンガー方程式は，ポテンシャルエネルギー $V(x)$ がゼロであることを考慮すると

$$-\frac{\hbar^2}{2m}\frac{\partial^2}{\partial x^2}\varphi(x)=\mathcal{E}\varphi(x) \tag{1.45}$$

と書ける。ここで，$\mathcal{E}$ は電子の全エネルギーであるが，電子は幅 a の中を運動することが可能であるから，運動エネルギーが存在する。また，ポテンシャルエネルギー $V(x)=0$ であるから，全エネルギー $\mathcal{E}$ は $\mathcal{E}>0$ となる。

以下では，上の式(1.45)を解くことを考える。まず，式(1.45)を

$$\frac{\partial^2}{\partial x^2}\varphi(x)=-k^2\varphi(x) \tag{1.46}$$

と書き換える。ただし，$k^2=2m\mathcal{E}/\hbar^2$ とおいている。k^2 とおいた理由は，$\mathcal{E}>0$ であるため，k が実数であれば k^2 は正の値になるからである。この微分方程式を解くと

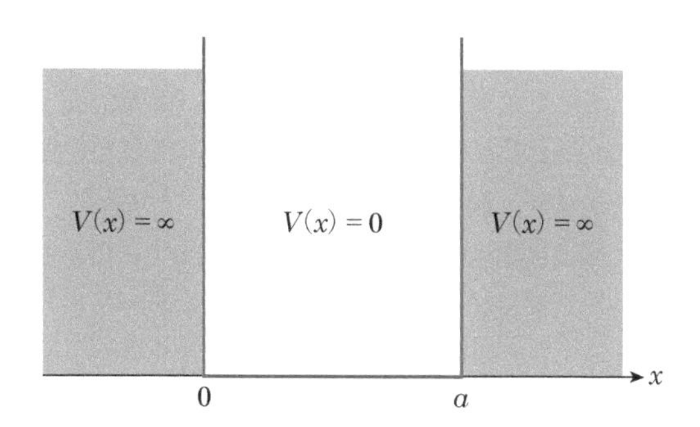

図1.7　1次元の無限障壁井戸型ポテンシャルのモデル

$$\varphi(x) = A\sin kx + B\cos kx \tag{1.47}$$

という解が得られる*4。しかし，この解は，まだ不十分である。物理的には，$x=0$ と $x=a$ でポテンシャルが無限大になるから，電子は $x \leq 0$，$a \leq x$ には存在できない。波動関数には，この条件を満足することが要求される。すなわち，$\varphi(0)=0$，$\varphi(a)=0$ でなければならない。このような条件を境界条件と呼ぶ。よって，式(1.47)の解は

*4　解はこれに限ったものではない。

$$\varphi(a) = A\sin ka = 0 \tag{1.48}$$

を満足しなければならない。なぜなら，$\varphi(0)=0$ の条件から B は0でなければならないからである。この式を波を表す式と比較すると，k は波数に対応し，A は振幅($A>0$)に対応する。したがって，

$$\varphi(x) = A\sin\left(\frac{n\pi}{a}x\right) \quad (n=1,\ 2,\ 3,\ \cdots) \tag{1.49}$$

となる。なお，$n=0$ では波動関数がゼロとなる。電子が存在する場合の波動関数を考えているのに対し，電子が存在しないという矛盾した結論が導かれるため，$n=0$ は許されない。現段階では振幅 A が不明であるが，これは規格化条件から決定される。電子は幅 a の中のどこかに存在するはずであるから，

$$\int_0^a |\varphi(x)|^2 \mathrm{d}x = 1 \tag{1.50}$$

が成立しなければならない。これから $A=(2/a)^{1/2}$ が得られる。エネルギーは波動関数をシュレーディンガー方程式に入れることからも，$k^2=2m\mathcal{E}/\hbar^2$ の関係からも求められ，

$$\mathcal{E}_n = \frac{\hbar^2\pi^2}{2ma^2}n^2 \quad (n=1,\ 2,\ 3,\ \cdots) \tag{1.51}$$

となる。すなわち，図1.8のように n の値によってエネルギーが変化する。もっともエネルギーが低い $n=1$ の状態を基底状態，$n>1$ の状態を励起状態と呼ぶ。また，$n=2$ の状態を第1励起状態，$n=3$ の状態を第2励起状態，…と呼ぶ。波動関数 $\varphi(x)$ と電子の存在確率を表す $|\varphi(x)|^2$ を図示すると図1.9のようになる。

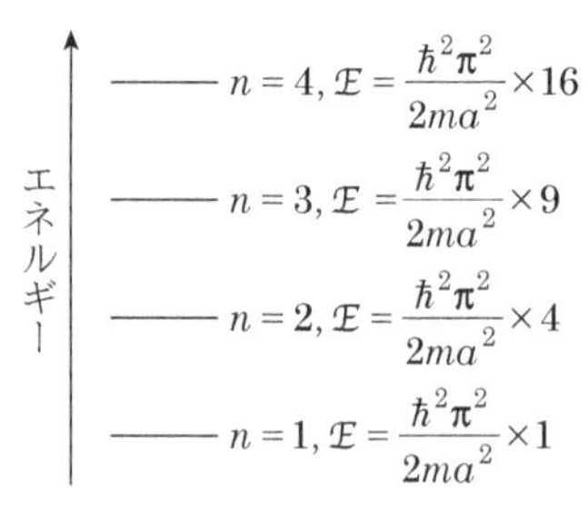

図1.8　1次元の無限障壁井戸型ポテンシャル下にある電子のエネルギー準位

数式からわかるようにエネルギーは等間隔ではない。ここでは簡単化のため，等間隔で書いてある。

もっともエネルギーが低い状態(基底状態 $n=1$)の運動エネルギーはゼロにはならない。これは，電子は波として存在し，ド・ブロイの物質波の考え方から運動量を有しているためである。また，電子の位置の不確定性 Δx が最大で a であることは明白である。不確定性原理から運動量の不確定性は $\Delta p \geq \hbar/(2a)$ であり，エネルギーを大雑把に $(\Delta p)^2/(2m)$ と見積もれば，基底状態のエネルギーは $\hbar^2/(8ma^2)$ と得られる。エネルギーのオーダーとしては式(1.51)の $n=1$ と同じである。なお，基底状態のエネルギーの大きさはド・ブロイの関係式からも容易に求まる。基底状態の波長はもっとも波長が長い状態，すなわち $\lambda=2a$($\lambda=a$ ではないので注意)である。したがって，運動エネルギーは $p^2/(2m)=\hbar^2\pi^2/(2ma^2)$

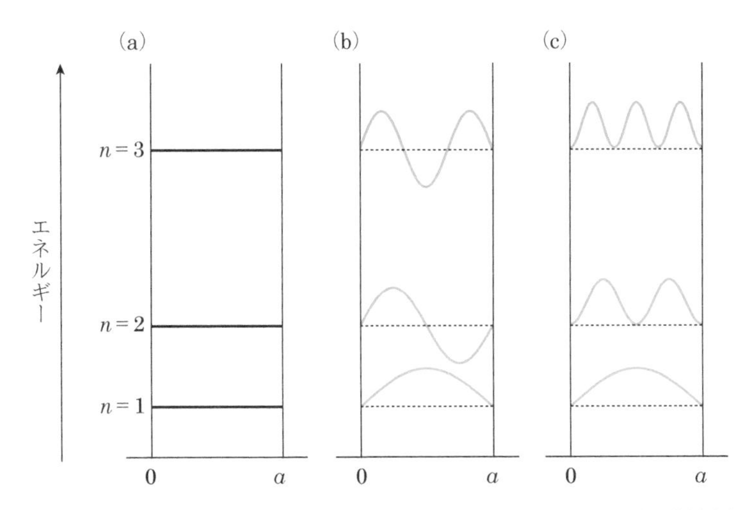

図1.9　1次元の無限障壁井戸型ポテンシャル下にある電子のエネルギー準位(a)，波動関数(b)，波動関数の2乗(c)

となり，式(1.51)の $n=1$ と同じ答えが得られる。

エネルギーが不連続な値になるのは，境界条件が存在することによる。領域の境界において電子の存在確率はゼロでなければならないが，その条件下で存在できる波長は特別な値に制限される。このため，ド・ブロイの関係式から運動量は不連続な値になり，その結果，運動エネルギーも不連続な値になる。

また，井戸の幅 a が小さくなるとエネルギーが大きくなることに注意する必要がある。これは a が小さい場合，その狭い幅の中に電子の物質波を形成するためには，必然的に波長は小さく（運動量は大きく）なるからであるが，古典的なイメージとは少し異なる。例えば，人間を狭い空間に閉じ込めると身動きが取れないから，運動エネルギーは小さくなる気がするが，量子力学では逆である。

式(1.49)で求められた波動関数は，シュレーディンガー方程式が時間に依存しないため，時間因子を含んでいない。時間因子まで含めた関数は

$$\psi(x,t)=\sqrt{\frac{2}{a}}\sin\left(\frac{n\pi x}{a}\right)\exp\left(-\frac{\mathrm{i}\mathcal{E}_n t}{\hbar}\right)\quad(n=1,\,2,\,\cdots)\qquad(1.52)$$

と書かれるが，電子の存在確率 $|\psi(x,\,t)|^2$ は $|\varphi(x)|^2$ となり，場所のみの関数である。ポテンシャルが時間に依存せずに位置のみに依存するので当然の結果である。

さて，式(1.52)は位相速度をもつであろうか。ある場所 x に注目するとその場所における振幅は

$$\sqrt{\frac{2}{a}}\sin\left(\frac{n\pi x}{a}\right)\qquad(1.53)$$

であり，この振幅をもって角振動数 $\omega=\mathcal{E}/\hbar$ で振動している。したがって，この波は振動はしているが，移動はしていない。このような波は定在波と呼ばれる。定在波は反対方向に同じ速度で進行する2つの波の

重ね合わせで形成される。例えば，

$$\psi(x,t)=A\exp[\mathrm{i}(kx-\omega t)]+A\exp[\mathrm{i}(-kx-\omega t)] \tag{1.54}$$

を計算すると

$$\psi(x,t)=2A\cos kx\exp(-\mathrm{i}\omega t) \tag{1.55}$$

となり，定在波が形成されていることがわかる。

1.6.2　1次元の有限障壁井戸型ポテンシャル

1.6.1 項では障壁の高さを無限大としたが，ここでは障壁の高さが有限な図 1.10 の場合について考える。金属の表面近傍に存在する電子などがこの場合に当てはまる。金属中の電子は表面近傍において容易に真空領域に放出されないように有限の障壁の中に閉じ込められている。境界での障壁のポテンシャルが小さければ，電子は障壁の存在を感じることなく障壁領域の中(井戸の外)に存在できるであろう。一方，障壁のポテンシャルが無限大であれば，障壁境界および井戸の外における電子の存在確率はゼロである。したがって，障壁境界における電子の存在確率は，障壁のポテンシャルの大きさの変化に応じて，連続的に変化すると予想される。一方，障壁境界から離れた障壁領域内部まで電子が存在すると，電子のポテンシャルエネルギーが大きくなってしまう。したがって，有限のポテンシャルの場合には，ポテンシャルの大きさに依存して電子は障壁境界から障壁領域内部に侵入するものの，次第に電子の存在確率はゼロに減衰しなければならない。このことから障壁領域内部における電子の存在確率は

$$|\varphi(x)|^2 \propto \exp(2\alpha x) \quad (x \leq 0) \tag{1.56}$$

$$|\varphi(x)|^2 \propto \exp[-2\alpha(x-a)] \quad (x \geq a) \tag{1.57}$$

になると推測される。ここでは対称性から 2 つの波動関数について同じ減衰因子 α($\alpha>0$，実数)を用いた。ここで exp 関数の指数部には虚数単位 i が付いていないことに注意が必要である。虚数単位 i が付いて

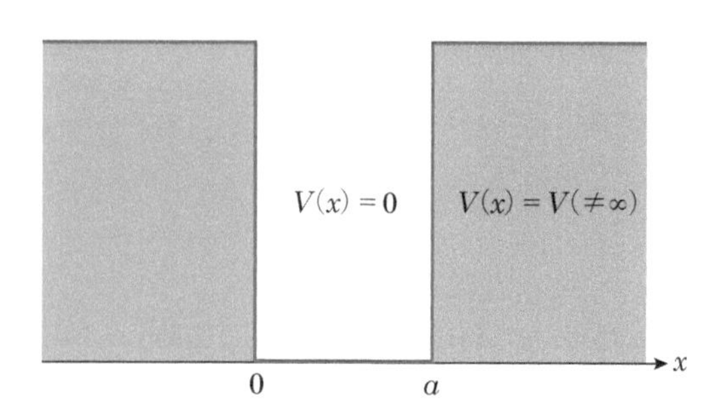

図 1.10　1次元の有限障壁井戸型ポテンシャルのモデル

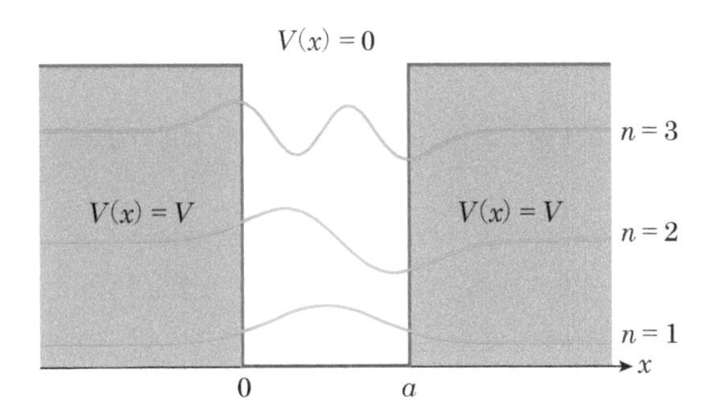

図 1.11　1次元の有限障壁井戸型ポテンシャル下にある電子の波動関数
下から順に，基底状態，第1励起状態，第2励起状態の波動関数。

いると伝搬する波になり，減衰しない。また，高いエネルギー状態にある電子は，障壁領域内部に染み出しやすいはずであるから，障壁境界における電子の存在確率は，電子のエネルギーが大きいほど高くなると推測される。これらを整理すると波動関数は図 1.11 のように図示される。ここでは計算は省略するが，このような計算結果が実際に得られることが知られている。この問題はトンネル効果に関する **1.9** 節でさらに詳しく議論する。

1.6.3　波動関数の規格直交性

異なる量子状態（量子状態については次の 1.7 節参照）にある波動関数は直交する。直交するとは，異なる量子状態間の波動関数の積の空間積分は 0 になるという意味である。いま，無限障壁井戸型ポテンシャルの波動関数 $\varphi_n(x)$，$\varphi_m(x)$ $(n \neq m)$ に関して

$$\int_0^a \varphi_n^*(x)\varphi_m(x)\mathrm{d}x \tag{1.58}$$

を計算すると，$n \neq m$ のときは 0，$n = m$ のときは 1 となることを示すことができる。このような関係を規格直交性という。すなわち，$\langle n|m\rangle = \delta_{n,m}$（$\delta_{n,m}$ はクロネッカーのデルタ）である。なお，$\langle n|m\rangle$ は式 (1.58) を簡略化した書き方である*5。

*5　$\langle n|m\rangle$ は $\int\varphi_n^*(x)\varphi_m(x)\mathrm{d}x$ を簡単化した表現である。〈をブラ，〉をケットと呼び，〈 〉はあわせてブラケットと呼ばれる。

1.7　スピンとパウリの排他原理

電子はスピンという内部自由度を有する。この性質は電子が有する磁石としての性質と深く関係している。スピンを古典力学との対応で考えると，電子という粒子の表面に電荷が分布し，電子が自転したときに磁場を発生する現象に類似している。古典力学では，回転の軸の選択に制限はない。すなわち，自転によって発生する磁場の向きはいかようにも選択できるが，量子力学では自転の向きは 2 通りのみに制限される。一方をアップスピン（$s = 1/2$，↑で表す），もう一方をダウンスピン（$s = -1/2$，↓で表す）と呼び，この 2 つの磁石としての性質は反対向き

である。1/2という中途半端な値に違和感があるが，これはスピンが2つの状態しかとれないことに関係している。また，スピンは電子を特徴づける重要な量子状態である。すなわち，スピンの状態が異なると量子状態は異なる。

パウリの排他原理は「1つの量子状態は1つの電子しか占有することができない」と表現される。これを言い換えると，「1つの量子状態を2つ以上の電子は占有できない」となる。ここでの量子状態とは電子のスピン状態まで含めたものであり，量子状態は原子軌道で考えると，主量子数 n，方位量子数 l，磁気量子数 m，スピン量子数 s という4つの量子数で定義される。パウリの排他原理は，電子の状態(電子配置)を決めるもっとも強いルールであり，何よりも先に優先される。

ここで1次元の無限障壁井戸型ポテンシャルの問題にパウリの排他原理を適用してみる。1.6節で議論した電子状態は，電子が1つだけ存在したときの波動関数とエネルギーである。電子が複数個存在した場合には，電子間の種々の相互作用を考慮しなければならないが，そのような効果(電子相関)は簡単のために無視し，1電子に対して求められた電子状態に電子を配置していくことにする。いま，アップスピンの電子4個，ダウンスピンの電子2個を配置することを考える。この系の量子状態は n とスピン状態(アップあるいはダウン)で与えられる。系全体のエネルギーがもっとも低い状態が安定な状態であるため，電子配置は図1.12のようになる。この場合にはパウリの排他原理は，次のように作用している。アップスピンとダウンスピンは異なる量子状態であるため，例えば $n=1$ の準位にはアップスピン1つとダウンスピン1つの合計2個が入る。$n=1$ の状態に，アップスピンであれダウンスピンであれ，3個目の電子が入ることはできない。3個目と同じ量子状態の電子がすでに1個存在しているためである。$n=3$ の状態にアップスピンの電子は2個入れない。この2個の電子は同じ量子状態となるためである。

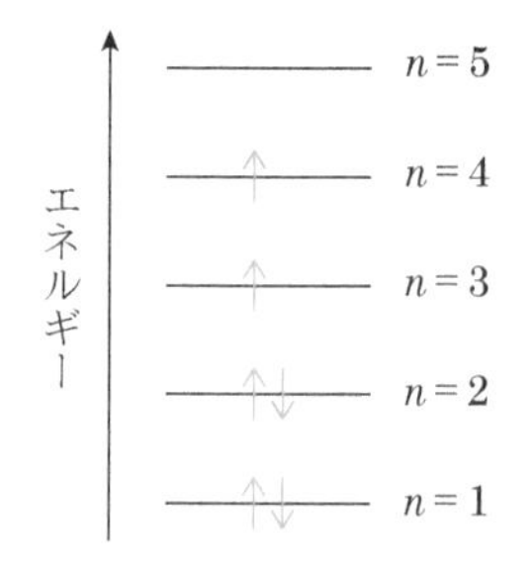

図1.12　パウリの排他原理に基づいた電子配置

エネルギー間隔は図1.8で指摘したように等間隔ではない。

1.8　3次元の井戸型ポテンシャル

この節では図1.13に示す3次元の直方体が無限障壁ポテンシャルに囲まれているとして1つの電子の状態を考える。直方体の x 軸方向の長さを a，y 軸方向の長さを b，z 軸方向の長さを c とする。ここでは $a>b>c$ の関係があるが，長さの違いはわずかであると仮定する。なお，直方体内部のポテンシャルエネルギー $V(\boldsymbol{r}, t)$ は，場所および時間とは無関係にゼロとする。

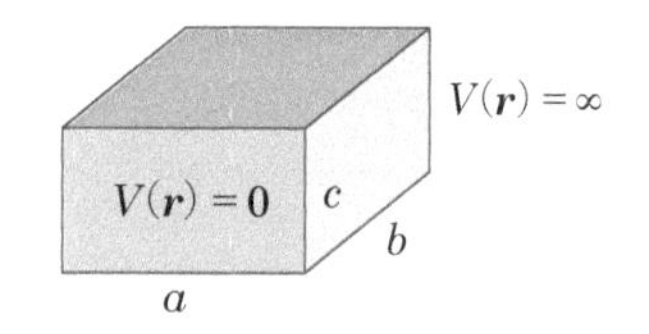

図1.13　3次元の井戸型ポテンシャルのモデル

ポテンシャルが時間に依存しないため，この問題も定常状態のシュレーディンガー方程式

$$\left[-\frac{\hbar^2}{2m}\left(\frac{\partial^2}{\partial x^2}+\frac{\partial^2}{\partial y^2}+\frac{\partial^2}{\partial z^2}\right)\right]\varphi(\boldsymbol{r})=\mathcal{E}\varphi(\boldsymbol{r}) \tag{1.59}$$

を境界条件に注意して解けばよい。x, y, z の偏微分はそれぞれ独立であるから，$\varphi(\boldsymbol{r}) = \varphi_x(x) \times \varphi_y(y) \times \varphi_z(z)$ と $\mathcal{E} = \mathcal{E}_x + \mathcal{E}_y + \mathcal{E}_z$ に変数分離すると，それぞれ次式のように得られる。

$$\varphi_x(x) = \sqrt{\frac{2}{a}} \sin\left(\frac{n_x \pi}{a} x\right), \quad \mathcal{E}_x = \frac{\hbar^2 \pi^2}{2ma^2} n_x{}^2 \quad (n_x = 1, 2, 3, \cdots) \tag{1.60}$$

$$\varphi_y(y) = \sqrt{\frac{2}{b}} \sin\left(\frac{n_y \pi}{b} y\right), \quad \mathcal{E}_y = \frac{\hbar^2 \pi^2}{2mb^2} n_y{}^2 \quad (n_y = 1, 2, 3, \cdots) \tag{1.61}$$

$$\varphi_z(z) = \sqrt{\frac{2}{c}} \sin\left(\frac{n_z \pi}{c} z\right), \quad \mathcal{E}_z = \frac{\hbar^2 \pi^2}{2mc^2} n_z{}^2 \quad (n_z = 1, 2, 3, \cdots) \tag{1.62}$$

したがって，$\varphi(\boldsymbol{r})$ は

$$\begin{aligned} \varphi(\boldsymbol{r}) &= \varphi_x(x)\varphi_y(y)\varphi_z(z) \\ &= \sqrt{\frac{8}{abc}} \sin\left(\frac{n_x \pi}{a} x\right) \sin\left(\frac{n_y \pi}{b} y\right) \sin\left(\frac{n_z \pi}{c} z\right) \\ &\quad (n_x, n_y, n_z = 1, 2, 3, \cdots) \end{aligned} \tag{1.63}$$

となる。また，全エネルギーは

$$\mathcal{E} = \mathcal{E}_x + \mathcal{E}_y + \mathcal{E}_z = \frac{\hbar^2 \pi^2}{2m}\left[\left(\frac{n_x}{a}\right)^2 + \left(\frac{n_y}{b}\right)^2 + \left(\frac{n_z}{c}\right)^2\right] \quad (n_x, n_y, n_z = 1, 2, 3, \cdots) \tag{1.64}$$

となる。基底状態における (n_x, n_y, n_z) の値は (1, 1, 1) である。第 1 励起状態は，$a > b > c$ の関係に注意すると (2, 1, 1) となる。さらに第 2 励起状態は (1, 2, 1)，第 3 励起状態は (1, 1, 2) となり，電子配置は図 1.14 のようになる[*6]。

　一方，$a = b = c$ の場合には，$\varphi(x, y, z)$ およびエネルギー $\mathcal{E}$ は

＊6　先に述べたように長さの違いはわずかであると仮定している。

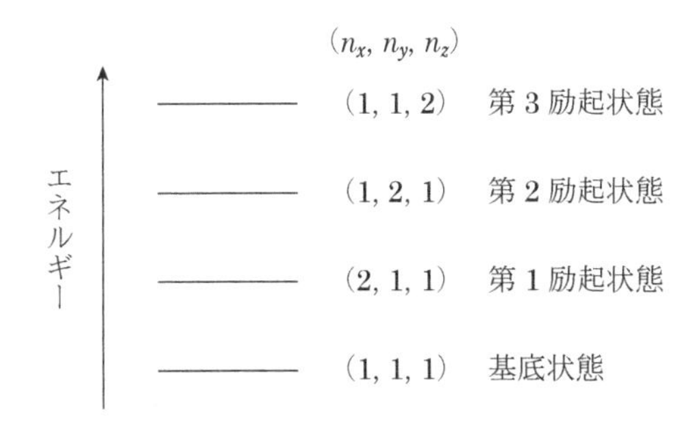

図 1.14　3次元の井戸型ポテンシャル下にある電子のエネルギー準位（$a > b > c$ の場合）

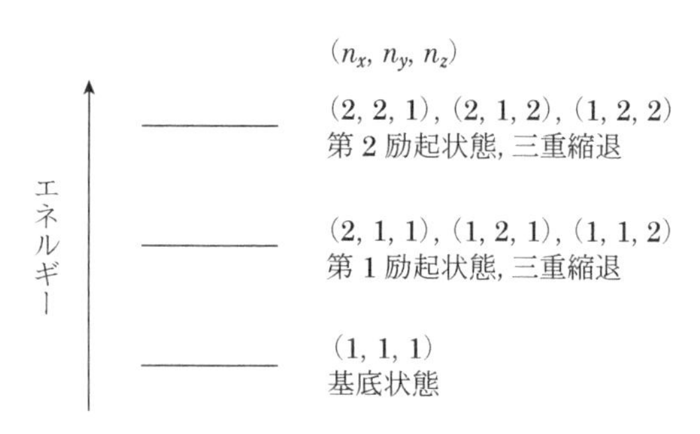

図1.15　3次元の井戸型ポテンシャル下にある電子のエネルギー準位($a=b=c$の場合)

$$\varphi(\boldsymbol{r})=\varphi_x(x)\varphi_y(y)\varphi_z(z)$$
$$=\sqrt{\frac{8}{a^3}}\sin\left(\frac{n_x\pi}{a}x\right)\sin\left(\frac{n_y\pi}{a}y\right)\sin\left(\frac{n_z\pi}{a}z\right) \quad (1.65)$$
$$(n_x, n_y, n_z=1, 2, 3, \cdots)$$

$$\mathcal{E}=\mathcal{E}_x+\mathcal{E}_y+\mathcal{E}_z=\frac{\hbar^2\pi^2}{2ma^2}({n_x}^2+{n_y}^2+{n_z}^2) \quad (1.66)$$

となる。電子配置は図1.15のようになる。基底状態における(n_x, n_y, n_z)の値は(1, 1, 1)であるが，(2, 1, 1), (1, 2, 1), (1, 1, 2)である3つの第1励起状態は同じエネルギーを有する。このように異なる量子状態が等しいエネルギーを有することを，縮退しているという。

第1励起状態の$a=b=c$と$a>b>c$における縮退度の違いは，$a>b>c$では波長の長い物質波(すなわち運動量が小さい)を形成できる特別な方向(いまの条件ではx軸方向)が存在することによる。

つづいて，$a>b>c$の直方体の中に電子を詰めることを考える。1次元の場合と同様に，電子相関は無視してアップスピン4個，ダウンスピン2個を詰めるとき，パウリの排他原理を考慮すると電子配置は図1.16のようになる。

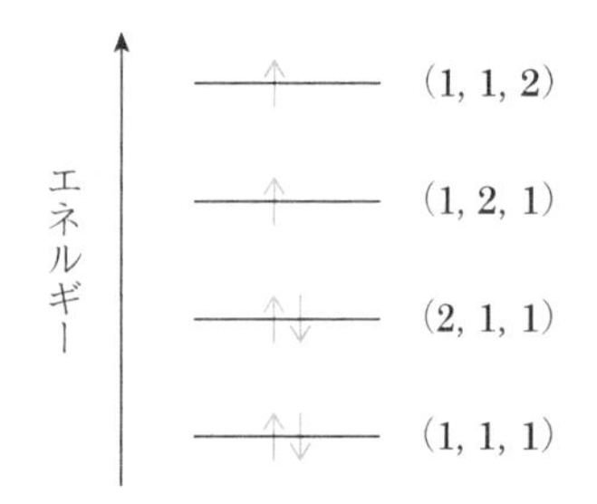

図1.16　図1.14にパウリの排他原理を適用した電子配置

1.9 トンネル効果

1.9.1 確率密度の流れ

流体力学における物質の流れに関する連続の式や，電磁気学における電流連続の式に対応する量子力学の形式として，確率密度の流れがある。簡単のために1次元を仮定し，電子に働くポテンシャルエネルギーは，時間的に変化してもよいが，実数で与えられるとする。このとき，シュレーディンガー方程式は

$$\left[-\frac{\hbar^2}{2m}\frac{\partial^2}{\partial x^2}+V(x,t)\right]\psi(x,t)=i\hbar\frac{\partial}{\partial t}\psi(x,t) \quad (1.67)$$

で与えられる。式(1.67)の両辺の複素共役をとると

$$\left[-\frac{\hbar^2}{2m}\frac{\partial^2}{\partial x^2}+V(x,t)\right]\psi^*(x,t)=-i\hbar\frac{\partial}{\partial t}\psi^*(x,t) \tag{1.68}$$

となる。式(1.67)に $\psi^*(x,t)$ をかけ，式(1.68)に $\psi(x,t)$ をかけ，両者の差をとると

$$\frac{\partial\rho(x,t)}{\partial t}+\frac{\partial j(x,t)}{\partial x}=0 \tag{1.69}$$

が得られる。ただし，$j(x,t)$ を

$$j(x,t)=\frac{\hbar}{2im}\left[\psi^*(x,t)\frac{\partial\psi(x,t)}{\partial x}-\frac{\partial\psi^*(x,t)}{\partial x}\psi(x,t)\right] \tag{1.70}$$

と定義している。また，$\rho(x,t)=|\psi(x,t)|^2=\psi^*(x,t)\times\psi(x,t)$ である。式(1.69)は，よく知られた連続の式と同じ形式である。この式を3次元に拡張することは容易であり，

$$\frac{\partial\rho(\boldsymbol{r},t)}{\partial t}+\mathrm{div}\,\boldsymbol{j}(\boldsymbol{r},t)=0 \tag{1.71}$$

$$\boldsymbol{j}(\boldsymbol{r},t)=\frac{\hbar}{2im}\left[\psi^*(\boldsymbol{r},t)\nabla\psi(\boldsymbol{r},t)-[\nabla\psi^*(\boldsymbol{r},t)]\psi(\boldsymbol{r},t)\right] \tag{1.72}$$

で与えられる。

ここで次の点に注意する必要がある。1つ目はポテンシャルを実数と仮定した点である。ポテンシャルが複素数で与えられる場合には，式(1.70)および式(1.71)は成立しない。2つ目は質量が含まれている点である。例えば，半導体のヘテロ界面(後述)のような領域を通過するときには境界で有効質量が異なるため，この点を考慮する必要がある。

有効質量については第4章4.4節で詳しく説明するが，簡単に説明すると次のようになる。物質中では電子に対してさまざまな力が働いている。そのような物質中の電子は，外力が働いた際に真空中の電子とは異なる運動をする。このときの電子の質量に対応するパラメータが有効質量である。その値は真空中を運動する電子の質量とは異なる。

1.9.2 ポテンシャル障壁による散乱

ここでは，図1.17に示す1次元のポテンシャル障壁での電子の散乱を考える。ポテンシャル境界の左右で電子の有効質量は同じであると仮定する。保存される物理量は確率密度の流れである。いま，x が負の位置(領域I)から x が正の方向(領域II)に入射する電子の物質波を考える。入射する電子のエネルギーはポテンシャル障壁よりも大きいとする。すなわち，$\mathcal{E}>V>0$ であるとする。入射する電子は

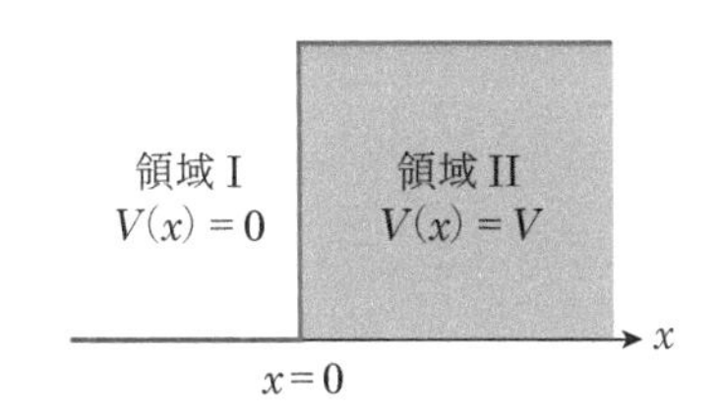

図1.17 ポテンシャル障壁による電子の散乱

$$\varphi(x)=A\exp(ikx) \tag{1.73}$$

で与えられる。ここで，$k^2=2m\mathcal{E}/\hbar^2$ である。一方，障壁で反射する波

が存在し，反射波は

$$\varphi(x)=B\exp(-\mathrm{i}kx) \tag{1.74}$$

と記述される。したがって，領域 I に存在する波は

$$\varphi_{\mathrm{I}}(x)=A\exp(\mathrm{i}kx)+B\exp(-\mathrm{i}kx) \tag{1.75}$$

となる。このとき，確率密度の流れは

$$J_{\mathrm{I}}(x)=\frac{\hbar k}{m}(|A|^2-|B|^2) \tag{1.76}$$

と表される。カッコ内の第 1 項は入射してきた波，第 2 項は反射して戻った波である。透過波は領域 II のシュレーディンガー方程式を解いて

$$\varphi_{\mathrm{II}}(x)=C\exp(\mathrm{i}k'x) \tag{1.77}$$

と表される。ここで，$k'^2=2m(\mathcal{E}-V)/\hbar^2$ の関係があり，$\mathcal{E}>V$ であるから，物質波は進行波として伝搬している。式(1.77)に反射波がないのは，領域 II には電子を反射するポテンシャルが無いためである。古典力学で考えると領域 II での運動エネルギーは正であることから，領域 II では x 方向に伝搬するのみというこの結果は納得できる。領域 II の確率密度の流れは

$$J_{\mathrm{II}}(x)=\frac{\hbar k'}{m}|C|^2 \tag{1.78}$$

と表される。

反射率 R は，入射してきた確率密度の流れに対して反射した確率密度の流れであるから，$R=|B|^2/|A|^2$ である。一方，透過率 T は，入射してきた確率密度の流れに対して透過した確率密度の流れであるから，$T=k'|C|^2/k|A|^2$ である。それでは，$|B|^2/|A|^2$ や $|C|^2/|A|^2$ はどのような値になるであろうか。これは，波の連続の性質によって決定される。

領域 I と領域 II の波はそれぞれ式(1.75)と式(1.77)で表されるが，領域 I と領域 II において波が同じ 1 つの波であるためには，波動関数は境界において連続で滑らかに接続しなければならない。したがって，

$$\varphi_{\mathrm{I}}(0)=\varphi_{\mathrm{II}}(0) \tag{1.79}$$

$$\left.\frac{\mathrm{d}\varphi_{\mathrm{I}}(x)}{\mathrm{d}x}\right|_{x=0}=\left.\frac{\mathrm{d}\varphi_{\mathrm{II}}(x)}{\mathrm{d}x}\right|_{x=0} \tag{1.80}$$

が成立する必要がある。これらをまとめると

$$A+B=C \tag{1.81}$$

$$k(A-B)=k'C \tag{1.82}$$

となる。ここから B/A および C/A を求めると

$$\frac{B}{A}=\frac{k-k'}{k+k'} \tag{1.83}$$

$$\frac{C}{A}=\frac{2k}{k+k'} \tag{1.84}$$

となる。この結果から R, T を求めると $R+T=1$ となっていることが確かめられる。いまの例では $\mathcal{E}>V$ の仮定を設けたため，透過した物質波は進行波として領域 II を伝搬した。しかし，$\mathcal{E}<V$ の場合には，領域 II において進行波にはならない。このことは運動エネルギーに相当する $\mathcal{E}-V$ が負になることからもわかる。この結果は有限井戸ポテンシャルに関する **1.6.2** 項で述べた結論と同じであり，領域 II の中にわずかに染み出して減衰する。

領域 II のシュレーディンガー方程式を解くと

$$\varphi_{\mathrm{II}}(x)=C\exp(+k'x)+D\exp(-k'x) \tag{1.85}$$

という解が得られる。$k'^2=2m(V-\mathcal{E})/\hbar^2$ である。第 1 項は x が大きくなると無限大に発散するため，波動関数の確率的解釈と矛盾しており，物理的に意味をもたない。したがって，$C=0$ である。第 2 項は x が大きくなるとゼロに漸近する。第 2 項は進行波ではなく，時間因子 $\exp(-\mathrm{i}\mathcal{E}t/\hbar)$ を付ければわかるように，振幅を位置の関数として振動している定在波である。この結果は，確率密度の流れを計算するとよくわかる。領域 II における確率密度の流れはゼロである。すなわち，入射してきた進行波は全反射して領域 I に戻っている。これは境界条件

$$A+B=D \tag{1.86}$$

$$\mathrm{i}k(A-B)=k'D \tag{1.87}$$

から明らかになる。すなわち，反射率 $|B|^2/|A|^2$ を計算すると 1 となる。注意しなければならないことは，領域 II では確率密度の流れは無い，すなわち進行波として伝搬しないが，定在波として侵入し，減衰して消滅しているということである。

1.9.3 トンネル効果

ここでは，いよいよ本題であるトンネル効果について説明する。トンネル効果では，図 1.18 に示すように 3 つの領域を考える。電子のエネルギー $\mathcal{E}$ がポテンシャル障壁 V よりも大きい場合，領域 II には進行波が存在し，領域 III に伝搬できるわけであるから，電子は領域 III に出現する。一方，$\mathcal{E}<V$ の場合には，古典力学では，電子は領域 II を越えられないため，領域 III に出現することはない。しかし，物質波としての電子は条件によっては領域 III に出現する。これをトンネル効果という。

各領域の電子の波動関数を以下に示す。

$$\text{領域 I}:\ \varphi_{\mathrm{I}}(x)=A\exp(\mathrm{i}kx)+B(-\mathrm{i}kx) \tag{1.88}$$

$$\text{領域 II}:\ \varphi_{\mathrm{II}}(x)=C\exp(+k'x)+D\exp(-k'x) \tag{1.89}$$

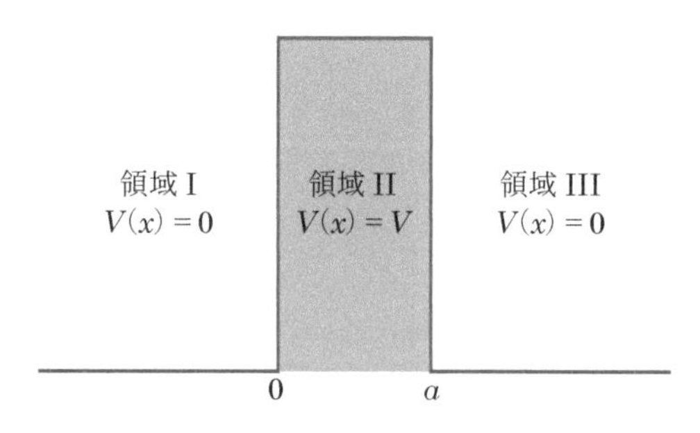

図1.18　トンネル効果を示すポテンシャルのモデル

$$領域 III：\varphi_{III}(x)=E\exp(ikx) \tag{1.90}$$

領域 I の波動関数(1.88)の第 2 項は反射波である。また，領域 III の波動関数(1.90)には反射波は存在しない。これは領域 III を進行していく波を反射するポテンシャルが無いからである。領域 II の波動関数(1.89)には波が 2 種類存在する。式(1.84)では第 1 項の波は無視したが，領域 II は有限の幅を有するために波動関数は発散することはなく，そのために第 1 項は無視できない。このときに重要なパラメータは領域 II における減衰長であり，波が完全に減衰する前に領域 III に到達できれば，領域 III を伝搬する可能性がある。境界条件の式(1.79), (1.80)を $x=0$ と $x=a$ に適用すると

$$A+B=C+D \tag{1.91}$$
$$\mathrm{i}k(A-B)=k'(C-D) \tag{1.92}$$
$$C\exp(+k'a)+D\exp(-k'a)=E\exp(\mathrm{i}ka) \tag{1.93}$$
$$k'\{C\exp(+k'a)-D\exp(-k'a)\}=\mathrm{i}kE\exp(\mathrm{i}ka) \tag{1.94}$$

が得られる。これらの式をもとに透過率 $T=|E|^2/|A|^2$ を求めるわけであるが，その計算は複雑であるので結論だけを記載すると

$$T=\left[1+\frac{V^2\sinh^2(k'a)}{4\mathcal{E}(V-\mathcal{E})}\right]^{-1} \tag{1.95}$$

となる。この式において V を有限値に固定したまま a を 0 に漸近すると $T=1$ が得られる。また，V を有限値に固定したまま a を ∞ に漸近すると $T=0$ が得られる。さらに，この式において a を有限値に固定したまま V を大きくすると $T=0$ が得られる。すなわち，障壁のポテンシャルエネルギーが入射する電子のエネルギーより大きい場合でも，障壁の厚さが薄く，ポテンシャル障壁が有限であれば領域 II を通り抜け，領域 III に到達することが可能である。具体的なシミュレーション結果は多くの量子力学の教科書に出ているので参考にしていただきたい。

1.9.4　ヘテロ界面における散乱

半導体デバイスでは，異なるバンドギャップをもつ異種の半導体材料

からつくられる界面を利用する場合がある。このような界面をヘテロ界面という。ヘテロ界面では，境界条件の式(1.80)は修正の必要がある。これは界面を構成する物質の有効質量が異なるためである。領域Iと領域IIは，それぞれ有効質量 m_1 と m_2 を有する物質からなるとする。境界条件の式(1.80)に $-i\hbar$ をかけると運動量演算子である $-i\hbar d/dx$ が得られるが，質量が異なるので速度が異なるという結果が得られる。確率密度の流れは電流に対応するため，電子の速度が保存される必要がある。したがって，境界条件を

$$\left.\frac{1}{m_1}\frac{d\varphi_{\mathrm{I}}(x)}{dx}\right|_{x=0} = \left.\frac{1}{m_2}\frac{d\varphi_{\mathrm{II}}(x)}{dx}\right|_{x=0} \tag{1.96}$$

へと修正する必要がある。このことは，確率密度の流れを計算し，$\boldsymbol{R}+\boldsymbol{T}$を計算すると確認できる。ヘテロ界面に対して境界条件の式(1.80)を使って階段型ポテンシャルの確率密度の流れを計算すると $\boldsymbol{R}+\boldsymbol{T}=1$ にならない。一方，式(1.96)の境界条件で計算すると $\boldsymbol{R}+\boldsymbol{T}=1$ になる[*7]。

＊7　ヘテロ界面における確率密度の流れについては，J. H. Davies 著，樺沢宇紀 訳，低次元半導体の物理，丸善出版(2012)に解説がある。

1.10　時間に依存しない摂動論

摂動論は小さな乱れ(摂動)が加わったときに，本来の波動関数(固有関数)やエネルギーがどのように変化するのかを求める方法である。ここでは簡単のため，摂動は時間に依存しないものとする。さらに，摂動がないときにはエネルギーの縮退がなく，波動関数 $\varphi_n^{(0)}(\boldsymbol{r})$ やエネルギー $\mathcal{E}_n^{(0)}$ は求まっているものとする。したがって，次の関係が成立する。

$$\mathcal{H}_0\varphi_n^{(0)}(\boldsymbol{r}) = \mathcal{E}_n^{(0)}\varphi_n^{(0)}(\boldsymbol{r}) \tag{1.97}$$

時間因子を含めた波動関数は

$$\psi_n^{(0)}(\boldsymbol{r},t) = \varphi_n^{(0)}(\boldsymbol{r})\exp\left(-\frac{i\mathcal{E}_n^{(0)}t}{\hbar}\right) \tag{1.98}$$

となる。この状態に摂動 $\mathcal{H}'(\boldsymbol{r})$ が加わったときの波動関数とエネルギーをそれぞれ $\varphi_n(\boldsymbol{r})$, $\mathcal{E}_n$ とすると，解くべきシュレーディンガー方程式は

$$[\mathcal{H}_0+\mathcal{H}'(\boldsymbol{r})]\varphi_n(\boldsymbol{r}) = E_n\varphi_n(\boldsymbol{r}) \tag{1.99}$$

となる。

ここで，$\varphi_n(\boldsymbol{r})$ を次式のように展開する。

$$\varphi_n(\boldsymbol{r}) = \sum_i c_i\varphi_i^{(0)}(\boldsymbol{r}) \tag{1.100}$$

これは摂動があるときの波動関数は，摂動がないときの波動関数から構成されているということを仮定している。ただし，係数 c_i により組み合わせる波動関数の重みを調整している。ここで次の関係は容易に想像できる。すなわち，摂動はもともと小さい乱れであるから，波動関数 $\varphi_n^{(0)}(\boldsymbol{r})$ は摂動が加わった後の波動関数 $\varphi_n(\boldsymbol{r})$ の主たる成分を構成するは

ずであり，エネルギー $\mathcal{E}_{i\neq n}^{(0)}$ が $\mathcal{E}_n^{(0)}$ から大きく離れた固有状態ほど波動関数 $\varphi_n(\boldsymbol{r})$ への寄与は小さい。したがって，$\varphi_n(\boldsymbol{r})$ に対する $\varphi_{i\neq n}^{(0)}(\boldsymbol{r})$ の寄与は，$1/(\mathcal{E}_i^{(0)}-\mathcal{E}_n^{(0)})\,(i\neq n)$ に比例し，新たな重みとして $\alpha_i\,(i\neq n)$ を付与して，波動関数 $\varphi_n(\boldsymbol{r})$ は

$$\varphi_n(\boldsymbol{r})=\varphi_n^{(0)}(\boldsymbol{r})+\sum_i\left(\frac{\alpha_i}{\mathcal{E}_i^{(0)}-\mathcal{E}_n^{(0)}}\right)\varphi_i^{(0)}(\boldsymbol{r})+\cdots \tag{1.101}$$

と書けるであろう。摂動は小さいから，$\alpha_i/(\mathcal{E}_i^{(0)}-\mathcal{E}_n^{(0)})\,(i\neq n)$ も小さい値となるはずである。これを式(1.99)に代入して，左から $\varphi_n^{(0)*}(\boldsymbol{r})$ をかけて空間全体について積分すると

$$\mathcal{E}_n=\mathcal{E}_n^{(0)}+\langle n|\mathcal{H}'(\boldsymbol{r})|n\rangle \tag{1.102}$$

が得られる。$\langle n|\mathcal{H}'(\boldsymbol{r})|n\rangle$ は $\langle\varphi_n^{(0)}(\boldsymbol{r})|\mathcal{H}'(\boldsymbol{r})|\varphi_n^{(0)}(\boldsymbol{r})\rangle$ を意味する*8。また，左から $\varphi_j^{(0)*}(\boldsymbol{r})$ をかけて空間全体について積分すると

*8　$\langle\varphi_n^{(0)}(\boldsymbol{r})|\mathcal{H}'(\boldsymbol{r})|\varphi_n^{(0)}(\boldsymbol{r})\rangle$ は積分 $\int\varphi_n^{(0)*}(\boldsymbol{r})\mathcal{H}'(\boldsymbol{r})\varphi_n^{(0)}(\boldsymbol{r})\mathrm{d}\boldsymbol{r}$ を表している。

$$\alpha_j\cong-\langle j|\mathcal{H}'(\boldsymbol{r})|n\rangle \tag{1.103}$$

となる。以上の計算では，式(1.97)の関係と規格直交性 $\langle j|i\rangle=\delta_{ij}$，さらに式(1.102)を用いている。また，微小量と微小量のかけ算は無視している。

したがって，波動関数は

$$\varphi_n(\boldsymbol{r})=\varphi_n^{(0)}(\boldsymbol{r})+\sum_i\frac{\langle i|\mathcal{H}'(\boldsymbol{r})|n\rangle}{\mathcal{E}_n^{(0)}-\mathcal{E}_i^{(0)}}\varphi_i^{(0)}(\boldsymbol{r}) \tag{1.104}$$

となる。この結果は1次の摂動と呼ばれる。以上は直感的な議論であり，厳密な摂動論，高次の摂動に関する議論については，量子力学の教科書を参考にしていただきたい。

1.11　時間に依存する摂動論

前節の議論では摂動は時間に依存しないと仮定した。ここでは，時間に依存する摂動が加わった場合を取り扱う。先に述べたように，時間に依存する摂動は電子が格子振動と相互作用する場合や電子が電磁波と相互作用する場合が該当する。いま，時間に依存する摂動を $\mathcal{H}'(\boldsymbol{r},t)$ と書く。この状態は定常状態ではないから，シュレーディンガー方程式

$$[\mathcal{H}_0+\mathcal{H}'(\boldsymbol{r},t)]\psi(\boldsymbol{r},t)=\mathrm{i}\hbar\frac{\partial\psi(\boldsymbol{r},t)}{\partial t} \tag{1.105}$$

を解くことになる。なお，摂動がない場合の定常状態の波動関数は時間因子まで含めて

$$\psi_n^{(0)}(\boldsymbol{r},t)=\varphi_n^{(0)}(\boldsymbol{r})\exp\left(-\frac{\mathrm{i}\mathcal{E}_n^{(0)}t}{\hbar}\right) \tag{1.106}$$

と明らかになっているものとする。これに時間的に変化する摂動が加わるわけであるが，時間の経過とともにいろいろな固有状態が初期状態に

混ざってくるため，摂動が加わった後の波動関数は

$$\psi(\boldsymbol{r},t)=\sum_n c_n(t)\varphi_n^{(0)}(\boldsymbol{r})\exp\left(-\frac{\mathrm{i}\mathcal{E}_n^{(0)}t}{\hbar}\right) \tag{1.107}$$

と書けるものとする。$c_n(t)$ は混ざり方の重みであるが，時間に依存して混ざり方が変わるので時間の関数となっている。波動関数には

$$\int|\psi(\boldsymbol{r},t)|^2\mathrm{d}\boldsymbol{r}=\int\left|\sum_n c_n(t)\varphi_n^{(0)}(\boldsymbol{r})\exp\left(-\frac{\mathrm{i}\mathcal{E}_n^{(0)}t}{\hbar}\right)\right|^2\mathrm{d}\boldsymbol{r}=1 \tag{1.108}$$

の関係が成立することから

$$\sum_n|c_n(t)|^2=1 \tag{1.109}$$

となる。この式は時刻 t に電子が状態 n にある確率は $|c_n(t)|^2$ であることを意味する。なお，式(1.109)を求めるにあたっては波動関数の規格直交性 $\langle j|i\rangle=\delta_{ij}$ を利用した。式(1.107)を式(1.105)に代入して整理すると

$$\begin{aligned}&\sum_n c_n(t)\mathcal{H}'(\boldsymbol{r},t)\varphi_n^{(0)}(\boldsymbol{r})\exp\left(-\frac{\mathrm{i}\mathcal{E}_n^{(0)}t}{\hbar}\right)\\&=\mathrm{i}\hbar\sum_n\frac{\mathrm{d}c_n(t)}{\mathrm{d}t}\varphi_n^{(0)}(\boldsymbol{r})\exp\left(-\frac{\mathrm{i}\mathcal{E}_n^{(0)}t}{\hbar}\right)\end{aligned} \tag{1.110}$$

が得られる。この式に左から $\varphi_f^{(0)*}(\boldsymbol{r})$ をかけて空間全体について積分すると*9

$$\begin{aligned}&\sum_n c_n(t)\langle f|\mathcal{H}'(\boldsymbol{r},t)|n\rangle\exp\left(-\frac{\mathrm{i}\mathcal{E}_n^{(0)}t}{\hbar}\right)\\&=\mathrm{i}\hbar\frac{\mathrm{d}c_f(t)}{\mathrm{d}t}\exp\left(-\frac{\mathrm{i}\mathcal{E}_f^{(0)}t}{\hbar}\right)\end{aligned} \tag{1.111}$$

*9　f は終状態(final state)を意味する。

が得られ，これを整理すると

$$\frac{\mathrm{d}c_f(t)}{\mathrm{d}t}=-\frac{\mathrm{i}}{\hbar}\sum_n c_n(t)\langle f|\mathcal{H}'(\boldsymbol{r},t)|n\rangle\exp\left[+\frac{\mathrm{i}(\mathcal{E}_f^{(0)}-\mathcal{E}_n^{(0)})t}{\hbar}\right] \tag{1.112}$$

となる。$\langle f|\mathcal{H}'(\boldsymbol{r},t)|n\rangle$ は $\langle\varphi_f^{(0)}(\boldsymbol{r})|\mathcal{H}'(\boldsymbol{r},t)|\varphi_n^{(0)}(\boldsymbol{r})\rangle$ を意味する。いま，$t=0$ のとき，初期状態として $\psi_i^{(0)}(\boldsymbol{r},t)=\varphi_i^{(0)}(\boldsymbol{r})\exp(-\mathrm{i}\mathcal{E}_i^{(0)}t/\hbar)$ のみに電子が存在していたとする。このときは $c_i(0)=1$，$c_j(0)=0\,(j\neq i)$ である。このような仮定の下では

$$\frac{\mathrm{d}c_f(t)}{\mathrm{d}t}=-\frac{\mathrm{i}}{\hbar}\langle f|\mathcal{H}'(\boldsymbol{r},t)|i\rangle\exp\left[+\frac{\mathrm{i}(\mathcal{E}_f^{(0)}-\mathcal{E}_i^{(0)})t}{\hbar}\right] \tag{1.113}$$

であるから，時間に関して積分すると

$$c_f(t) = -\frac{\mathrm{i}}{\hbar}\int_0^t \langle f|\mathcal{H}'(\boldsymbol{r},t)|i\rangle \exp\left[+\frac{\mathrm{i}(\mathcal{E}_f^{(0)} - \mathcal{E}_i^{(0)})t}{\hbar}\right]\mathrm{d}t \qquad (1.114)$$

となる。時刻 t に電子が状態 f にある確率は $|c_f(t)|^2$ である。いま，$t=0$ において $\mathcal{H}'(\boldsymbol{r},t) = A(\boldsymbol{r})\exp(-\mathrm{i}\omega t)$ の摂動が加わったとすると

$$c_f(t) = -\frac{\mathrm{i}}{\hbar}\langle f|A(\boldsymbol{r})|i\rangle \int_0^t \exp\left[+\frac{\mathrm{i}(\mathcal{E}_f^{(0)} - \mathcal{E}_i^{(0)} - \hbar\omega)t}{\hbar}\right]\mathrm{d}t \qquad (1.115)$$

となり，$(\mathcal{E}_f^{(0)} - \mathcal{E}_i^{(0)} - \hbar\omega)/\hbar = \omega_{fi}$ とすると

$$\begin{aligned}|c_f(t)|^2 &= \frac{1}{\hbar^2}|\langle f|A(\boldsymbol{r})|i\rangle|^2 \times \left|\frac{\exp(\mathrm{i}\omega_{fi}t) - 1}{\mathrm{i}\omega_{fi}}\right|^2 \\ &= \frac{4}{\hbar^2}|\langle f|A(\boldsymbol{r})|i\rangle|^2 \times \frac{\sin^2(\omega_{fi}t/2)}{\omega_{fi}^2}\end{aligned} \qquad (1.116)$$

となる。

ここで

$$\frac{\sin^2(\omega_{fi}t/2)}{\omega_{fi}^2} \qquad (1.117)$$

について考える。分子は三角関数であり，分母は ω_{fi}^2 であるため，ω_{fi}^2 が 0 から外れると急激に 0 に近づく。ピーク値は，$\omega_{fi}^2 = 0$ の近傍にあり，$t^2/4$ を有する。半値幅は $1/t$ のオーダーであるため，t が長いとピーク値は大きくなり半値幅は小さくなる。すなわち，デルタ関数に近くなる。この関係を使うと

$$\frac{\sin^2(\omega_{fi}t/2)}{\omega_{fi}^2} = \frac{\pi t\delta(\omega_{fi})}{2} \qquad (1.118)$$

と近似できる。したがって，式(1.115)は

$$|c_f(t)|^2 = \frac{4}{\hbar^2}|\langle f|A(\boldsymbol{r})|i\rangle|^2 \frac{\pi t\delta(\omega_{fi})}{2} \qquad (1.119)$$

となる。$(\mathcal{E}_f^{(0)} - \mathcal{E}_i^{(0)} - \hbar\omega)/\hbar = \omega_{fi}$ に注意すると，単位時間に始状態 i から終状態 f に遷移する確率は

$$|c_{fi}|^2 = \frac{2\pi}{\hbar}|\langle f|A(\boldsymbol{r})|i\rangle|^2 \delta(\mathcal{E}_f^{(0)} - \mathcal{E}_i^{(0)} - \hbar\omega) \qquad (1.120)$$

と得られる。この式はフェルミの黄金律と呼ばれる。この式のデルタ関数部分は，初期状態に摂動のエネルギー $\hbar\omega$ を加えたものが終状態であることを意味しており，摂動のエネルギー $\hbar\omega$ を吸収するエネルギー保存則を表している。

一方，摂動の時間依存性を

$$\mathcal{H}'(\boldsymbol{r},t) = A(\boldsymbol{r})\exp(\mathrm{i}\omega t) \qquad (1.121)$$

と仮定すると

$$|c_{fi}|^2=\frac{2\pi}{\hbar}|\langle f|A(\boldsymbol{r})|i\rangle|^2\delta(\mathcal{E}_f^{(0)}-\mathcal{E}_i^{(0)}+\hbar\omega) \qquad (1.122)$$

得られる。この式のデルタ関数部分は初期状態から摂動のエネルギー $\hbar\omega$ を放出した状態が終状態であることを意味しており，摂動のエネルギー $\hbar\omega$ を放出するエネルギー保存則を表している。

❖ 章末問題

1.1　下図のポテンシャル段差に対して，左から右に向かって（$+x$ 方向に向かって）平面波が進んでいる場合，領域 I および領域 II の波動関数および反射率を求めなさい。なお，領域 I および II において質量は同じであるとする。

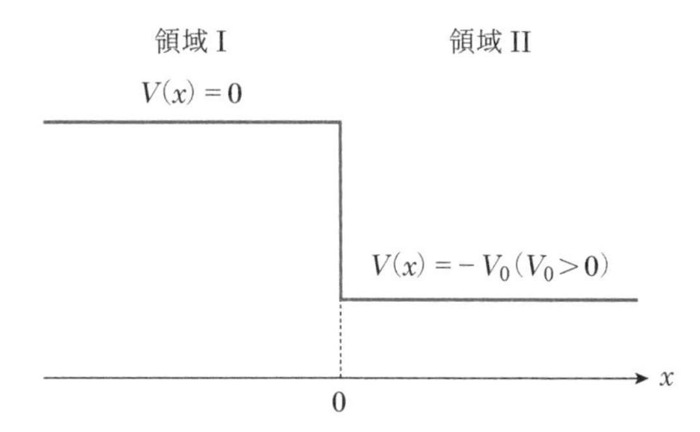

1.2　下図のポテンシャルを有する 1 次元系があるとき，電子が束縛されるための条件を求めなさい。

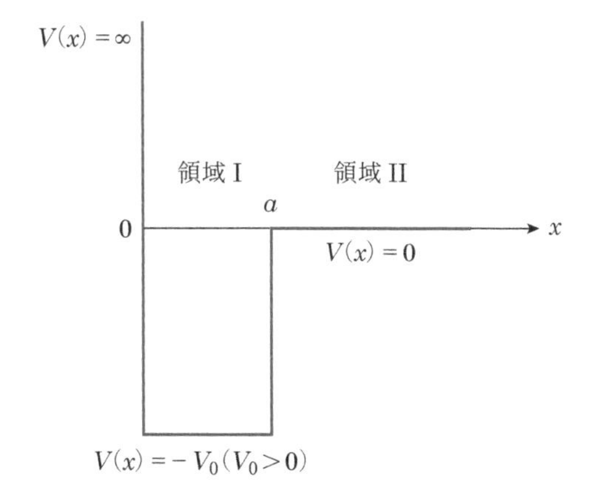

第2章　水素原子から物質へ

2.1　水素原子

この節では，もっとも単純な系である水素原子に対してシュレーディンガー方程式を適用する。水素原子内の電子は1個であり，原子核からのクーロン引力を受けながら運動するため，自由に空間を運動している場合に比べて電子のエネルギーは低い。クーロン力は

$$F(r) = -\frac{e^2}{4\pi\varepsilon_0 r^2} \tag{2.1}$$

で与えられる。ここで，r は原子核と電子の距離，e（$= 1.602 \times 10^{-19}$ C）は電子の電荷（電気素量）[*1]，ε_0 は真空の誘電率である。引力であるので，マイナスの符号が付いている。力 $F(r)$ とポテンシャルエネルギー $V(r)$ の間には $F(r) = -\partial V(r)/\partial r$ の関係があるため，クーロン力によるポテンシャルエネルギー $V(r)$ は

$$V(r) = -\frac{e^2}{4\pi\varepsilon_0 r} \tag{2.2}$$

となる。引力であるのでポテンシャルに関してもマイナスの符号が付いている。原子核から無限に離れた位置ではクーロン引力は無いため，$V(\infty) = 0$ である。このポテンシャルエネルギーは位置のみによって変化し，時間に依存しない定常状態であるため，シュレーディンガー方程式は次のように表される。

$$\left(-\frac{\hbar^2}{2m}\nabla^2 - \frac{e^2}{4\pi\varepsilon_0 r}\right)\varphi(\boldsymbol{r}) = \mathcal{E}\varphi(\boldsymbol{r}) \tag{2.3}$$

ここで，∇^2 は

$$\nabla^2 = \frac{\partial^2}{\partial x^2} + \frac{\partial^2}{\partial y^2} + \frac{\partial^2}{\partial z^2} \tag{2.4}$$

を意味する。式(2.3)は一見すると x, y, z のほかに r があり，非常に複雑に見えるが，r は原子核からの距離であり，電子が存在する位置 x, y, z との間に $r = (x^2 + y^2 + z^2)^{1/2}$ の関係が成立するため，独立変数は3つである。極座標 (r, θ, ϕ) を使うと x, y, z は次式で表現できる。

$$x = r\sin\theta\cos\phi, \quad y = r\sin\theta\sin\phi, \quad z = r\cos\theta \tag{2.5}$$

極座標を用いて式(2.3)のシュレーディンガー方程式を書き直すと

＊1　電子の電荷を $-e$ としている。e は電子の電荷の大きさである。

$$\left[-\frac{\hbar^2}{2m}\left\{\frac{1}{r^2}\frac{\partial}{\partial r}\left(r^2\frac{\partial}{\partial r}\right)+\frac{1}{r^2}\frac{1}{\sin\theta}\frac{\partial}{\partial\theta}\left(\sin\theta\frac{\partial}{\partial\theta}\right)+\frac{1}{r^2}\frac{1}{\sin^2\theta}\frac{\partial^2}{\partial\phi^2}\right\}-\frac{e^2}{4\pi\varepsilon_0 r}\right]\varphi(\boldsymbol{r})=\mathcal{E}\varphi(\boldsymbol{r}) \tag{2.6}$$

となる。この方程式の解である波動関数 $\varphi(\boldsymbol{r})$ は

$$\varphi(\boldsymbol{r})=R(r)Y(\theta,\phi) \tag{2.7}$$

と変数分離できることが知られている。式(2.7)を式(2.6)に代入し，両辺を $R(r)Y(\theta,\phi)$ で割ると

$$\frac{1}{R(r)}\left\{r^2\frac{\partial R(r)}{\partial r}\right\}+\frac{2mr^2}{\hbar^2}\left(\mathcal{E}+\frac{e^2}{4\pi\varepsilon_0 r}\right)=-\frac{1}{Y(\theta,\phi)}\left\{\frac{1}{\sin\theta}\frac{\partial}{\partial\theta}\left(\sin\theta\frac{\partial}{\partial\theta}\right)+\frac{1}{\sin^2\theta}\frac{\partial^2}{\partial\phi^2}\right\}Y(\theta,\phi) \tag{2.8}$$

が得られる。左辺は r のみの関数であり，右辺は θ と ϕ の関数であるため，両辺は定数となる。この解を求める作業は非常に複雑であり，さらに特殊関数を必要とするため，量子力学の教科書を参考にしていただくことにして結果のみを記すと，解は

$$\varphi_{n,l,m}(r,\theta,\phi)=R_{n,l}(r)Y_{l,m}(\theta,\phi) \tag{2.9}$$

で与えられる。l, m の意味については後で述べる。

電子のエネルギー $\mathcal{E}$ は n ($n=1, 2, 3, \cdots$) により

$$\mathcal{E}_n=-\frac{me^4}{8{\varepsilon_0}^2h^2}\times\frac{1}{n^2} \tag{2.10}$$

と書ける。これは 1.6.1 項で「1 次元の無限障壁井戸型ポテンシャル」について導いた結果(式(1.51))と同じである。エネルギーを与えるパラメータである n は主量子数と呼ばれ，非常に重要である。室温付近の熱平衡状態において，電子はもっとも低いエネルギー状態(基底状態)をとる。

主量子数 n 以外にも電子の状態を決めるパラメータとして，方位(軌道)量子数 l や磁気量子数 m が存在する。$R_{n,l}(r)$ や $Y_{l,m}(\theta,\phi)$ における l, m はこのパラメータに相当する。l と m は自由な値をとれるわけではなく，方位量子数 l と主量子数 n の間には

$$n \geq l+1 \tag{2.11}$$

の関係が存在する。ただし，$l=0, 1, 2, \cdots$ である。また，磁気量子数 m と方位量子数 l の間には

$$l \geq |m| \tag{2.12}$$

の関係が成立する。ただし，$m=0, \pm1, \pm2, \cdots$ である。これらの関係を理解するために，以下に具体的な例をあげて説明する。

・$n=1$の場合

式(2.11)よりlの値としては0だけが許される。$l=0$のときに電子が存在しうる軌道をs軌道と呼び，nが1であることを示す記号1を頭に付けて1s軌道となる。mに関しては式(2.12)より$m=0$のみである。すなわち，量子数(n, l, m)の組は(1, 0, 0)となる。

・$n=2$の場合

式(2.11)よりlの値としては0と1が許される。$n=2$で$l=0$の状態は，頭に2を付けて2s軌道と呼ぶ。mに関しては式(2.12)より$m=0$のみである。したがって，このときの量子数(n, l, m)の組は(2, 0, 0)である。

$l=1$の状態はp軌道と呼ばれ，$n=2$, $l=1$の状態は頭に2を付けて2p軌道となる。式(2.12)から$l=1$の状態では$m=-1, 0, 1$の3つが許される。したがって，量子数(n, l, m)の組は(2, 1, −1), (2, 1, 0), (2, 1, 1)となり，3種類の軌道が存在する。

・$n=3$の場合

式(2.11)よりlの値としては0, 1, 2が許される。$n=3$で$l=0$の状態は，頭に3を付けて3s軌道と呼ぶ。mに関しては式(2.12)より$m=0$のみである。このときの(n, l, m)の組は(3, 0, 0)のみであり，1つの軌道が許される。

$l=1$の場合は，$n=3$であるから3p軌道となる。$l=1$の状態では式(2.12)から$m=-1, 0, 1$の3つが許される。したがって，(n, l, m)の組は(3, 1, −1), (3, 1, 0), (3, 1, 1)の3つであり，3種類の軌道が存在する。

$l=2$の状態はd軌道と呼ばれる。したがって，$n=3$, $l=2$の場合は3d軌道と呼ぶ。$l=2$の場合は，式(2.12)から$m=-2, -1, 0, 1, 2$が許されるので(n, l, m)の組には(3, 2, −2), (3, 2, −1), (3, 2, 0), (3, 2, 1), (3, 2, 2)があり，軌道が5種類存在する。

これらをまとめた結果を表2.1に示す。上記のように電子が存在しうる軌道の数は，$n=1$では1，$n=2$では4，$n=3$では9であり，n^2で特徴づけられる。

以上は電子が存在しうる軌道を記したものである。スピンまで考慮すると，パウリの排他原理を満たすように1つの軌道にはアップスピンとダウンスピンの2種類のスピンを有する電子が入れるので$2n^2$とな

表2.1　水素原子の状態と元素の電子配置

主量子数 n	軌道	方位量子数 l	磁気量子数 m	状態数
1	1s	0	0	2
2	2s	0	0	2
	2p	1	0, ±1	6
3	3s	0	0	2
	3p	1	0, ±1	6
	3d	2	0, ±1, ±2	10

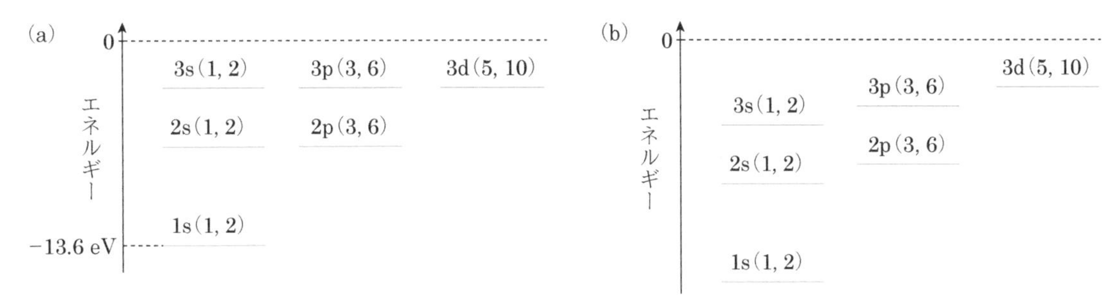

図 2.1　(a)水素原子のエネルギー準位，(b)多電子原子の電子のエネルギー準位
(　)内の最初の数字は軌道の縮退度。2つ目の数字はスピンまで考慮した場合にとりうる最大の電子数。(b)のように，多電子原子では，2sと2p軌道および3sと3pと3d軌道のエネルギー準位の縮退は解ける。縦軸は任意単位である。

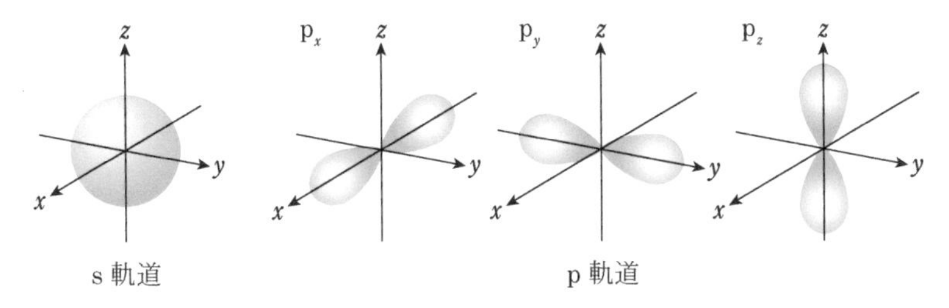

図 2.2　水素原子の1s軌道と2p軌道(波動関数)

る。図 2.1(a)は上記の内容を図示したものである。また，表 2.1 における「状態数」が，スピンまでを考慮した電子の存在しうる状態の数に相当する。

水素原子，すなわち電子を1個だけ含む原子では，エネルギーは n のみで決まり，2sと2pは同じエネルギーを有し，同様に3sと3pと3dは同じエネルギーを有している。一方，多電子原子，すなわち電子を2個以上含む原子では，軌道を回る電子と電子の間の相互作用を考慮する必要があり，2sと2pおよび3sと3pと3dはそれぞれ異なるエネルギーを有する。しかし，主として n に依存してエネルギーが変化することは同様であり，それぞれの軌道は，大まかには図 2.1(b)に示すようなエネルギーをとる。

半導体ではs軌道とp軌道が特に重要である。s軌道とp軌道は図 2.2 の形状を有する。このように単純に軌道を描くとs軌道では原子核の位置に電子が存在するように見えるが，半径 r と $r+\mathrm{d}r$ の中に電子が見出される確率は，半径 r に位置する微小領域 $\mathrm{d}\boldsymbol{r}=\mathrm{d}r\times r\mathrm{d}\theta\times r\sin\theta\mathrm{d}\phi=r^2\sin\theta\mathrm{d}r\mathrm{d}\theta\mathrm{d}\phi$ を考えて，波動関数 $\varphi_{n,l,m}(r,\theta,\phi)$ を θ,ϕ に関して積分することで

$$\iint|\varphi_{n,l,m}(r,\theta,\phi)|^2 r^2\sin\theta\,\mathrm{d}r\,\mathrm{d}\theta\,\mathrm{d}\phi=|R_{n,l}(r)|^2 r^2\mathrm{d}r \tag{2.13}$$

と表される。$|R_{n,l}(r)|^2 r^2$ を軌道確率密度という。なお，この計算では

$$\iint|Y_{l,m}(\theta,\phi)|^2\sin\theta\,\mathrm{d}\theta\,\mathrm{d}\phi=1 \tag{2.14}$$

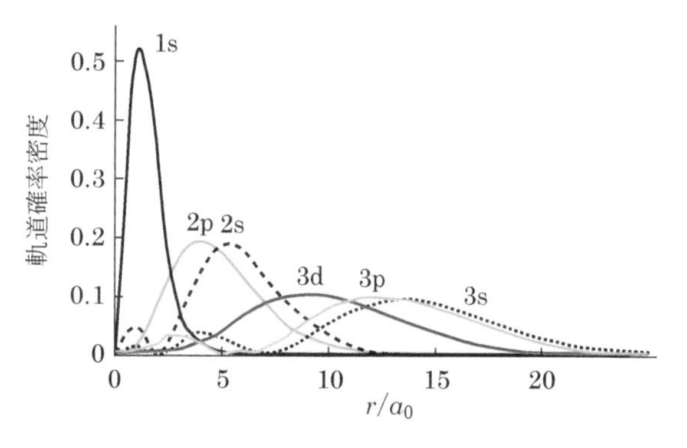

図2.3　水素原子の軌道確率密度
a_0はボーア半径。

の関係を利用している。式(2.13)より，原子核の位置では軌道確率密度はゼロである。電子の分布を原子核からの距離rに対して表すと図2.3に示すようになる。

2.2　水素分子

水素が分子を形成するということは，2つの水素原子がそれぞれ孤立して存在するよりも分子を形成した方が系全体のエネルギーが低くなることを意味している。それでは，分子を形成したときにエネルギーが低くなる起源は何であろうか。

まず，水素分子の1電子状態，すなわちH_2^+について，不確定性原理と電子分布の観点から考えてみる。2つの水素原子(原子1，原子2とする)が接近するとそれぞれの水素原子に属する電子の1s軌道が重なりあうため，電子は原子1から原子2に軌道を変えることができる。逆に原子2から原子1に軌道を変えることもできる。電子が2つの原子の間をめぐるようになると，電子が運動する空間が広くなる。すなわち，長波長の物質波を形成できるようになる。これはド・ブロイの関係式$\lambda = h/p$から，運動量の小さい波を形成できることを示唆している。不確定性原理の観点からは，電子の位置の不確定性が大きくなるために運動量の不確定性は小さくなる。運動エネルギーを簡単に$(\Delta p)^2/(2m)$と書くと，水素原子の場合よりも運動エネルギーは小さくなる。

ここで，原子1および原子2における水素原子の1s電子の波動関数をφ_1, φ_2とする。水素分子を形成して，電子が2つの原子をめぐるようになると，どちらかの水素原子に電子が優位に存在するということはなくなり，新たに形成される軌道の1電子波動関数はφ_1とφ_2に対して同じ重みを有し，φ_1とφ_2の足し算になるものと推測される。したがって，波動関数は

$$\psi(\boldsymbol{r}) = C\{\varphi_1(\boldsymbol{r}) + \varphi_2(\boldsymbol{r})\} \tag{2.15}$$

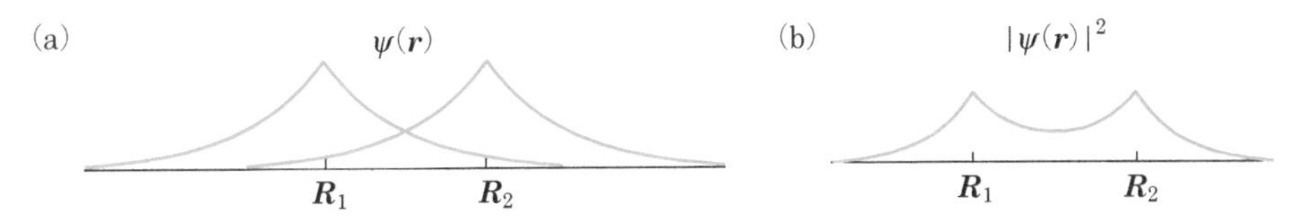

図2.4　(a)水素分子の結合性軌道(波動関数)，(b)波動関数の2乗

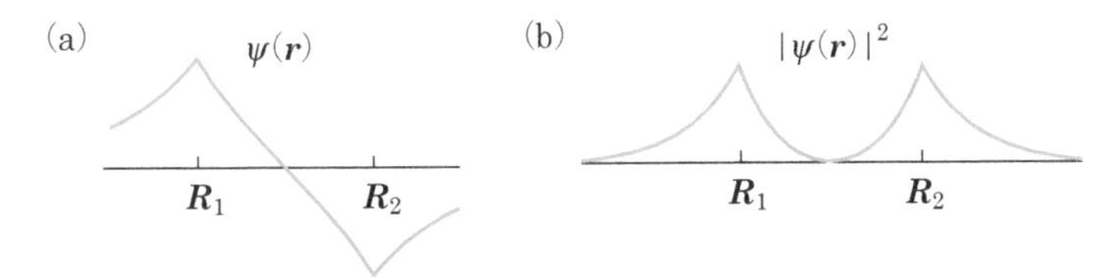

図2.5　(a)水素分子の反結合性軌道(波動関数)，(b)波動関数の2乗

と書ける。Cは$|\psi(\boldsymbol{r})|^2=C^2\{|\varphi_1(\boldsymbol{r})|^2+\varphi_1{}^*(\boldsymbol{r})\varphi_2(\boldsymbol{r})+\varphi_1(\boldsymbol{r})\varphi_2{}^*(\boldsymbol{r})+|\varphi_2(\boldsymbol{r})|^2\}$という空間積分の規格化により求められる定数である。φ_1とφ_2は水素原子の1s軌道の波動関数であるから，規格化されているはずである。$\varphi_1{}^*(\boldsymbol{r})\varphi_2(\boldsymbol{r})$および$\varphi_2{}^*(\boldsymbol{r})\varphi_1(\boldsymbol{r})$に関する空間積分を簡単化のために0とすると，$C=1/\sqrt{2}$が得られる。したがって，波動関数は

$$\psi(\boldsymbol{r})=\frac{1}{\sqrt{2}}\{\varphi_1(\boldsymbol{r})+\varphi_2(\boldsymbol{r})\} \tag{2.16}$$

となる。また，$\varphi_1{}^*(\boldsymbol{r})\varphi_2(\boldsymbol{r})$および$\varphi_2{}^*(\boldsymbol{r})\varphi_1(\boldsymbol{r})$の空間積分を$S$とした場合には，規格化条件から

$$\psi(\boldsymbol{r})=\frac{1}{\sqrt{2(1+S)}}\{\varphi_1(\boldsymbol{r})+\varphi_2(\boldsymbol{r})\} \tag{2.17}$$

となる。図2.4(a)は式(2.16)および式(2.17)の波動関数を模式的に表している。電子の存在確率である波動関数の2乗$|\psi(\boldsymbol{r})|^2$は，図2.4(b)のように，式(2.16)と式(2.17)のどちらにおいても，原子1と原子2の中間の位置において0にはならない。この領域の電子は，原子1の原子核からの引力と原子2の原子核からの引力をともに受けるため，電子のエネルギーは低くなる。したがって，2つの原子をめぐる軌道にいる電子は運動エネルギーが小さくなり，さらに両原子核の中間に位置する電子は引力が大きくなるため，孤立した水素原子の中の電子のエネルギーよりも小さくなる。この軌道を結合性軌道と呼ぶ。

ここで，式(2.16)，(2.17)に直交する波動関数について考える。この波動関数は式(2.16)に対しては

$$\psi(\boldsymbol{r})=\frac{1}{\sqrt{2}}\{\varphi_1(\boldsymbol{r})-\varphi_2(\boldsymbol{r})\} \tag{2.18}$$

式(2.17)に対しては

$$\psi(\boldsymbol{r})=\frac{1}{\sqrt{2(1-S)}}\{\varphi_1(\boldsymbol{r})-\varphi_2(\boldsymbol{r})\} \tag{2.19}$$

となる。この波動関数は図2.5(a)，(b)に示すように，原子1と原子2

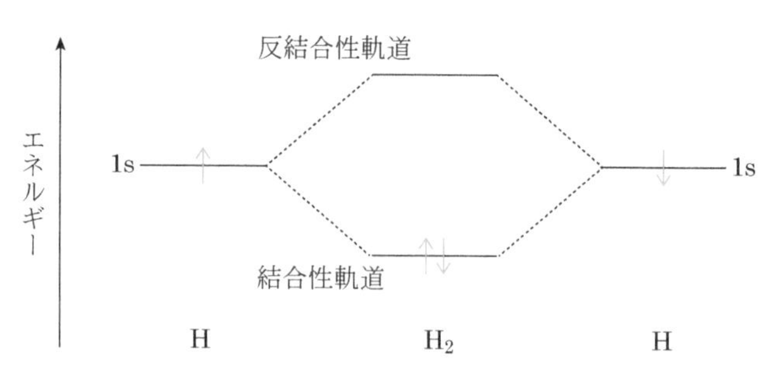

図2.6　水素分子の結合性軌道と反結合性軌道におけるエネルギーの分裂
1sは水素原子の1s軌道を表す。水素分子の結合性軌道をアップスピンとダウンスピンの2個の電子が占める。

の中間位置で $|\psi(\boldsymbol{r})|^2$ が0となる。このことは，電子の空間分布は2つの領域に分断されることを示しており，孤立した水素原子のときよりも分布が狭くなっていると考えられる。この空間に形成できる物質波は波長が短くなり，ド・ブロイの関係式から運動量は大きくなる。不確定性原理の観点では，位置の不確定性は小さくなり運動量の不確定性は大きくなることに対応する。また，原子1と原子2の中間位置に電子が存在しないため，両原子核からの引力を有効に利用できない。したがって，電子のエネルギーは水素原子のときよりも高くなる。このような軌道を反結合性軌道という。したがって，結合性軌道と反結合性軌道のエネルギーは水素原子の1s軌道のエネルギーに対して図2.6の位置関係にある。

上で求められた水素分子の1電子状態の波動関数に，水素分子が有する2個の電子を詰めることを考える。このとき，2個の電子がともに結合性軌道を占有するとエネルギーがもっとも小さい。これを実現するためには，水素分子を構成する2個の電子のスピンは図2.6に示すように，互いに反対向きである必要がある。すなわち，反対向きスピンの電子をもつ2個の水素原子が互いに接近したときに水素分子が形成される。しかし，原子間距離が近づきすぎると原子核間の斥力が働くため，原子核の静電反発エネルギーまでを含めた系全体のエネルギーは高くなってしまう。したがって，図2.7(a)に示すように，系全体のエネルギーはある原子間距離のときにもっとも低い値をとる。この値が水素分子における2個の水素原子間の原子間距離を決める。

ここで少し脱線するが，ヘリウムがなぜ分子にならないかについて水素分子の考え方を延長して考えてみる。水素原子が分子になる理由は，分子になると系全体のエネルギーが2つの水素原子が孤立して存在するときよりも低くなるからであった。ヘリウム原子の2個の電子は1s軌道を占め，スピンは互いに反対である。分子になると全部で4個の電子を有することになるが，2個のスピンはアップスピン，他の2個はダウンスピンである。水素分子の1電子波動関数に基づいて考えると，4個の電子のうち，互いに反対向きのスピンをもった2個の電子が結合

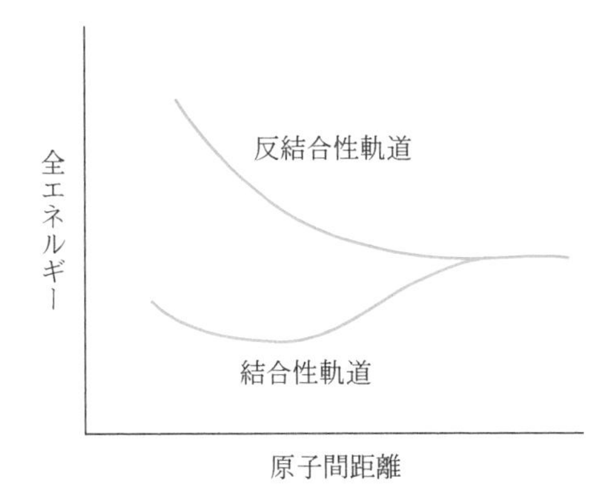

図 2.7　水素分子における原子間距離(2 つの水素原子核間の距離)とエネルギーの分裂
原子間距離が極端に離れている場合には水素原子の 1s 軌道のエネルギーに等しい。

性軌道に入り，反結合性軌道には互いに反対向きのスピンが 2 個入る。図 2.6 の反結合性軌道に 2 個の電子が入ることによって，結合性軌道に入った 2 個の電子のエネルギーの得が消滅する。したがって，分子は形成されない。

2.3　s軌道あるいはp軌道からなる物質

2.3.1　1次元s軌道物質

以降の節の議論では，大胆な近似ではあるが，結合性軌道と反結合性軌道の観点から物質中の電子のエネルギーについて考えていく。

ここでは，3 つの水素原子が 1 次元に整列した物質を仮定する。この限られた空間の中で実現される電子の波は，井戸型ポテンシャル中の電子と同様に定在波である。さらに分子の重心に対して原子の配列は左右対称であるから，電子の確率密度の分布も重心に対して左右対称になっていなければならない。これらの関係が水素分子に対しても成立していることは 2.2 節で示したとおりである。不確定性原理から，もっとも小さい運動エネルギーを有する状態における電子の波は，電子がもっとも広い空間を運動する状態であるから図 2.8(a)のように表される。もっとも大きい運動エネルギーを有する状態はもっとも波長の小さい図 2.8(c)である。その中間の運動エネルギーを有する状態は図 2.8(b)であり，重心に対して左右対称な波となる。したがって，3 つの水素原子が 1 次元に整列した仮想物質は，図 2.8(d)のように 3 つのエネルギーに分裂する。これらの波動関数は次式で表される。

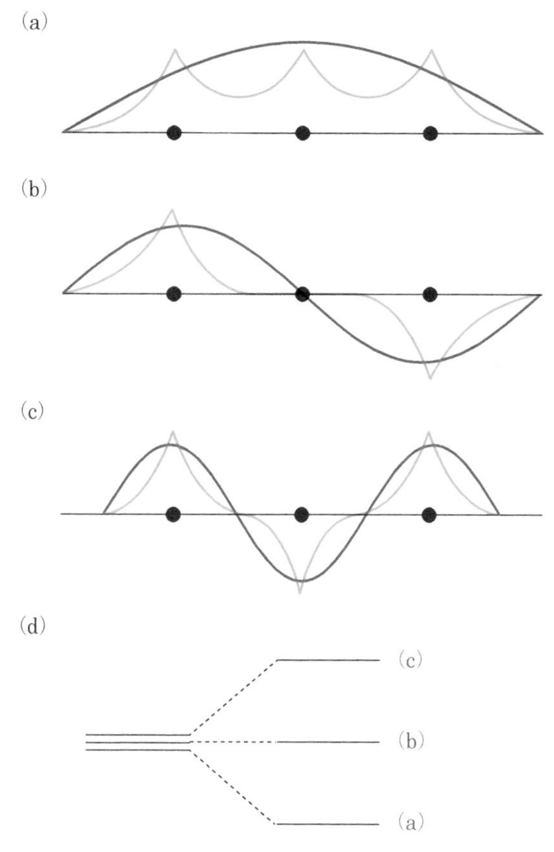

図2.8　3つの水素原子が1次元に整列した仮想物質における波動関数(青)および定在波(赤)とエネルギー準位

(a)もっともエネルギーが低い状態(基底状態)に対する結合性軌道。波長がもっとも長い。(b)中間のエネルギー状態における波動関数。波長が中間の大きさである。(c)もっともエネルギーが高い状態に対する反結合性軌道。波長がもっとも短い。(d)エネルギー準位が3つに分裂した様子。

$$
\begin{aligned}
\psi_1 &= \frac{1}{2}\varphi_1 + \frac{1}{\sqrt{2}}\varphi_2 + \frac{1}{2}\varphi_3 \\
\psi_2 &= \frac{1}{\sqrt{2}}\varphi_1 - \frac{1}{\sqrt{2}}\varphi_3 \\
\psi_3 &= \frac{1}{2}\varphi_1 - \frac{1}{\sqrt{2}}\varphi_2 + \frac{1}{2}\varphi_3
\end{aligned}
\tag{2.20}
$$

ここで，φ_n は n 番目の水素原子の 1s 軌道である。これらの波動関数は規格化され，互いに直交している。

6つの水素原子が1次元に連なった場合には，どのような電子状態ができるだろうか。この場合も分子の重心に対して原子の配列は左右対称であるから，電子の確率密度の分布も重心に対して左右対称でなければならない。もっとも広い空間を運動している定在波は図2.9(a)である。次に広い空間を運動している定在波は図2.9(b)となる。その次は，図2.9(c)，図2.9(d)，図2.9(e)の順となる。もっとも運動エネルギーが大き

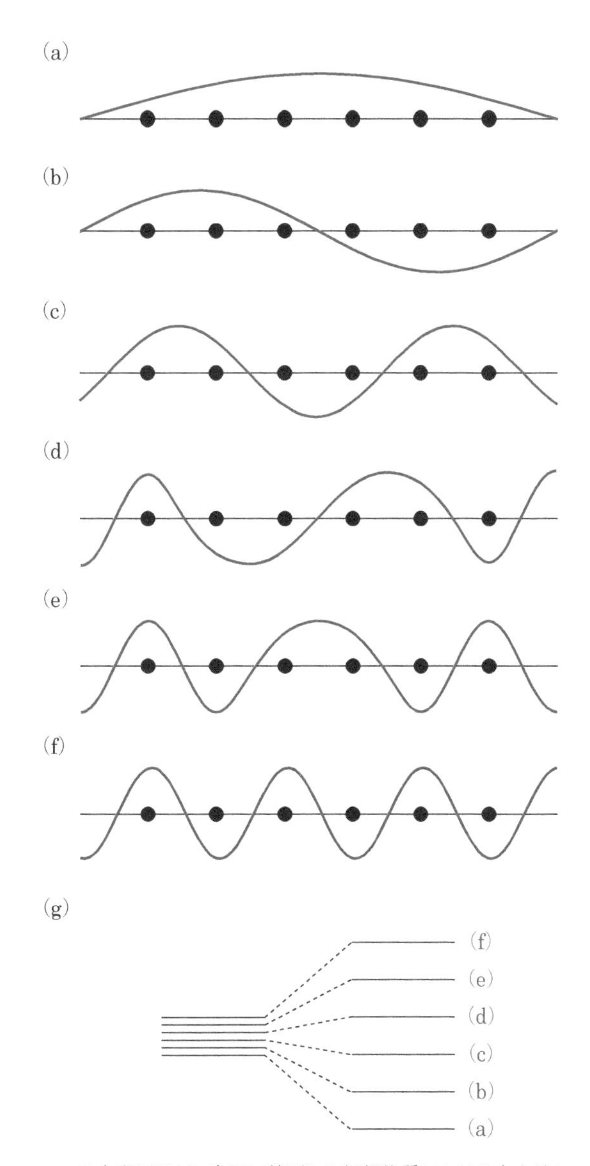

図2.9　6つの水素原子が1次元に整列した仮想物質における定在波とエネルギー準位
(a)は最大波長，(f)は最小波長の状態。波動関数の2乗は重心に対して対称である必要がある。(g)エネルギー準位が6つに分裂した様子。

い状態は波長が短く，もっとも狭い空間に閉じ込められる場合であるから，図 2.9(f)である。こうして，6つの水素原子が1次元に整列した仮想物質のエネルギーは，図 2.9(g)のように6つに分裂する。2つの水素原子からできた水素分子は2つのエネルギー，3つの水素原子からできた1次元仮想物質は3つのエネルギー，6つの水素原子から構成される1次元仮想物質は6つのエネルギーに分裂する。したがって，N個の水素原子からできた1次元仮想物質のエネルギーは図 2.10 のようにN個に分裂すると考えられる。

N個の水素原子からできた1次元仮想物質のエネルギーはN個に分

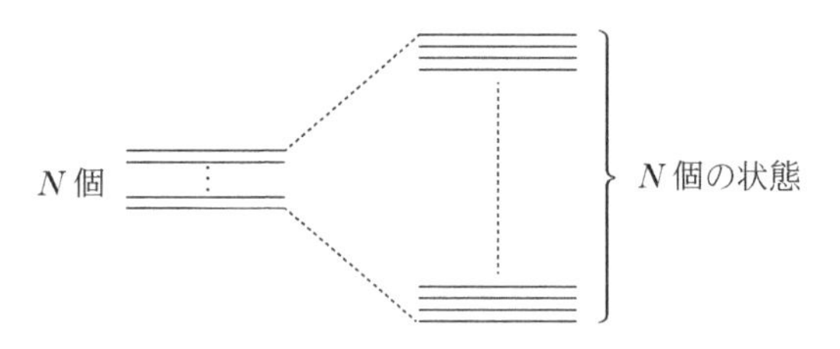

図2.10　N個の水素原子が1次元に整列した仮想物質におけるエネルギー準位
エネルギーはN個に分裂する。

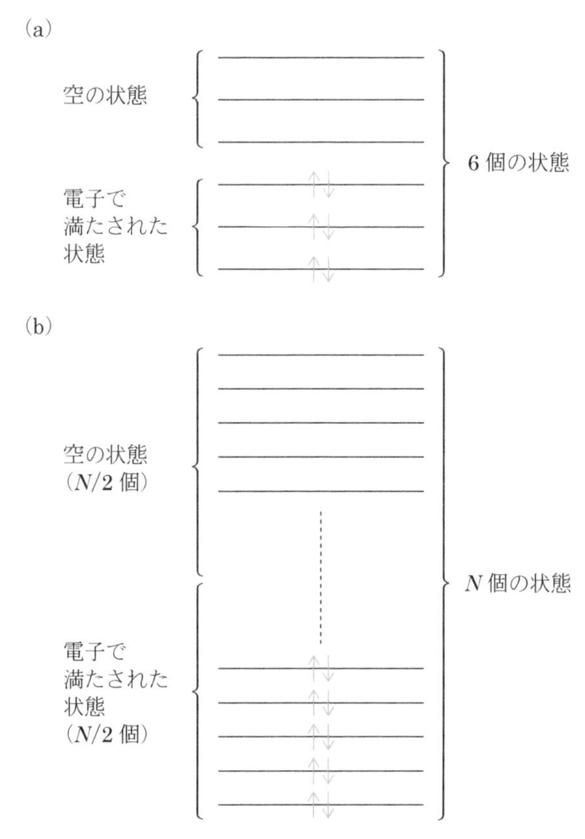

図2.11　(a) 6つの水素原子からなる1次元仮想物質および(b) N個の水素原子からなる1次元仮想物質における基底状態の電子配置

裂すると述べたが，これは1電子状態のエネルギーである。N個の水素原子からなる仮想1次元物質がもつN個の電子の間には電子相関が生じるため，1電子状態のエネルギーは意味が無い。しかし，ここでは簡単化のために，1電子状態のエネルギーにN個の電子を詰めることを考える。6つの原子からなり，6個の電子をもつ場合，最小のエネルギーをとる電子の配置は，パウリの排他原理を考慮して図2.11(a)のようになる。すなわち，半分は電子が存在しない空の状態である。同様に考えると，N個の水素原子からなり電子をN個もつ場合，最小のエネルギー状態は，図2.11(b)に示すように分裂したN個の状態のうちの半分だけに電子が詰まり，半分は空の状態である。

さて，これまでの議論では1次元の仮想物質に両端が存在するため，電子の物質波は定在波になった。定在波は進行しない波であるので，物質を構成する電子は物質中を動き回っているという我々が有する一般的なイメージとは合わない。これを改善するため，1次元に連なった原子の左端と右端をつなぎ合わせてN個の原子で1周する輪を考える。そうすると定在波ではなく運動する電子の波を議論することができる。原子と原子の間隔をaとし，全長を$L=Na$とする。もっとも波長が長い波は，Nが非常に大きいと仮定すると波長が無限大（波数$|k|=0$）の波である。また，もっとも波長の短い波は$\lambda=2a$の波（$|k|=\pi/a$）である。電子の進行方向には右回り，左回りが存在するため，波数kには正と負が存在しうる。このような考え方は周期的境界条件と呼ばれるが，詳細な議論は他の章に譲ることにする。

2.3.2　1次元p軌道物質[*2]

＊2　2.3.2項での波長は，結合の状態が元に戻るまでの距離で定義している。結合の状態が変化していない場合は波長∞である。

ここでは，1次元に原子が並び，原子のp軌道から構成された1次元仮想物質を考える。まず，原子がx軸方向に並び，p_x軌道から物質が構成される場合を考える。最初は2つの原子から構成される場合を考えよう。原子の配列の方向に延びた軌道をσ軌道と呼ぶ。それぞれの原子の原子核を基準にしてp_x軌道を$\varphi_{p_x}=xf(r)$（$f(r)$は距離のみに依存する関数）と表現すると，原子核に対して正負位置で符号が反対となるため，図2.12(a)のような記号を付けて表される。図2.12(a)はσ軌道の反結合状態，(b)はσ軌道の結合状態である。(b)の方が電子は結合部分で広い空間を運動できるようになるため，不確定性原理からエネルギーは低くなる。N個のp_x軌道を配置したとすると，波長が無限大の状態，すなわち$k=0$の状態では，図2.13(a)のように反結合状態の繰り返しになるために運動エネルギーは高くなる。一方，波長が$2a$（$k=\pi/a$）の波は図2.13(b)のように結合状態から構成される。したがって，図2.13(c)のような$E(k)$曲線が得られる。この関係は1次元s軌道物質と逆である。

次に，p_yおよびp_z軌道を考える。原子はx軸上に1次元に配列しているから，p_y, p_z軌道は原子の配列方向に対して垂直な方向に軌道が向いている。このような軌道をπ軌道と呼ぶ。図2.14(a)のように波長が

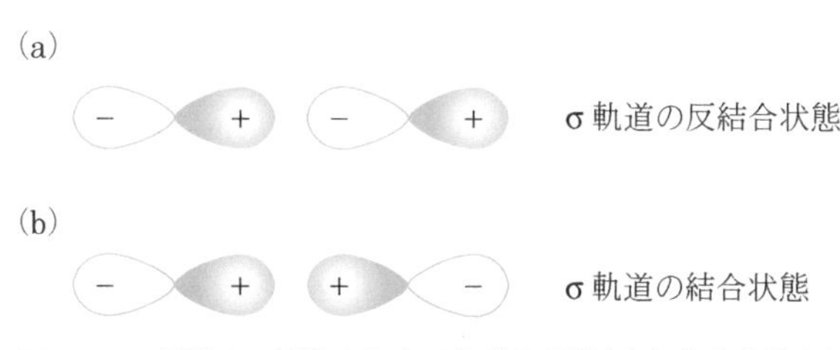

図2.12　p軌道のσ軌道からなる反結合状態(a)と結合状態(b)

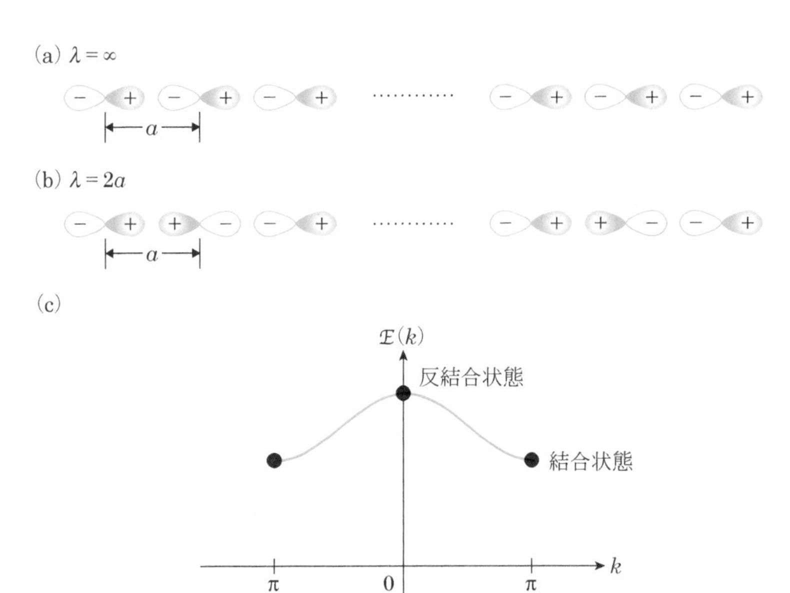

図2.13　p軌道のσ軌道から構成される1次元仮想物質における反結合状態(a)と結合状態(b)および$\mathcal{E}(k)$曲線(c)

(a)$\lambda=\infty$ $(k=0)$の場合。(b)$\lambda=2a$ $(k=\pm\pi/a)$の場合。(c) (a), (b)の場合の$\mathcal{E}(k)$曲線の模式図。$-\pi/a\leq k\leq\pi/a$の領域のみを記載。$\lambda=\infty$ $(k=0)$の場合はσ軌道の反結状態となるためにエネルギーは高い。一方，$\lambda=2a$ $(k=\pm\pi/a)$の場合はσ軌道の結合状態となるためにエネルギーは低い。

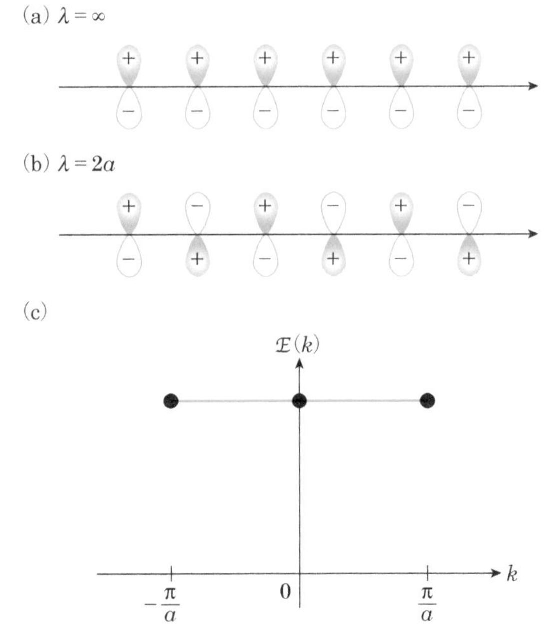

図2.14　p軌道のπ軌道から構成される1次元仮想物質における結合状態(a)と反結合状態(b)および$\mathcal{E}(k)$曲線(c)

(a)$\lambda=\infty$の場合。π軌道の結合状態となる。(b)$\lambda=2a$の場合。π軌道の反結合状態となる。π軌道どうしの相互作用は小さく，エネルギーの上昇がわずかとなるため，波数依存性は小さい。したがって，(c)の$\mathcal{E}(k)$曲線となる。

無限大の状態，すなわち $k=0$ の状態がもっともエネルギーの低い状態である。一方，図 2.14(b)のように波長が $2a$ に相当する $k=\pi/a$ の状態では，π 軌道は反結合状態でありエネルギーが高い。この性質は σ 軌道と逆である。しかし，π 軌道は軌道の方向が原子の配列の方向と垂直であるため，軌道間の相互作用が小さく，エネルギーの上昇はわずかである。したがって，概ね図 2.14(c)のような $\mathcal{E}(k)$ 曲線が得られる。

2.3.3　s軌道とp軌道を単位とする1次元物質

ここでは，図 2.15(a)のような s 軌道と p 軌道を単位とする 1 次元仮想物質を考える[*3]。原子 2 つが 1 つの単位となっているので，この長さを $2a$ とする。2 つの原子の組み合わせには，結合状態と反結合状態

＊3　単位胞内の2原子の結合が非常に強いと仮定している。

(a) 反結合状態 $(k=0, \lambda=\infty)$

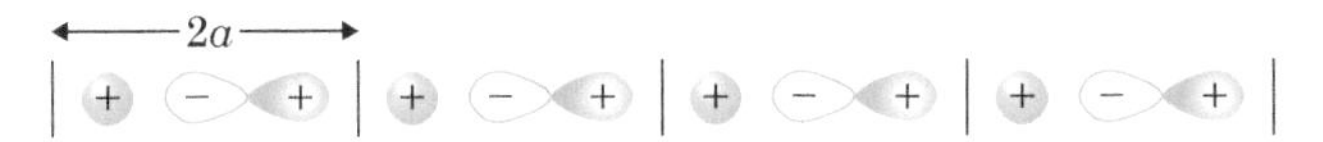

(b) 結合状態 $(k=0, \lambda=\infty)$

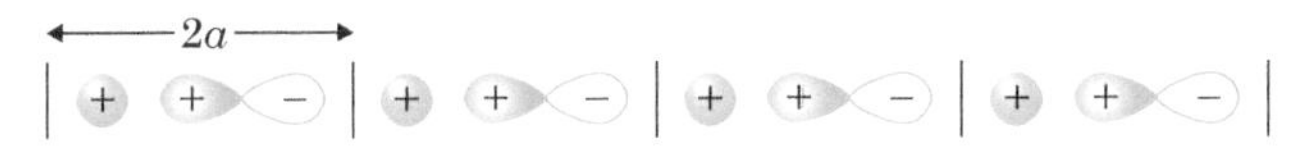

(c) 反結合状態 $\left(k=\dfrac{\pi}{2a}, \lambda=4a\right)$

(d) 結合状態 $\left(k=\dfrac{\pi}{2a}, \lambda=4a\right)$

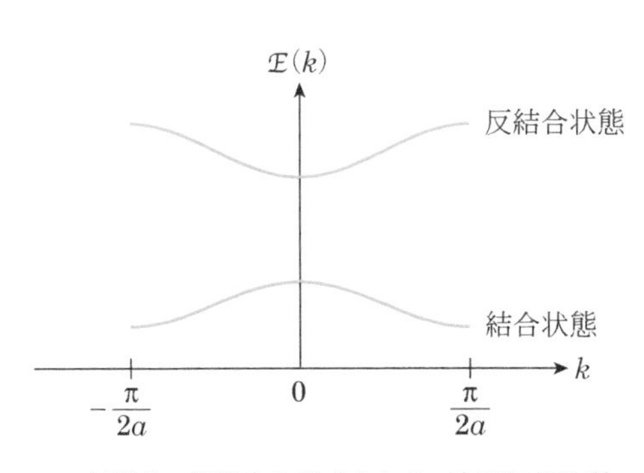

図2.15　s軌道とp軌道から構成される1次元仮想物質

s軌道とp軌道からなる単位が反結合状態と結合状態である場合がある。s軌道とp軌道は $2a$ の領域内で強く結合していると仮定する。(a) $\lambda=\infty$ $(k=0)$ の反結合状態，(b) $\lambda=\infty$ $(k=0)$ の結合状態。(c) $\lambda=4a$ $(k=\pi/(2a))$ の反結合状態，(d) 波長 $\lambda=4a$ $(k=\pi/(2a))$ の結合状態。(c) はすべてが反結合状態から構成されるためにエネルギーがもっとも高い。一方，(d) はすべてが結合状態となるためにエネルギーがもっとも低い。(e) $\mathcal{E}(k)$ 曲線の模式図。結合状態と反結合状態で $\mathcal{E}(k)$ 曲線が異なる。

があるため，両者の間にはエネルギーの差がある。当然ながら図 2.15(b)の σ 軌道の結合状態のエネルギーは，図 2.15(a)の反結合状態よりも低い。結合状態では波長 $4a$，すなわち $k=\pm\pi/(2a)$ の状態において図 2.15(d)に示すように長い結合状態が形成されるため，エネルギーはさらに低くなる。一方，図 2.15(c)のように，反結合状態では波長 $4a$，すなわち $k=\pm\pi/2a$ の状態でたくさんの反結合性軌道が形成されるため，エネルギーは高くなる。したがって，概ね図 2.15(e)のような $\mathcal{E}(k)$ 曲線が得られる。

2.3.4　2つの p_x 軌道を単位とする1次元σ軌道物質

＊4　$2a$ の単位胞内の2原子の結合が非常に強いと仮定している。

図 2.16(a)のような2つの p_x 軌道を単位とする1次元物質を考える[*4]。原子2つが単位となっているので，この長さを $2a$ とする。p_x 軌道の

(a) 反結合状態 $(k=0, \lambda=\infty)$

(b) 結合状態 $(k=0, \lambda=\infty)$

2a

(c) 反結合状態 $\left(k=\dfrac{\pi}{2a}, \lambda=4a\right)$

(d) 結合状態 $\left(k=\dfrac{\pi}{2a}, \lambda=4a\right)$

(e)

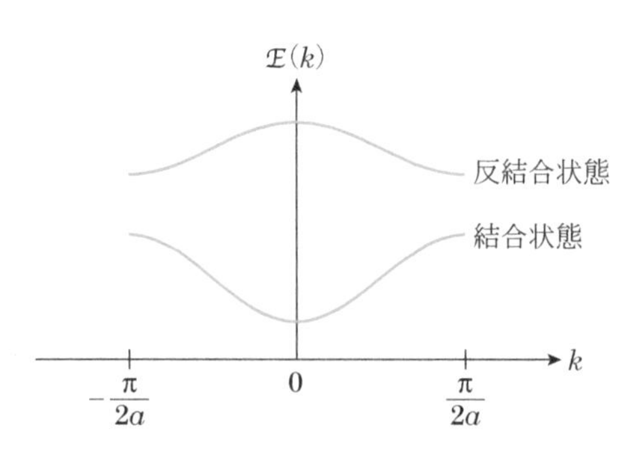

図 2.16　p軌道とp軌道から構成される1次元仮想物質

p軌道とp軌道からなる単位が反結合性軌道と結合性軌道である場合がある。p軌道どうしは $2a$ の領域内で強く結合していると仮定する。(a) $\lambda=\infty$ $(k=0)$ の反結合状態，(b) $\lambda=\infty$ $(k=0)$ の結合状態。(c) 波長 $\lambda=4a$ $(k=\pi/(2a))$ の反結合状態，(d) 波長 $\lambda=4a$ $(k=\pi/(2a))$ の結合状態。(c)は隣の単位どうしの結合において，σ軌道の結合状態となるためにエネルギーは $k=0$ よりも下がる。一方，(d)は隣の単位どうしの結合においてもσ軌道の反結合状態となるために $k=0$ よりもエネルギーが上がる。(e) $\mathcal{E}(k)$ 曲線の模式図。結合状態と反結合状態で $\mathcal{E}(k)$ 曲線が異なる。

σ 軌道は結合状態と反結合状態があるため，両者の間にはエネルギーの差がある。当然ながら図2.16(b)のようなσ軌道の結合状態のエネルギーは図 2.16(a)のような反結合状態よりも低い。σ 軌道の結合状態からなる物質は，図 2.16(d)に示すように波長が $4a$(すなわち $k = \pm\pi/(2a)$)のとき，新たな反結合状態が生じる。したがって，エネルギーは上昇する。一方，σ 軌道の反結合状態を単位として物質が構成されているときには，図2.16(c)に示すように波長$4a$で結合状態が増える。そのため$k = \pm\pi/(2a)$でエネルギーが下がる。したがって，図 2.16(e)のような $\mathcal{E}(k)$ 曲線が得られる。

2.3.5　2次元s軌道物質

3 次元の物質を考えるのは複雑であるので，まずは 2 次元の物質を考える。なお最近では，グラフェンや遷移金属ダイカルコゲナイドなどといった 2 次元原子層物質が発見されている。グラフェンに関しては別の章で再度議論する。

まず，s 軌道からなる 2 次元物質を考える。原子は x–y 面上の一辺が a の正方格子の頂点に位置すると仮定する。もっともエネルギーの低い状態は$(k_x, k_y) = (0, 0)$の状態である。このとき，図 2.17(a)に示すように，すべての方向で結合状態となるため，もっともエネルギーが低い。一方，x 軸方向に進行する平面波を考えた場合，図 2.17(b)に示すように波長 $2a$，すなわち $k_x = \pm\pi/a$ の波は反結合状態となり，エネルギーが高くなる。同様に図 2.17(c)に示すように y 軸方向に進行する平面波を考えると，$k_y = \pm\pi/a$ のときにエネルギーが高い。さらに，$x = y$ の方向に進行する平面波は波長$\sqrt{2}a$(すなわち $k = \sqrt{2}\pi/a$)のときにもっとも高密度の反結合状態ができるため，エネルギーが高い。したがって，x 軸，$x = y$ の方向に対して，図 2.18 のような $\mathcal{E}(k)$ 曲線が得られる。

2.3.6　2次元p軌道物質

原子は x–y 面上の一辺が a の正方格子の頂点に位置すると仮定する。p_z 軌道からなる 2 次元物質は π 結合から構成されており，2 次元 s 軌道物質と同じ $\mathcal{E}(k)$ 曲線をとる。しかし，π 軌道は隣どうしの相互作用が小さいため，$\mathcal{E}(k)$ 曲線は平坦に近いであろう。

次に図 2.19(a)のような p_x 軌道からなる 2 次元物質を考える。エネルギーがもっとも低い状態は$(k_x, k_y) = (0, 0)$ではない。$(k_x, k_y) = (0, 0)$は，y 軸方向には π 軌道の結合状態であるが，x 軸方向には σ 軌道の反結合状態であるため，エネルギーの高い状態である。x 軸方向に進行する波長 $2a$($k_x = \pm\pi/a$)の平面波を考えると，図 2.19(b)に示すように x 軸方向は σ 軌道の結合状態，y 軸方向は π 軌道の結合状態になるため，エネルギーがもっとも低い状態になる。y 軸方向に進行する波長 $2a$($k_y = \pm\pi/a$)の平面波$(k_x, k_y) = (0, \pi/a)$を考えると，図 2.19(c)に示すように x 軸方向は σ 軌道の反結合状態，y 軸方向は π 軌道の反結合状

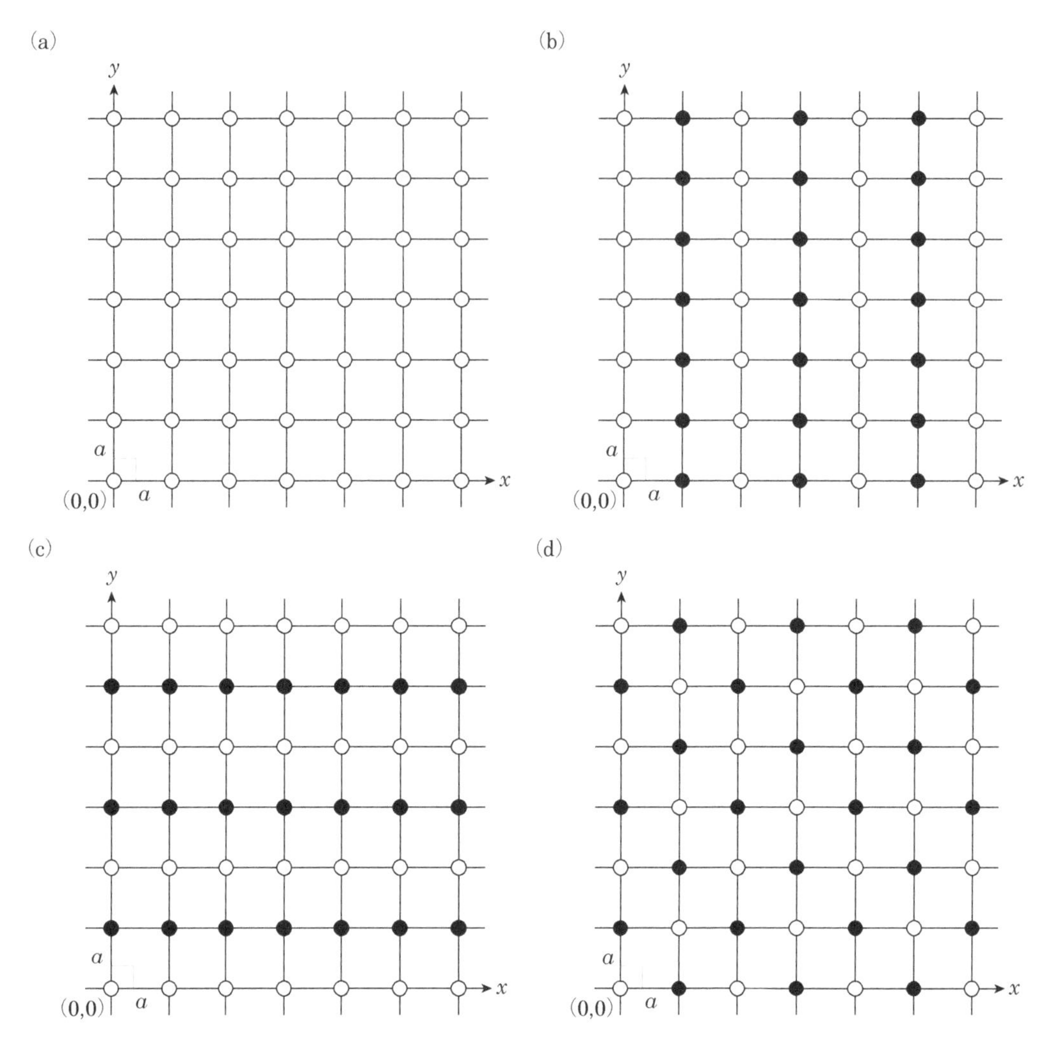

図2.17　正方格子の頂点にあるs軌道から構成される2次元仮想物質

(a) $\lambda=\infty$ の場合。(b) x軸方向に $\lambda=2a\,(k=\pi/a)$ の進行波が存在する場合。(c) y軸方向に $\lambda=2a\,(k=\pi/a)$ の進行波が存在する場合。(d) $x=y$ の対角方向に $\lambda=\sqrt{2}a\,(k=\sqrt{2}\pi/a)$ の進行波が存在する場合。

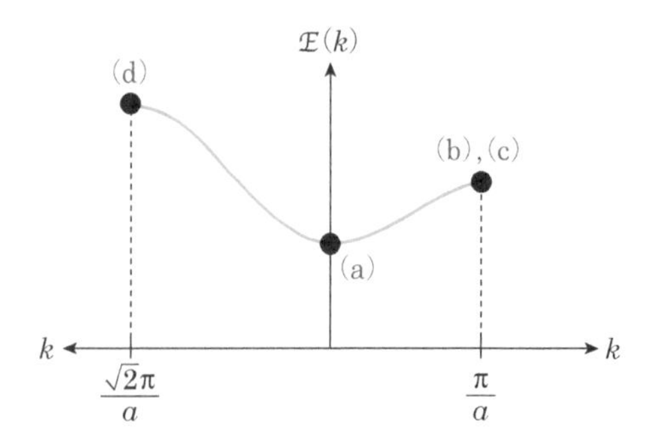

図2.18　図2.17の2次元仮想物質における $\mathcal{E}(k)$ 曲線の模式図

(a)はすべてが結合状態から構成されるためにもっともエネルギーが低い。一方，(b), (c)の場合，波の進行方向は反結合状態，進行方向に対して垂直な方向は結合状態となるためにエネルギーは高くなる。(d)の場合，周辺のすべての原子と反結合状態を形成するためにエネルギーはもっとも高い。

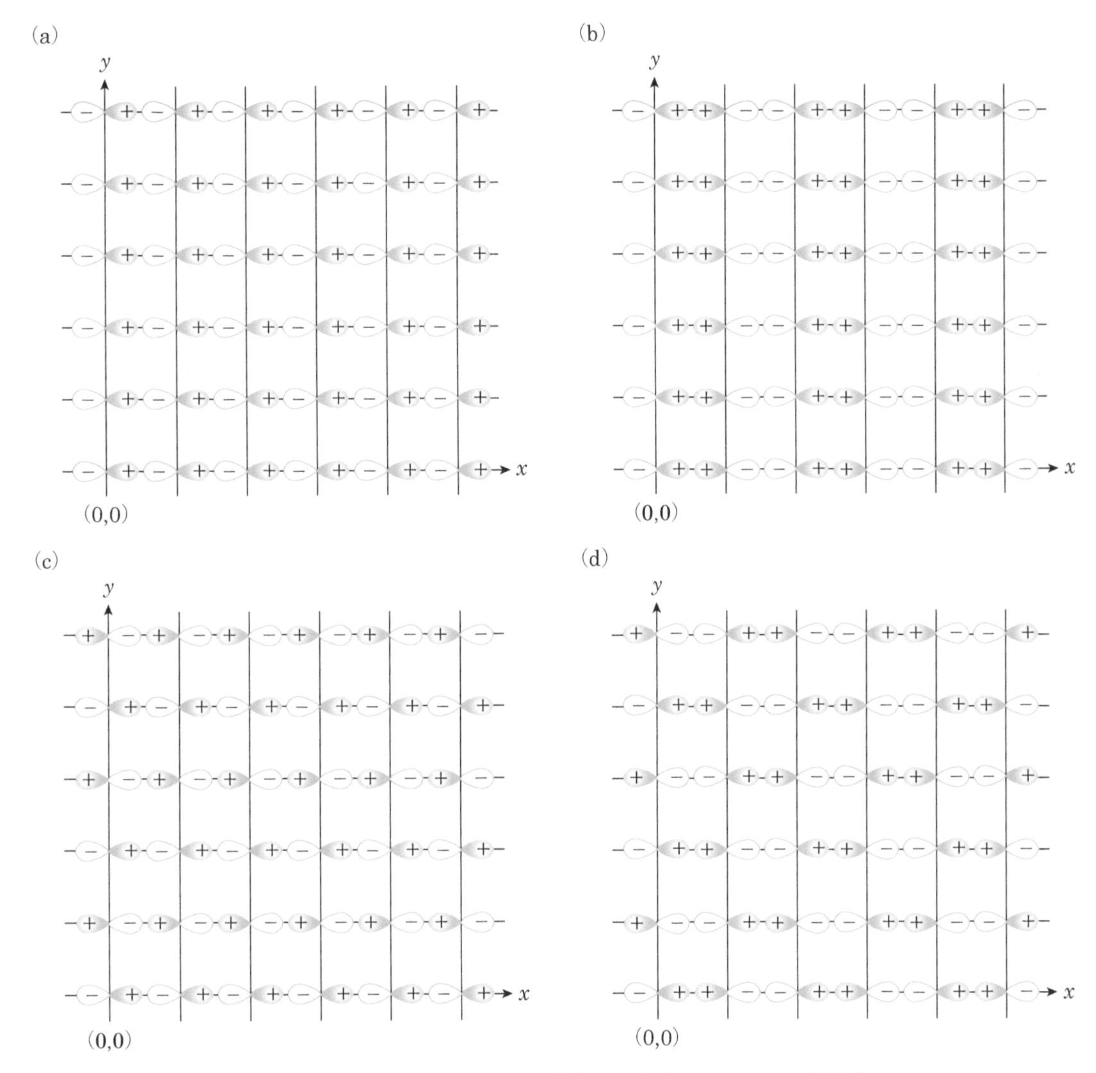

図2.19　正方格子の頂点にあるp_x軌道から構成される2次元仮想物質

(a) $\lambda=\infty$の場合。(b) x軸方向に$\lambda=2a\,(k=\pi/a)$の進行波が存在する場合。(c) y軸方向に$\lambda=2a\,(k=\pi/a)$の進行波が存在する場合。(d) $x=y$の対角方向に$\lambda=\sqrt{2}a\,(k=\sqrt{2}\pi/a)$の進行波が存在する場合。

態になるためにエネルギーがもっとも高い状態になるが，π軌道は相互作用が小さいのでほぼ平坦な$\mathcal{E}(k)$曲線となる。$x=y$の方向($k_x=k_y$)に進行する波長$\sqrt{2}a$($|k|=\sqrt{2}\pi/a$)の波のエネルギーは，図2.19(d)に示すようにx軸方向はσ軌道の結合状態，y軸方向はπ軌道の反結合状態であり，π軌道の相互作用は小さいので，エネルギーの上昇は小さい。したがって，$(k_x, k_y)=(0, 0)$よりもエネルギーが低く，$(k_x, k_y)=(\pi/a, 0)$よりもエネルギーは高く，$(k_x, k_y)=(0, \pi/a)$よりも低い。したがって，図2.20のような$\mathcal{E}(k)$曲線が得られる。

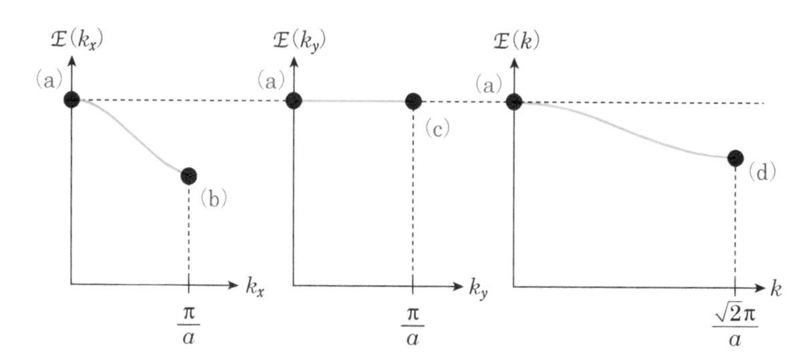

図2.20　図2.19の2次元仮想物質における$\mathcal{E}(k)$曲線の模式図

(a) x軸方向はσ軌道の反結合状態，y軸方向はπ軌道の結合状態となるためにエネルギーは高い。(b) x軸方向はσ軌道の結合状態，y軸方向はπ軌道の結合状態となるためにもっともエネルギーが低い。(c) x軸方向はσ軌道の反結合状態，y軸方向はπ軌道の反結合状態となるが，π軌道のエネルギー変化は小さいために$\mathcal{E}(k)$曲線は(a)からほとんど変化しない。(d) x軸方向はσ軌道の結合状態，y軸方向はπ軌道の反結合状態となる。π軌道のエネルギー変化は小さいが，σ軌道の結合状態，π軌道の結合状態から構成される(b)より若干エネルギーが高い。

2.3.7　3次元p軌道物質

以上を踏まえて，3次元のp軌道物質を考える。一辺がaの立方格子の頂点に原子が位置すると仮定する。それぞれの原子はp_x, p_y, p_zの軌道を有している。x軸方向に進行する平面波について考えると，1次元や2次元のx軸と同様に波長$2a$，すなわち$k_x = \pm\pi/a$でσ軌道は結合状態に変化するためエネルギーが下がる。一方，p_y, p_z軌道はπ軌道であるためにエネルギーの変化が小さいと考えると，$(k_x, k_y, k_z) = (0, 0, 0)$から$(\pi/a, 0, 0)$に向かって図2.21右側の$\mathcal{E}(k)$曲線が得られる。

次に，$(k_x, k_y, k_z) = (0, \pi/a, \pi/a)$の方向に進行する平面波について考える。このとき，$p_x$軌道はπ結合となるため，波数に対するエネルギー変化は小さい。一方，p_yとp_z軌道はどちらも図2.19(d)と同等の状態になり，$(k_x, k_y, k_z) = (0, 0, 0)$よりもエネルギーは下がる。その結果，

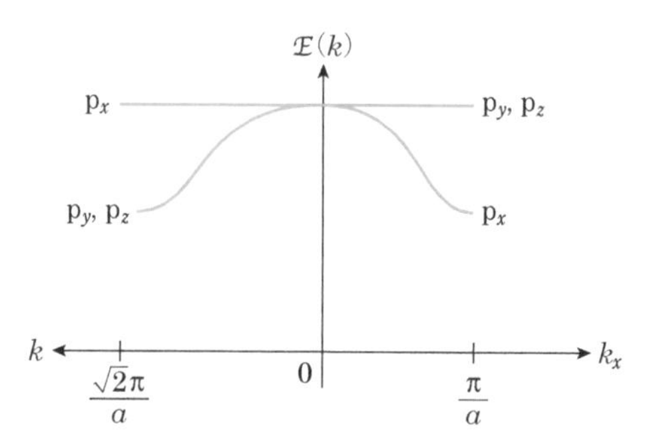

図2.21　立方格子の頂点にあるp_x, p_y, p_z軌道から構成される3次元仮想物質の$\mathcal{E}(k)$曲線の模式図

右側はx軸方向に進行する波，左側は$y = z$の方向に進行する波を表す。

図 2.21 左側の $E(k)$ 曲線が得られる。これらの結果は，p 軌道的な性質を有する軌道が結晶を構成したときには，上に凸のエネルギー構造を形成することを意味している。

❖ 章末問題

2.1 水素原子 7 つからなる直線状の仮想分子のエネルギーは，7 つに分離することを図で示しなさい。

2.2 単位胞に 1 原子を含む 1 次元物質がある。その原子は s 軌道と p 軌道から構成され，s 原子軌道は p 原子軌道よりも低いエネルギーを有し，p 軌道は σ 結合を形成するものとする。そのときのバンドの構造について議論しなさい。

第3章　バンド理論

3.1　結晶の周期性と結晶構造

本書では物質を構成する原子が周期的に配置されている「単結晶」と呼ばれる物質を対象とする。原子と原子の間の位置関係について長距離にわたる相関が無く，無秩序に原子が配列した非晶質(アモルファス)と呼ばれる構造や，多結晶と呼ばれる構造は対象外とする。

まず，1次元の単結晶について考える。図3.1(a)の原子Aは間隔aを有し，規則的に並んでいる。さらに，原子Aの配列の間に原子Bや原子Cが存在している図3.1(b)の場合，原子AからBおよびCまでの距離をそれぞれx_B, x_Cと定義すると，原子A, B, Cの位置は

$$
\begin{aligned}
&\text{原子Aの位置} = na \\
&\text{原子Bの位置} = na + x_B \\
&\text{原子Cの位置} = na + x_C
\end{aligned}
\tag{3.1}
$$

と表される。ここで，$n = 0, \pm 1, \pm 2, \cdots$である。なお，図3.1では原点を原子Aの位置に設定したが，図3.2のように原点は原子Aからずれ

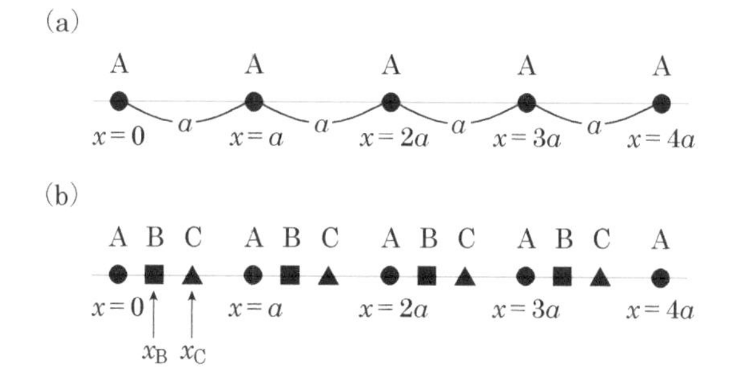

図3.1　原子間隔aの1次元配列

(a)原子が1種類，1原子の場合。(b)原子間隔aの1次元単位格子。単位格子に3種類の原子が含まれる場合。原点$x=0$を原子Aに設定している。

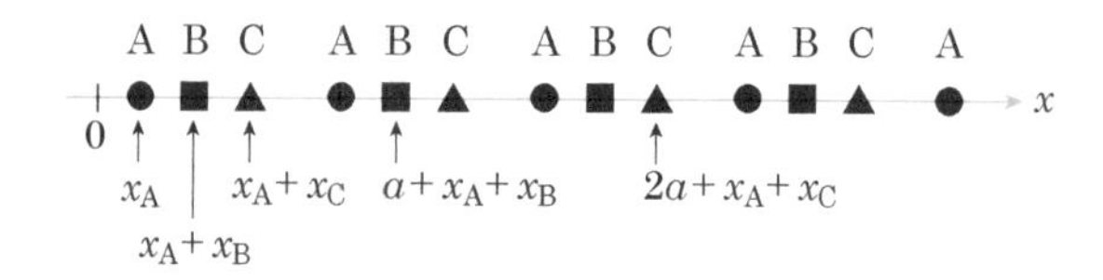

図3.2　原子Aの位置を原点$x=0$とは異なる位置に設定した場合の1次元配列

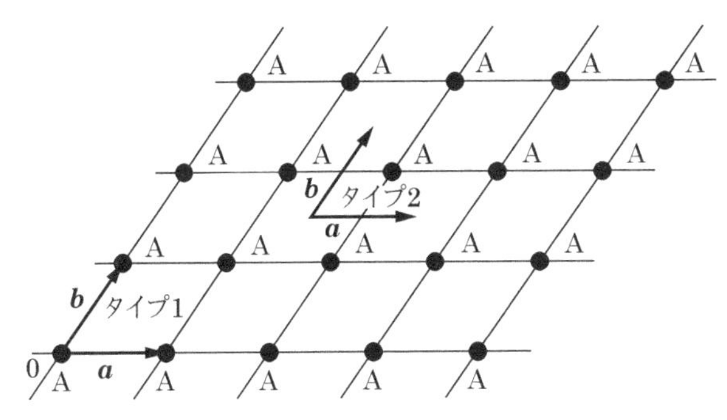

図3.3 原子の2次元配列

単位胞に原子が1つ含まれる場合。$\boldsymbol{a}$, $\boldsymbol{b}$は基本格子ベクトルである。ここではタイプ1とタイプ2の2種類の単位胞を示しているが，これらには限らない。

ていてもよい。この場合，

$$\begin{aligned}&\text{原子Aの位置} = na + x_{\mathrm{A}}\\&\text{原子Bの位置} = na + x_{\mathrm{A}} + x_{\mathrm{B}}\\&\text{原子Cの位置} = na + x_{\mathrm{A}} + x_{\mathrm{C}}\end{aligned} \tag{3.2}$$

のように表される。重要な点は，原子A, B, Cがそれぞれaという周期性を有していることである。

次に図3.3のような原子Aの2次元の配列を考える。図中のようにベクトル$\boldsymbol{a}$と$\boldsymbol{b}$を定義すると，原子Aの位置は

$$\boldsymbol{R} = m\boldsymbol{a} + n\boldsymbol{b} \quad (m, n = 0, \pm 1, \pm 2, \cdots) \tag{3.3}$$

と表現することができる。$\boldsymbol{a}$と$\boldsymbol{b}$は基本格子ベクトルと呼ばれる2次元面内のベクトルで，直交座標系の単位ベクトル$\boldsymbol{i}, \boldsymbol{j}$を使って

$$\boldsymbol{a} = a_x\boldsymbol{i} + a_y\boldsymbol{j},\ \boldsymbol{b} = b_x\boldsymbol{i} + b_y\boldsymbol{j} \tag{3.4}$$

と表現される。

結晶は図3.3中の青色の菱形の繰り返しで記述できる。この結晶の繰り返し単位を**単位胞**(unit cell)と呼ぶ。すなわち，結晶全体は単位胞の繰り返しで構成されている。なお，1次元の場合と同様に，単位胞の頂点を図3.3中のタイプ1のように原子の位置にとる必要はなく，タイプ2のようにとってもよい。どちらの場合も，単位胞の中には原子が1つ存在する。

いま，原子Aに加えて原子Bが2つ(B_1, B_2)と原子Cが1つ，単位胞内に存在しているとする。単位胞内での原子B_1, B_2やCの位置は，図3.4のように原子Aから原子B_1, B_2, Cへのベクトルをそれぞれ$\boldsymbol{\alpha}$, $\boldsymbol{\beta}$, $\boldsymbol{\gamma}$とすると，原子Aの位置を$\boldsymbol{R}$として

$$\begin{aligned}&\text{原子}\mathrm{B}_1\text{の位置} = \boldsymbol{R} + \boldsymbol{\alpha}\\&\text{原子}\mathrm{B}_2\text{の位置} = \boldsymbol{R} + \boldsymbol{\beta}\\&\text{原子Cの位置} = \boldsymbol{R} + \boldsymbol{\gamma}\end{aligned} \tag{3.5}$$

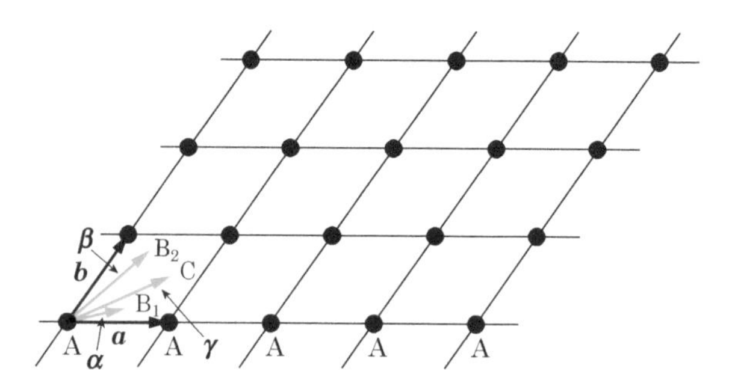

図3.4　単位胞に複数の原子を存在している場合の原子の2次元配列の例
単位胞内に原子Bが2個(B_1とB_2)，原子Cが1個含まれている。$\boldsymbol{a}, \boldsymbol{b}$は基本格子ベクトルである。

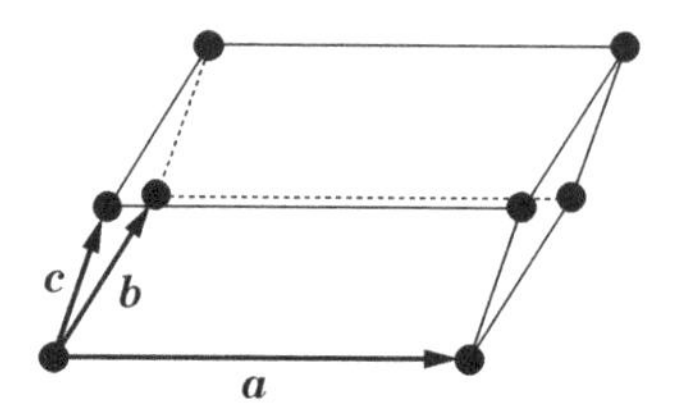

図3.5　原子の3次元配列の例
単位胞内には1個の原子が含まれている。$\boldsymbol{a}, \boldsymbol{b}, \boldsymbol{c}$は基本格子ベクトルである。

として表現される。

3次元の原子の配列に対しても同様の議論が成り立つ。図3.5のように平行六面体の頂点に原子Aが存在するとする*1。この場合についても図3.5のように基本格子ベクトル$\boldsymbol{a}, \boldsymbol{b}, \boldsymbol{c}$を定義すると，原子Aの位置$\boldsymbol{R}$は

$$\boldsymbol{R} = m\boldsymbol{a} + n\boldsymbol{b} + l\boldsymbol{c} \quad (m, n, l = 0, \pm 1, \pm 2, \cdots) \tag{3.6}$$

となる。また，単位胞内に存在する原子の位置を$\boldsymbol{x}_1, \boldsymbol{x}_2, \boldsymbol{x}_3, \cdots$とすると，それらの結晶内での原子の位置は$\boldsymbol{R} + \boldsymbol{x}_i$と表現される。このように，すべての原子の位置を表現できる。

結晶構造における原子の位置・方向や結晶面の表現方法にはルールが存在する。詳細については固体物性論や固体物理学の教科書を参照していただきたい。ここでは結晶面の表現について少し復習することにする。単位胞は基本格子ベクトル$\boldsymbol{a}, \boldsymbol{b}, \boldsymbol{c}$によって表現されることは上で述べたとおりであるが，立方体の頂点に原子が存在する単純立方格子を考えた場合，図3.6(a), (b), (c)のような面を容易に思い浮かべることができる。これらの面は基本格子ベクトル方向の軸と$(x, y, z) = (1, \infty, \infty)$, $(1, 1, \infty)$, $(1, 1, 1)$の座標で交差する。このように交差する座標で面を定義すると∞が現れてしまう。無限大を扱うことはできないので逆数をとることにすると，(1 0 0), (1 1 0), (1 1 1)となる。

では，図3.7(a)のような面はどのように表されるであろうか。この面は基本格子ベクトル方向の軸と座標(2, ∞, 1)で交わる。この逆数をとると(1/2 0 1)となるが，これを整数にするために2をかけて(1 0 2)面

*1　$a \neq b \neq c$, $\alpha \neq \beta \neq \gamma \neq 90°$の条件を満たす結晶構造を三斜晶系と呼ぶ。

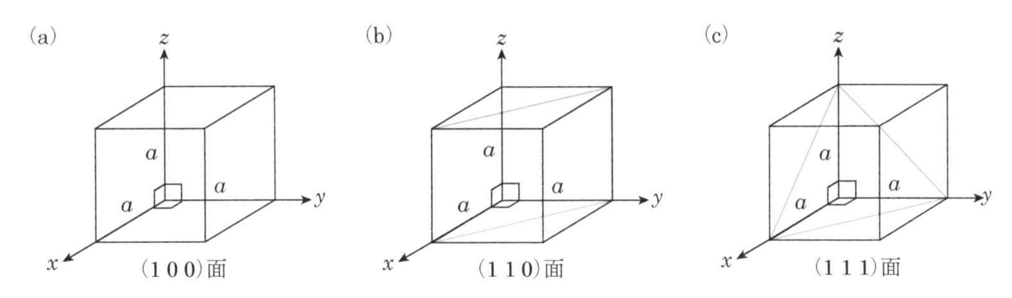

図3.6　単純立方格子における結晶面の表現
(a)は(1 0 0)面，(b)は(1 1 0)面，(c)は(1 1 1)面を表す。

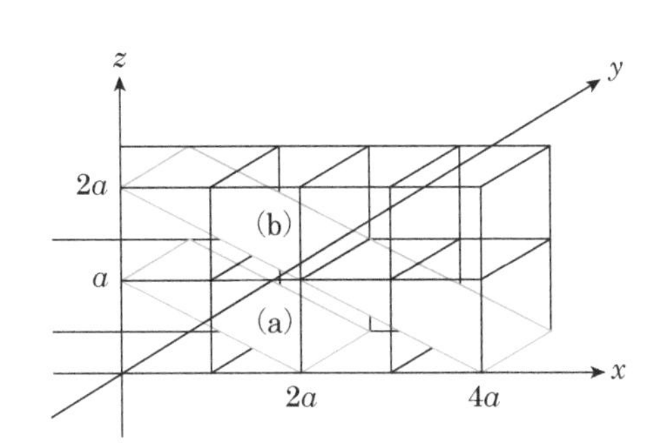

図3.7　(1 0 2)面の2つの例
(a)と(b)は同じ面であることがわかる。

と定義する。次に，図3.7(b)の面は基本格子ベクトル方向の軸と座標(4, ∞, 2)で交差する。逆数をとると(1/4 0 1/2)であり，整数に直すと(a)と同じ(**1 0 2**)となる。この面の原子配列は(a)と同じであるので，当然の結果である。一般に($h\ k\ l$)面と書かれた場合には，基本格子ベクトル方向の軸と座標($1/h\ 1/k\ 1/l$)で交差していることを表す。この面は1つとは限らない。例えば，($2/h\ 2/k\ 2/l$)と($3/h\ 3/k\ 3/l$)は逆数をとると($h/2\ k/2\ l/2$), ($h/3\ k/3\ l/3$)になるが，整数に変換するとともに($h\ k\ l$)面である。それでは($n/h\ n/k\ n/l$)と($(n+1)/h\ (n+1)/k\ (n+1)/l$)は何が違うのであろうか。($n/h\ n/k\ n/l$)と($(n+1)/h\ (n+1)/k\ (n+1)/l$)は隣接する結晶格子面を表しており，それぞれの面の性質は同じである。

単位胞の繰り返しで形成される構造は無数にあるように思われるが，3次元空間において隙間も重なりもなく空間を埋めつくすことができるのは7つの晶系(先の三斜晶系も7つの晶系の1つ)と14個のブラベー格子のみであることが知られている。もっとも単純な結晶格子として，単純立方格子，体心立方格子，面心立方格子の構造を図3.8に示す。

ここで，半導体と密接に関係するダイヤモンド構造について少し触れておく。タイヤモンド構造は図3.9(a)のような結晶構造をしており，$a/4$[1 1 1]ずれた2つの面心立方格子から構成されている。基本構造は面心立方格子であるので，単位胞を特徴づけるベクトルは図3.9(b)に示すように$\boldsymbol{a}_1 = a/2[1\ 1\ 0]$, $\boldsymbol{a}_2 = a/2[1\ 0\ 1]$, $\boldsymbol{a}_3 = a/2[0\ 1\ 1]$であり，単位胞内に原子が2個存在していることが特徴である。

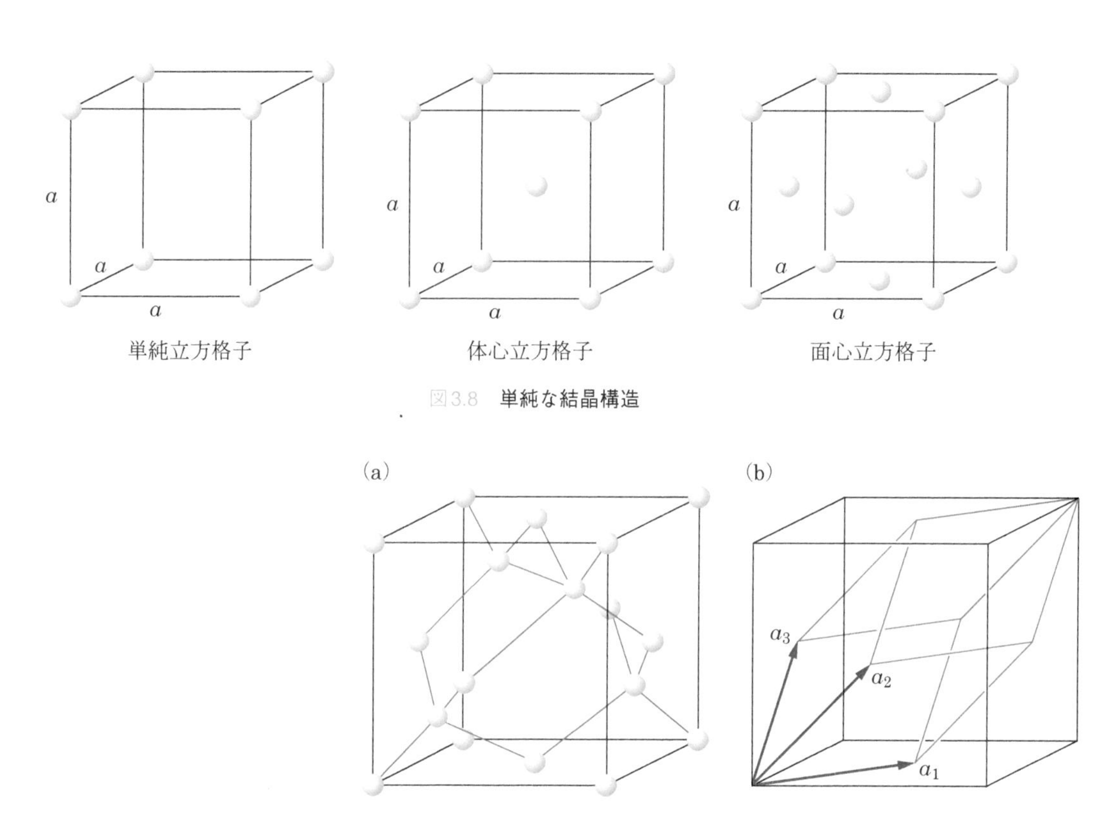

図3.8　単純な結晶構造

図3.9　ダイヤモンド構造

単位胞の基本格子ベクトルは面心立方格子と同じであるが，単位胞には2個の原子が含まれる。1つは単位胞のコーナーに存在する原子であり，もう1つは内部に丸々含まれる原子である。2個の原子が異種の場合(例えばGaAs)には，閃亜鉛鉱構造と呼ばれる。

3.2　金属自由電子論

3.2.1　波動関数とエネルギー

物質中の電子は周期的に並んでいる原子核からの引力を受けながら運動する。また，注目する1つの電子に対して，他の電子は斥力を及ぼす。物質中の電子は常にこれらの力を受けながら運動しているが，これらの効果を無視し，電子は常に一定のポテンシャル中を運動していると簡単化したモデルが金属自由電子論である。しかし，金属中の電子が表面から飛び出さないのは，原子核からの引力によるエネルギー障壁が物質の表面にあるからであって，原子のポテンシャルを省略したとしても表面に有限のポテンシャル障壁を有する井戸型ポテンシャルの中を運動していることになる。このモデルに従ってシュレーディンガー方程式を解くと井戸型ポテンシャルの問題と同じになるため，解は定在波になる。先にも述べたように定在波は進行していない波である。我々は金属中の電子は運動していると認識しているために，この解は不都合である。そこで電子に対して平面波を仮定し，その代わりに周期的境界条件を導入する。周期的境界条件については第2章2.3.1項でも少し触れたが，1次元の場合では長さ L の物質の端と端をつなぎ合わせて輪を作り，輪に沿った時計回り・反時計回りの運動を考えるモデルである（図3.10(a)）。この輪は2次元平面に存在する。一方，2次元平面を運動する電子に周期的境界条件を導入すると，図3.10(b)のようにプールの浮き輪のような形状になり，電子の波は3次元空間に存在する。3次元の空間を運動する電子に周期的境界条件を導入すると電子の波が存在する空間は4次元になるため，図示することは難しい。

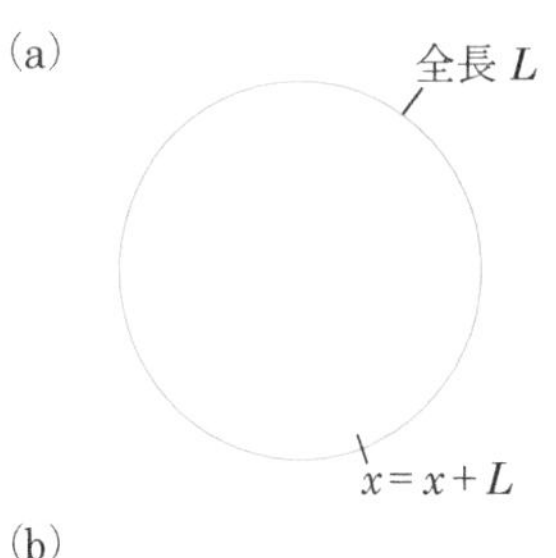

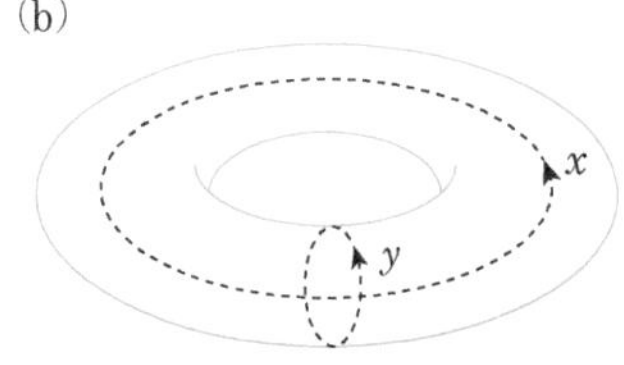

図3.10　(a)1次元および(b)2次元の周期的境界条件

まず1次元の問題から考えることにする。いま考えている周期的境界条件では，電子は時間に対して変動しない一定のポテンシャル中を運動することになるが，一定のポテンシャルエネルギーはエネルギーの基準を変えるだけであるので，簡単化のためにポテンシャルエネルギー $V(x)$ を0とする。したがって，次の定常状態のシュレーディンガー方程式を解けばよい[*2]。

$$-\frac{\hbar^2}{2m_e}\frac{\partial^2\varphi(x)}{\partial x^2}=\mathcal{E}\varphi(x) \tag{3.7}$$

時間因子まで含めて波動関数を記述すると

$$\Psi(x,t)=\varphi(x)\exp\left(-\frac{\mathrm{i}\mathcal{E}t}{\hbar}\right) \tag{3.8}$$

となる。ある時刻 t での電子の状態を考えた場合，位置 x とそこから1周期 L の分だけ離れた位置 $x+L$ は同じ電子状態である必要があるため，波動関数について

$$\Psi(x,t)=\Psi(x+L,t) \tag{3.9}$$

すなわち

$$\varphi(x)=\varphi(x+L) \tag{3.10}$$

が成り立つ。

式(3.7)は簡単に解くことができる。電子は物質中を運動しているわけであるから，運動エネルギー $\mathcal{E}$ については $\mathcal{E}>0$ の関係が成立している。$k^2=2m_e\mathcal{E}/\hbar^2$（$k$ は実数）とおくと，解として波動関数は

$$\varphi(x)=A\exp(\mathrm{i}kx)\ \text{あるいは}\ \varphi(x)=A\exp(-\mathrm{i}kx) \tag{3.11}$$

と表される。A は波動関数の振幅である。k には正負の値が許されると仮定すると，波動関数は

$$\varphi(x)=A\exp(\mathrm{i}kx) \tag{3.12}$$

と表現できる。式(3.10)から

$$A\exp(\mathrm{i}kx)=A\exp[\mathrm{i}k(x+L)] \tag{3.13}$$

＊2　電子の質量を m_e としている。

が成り立つ必要があるため,

$$k = \frac{2\pi n}{L} \quad (n = 0,\ \pm 1,\ \pm 2,\ \cdots) \tag{3.14}$$

を満足する必要があることがわかる。すなわち，波数kはどのような値でもよいわけではなく，不連続な値をとることになる。この不連続性は，電子の物質波が位置xと位置$x+L$で同じ状態であるためには$L = n\lambda\ (\lambda = 2\pi/k)$の関係を満足する必要があることに対応している。ただし，波はxが正の方向と負の方向に進行可能であるので，nは正負の値をとりうる。これはkが正負の値をとりうることに対応する。波動関数の振幅Aは規格化条件

$$\int_0^L |\varphi(x)|^2 \mathrm{d}x = 1 \tag{3.15}$$

から$A = 1/\sqrt{L}$と求まる。また，エネルギーは

$$\mathcal{E} = \frac{\hbar^2}{2m_\mathrm{e}} \left(\frac{2\pi}{L} \right)^2 n^2 \quad (n = 0,\ \pm 1,\ \pm 2,\ \cdots) \tag{3.16}$$

となる。

つづいて，この考え方を一辺がLの立方体である3次元の物体に拡張する。3次元の場合のシュレーディンガー方程式は

$$-\frac{\hbar^2}{2m_\mathrm{e}} \nabla^2 \varphi(\boldsymbol{r}) = \mathcal{E} \varphi(\boldsymbol{r}) \tag{3.17}$$

となり，波動関数は

$$\varphi(\boldsymbol{r}) = \frac{1}{L^{3/2}} \exp\left[\mathrm{i}(k_x x + k_y y + k_z z) \right] \tag{3.18}$$

と表される。$1/L^{3/2}$は規格化定数である。上と同様な議論により，周期的境界条件から

$$k_x = \frac{2\pi n_x}{L},\quad k_y = \frac{2\pi n_y}{L},\quad k_z = \frac{2\pi n_z}{L} \quad (n_x, n_y, n_z = 0,\ \pm 1,\ \pm 2,\ \cdots) \tag{3.19}$$

を満たす必要がある。また，エネルギーは

$$\mathcal{E} = \frac{\hbar^2}{2m_\mathrm{e}} \left(\frac{2\pi}{L} \right)^2 ({n_x}^2 + {n_y}^2 + {n_z}^2) \quad (n_x, n_y, n_z = 0,\ \pm 1,\ \pm 2,\ \cdots) \tag{3.20}$$

となる。k_x, k_y, k_zは不連続な正負の値をとるが，k_x, k_y, k_zを軸とする座標系では，3次元の微小立方体$(2\pi/L)^3$を最小単位として，この1つの微小立方体に1つの電子状態が対応することになる。スピンまで考慮すると1つの微小立方体にアップスピンとダウンスピンの2個の電子が入ることが可能である。なお，k_x, k_y, k_zを軸とする座標系をk空間と呼ぶ。

ここまで求めた電子状態は，一辺Lの立方体物質に1個の電子しか存在しないと仮定して求めた1電子状態である。このような状態にN個の電子を詰めることを考える[*3]。Nは金属中の自由電子であるから,

＊3　そもそもN個の電子を詰めると1電子状態を仮定して求めた波動関数やエネルギーは成立しないが，ここでは簡単化のために，このようなことが可能であるとする。

数としては単位体積あたりアボガドロ数である 10^{24} 程度を考える。このような膨大の数の電子の集合体が最小エネルギーになる状態は，エネルギーの低い状態から電子を詰めていくことにより実現される。電子のエネルギーは式(3.20)で与えられるので，エネルギーの低い状態から電子を詰めていくと，電子の数が非常に多いことを反映して，電子の k 空間における分布は球体になる。この球体はフェルミ球と呼ばれる。フェルミ球の半径 k_F はフェルミ波数と呼ばれ，次の関係式が成立する。

$$2\times\frac{(4\pi/3){k_F}^3}{(2\pi/L)^3}=N \tag{3.21}$$

左辺第1項の係数2はスピンの自由度(アップスピン，ダウンスピン)に対応し，$(4\pi/3){k_F}^3$ は k 空間の半径 k_F の球体の体積である。$(2\pi/L)^3$ は最小単位である微小立方体の体積であるので，$(4\pi/3){k_F}^3/(2\pi/L)^3$ は微小立方体が半径 k_F の球体の中に何個存在するかを示している。ただし，この関係が成立するのは絶対温度 0 K の場合だけである。半径 k_F のフェルミ球の表面はミクロに見れば，k 空間の微小立方体によって凸凹があるが，k_F は以下の計算で示すように非常に大きな値であり，微小立方体の一辺の長さ $2\pi/L$ に比べて桁違いに大きいため，表面の微小な凹凸は無視できる。この球体の表面をフェルミ面と呼ぶ。

数値の具体的なイメージを得るために $L=1$ cm と仮定すると

$$k_F\approx 3\times10^8\ \mathrm{cm}^{-1} \tag{3.22}$$

という大きな値になる。一方，微小立方体の一辺の長さは $2\pi\ \mathrm{cm}^{-1}$ である。また，フェルミ波数を粒子の速度に換算すると，自由電子の運動量は $\hbar k_F$ であるので，

$$v_F=\frac{\hbar k_F}{m_e} \tag{3.23}$$

の関係から $v_F=3\times10^8$ cm/s となる。ここで，m_e は電子の質量である。この値は，光速の 1%という大きな値である。v_F をフェルミ速度と呼ぶ。

フェルミ波数におけるエネルギーをフェルミエネルギーと呼ぶ。フェルミエネルギー $\mathcal{E}_F=\hbar^2{k_F}^2/(2m_e)$ を温度に換算すると

$$\mathcal{E}_F=\frac{\hbar^2{k_F}^2}{2m_e}=k_BT \tag{3.24}$$

から $\approx10^5$ K 程度となり，室温である 300 K に比較して桁違いに高い温度であることがわかる。ここで，k_B はボルツマン定数である。

3.2.2 状態密度

状態密度(density of states, DOS) $D(\mathcal{E})$ はエネルギー $\mathcal{E}$ と $\mathcal{E}+\Delta\mathcal{E}$ の間で電子がとることができる状態の数 $\Delta N(\mathcal{E})$ を示す物理量であり，$\Delta N(\mathcal{E})=D(\mathcal{E})\Delta\mathcal{E}$ で定義される。自由電子モデルでは，状態密度 $D(\mathcal{E})$ は次のような計算で求めることができる。

エネルギー $\mathcal{E}$ の球面を考えると，その球面の半径 k は

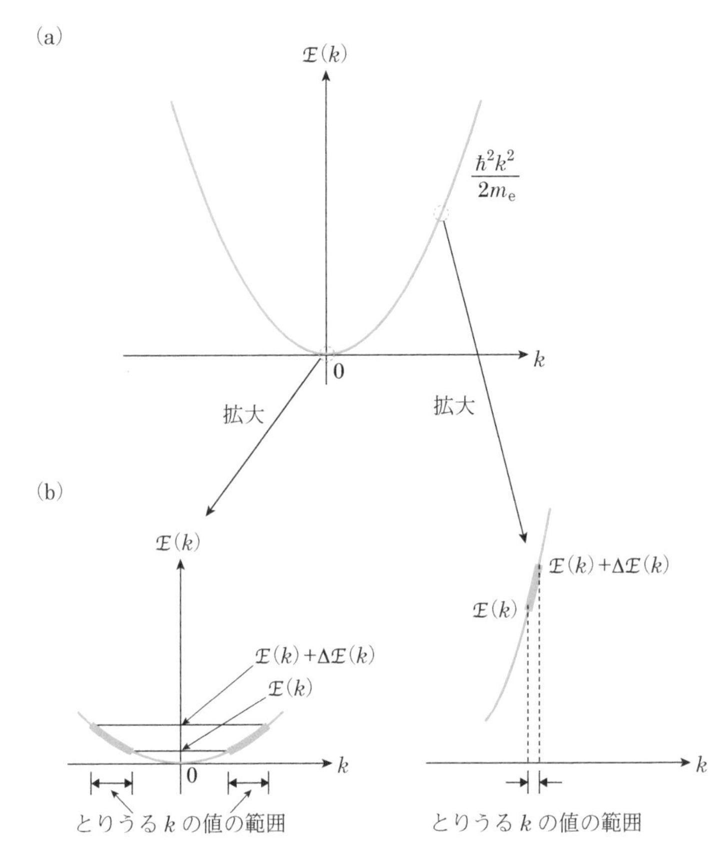

図3.11　1次元の周期的境界条件下における波数とエネルギーの関係
(a) $\mathcal{E}(k)$ 曲線，(b) $\mathcal{E}(k)=0$ 付近と $\mathcal{E}(k)\neq 0$ 付近の拡大図。$\mathcal{E}(k)\neq 0$ 付近の状態は k が負の領域にもあるが省略している。

$$\mathcal{E}=\frac{\hbar^2k^2}{2m_e} \tag{3.25}$$

の関係を満足するはずであるから，表面積は $4\pi k^2$ であり，半径が k と $k+\Delta k$ の間の部分の体積は $4\pi k^2\Delta k$ と書ける。この中には

$$D(\mathcal{E})\Delta\mathcal{E}=2\times\frac{4\pi k^2\Delta k}{(2\pi/L)^3} \tag{3.26}$$

の状態数が存在する。最初の係数2はスピンの自由度である。式(3.25)を利用して上式を $\mathcal{E}$ で表現すると

$$D(\mathcal{E})=\frac{L^3(2m_e)^{3/2}}{2\pi^2\hbar^3}\mathcal{E}^{1/2} \tag{3.27}$$

が得られる。ただし，$L^3=V$ である。式(3.27)から，3次元において $D(\mathcal{E})$ は $\mathcal{E}^{1/2}$ に比例することがわかる。

それでは，1次元において状態密度とエネルギーの関係はどうなるであろうか。1次元では k とエネルギー $\mathcal{E}$ の関係は図3.11(a)に示すような二次関数になる。ただし，k は間隔 $2\pi/L$ を有する不連続の値であることは注意する必要がある。図3.11(a)を拡大した図3.11(b)に基づいて，あるエネルギー $\mathcal{E}$ 付近の微小量 $\Delta\mathcal{E}$ について考えてみよう。$\mathcal{E}$ が

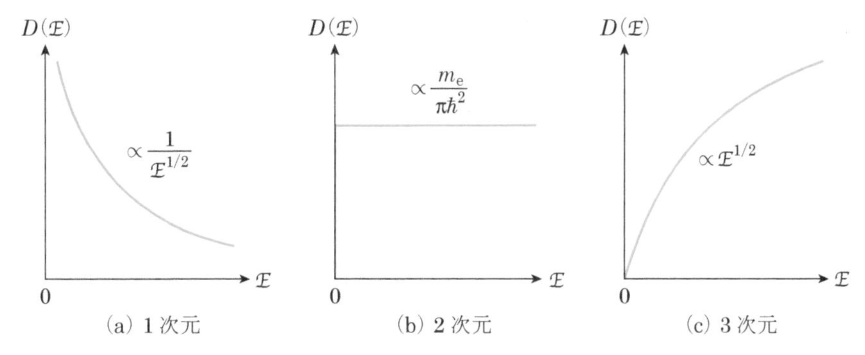

図3.13　(a) 1次元，(b) 2次元，(c) 3次元の周期的境界条件下における状態密度$D(\mathcal{E})$のエネルギー$\mathcal{E}$依存性

ゼロに近い場合，$\mathcal{E}$と$\mathcal{E}+\Delta\mathcal{E}$の間には，たくさんの$k$のとりうる値がある。一方，$\mathcal{E}$が大きくなると，少数の$k$の値しか許されない。したがって，1次元の場合には，$\mathcal{E}$が大きくなると状態密度は減少する。上と同様な計算を行うと，状態密度は$1/\mathcal{E}^{1/2}$に比例するという結果が得られる。

2次元においてはどうなるであろうか。3次元では$\mathcal{E}^{1/2}$，1次元では$1/\mathcal{E}^{1/2}$に比例するため，$\mathcal{E}$とは無関係になるように予想される。図3.12に示すように，kが大きくなると，kと$k+\Delta k$の間に囲まれた領域の面積が増える。この面積は$2\pi k\times\Delta k$となるから，状態密度は

$$D(\mathcal{E})\Delta\mathcal{E}=2\times\frac{2\pi k\Delta k}{(2\pi/L)^2} \tag{3.28}$$

から得られる。式(3.25)を用いて書き直すと，予想通り$D(\mathcal{E})$はエネルギーに依存しない一定の値$\{m_e/(\pi\hbar^2)\}L^2$になる。2次元と3次元におけるふるまいの違いは，3次元の状態密度はk空間の球の表面積，すなわちk^2に依存するのに対し，2次元では円周，すなわちkに比例して変化するため，k依存性が低いことと関係している。以上をまとめると，状態密度は次元に依存して図3.13に示すように変化する。

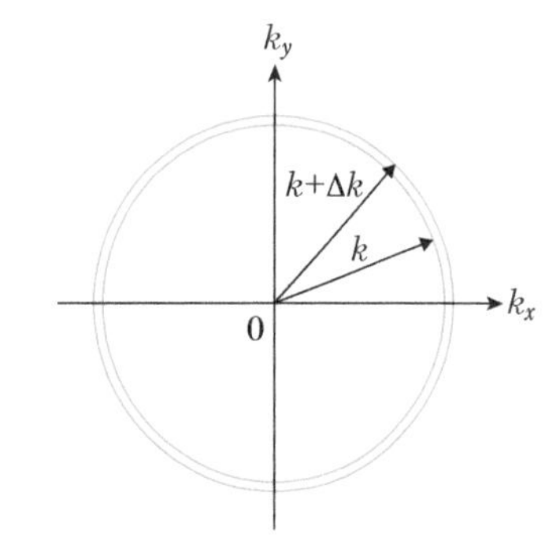

図3.12　2次元の周期的境界条件下における状態密度の考え方

3.2.3　電子比熱

比熱とは，ある温度Tにおいて物質の温度を微小量ΔTだけ変化させたときに内部エネルギー$\mathcal{E}(T)$がどのくらい変化するかを示す物理量であり，

$$C(T)=\frac{\mathrm{d}\mathcal{E}(T)}{\mathrm{d}T} \tag{3.29}$$

で定義される。比熱には電子の運動による電子比熱と，格子の運動による格子比熱が存在する。

ここでは，電子比熱について考える。前項までの議論では，フェルミ球は境界が明確な球体であるとした。しかし，これが成立するのは絶対温度0 Kの場合のみであり，有限温度では成立しない。有限温度では熱エネルギーが存在し，電子は熱エネルギーを受け取り，高いエネルギー

状態に励起可能である。温度が ΔT 上昇した際に，10^{24} 個程度の電子のすべてが熱エネルギーを受け取って励起されるだろうか。そのようなことは起こらない。これはパウリの排他原理があるからである。室温では熱エネルギー $k_{\mathrm{B}}T$（k_{B} はボルツマン定数）は 0.026 eV 程度であるが，フェルミエネルギーは数 eV であり，温度にすると 10^5 K に相当する。したがって，フェルミ球の内部にいる電子は熱エネルギーを受け取ったとしても，そのエネルギーはわずかであり，遷移する先はすでに電子によって満たされている。このため，フェルミ球の内部の電子には何も変化が起こらない。一方，フェルミ球の表面（フェルミ面）にいる電子にとっては，熱エネルギーを受け取って遷移することが可能な空の高いエネルギー状態が存在する。したがって，フェルミ球の表面だけが熱エネルギーを受け取って励起状態に遷移する。熱エネルギーを吸収して，高いエネルギー状態に遷移可能な電子数は，フェルミエネルギー付近の状態密度 $D(\mathcal{E}_{\mathrm{F}})$ により $D(\mathcal{E}_{\mathrm{F}})k_{\mathrm{B}}T$ と書ける。1つ1つの電子が熱エネルギーを吸収するのであるから，温度 T におけるエネルギーの増加分は $D(\mathcal{E}_{\mathrm{F}})(k_{\mathrm{B}}T)^2$ 程度である。いま，温度が T から $T+\Delta T$ へ上昇したときの内部エネルギーの増加量 $\Delta\mathcal{E}(T)$ は

$$\Delta\mathcal{E}(T) = D(\mathcal{E}_{\mathrm{F}})\{[k_{\mathrm{B}}(T+\Delta T)^2 - (k_{\mathrm{B}}T)^2]\} \tag{3.30}$$

であるから，比熱は

$$C(T) \propto D(\mathcal{E}_{\mathrm{F}}){k_{\mathrm{B}}}^2 T \tag{3.31}$$

のように温度 T とフェルミエネルギーでの状態密度 $D(\mathcal{E}_{\mathrm{F}})$ に比例する。

今までの議論は金属中の電子による電子比熱に関するものであり，物質全体の比熱には格子振動が大きく寄与するため，格子比熱を考慮する必要がある。低温では格子振動の比熱は T^3 に比例することが知られており，電子比熱と格子比熱を足し合わせると $C=\gamma T+\beta T^3$ となる。この式を変形して $C/T=\gamma+\beta T^2$ と書き，横軸を T^2，縦軸を C/T としてプロットすると，縦軸との交点および傾きから γ および β が求まる。図 3.14 はその一例である。また，$D(\mathcal{E}_{\mathrm{F}})$ は電子の質量に依存するため，

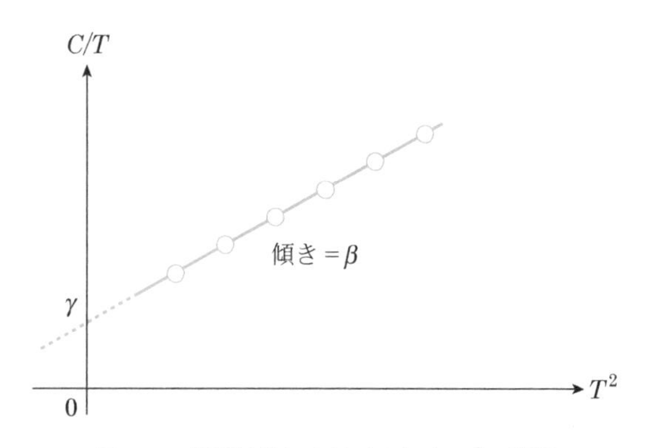

図3.14　低温比熱における C/T と T^2 の関係

電子比熱の測定により電子の質量（後に述べるように物質中では有効質量である）に関する情報が得られる。

3.2.4　フェルミ－ディラック分布関数とボルツマン分布関数

フェルミ－ディラック分布関数は，ある温度 T の下で電子がエネルギー $\mathcal{E}$ の状態をとる確率を表す関数である。多数の電子からなる系のエネルギーを最小にするためにはパウリの排他原理に従ってエネルギーの低い状態から電子を詰めていくことが必要になるため，エネルギーの低い状態には必ず電子が存在する。一方，非常に高いエネルギー状態に電子が存在する確率は0であろう。先に述べたように絶対温度0 Kでは，フェルミエネルギー以下では電子が必ず存在し，フェルミエネルギー以上では電子は存在しないので，図3.15の赤い破線のような確率分布になる。また，有限温度においては電子の熱励起のエネルギーは $k_B T$ 程度であるから，フェルミエネルギー近傍の電子の分布変化の幅は $k_B T$ のオーダーとなり，実線のような確率分布になると予想される。より正確な議論を行うと，フェルミ－ディラック分布関数は

$$f(\mathcal{E}) = \left[1 + \exp\left(\frac{\mathcal{E} - \mathcal{E}_F}{k_B T}\right)\right]^{-1} \tag{3.32}$$

と書けることが明らかにされている。ここで，$\mathcal{E}_F$ はフェルミエネルギーであり，有限温度 T では電子がエネルギー $\mathcal{E}_F$ を占有する確率は 1/2 となる。

上のフェルミ－ディラック分布関数は，パウリの排他原理を考慮した分布関数である。すなわち，量子統計に基づいている。電子密度が低い場合にはどのようになるであろうか。電子密度が低い場合には，スピンまで含めた同じ量子状態を2個の電子が同時に占める可能性は非常に低くなるため，パウリの排他原理を考慮した量子統計を考えることに意味はない。このような場合には，電子を古典的な粒子として扱った統計でよいはずである。有限温度 T でのフェルミ－ディラック分布関数において，$\mathcal{E} \gg \mathcal{E}_F$ の関係を満たす高いエネルギー $\mathcal{E}$ についてのフェルミ－ディラック分布関数は

$$f(\mathcal{E}) \propto \exp\left(-\frac{\mathcal{E}}{k_B T}\right) \tag{3.33}$$

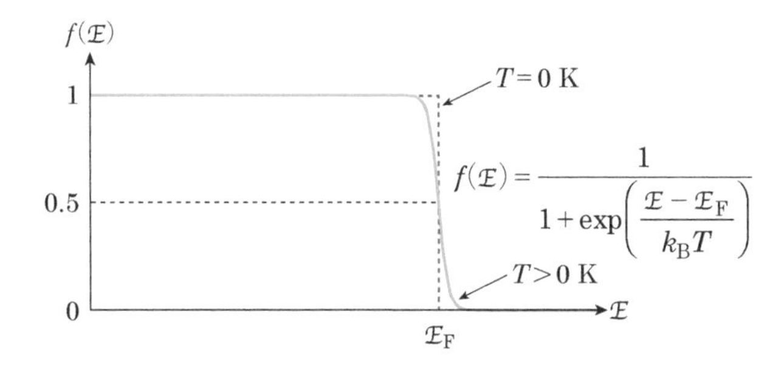

図3.15　フェルミ－ディラック分布関数

と変形できる。これはボルツマン分布と呼ばれる古典的な分布関数である。後で述べるが，例えばシリコン(Si)の真性半導体中では，伝導帯の電子のエネルギー $\mathcal{E}$ に対する $\mathcal{E}-\mathcal{E}_F$ は室温での熱エネルギーに比べてはるかに大きいため，伝導帯を占有する電子数は非常に少なく，ボルツマン分布関数が良い近似となる。

3.3　ブロッホの定理

本書で対象とする結晶の原子配列は周期性を有している。したがって，電子に対するポテンシャルも周期的であり，電子は周期的なポテンシャル中を運動している。このような周期的なポテンシャル中を運動する電子の性質はどのようになるであろうか。

簡単のため，1次元から議論を進める。もしポテンシャルが時間的に変化しなければ定常状態であり，シュレーディンガー方程式は

$$\left\{-\frac{\hbar^2}{2m_e}\frac{\partial^2}{\partial x^2}+V(x)\right\}\phi(x)=\mathcal{E}\phi(x) \tag{3.34}$$

と書ける[*4]。原子が周期 a で規則的に並んでいるとポテンシャル $V(x)$ は

*4　ここではブロッホの定理を満足する波動関数を $\phi(x)$ としている。

$$V(x)=V(x+a)=V(x+2a)=\cdots \tag{3.35}$$

の性質を有しているはずである。ここで

$$\frac{\partial}{\partial x}=\frac{\partial}{\partial(x+a)}\times\frac{\partial(x+a)}{\partial x} \tag{3.36}$$

の関係を使って式(3.34)の x を $x+a$ で書き直し，$V(x)=V(x+a)$ の関係を用いると

$$\left\{-\frac{\hbar^2}{2m_e}\frac{\partial^2}{\partial(x+a)^2}+V(x+a)\right\}\phi(x+a)=\mathcal{E}\phi(x+a) \tag{3.37}$$

となる。$x+a=x'$ とおけば，式(3.37)は

$$\left\{-\frac{\hbar^2}{2m_e}\frac{\partial^2}{\partial x'^2}+V(x')\right\}\phi(x')=\mathcal{E}\phi(x') \tag{3.38}$$

となる。式(3.34)と式(3.38)を比較すると同じ微分方程式が成立していることから

$$\phi(x+a)=C\phi(x) \tag{3.39}$$

の関係がある。ここで，C は定数である。波動関数は複素関数であるため，C は実数とは限らず，複素数の可能性もある。結晶は a の周期性を有しているため，電子の分布も a の周期性を有していなければならない。したがって，

$$|\phi(x+a)|^2=|\phi(x)|^2=|C|^2|\phi(x)|^2 \tag{3.40}$$

の関係が成立している。先に述べたように C には複素数の可能性があるため，式(3.40)は $C=\exp(\mathrm{i}\theta)$ であることを示している。θ は位相因

子である。$C=1$ は $C=\exp(\mathrm{i}\theta)$ の特殊な解である。式(3.39)から，距離 a だけずらすと $C=\exp(\mathrm{i}\theta)$ だけ変化するから，$2a$ ずらすと $\exp(\mathrm{i}2\theta)$ だけ変化するはずである。したがって，na ずらすと $\exp(\mathrm{i}n\theta)$ だけ変化する。

ここで周期的境界条件を考える。全長は L であり，$L=Na$（N は原子の総数）の関係が成立しているとすると

$$\phi(x+L)=\phi(x+Na)=\phi(x) \tag{3.41}$$

であるから

$$\exp(\mathrm{i}N\theta)=1 \tag{3.42}$$

の関係が成立する。すなわち，

$$N\theta=2\pi n \quad (n=0,\ \pm1,\ \pm2,\ \cdots) \tag{3.43}$$

を満たす必要がある。この式には原子間隔を a ずらしたという情報があらわに含まれていないため，a が含まれるように少し変形すると

$$\theta=\frac{2\pi n}{N}=\left(\frac{2\pi n}{L}\right)a=ka \tag{3.44}$$

と書ける。ここで，

$$k=\frac{2\pi n}{L} \quad (n=0,\ \pm1,\ \pm2,\ \cdots) \tag{3.45}$$

である。式(3.44)を用いると，式(3.39)は

$$\phi(x+a)=\exp(\mathrm{i}ka)\phi(x) \tag{3.46}$$

となる。$R=na$ だけずらすと

$$\phi(x+R)=\exp(\mathrm{i}kR)\phi(x) \tag{3.47}$$

と書ける。この関係を**ブロッホの定理**(Bloch theorem)という。ブロッホの定理を導くプロセスにおいて近似は一切用いていない。したがって，ブロッホの定理は周期的な構造を有する物質中の電子が有する基本的な波動関数の性質となる。式(3.47)における R は原子配列の周期性を表すものであり，原子配列がわかれば確定する。一方，k は式(3.47)を関係づける重要な量子数となる。しかし，$\phi(x)$ の具体的な中身がどのような関数であるかは依然として不明のままである。

それでは，$\phi(x)$ はどのようなものになるかについて考える。電子はポテンシャルが周期性を有していなければ平面波として物質中を進行しているわけであるから，周期的なポテンシャルが弱ければ，電子の運動は平面波に近いものになるであろう。そこで，波動関数を

$$\phi(x)=\exp(\mathrm{i}kx)u(x) \tag{3.48}$$

と書く。$u(x)$ は平面波 $\exp(\mathrm{i}kx)$ を変調する関数である。$\phi(x)$ はブロッホの定理を満足しなければならない。式(3.48)がブロッホの定理を満足

するためには

$$\begin{aligned}\phi(x+a)&=\exp[\mathrm{i}k(x+a)]u(x+a)\\&=\exp(\mathrm{i}ka)\exp(\mathrm{i}kx)u(x+a)\\&=\exp(\mathrm{i}ka)\phi(x)\\&=\exp(\mathrm{i}ka)\exp(\mathrm{i}kx)u(x)\end{aligned}\tag{3.49}$$

より

$$u(x+a)=u(x)\tag{3.50}$$

の関係が成り立つ必要がある。このことは，$u(x)$が単位胞で変化する関数であることを示している。結局，ブロッホ関数$\phi(x)$は図3.16に示すように，単位胞内の電子状態を$u(x)$が支配し，結晶全体の状態を平面波が支配している関数となる。

(b) e^{ikx}

(c) $\phi(x)$

図3.16　関数(a)$u_k(x)$, (b)$\exp(\mathrm{i}kx)$, (c)$\phi(x)=\exp(\mathrm{i}kx)u_k(x)$の形

［上村 洸，中尾憲司，電子物性論，培風館(1995)より引用］

さらに，ブロッホの定理からkに関する重要な性質がわかる。周期関数はフーリエ級数で展開できるため，$u(x)$は

$$u(x)=\sum_G u_G\exp(\mathrm{i}Gx)\tag{3.51}$$

と書くことができる。ここで，$u(x+a)=u(x)$が成立するため

$$u(x+a)=\sum_G u_G\exp[\mathrm{i}G(x+a)]=u(x)=\sum_G u_G\exp(\mathrm{i}Gx)\tag{3.52}$$

から$\exp(\mathrm{i}Ga)=1$の関係が得られる。すなわち

$$G=\frac{2\pi n}{a}\quad(n=0,\ \pm1,\ \pm2,\ \cdots)\tag{3.53}$$

が得られる。Gは逆格子ベクトルと呼ばれる。この関係を満足するGを用いるとブロッホ関数は

$$\phi_k(x)=\sum_G u_{k+G}\exp[\mathrm{i}(k+G)x]\tag{3.54}$$

と展開される。ただし，ここでは係数の添え字を$k+G$と変更し，u_{k+G}と書いた。kを逆格子ベクトルKだけずらして$k+K$に書き換えると，式(3.54)は

$$\phi_{k+K}(x)=\sum_G u_{k+K+G}\exp[\mathrm{i}(k+K+G)x]\tag{3.55}$$

となる。KとGはともに逆格子ベクトルであるから，$K+G=G'$とするとG'も逆格子ベクトルであり，G'を用いて式(3.55)を書き直すと

$$\phi_{k+K}(x)=\sum_{G'} u_{k+G'}\exp[\mathrm{i}(k+G')x]=\phi_k(x)\tag{3.56}$$

が得られる。したがって，kと$k+K$は同等の量子状態であることがわかる。このことは

$$\mathcal{E}(k)=\mathcal{E}(k+K)\tag{3.57}$$

の関係を示唆している。

ある波数kをもつ電子のエネルギーはどのようになるであろうか。

$u(x)$は単位胞サイズの電子の状態を表す関数であるから，井戸型ポテンシャルや水素原子で議論したようにエネルギーは離散的になっているはずである。それを確かめるために式(3.48)をシュレーディンガー方程式(3.34)に代入してみると

$$\left\{-\frac{\hbar^2}{2m_e}\frac{\partial^2}{\partial x^2}-\frac{\mathrm{i}\hbar^2 k}{m_e}\frac{\partial}{\partial x}+\frac{\hbar^2 k^2}{2m_e}+V(x)\right\}u(x)=\mathcal{E}(k)u(x) \quad (3.58)$$

となる。式(3.58)の{　}内の第2項と第3項はkに依存しているため，エネルギーはkに依存しているはずであり，$\mathcal{E}(k)$とした。$V(x)$は原子核からの引力ポテンシャルであるから，水素原子に似たポテンシャルであると仮定すると，式(3.58)の{　}内の第1項と第4項は，1次元ではあるが水素原子に類似した方程式であることから，$\mathcal{E}(k)$は離散的なエネルギーをとることが推測される。基底状態から順に$n=1, 2, 3, \cdots$と名前を付けると，$u(x)$や$\mathcal{E}(k)$はkとnに依存しており，$u_{n,k}(x)$，$\mathcal{E}_n(k)$と書かなければならないことがわかる。

式(3.58)のkに$-k$を代入すると

$$\left\{-\frac{\hbar^2}{2m_e}\frac{\partial^2}{\partial x^2}+\frac{\mathrm{i}\hbar^2 k}{m_e}\frac{\partial}{\partial x}+\frac{\hbar^2 k^2}{2m_e}+V(x)\right\}u_{n,-k}(x)=\mathcal{E}(-k)u_{n,-k}(x) \quad (3.59)$$

となる。一方，$\mathcal{E}(k)$はエネルギー固有値であるから実数であり，ポテンシャルエネルギー$V(x)$も実数であることに注意して式(3.58)の複素共役をとると

$$\left\{-\frac{\hbar^2}{2m_e}\frac{\partial^2}{\partial x^2}+\frac{\mathrm{i}\hbar^2 k}{m_e}\frac{\partial}{\partial x}+\frac{\hbar^2 k^2}{2m_e}+V(x)\right\}u^*_{n,k}(x)=\mathcal{E}(k)u^*_{n,k}(x) \quad (3.60)$$

となる。この微分方程式は式(3.59)とまったく同じ形であるので，$\mathcal{E}(-k)=\mathcal{E}(k)$が成立する。また，周期的境界条件の下では$k=2\pi n/L$ ($n=0, \pm 1, \pm 2, \cdots$)の関係が成立する必要があるため，$k$も離散的な値になっている。したがって，$k$と$\mathcal{E}(k)$の関係について模式的に示すと図3.17のようになる。

以上を3次元に拡張することは容易であり，電子の位置座標xを3次元ベクトル$\boldsymbol{r}$，波数kを3次元の波数ベクトル$\boldsymbol{k}$，Rを3次元の格子ベクトル$\boldsymbol{R}$，Kを3次元の逆格子ベクトル$\boldsymbol{K}$とすればよく，次の式(3.61)〜(3.64)が得られる。逆格子に関しては他の節でさらに詳しく述べる。

$$\phi_{n,\boldsymbol{k}}(\boldsymbol{r}+\boldsymbol{R})=\exp(\mathrm{i}\boldsymbol{k}\cdot\boldsymbol{R})\phi_{n,\boldsymbol{k}}(\boldsymbol{r}) \quad (3.61)$$

$$\phi_{n,\boldsymbol{k}}(\boldsymbol{r})=\exp(\mathrm{i}\boldsymbol{k}\cdot\boldsymbol{r})u_{n,\boldsymbol{k}}(\boldsymbol{r}) \quad (3.62)$$

$$\phi_{n,\boldsymbol{k}+\boldsymbol{K}}(\boldsymbol{r})=\phi_{n,\boldsymbol{k}}(\boldsymbol{r}) \quad (3.63)$$

$$\mathcal{E}_n(\boldsymbol{k})=\mathcal{E}_n(\boldsymbol{k}+\boldsymbol{K}) \quad (3.64)$$

ここでブロッホ関数の規格化について触れておく。物質は基本格子ベクトルの方向にそれぞれN_1, N_2, N_3個の単位胞からなるとし，単位胞の総数を$N(=N_1\times N_2\times N_3)$とする。$u_{n,\boldsymbol{k}}(\boldsymbol{r})$を単位胞で規格化するならば

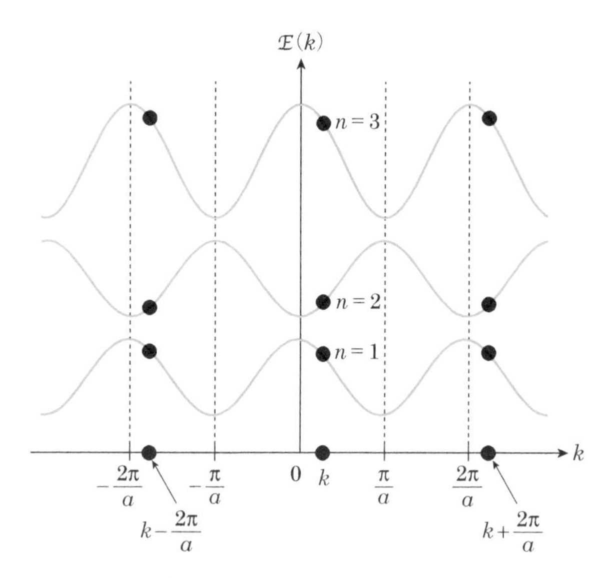

図3.17　1次元の周期的境界条件下における$\mathcal{E}_n(k)$曲線
kはとびとびの値である。

$$\int_{\text{単位胞}} |u_{n,\boldsymbol{k}}(\boldsymbol{r})|^2 \mathrm{d}\boldsymbol{r} = 1 \tag{3.65}$$

の関係を満足するわけであるが，ブロッホ関数は

$$\phi_{n,\boldsymbol{k}}(\boldsymbol{r}) = \frac{1}{\sqrt{N}} \exp(\mathrm{i}\boldsymbol{k}\cdot\boldsymbol{r}) u_{n,\boldsymbol{k}}(\boldsymbol{r}) \tag{3.66}$$

となる。

3.4　1次元空格子の電子構造

空格子とは，原子が周期的に並んでいるが，ポテンシャルは無いとしたモデルである。ポテンシャルが無いために自由電子と同じであると考えがちであるが，周期性は存在しているために自由電子とは異なる。このような周期性を取り込んだ電子の状態はどのようになるであろうか。また，ブロッホの定理は空格子中でどのように現れるであろうか。1次元系でそれを確認することが本節の目的である。

空格子では結晶の周期性はあるため，波動関数はブロッホの定理を満足しなければならない。そこで$u(x)$を逆格子ベクトル$G(=2\pi n/a,\ n=0, \pm1, \pm2, \pm3, \cdots)$でフーリエ展開して，ブロッホ関数を次のように表現する。

$$\phi_k(x) = \sum_G u_{k+G} \exp[\mathrm{i}(k+G)x] \tag{3.67}$$

この式をシュレーディンガー方程式に代入すると

$$\frac{\hbar^2}{2m_\mathrm{e}} \sum_G u_{k+G}(k+G)^2 \exp[\mathrm{i}(k+G)x] = \mathcal{E}(k) \sum_G u_{k+G} \exp[\mathrm{i}(k+G)x] \tag{3.68}$$

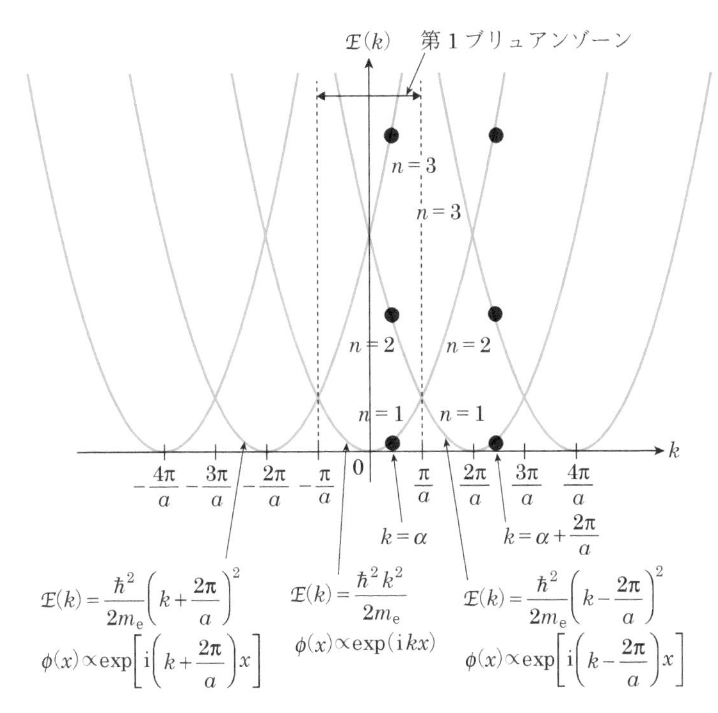

図3.18　1次元空格子における $\mathcal{E}_n(k)$ 曲線

が得られる。ここで，ある逆格子ベクトル $K(=2\pi m/a)$ に注目し，左から関数 $\exp[-i(k+K)x]$ をかけて物質の長さ $L=Na$ に対して空間積分を行うと，$G=K$ の項のみの空間積分が残り，他の空間積分は 0 になる。結果として

$$\mathcal{E}(k)=\frac{\hbar^2(k+K)^2}{2m_e} \tag{3.69}$$

が得られる。$K=0,\ \pm2\pi/a,\ \pm4\pi/a,\ \cdots$ の場合についてグラフを描くと図3.18が得られる。なお，何度も繰り返すが，周期的境界条件の下では k も不連続の値である。

逆格子ベクトル K と k では不連続の値の間隔の大きさが異なる。逆格子ベクトルの分母は a であるのに対し，k の分母は $L=Na$ である。エネルギーは k に依存しており，例えば $k=\alpha$ に注目すると，そのエネルギーは離散的で $\mathcal{E}_n(\alpha)$ で与えられる。同時に，図3.18は $\mathcal{E}_n(\alpha)=\mathcal{E}_n(\alpha+K)$ の関係を満たしている。また，波動関数は，例えば $n=1$ の場合を考えると，$k=\alpha$ の点では $\exp(i\alpha x)$ であり，また同じエネルギーを有する $k=\alpha+2\pi/a$ でも $\exp(i\alpha x)$，$k=\alpha+4\pi/a$ でも $\exp(i\alpha x)$ となり，α と $\alpha+K$ は同じ波動関数であることが確認できる。この結果は $n=2,3,\cdots$ の状態でも同様に成立する。

注意して図3.18を見ると，グラフは $-\pi/a\leq k\leq\pi/a$ の領域の繰り返し構造になっていることに気づく。したがって，この領域の電子構造がわかれば，他の領域の電子構造もわかる。$-\pi/a\leq k\leq\pi/a$ の領域を第1ブリュアンゾーン(Brillouin zone)と呼ぶ。

3.5　1次元結晶格子のバンドギャップ

前節では1次元空格子の電子構造を取り上げた。各格子上に位置する原子に原子核からの引力ポテンシャルがあるとしたら，どのような現象が生じるであろうか。本節では，この問題についてポテンシャルが弱いと仮定して摂動論から検討する。

非縮退の摂動論によれば，注目する電子状態に対して，エネルギーが離れている電子状態は弱い影響を及ぼす。このような考え方は，前節の空格子の電子構造において，k が $k \neq 0,\ \pm\pi/a,\ \pm 2\pi/a, \cdots$ のときのように，異なる n のエネルギー間隔が大きい場合に適用可能である。また，そのような場合には，エネルギーや波動関数は無摂動（原子の引力ポテンシャルが無い空格子）の状態からわずかにずれるだけである。

しかし，$k=0, k=\pm\pi/a, k=\pm 2\pi/a, \cdots$ のときには状況が異なる。このときには異なる波動関数が同じエネルギーを有する状態（縮退状態）にあり，非縮退の摂動論は適用できない。強く相互作用するのは同じエネルギー状態にある波動関数であると考えられるから，縮退している波動関数のみに注目することにする。例えば，$n=1, k=\pi/a$ で同じエネルギー状態を有する波動関数は $\phi_k(x)=(1/\sqrt{L})\exp(\mathrm{i}kx)$ と $\phi_{k-2\pi/a}(x)=(1/\sqrt{L})\exp[\mathrm{i}(k-2\pi/a)x]$ であり，この2つの波動関数のみを考える。この2つの波動関数が $k=\pi/a$ で混ざるわけであるが，その混ざり方には2通りある。これは水素分子を考えたときに，結合性軌道と反結合性軌道の2つの混ざり方があったことと同じである。結合性軌道の混ざり方は

$$\begin{aligned}\psi_+(x) &\propto \phi_k(x)+\phi_{k-2\pi/a}(x)\\ &=\frac{1}{\sqrt{L}}\left\{\exp\left(\mathrm{i}\frac{\pi}{a}x\right)+\exp\left(-\mathrm{i}\frac{\pi}{a}x\right)\right\}\end{aligned} \tag{3.70}$$

である。反結合性軌道の混ざり方は

$$\begin{aligned}\psi_-(x) &\propto \phi_k(x)-\phi_{k-2\pi/a}(x)\\ &=\frac{1}{\sqrt{L}}\left\{\exp\left(\mathrm{i}\frac{\pi}{a}x\right)-\exp\left(-\mathrm{i}\frac{\pi}{a}x\right)\right\}\end{aligned} \tag{3.71}$$

である。ここでは規格化因子は無視している。この2つの波動関数は性質を異にする。結合性軌道および反結合性軌道のそれぞれの電子の存在確率は

$$|\psi_+(x)|^2 \propto 4\cos^2\left(\frac{\pi}{a}x\right) \tag{3.72}$$

$$|\psi_-(x)|^2 \propto 4\sin^2\left(\frac{\pi}{a}x\right) \tag{3.73}$$

となり，両者は位相が異なっている。

ここで $x=\cdots, -2a, -a, 0, a, 2a, \cdots$ の位置に原子が存在すると仮定すると，図3.19に示すように，式(3.72)は原子位置で電子の存在確率が高く，式(3.73)は原子と原子の中間で存在確率が高い。原子の位置に電子が存在する方が原子核からの引力ポテンシャルを有効に受けられるた

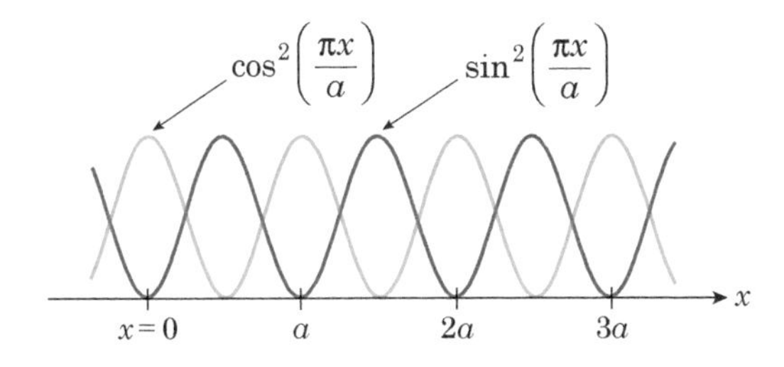

図 3.19　1次元空格子に引力ポテンシャルを導入した場合の波動関数の2乗 $|\psi(x)|^2$

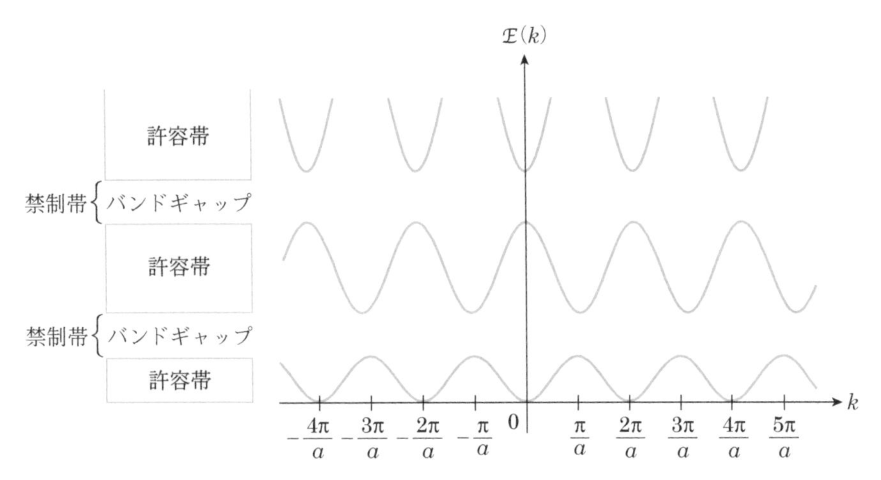

図 3.20　1次元空格子に引力ポテンシャルを導入した場合の $\mathcal{E}_n(k)$ 曲線
引力ポテンシャルの導入によりバンドギャップが形成される。

めにエネルギーは低くなる。これにより $V(x)=0$（空格子）のときに縮退していた状態は，$V(x)\neq 0$（実際の結晶格子）のときには分裂する。この関係は，図 3.18 のあらゆる縮退している点で生じる。結果として，図 3.20 の $\mathcal{E}(k)$ 曲線が得られる。このような波数 k とエネルギー $\mathcal{E}(k)$ の関係をバンド構造と呼ぶ。図 3.20 を見ると，ある $\mathcal{E}(k)$ の値に対して，対応する波数 k が存在しないエネルギー領域がある。この領域を**バンドギャップ**（禁制帯）と呼ぶ。一方，波数 k が存在するエネルギー領域を許容帯と呼ぶ。最終的にバンド構造は許容帯とバンドギャップの繰り返しとなる。

バンドギャップの形成はブラッグ反射で説明できる。いま，格子間隔 a の無限に長い1次元物質において電子の平面波が進行していると仮定する。進行する平面波は各原子で反射して反射波を生じるが，各原子で生じる反射波は位相がランダムであるため，各原子で発生する反射波を合計すると打ち消し合って強度（振幅）は弱くなる。しかし，ある特定の波長では反射波の位相がそろい，強度（振幅）が強くなる。この条件は図 3.21 に示すように

$$2a = n\lambda \quad (n=\pm 1,\ \pm 2,\ \cdots) \tag{3.74}$$

と書ける。ここで，負の値の n は正の値の n に対して逆方向から入射

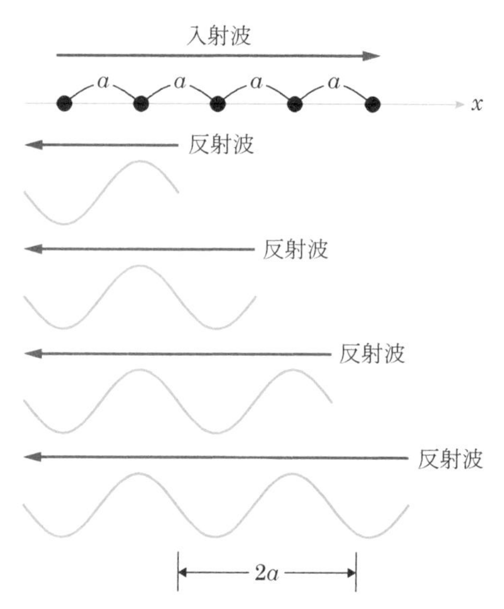

図3.21　格子間隔aの1次元結晶における進行する平面波が反射される様子
波長$2a$において反射波の位相がそろい，反射波の強度が大きくなる。

した波を想定している。無限数の原子の中を進行する電子の物質波を考えた場合には，式(3.74)の条件下では半分は進行し，半分は反射する条件でバランスするはずである。$n = 1$ の場合には，進行波と反射波はそれぞれ

$$\psi_{\text{進行波}}(x) \propto \exp\left(\mathrm{i}\frac{\pi}{a}x\right) \tag{3.75}$$

$$\psi_{\text{反射波}}(x) \propto \exp\left(-\mathrm{i}\frac{\pi}{a}x\right) \tag{3.76}$$

となり，振幅は等しい。物質中の任意の点では，この2つの波が同時に存在するから，混ざりあって新しい波である結合性軌道と反結合性軌道を形成する。これは式(3.70)，(3.71)と同じであり，定在波となっている。また，電子の存在確率は式(3.72)，(3.73)となる。したがって，波長$\lambda = 2a/n$ ($k = n\pi/a$, $n = 0, \pm 1, \pm 2, \cdots$)でバンドギャップが発生する。

3.6　2次元および3次元格子のバンドギャップ

1次元の議論から，バンドギャップ形成にはブラッグ反射による定在波，すなわち進行しない波の形成が関係していることを学んだ。本節では最初に2次元物質での電子の伝搬について考えよう。

簡単な例として，図3.22に示す一辺がaの正方形の単位胞を考え，電子は2次元面内を平面波として進行すると仮定する。x方向に平面波が進行してきたとすると，間隔aで並んだ格子列(紙面を横にしてy方向に平行に眺めてみれば確認できる)により波長(波数)が$2a = n\lambda$ ($k_x = n\pi/a$, $n = 0, \pm 1, \pm 2, \cdots$)の場合にブラッグ反射を起こして定在波

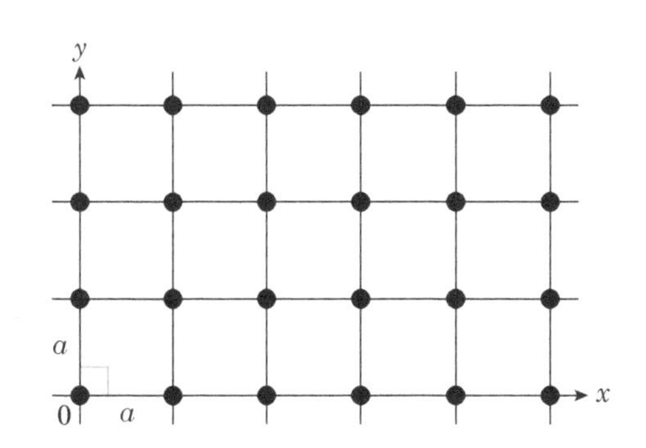

図3.22　格子間隔aの2次元正方格子
青色部分が単位胞を表す。

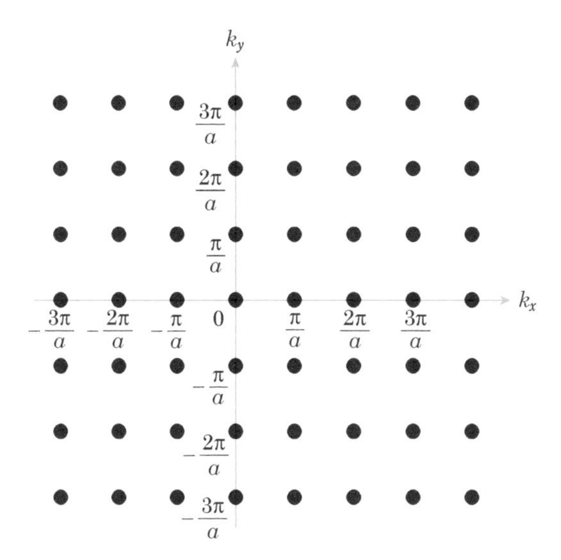

図3.23　バンドギャップを形成する電子波の波数を表すk空間
k空間中に点で示す$k_x = n\pi/a\ (n = 0,\ \pm 1,\ \pm 2,\ \cdots)$，$k_y = n\pi/a\ (n = 0,\ \pm 1,\ \pm 2,\ \cdots)$でバンドギャップを生じる。

を形成する。一方，y方向に進行する平面波では間隔aで並んだ格子列（紙面を横にしてx方向に平行に眺めてみれば確認できる）により波長（波数）が$2a = n\lambda\ (k_y = n\pi/a,\ n = 0,\ \pm 1,\ \pm 2,\ \cdots)$の場合にブラッグ反射を起こして定在波を形成する。また，$\langle 1, 1\rangle$方向に進行する平面波は，間隔$a/\sqrt{2}$を有する格子列（紙面を横にして$\langle 1, 1\rangle$方向に垂直な方向から眺めてみれば確認できる）により波長（波数）が$2\times(a/\sqrt{2}) = n\lambda\ (k = n\sqrt{2}\pi/a,\ n = 0,\ \pm 1,\ \pm 2,\ \cdots)$のときにブラッグ反射により定在波を形成する。このように考えるとk空間では図3.23中に点で示した波数を有する電子波がバンドギャップを生じる。

例えば$\langle 1, 1\rangle$方向からわずかにずれた図3.24の→の方向の進行波はどうなるであろうか。→を$\langle 1, 1\rangle$方向とそれに垂直な方向に分けると，$\langle 1, 1\rangle$方向成分は，大きさが$k = \sqrt{2}\pi/a$であり，ブラッグ反射条件になっている。この性質は図3.24の点線上に終端する波数ベクトルのすべて

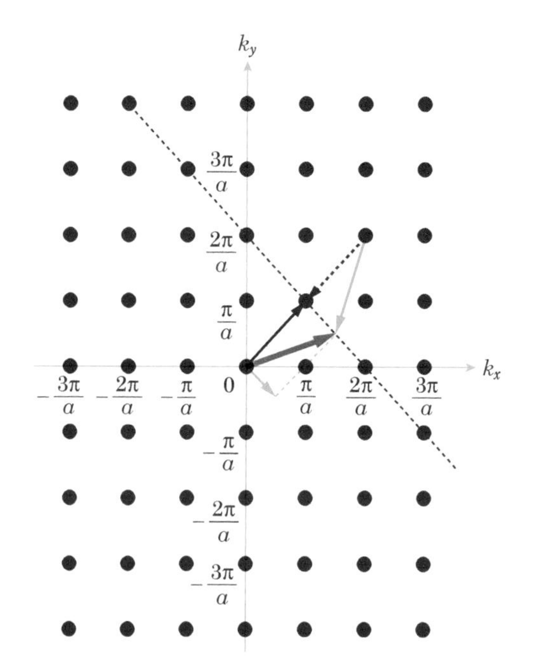

図3.24　入射波と反射波の関係のk空間における表現
原点から点線に向かって進行する平面波→に対して垂直な成分（黒い矢印→）はブラッグ反射を受ける。したがって，反射波は緑の矢印→の方向になる。

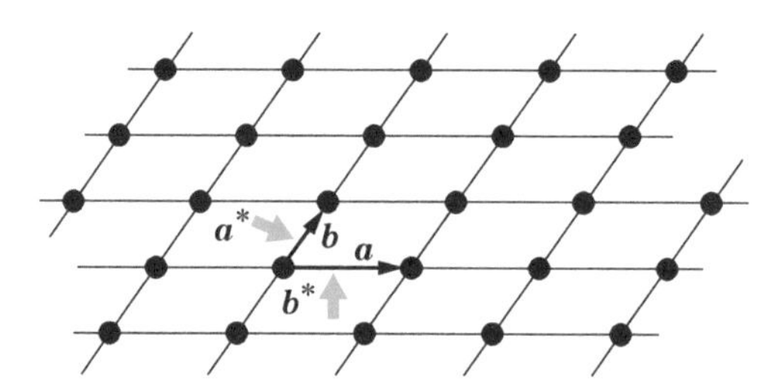

図3.25　2次元格子の単位胞および基本となる平面波の入射方向
$\boldsymbol{a}$, $\boldsymbol{b}$は単位胞の基本格子ベクトル。$\boldsymbol{a}^*$, $\boldsymbol{b}^*$は基本となる平面波の入射方向。

の〈1, 1〉成分に対して成立する。そのため，成分→は図中の⇢で表される反射波を生じる。しかし，〈1, 1〉方向と直交する成分はブラッグ反射条件にはなっていないために保存される。結局，合成された反射波は緑の矢印→のようになる。

先の例は非常に対称性が高い単位胞を考えたのでわかりやすいが，図3.25のような単位胞を有する2次元物質ではどうなるであろうか。基本格子ベクトル$\boldsymbol{a}$と$\boldsymbol{b}$は直交しておらず，大きさも異なる。基本格子ベクトル$\boldsymbol{a}$に対して垂直に入射した平面波は，$\boldsymbol{a}$に垂直な方向の面間隔（2次元なので線間隔）に対応する波長でブラッグ反射により定在波を形成する。一方，基本格子ベクトル$\boldsymbol{b}$に対して垂直に進行する平面波は，$\boldsymbol{b}$に垂直な方向の面間隔（2次元なので線間隔）に対応する波長でブラッグ反射を受けて定在波を形成する。したがって，2次元面内の電子波の方向の基準は実空間の x, y 方向ではなく，単位胞を構成する基本格子ベクトル $\boldsymbol{a}$, $\boldsymbol{b}$ に垂直な方向 $\boldsymbol{b}^*$, $\boldsymbol{a}^*$である[*5]。これらのベクトルは

$$\boldsymbol{b}\cdot\boldsymbol{a}^* = \boldsymbol{a}\cdot\boldsymbol{b}^* = 0 \tag{3.77}$$

の関係を満たす。2次元面内のベクトル $\boldsymbol{b}^*$, $\boldsymbol{a}^*$は上の式(3.77)に加えて次式を満足するように決められる。

$$\boldsymbol{a}\cdot\boldsymbol{a}^* = \boldsymbol{b}\cdot\boldsymbol{b}^* = 2\pi \tag{3.78}$$

このような性質を有する $\boldsymbol{a}^*$, $\boldsymbol{b}^*$を逆格子基本ベクトルという。ある電子波の波数ベクトル $\boldsymbol{k}$ に注目すると，上記したように電子の進行方向の基準は $\boldsymbol{a}^*$, $\boldsymbol{b}^*$になるため，$\boldsymbol{k}$ は $\boldsymbol{a}^*$と $\boldsymbol{b}^*$で表現されると都合がよい。このような空間を逆格子空間という。$\boldsymbol{k}$ を逆格子ベクトル $\boldsymbol{K}$ だけずらした $\boldsymbol{k}+\boldsymbol{K}$ に対してブロッホの定理

$$\phi(\boldsymbol{r}+\boldsymbol{R}) = \exp(\mathrm{i}\boldsymbol{k}\cdot\boldsymbol{R})\phi(\boldsymbol{r}) = \exp[\mathrm{i}(\boldsymbol{k}+\boldsymbol{K})\cdot\boldsymbol{R}]\phi(\boldsymbol{r}) \tag{3.79}$$

を満足するためには

$$\boldsymbol{K}\cdot\boldsymbol{R} = 2\pi n \quad (n=0,\ \pm1,\ \pm2,\ \cdots) \tag{3.80}$$

を満たす必要がある。ここで，$\boldsymbol{R}$ は実空間の格子点であり，$\boldsymbol{R}=m_1\boldsymbol{a}+m_2\boldsymbol{b}$ $(m_1, m_2=0,\ \pm1,\ \pm2,\ \cdots)$である。式(3.78)の条件下で逆格子ベクトル $\boldsymbol{K}$ を

$$\boldsymbol{K} = n_1\boldsymbol{a}^* + n_2\boldsymbol{b}^* \quad (n_1, n_2=0,\ \pm1,\ \pm2,\ \cdots) \tag{3.81}$$

と定義すれば，式(3.80)は常に満足されている。

一般的な例を見るために図3.26の単位格子からなる(l, m)面(2次元なので線)ではどのような場合にブラッグ反射により定在波を生じるかについて考える。この面(2次元なので線)上のベクトルは図3.26に示すように$(1/l)\boldsymbol{a}-(1/m)\boldsymbol{b}$($l$, m は整数)に平行である。一方，逆格子ベクトル $\boldsymbol{K}=l\boldsymbol{a}^*+m\boldsymbol{b}^*$を考えると，このベクトルは注目する面(2次元なので線)と垂直である。このことは両者の内積をとると明確である(ただし，$\boldsymbol{a}\cdot\boldsymbol{a}^*=\boldsymbol{b}\cdot\boldsymbol{b}^*=2\pi$ の関係を使う)。(l, m)面に等価な隣接面(2次元なので線)の間隔は

$$\frac{1}{l}\times\frac{\boldsymbol{a}\cdot\boldsymbol{K}}{|\boldsymbol{K}|} = \frac{1}{m}\times\frac{\boldsymbol{b}\cdot\boldsymbol{K}}{|\boldsymbol{K}|} = \frac{2\pi}{|\boldsymbol{K}|} \tag{3.82}$$

であるので，1次元のブラッグ反射条件 $2a=n\lambda$ に対応する式は

$$2\times\frac{2\pi}{|\boldsymbol{K}|} = n\lambda = n\times\frac{2\pi}{|\boldsymbol{k}|} \quad (n=0,\ \pm1,\ \pm2,\ \cdots) \tag{3.83}$$

であり，変形すると

$$|\boldsymbol{k}| = \frac{n|\boldsymbol{K}|}{2} \quad (n=0,\ \pm1,\ \pm2,\ \cdots) \tag{3.84}$$

となる。入射波の方向は $\boldsymbol{K}$ と平行[*6]であり，かつ大きさが $|\boldsymbol{k}|=n|\boldsymbol{K}|/2$

*5　$\boldsymbol{a}$, $\boldsymbol{b}$ に垂直な方向は $\boldsymbol{a}^*$, $\boldsymbol{b}^*$ではないので注意されたい。

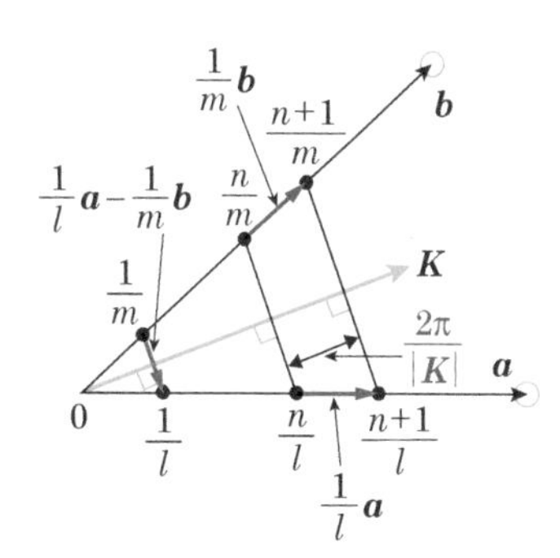

図3.26　2次元格子の(l, m)面における面間隔と逆格子ベクトル$\boldsymbol{K}$の関係

*6　これは(l, m)面に垂直であることを意味している。

のときにブラッグ反射により定在波を生じ，バンドギャップが発生する。また，逆格子ベクトル $\boldsymbol{K}$ を2等分する面（2次元なので線）に終端する波数ベクトル $\boldsymbol{k}$ では，$\boldsymbol{k}$ の $\boldsymbol{K}$ に平行な成分は常にブラッグ反射が生じる条件になっているはずである。これは図3.24に示したことと同じである。

物質中を進行する平面波の基準になる方向は $\boldsymbol{a}^*$ および $\boldsymbol{b}^*$ であるから，この方向を基準として周期的境界条件を考える。電子波の波数を $\boldsymbol{k} = k_1\boldsymbol{a}^* + k_2\boldsymbol{b}^*$ とすると

$$\phi_{n,\boldsymbol{k}}(\boldsymbol{r} + N_1\boldsymbol{a}) = \phi_{n,\boldsymbol{k}}(\boldsymbol{r}),\quad \phi_{n,\boldsymbol{k}}(\boldsymbol{r} + N_2\boldsymbol{b}) = \phi_{n,\boldsymbol{k}}(\boldsymbol{r}) \tag{3.85}$$

が成立しなければならない。これから波数のとりうる値は

$$\boldsymbol{k} = \frac{\alpha_1}{N_1}\boldsymbol{a}^* + \frac{\alpha_2}{N_2}\boldsymbol{b}^* \quad (\alpha_1 = 0,\ \pm 1,\ \pm 2,\ \cdots,\ \alpha_2 = 0,\ \pm 1,\ \pm 2,\ \cdots) \tag{3.86}$$

となる。N_1, N_2 は $\boldsymbol{a}$ および $\boldsymbol{b}$ 方向の単位胞の数である。ここで式(3.86)の α について考える。結晶中では

$$\phi_{n,\boldsymbol{k}+\boldsymbol{K}}(\boldsymbol{r}) = \phi_{n,\boldsymbol{k}}(\boldsymbol{r}) \tag{3.87}$$

の関係がある。したがって，

$$\alpha_1 = 0, \pm 1, \pm 2, \cdots, \pm\frac{N_1}{2},\quad \alpha_2 = 0, \pm 1, \pm 2, \cdots, \pm\frac{N_2}{2} \tag{3.88}$$

を満たす必要がある。このように制限される理由は，それ以外の α_1, α_2 の値を選んだとしても，逆格子ベクトルだけずらすと同じ状態がすでに式(3.88)内に存在するからである。式(3.88)の範囲を第1ブリュアンゾーンという。これは3.4節で述べたことと同じである。

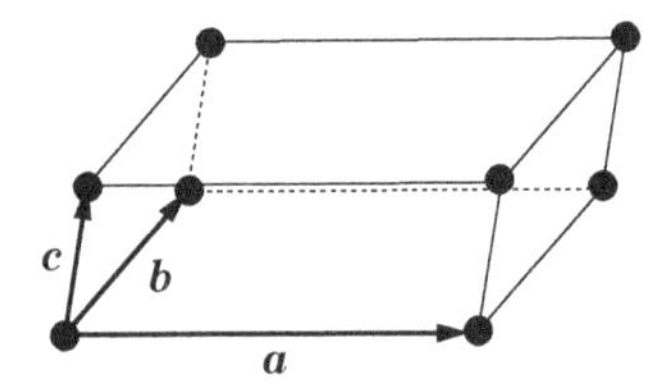

図3.27　三斜晶系の格子における単位胞

基本格子ベクトル $\boldsymbol{a}, \boldsymbol{b}, \boldsymbol{c}$ は直交しておらず，長さも異なる。

これらの結果は3次元でも成立する。図3.27に示すような基本格子ベクトル $\boldsymbol{a}, \boldsymbol{b}, \boldsymbol{c}$ を有する単位胞（三斜晶系）からなる物質があるとする。物質中を進行する平面波である電子にとって基準となる方向は，基本格子ベクトル $\boldsymbol{a}$ と $\boldsymbol{b}$ で張られる面に垂直な方向，基本格子ベクトル $\boldsymbol{b}$ と $\boldsymbol{c}$ で張られる面に垂直な方向，基本格子ベクトル $\boldsymbol{c}$ と $\boldsymbol{a}$ で張られる面に垂直な方向である。それぞれの格子面間隔に対応する波長において，入射した経路を逆に進行する反射波により定在波が生じ，バンドギャップが発生する。例えば，基本格子ベクトル $\boldsymbol{a}$ と $\boldsymbol{b}$ で張られる面に垂直な方向のベクトルは $\boldsymbol{a}\times\boldsymbol{b}$（×は外積）で表されるが，ブロッホの定理を満足させるために大きさまで含めてベクトル表示すると

$$\boldsymbol{c}^* = 2\pi\frac{\boldsymbol{a}\times\boldsymbol{b}}{\boldsymbol{a}\cdot(\boldsymbol{b}\times\boldsymbol{c})} \tag{3.89}$$

となる。これは3次元の逆格子基本ベクトルである。すべての方向について記述すると

$$\boldsymbol{a}^* = 2\pi\frac{\boldsymbol{b}\times\boldsymbol{c}}{\boldsymbol{a}\cdot(\boldsymbol{b}\times\boldsymbol{c})},\quad \boldsymbol{b}^* = 2\pi\frac{\boldsymbol{c}\times\boldsymbol{a}}{\boldsymbol{a}\cdot(\boldsymbol{b}\times\boldsymbol{c})},\quad \boldsymbol{c}^* = 2\pi\frac{\boldsymbol{a}\times\boldsymbol{b}}{\boldsymbol{a}\cdot(\boldsymbol{b}\times\boldsymbol{c})} \tag{3.90}$$

となる。これらの基本ベクトルからなる逆格子空間の格子点がブロッホの定理を満足していることは，先の2次元についての議論と同様に

$$\boldsymbol{K}=n_1\boldsymbol{a}^*+n_2\boldsymbol{b}^*+n_3\boldsymbol{c}^* \quad (n_1,\, n_2,\, n_3=0,\ \pm1,\ \pm2,\ \pm3,\ \cdots) \tag{3.91}$$
$$\boldsymbol{R}=m_1\boldsymbol{a}+m_2\boldsymbol{b}+m_3\boldsymbol{c} \quad (m_1,\, m_2,\, m_3=0,\ \pm1,\ \pm2,\ \pm3,\ \cdots) \tag{3.92}$$

であるために

$$\boldsymbol{K}\cdot\boldsymbol{R}=2\pi(n_1m_1+n_2m_3+n_3m_3)=2\pi\times\text{整数} \tag{3.93}$$

が成立することからわかる。3次元では$(h\ k\ l)$面に対して逆格子ベクトル$\boldsymbol{K}=h\boldsymbol{a}^*+k\boldsymbol{b}^*+l\boldsymbol{c}^*$は垂直であり，$\boldsymbol{K}$と平行に平面波が入射し，かつ大きさが$|\boldsymbol{k}|=n|\boldsymbol{K}|/2$のときにブラッグ反射により定在波が生じ，バンドギャップが発生する。また，逆格子ベクトル$\boldsymbol{K}$を2等分する面(3次元なので面である)に終端する波数ベクトル$\boldsymbol{k}$は，$\boldsymbol{k}$の$\boldsymbol{K}$に平行な成分は常にブラッグ反射が生じる条件になっている。

また，$\boldsymbol{a}^*, \boldsymbol{b}^*, \boldsymbol{c}^*$の方向を基準にとり，周期的境界条件を考慮すると

$$\boldsymbol{k}=\frac{\alpha_1}{N_1}\boldsymbol{a}^*+\frac{\alpha_2}{N_2}\boldsymbol{b}^*+\frac{\alpha_3}{N_3}\boldsymbol{c}^* \tag{3.94}$$

$$\begin{aligned}&\alpha_1=0,\pm1,\pm2,\cdots,\pm\frac{N_1}{2},\quad \alpha_2=0,\pm1,\pm2,\cdots,\pm\frac{N_2}{2},\\&\alpha_3=0,\pm1,\pm2,\cdots,\pm\frac{N_3}{2}\end{aligned} \tag{3.95}$$

と書ける。N_1, N_2, N_3は$\boldsymbol{a}, \boldsymbol{b}, \boldsymbol{c}$方向の単位胞の数である。また，式(3.95)を満たすαの値の範囲は第1ブリュアンゾーンに対応する。

3.7　1次元の強結合近似

前々節および前節で議論したバンドギャップ形成では，自由電子を出発点とし，それに原子によるポテンシャルの摂動が加わった場合を考えた。一方，バンドギャップの形成には別の考え方がある。これについては2.3節ですでに概略を説明したが，化学結合から出発するものである。この2つは両極端であり，実際の半導体物質はこの中間にあると考えられる。

例によって，1次元から始めよう。化学結合論的な考え方を導入する場合でも，周期的な構造を有する物質中において，電子はブロッホの定理を満足しなければならない。また，原子軌道は

$$\mathcal{H}_0\varphi_m(x)=\mathcal{E}_m^{(0)}\varphi_m(x) \tag{3.96}$$

を満足しているものとする。$\mathcal{H}_0$は1つの原子の中にある電子の軌道を記述するハミルトニアンである。$\varphi_m(x)$はmという軌道の電子軌道，$\mathcal{E}_m$は軌道mのエネルギーである。物質中では図3.28に示すように原子のポテンシャルとは異なるポテンシャルが働く。この差を$\Delta V(x)$と

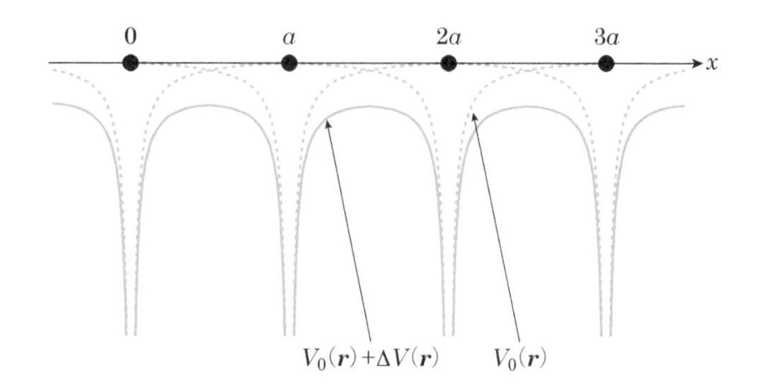

図3.28　格子間隔aの1次元格子に存在するポテンシャル
原子で存在しているときのポテンシャルに加え，まわりの原子からのポテンシャルが追加される。

すると，シュレーディンガー方程式は

$$\mathcal{H}\phi_m(x) = [\mathcal{H}_0 + \Delta V(x)]\phi_m(x) = \mathcal{E}\phi_m(x) \tag{3.97}$$

となる。ここで，$\Delta V(x)$は周辺の原子の原子核からの引力によるポテンシャルであるため，通常は負の値となる。

化学結合論的な考え方では，物質中の波動関数は個々の原子に属する軌道の1次結合で与えられる。簡単のために，原子間隔aで並んだ単位胞に原子は1個しか存在しないとする。いま，原子軌道φ_mに注目すると，φ_mの1次結合からなる軌道ϕ_mは

$$\phi_m(x) = \sum_i C_i \varphi_m(x - R_i) = \sum_i C_i \varphi_m(x - ia) \tag{3.98}$$

と書けるが，この式はブロッホの定理を満足していない。なお，ここでは$R_i = ia$とおいた。そこで，次のような1次結合を考える。

$$\phi_{k,m}(x) = \frac{1}{\sqrt{N}} \sum_i \exp(\mathrm{i}kR_i)\varphi_m(x - R_i) \tag{3.99}$$

Nは単位胞の数，$1/\sqrt{N}$は規格化因子である。式(3.99)がブロッホの定理を満足することは，xを原子間距離aの整数倍である$R = na$ $(n = 0, \pm 1, \pm 2, \cdots)$だけずらすと

$$\begin{aligned}\phi_{k,m}(x+R) &= \sum_i \exp(\mathrm{i}kR_i)\varphi_m(x+R-R_i) \\ &= \exp(\mathrm{i}kR)\sum_i \exp[\mathrm{i}k(-R+R_i)]\varphi_m[x-(-R+R_i)] \\ &= \exp(\mathrm{i}kR)\phi_{k,m}(x)\end{aligned} \tag{3.100}$$

となることから確認できる。また，kを逆格子ベクトルKだけずらすと

$$\begin{aligned}\phi_{k+K,m}(x) &= \frac{1}{\sqrt{N}}\sum_i \exp[\mathrm{i}(k+K)R_i]\varphi_m(x-R_i) \\ &= \frac{1}{\sqrt{N}}\sum_i \exp(\mathrm{i}kR_i)\varphi_m(x-R_i) \\ &= \phi_{k,m}(x)\end{aligned} \tag{3.101}$$

となり，ブロッホの定理が成立していることがわかる。ここでは逆格子ベクトルの性質である $K \cdot R_i = 2\pi n$ の関係を使っている。k については周期的境界条件から $k = 2\pi n / L (L = Na)$ の関係が成立している。

ここで波動関数 $\phi_{k,m}(x)$ が規格化されているかどうかは疑問である。$|\phi_{k,m}(x)|^2$ を計算すると

$$
\begin{aligned}
|\phi_{k,m}(x)|^2 &= \frac{1}{N}\sum_{i,j}\exp[-\mathrm{i}k(R_j - R_i)]\langle\varphi_m(x-R_j)|\varphi_m(x-R_i)\rangle \\
&= \sum_j \exp(-\mathrm{i}kR_j)\langle\varphi_m(x-R_j)|\varphi_m(x)\rangle
\end{aligned}
\tag{3.102}
$$

が成立する。ここで，異なる原子位置に関する波動関数の積分 $\langle\varphi_m(x-R_j)|\varphi_m(x)\rangle$ は 0 であると仮定すると，規格化条件を満足する。もちろん，同じ原子内の異なる軌道の波動関数は直交しているものとする。すなわち，$\langle\varphi_l(x)|\varphi_m(x)\rangle = \delta_{l,m}$ である。1 次の摂動エネルギーは $\Delta\mathcal{E} = \langle\phi_{k,m}(x)|\Delta V(x)|\phi_{k,m}(x)\rangle$ であり，具体的に書くと

$$
\begin{aligned}
\Delta\mathcal{E} &= \left\langle \frac{1}{\sqrt{N}}\sum_j \exp(\mathrm{i}kR_j)\varphi_m(x-R_j) \middle| \Delta V(x) \middle| \frac{1}{\sqrt{N}}\sum_i \exp(\mathrm{i}kR_i)\varphi_m(x-R_i) \right\rangle \\
&= \frac{1}{N}\sum_{ij}\exp[-\mathrm{i}k(R_j - R_i)]\langle\varphi_m(x-R_j)|\Delta V(x)|\varphi_m(x-R_i)\rangle \\
&= \sum_j \exp(-\mathrm{i}kR_j)\langle\varphi_m(x-R_j)|\Delta V(x)|\varphi_m(x)\rangle
\end{aligned}
\tag{3.103}
$$

となる。積分 $\langle\varphi_m(x-R_j)|\Delta V(x)|\varphi_m(x)\rangle$ の大きさについては，原点に位置する単位胞内の原子の波動関数 $\varphi_m(x)$ に対して最近接の単位胞内に位置する原子の波動関数の積分がもっとも大きいことは想像できる。そこで

$$
\langle\varphi_m(x)|\Delta V(x)|\varphi_m(x)\rangle = \alpha \tag{3.104}
$$

$$
\langle\varphi_m(x - R_{\text{最近接原子}})|\Delta V(x)|\varphi_m(x)\rangle = t(R_{\text{最近接原子}}) \tag{3.105}
$$

とおく。$R_{\text{最近接原子}}$ は最近接原子までの距離である。$t(R_{\text{最近接原子}})$ はトランスファー積分と呼ばれ，x から $x - R_{\text{最近接原子}}$ に遷移する過程を表している。1 次元であるので，$R_{\text{最近接原子}}$ は原点の単位胞に対して距離 a 離れた両側に位置する 2 個の単位胞の中の原子であるから

$$
\begin{aligned}
\mathcal{E}_m(k) &= \mathcal{E}_m^{(0)} + \alpha + \sum_{\text{最近接原子}} \exp(-\mathrm{i}kR_{\text{最近接原子}}) \cdot t(a) \\
&= \mathcal{E}_m^{(0)} + \alpha + 2\cos(ka) \cdot t(a)
\end{aligned}
\tag{3.106}
$$

と書ける。いま，s 軌道の電子を考えると，$\Delta V(x)$ は負の値であるので α や $t(a)$ は負の値である。したがって，図 3.29(a) のようなバンド構造が得られる。このバンド図は逆格子ベクトルの周期性を有していることが確認できる。軌道が異なる別の電子状態は異なるエネルギーと波動関数を有しているわけであるから，別の $\mathcal{E}(k)$ 曲線が書けるはずである。このように考えていくと図 3.29(b) のようなバンド構造が得られる。

対象にする軌道に依存してトランスファー積分の大きさは変化する

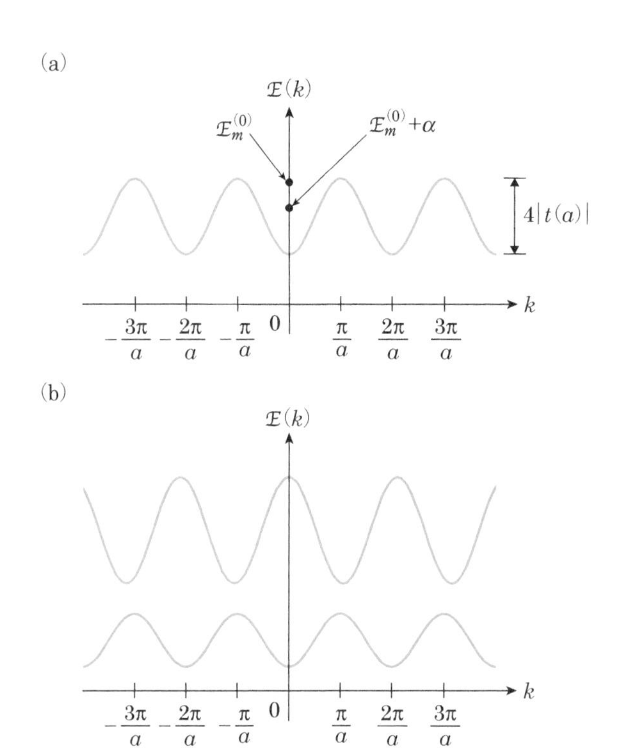

図3.29　格子間隔aの1次元原子配列における電子状態

(a) s軌道から構成されている場合の$\mathcal{E}(k)$曲線，(b) s軌道と異なる軌道が存在する場合。

が，トランスファー積分が大きくなるほどバンド幅は広くなる。これはエネルギーと時間に関する不確定性原理$(\Delta\mathcal{E})\times(\Delta\tau)\geq\hbar/2$に関係している。トランスファー積分が大きいことは別の状態に遷移しやすいことを意味するが，別の言い方をすると，ある状態の寿命τが短いことに対応し，不確定性原理からエネルギーの不確定性（すなわちバンド幅）は大きくなっていなければならない。

ここで$\varphi_m(x)$に注目し，原子軌道によってバンド構造がどのように変化するかについてもう少し考える。$\varphi_m(x)$がs軌道的な性質であれば，先に述べたように$t(a)$は負の値をとるであろう。するとエネルギーの最小値は$k=0$となり，エネルギーの最大値は$k=\pi/a$である。一方，図3.30(a)のように$\varphi_m(x)$がp_x軌道的な性質（すなわちσ結合）を有する場合，$t(a)$の積分に関して符号だけを考えると，$\lambda=\infty\,(k=0)$のときには正の値をとる。したがって，図3.30(b)のようにもっともエネルギーの高い状態は$k=0$にある。さらに$\lambda=2a\,(k=\pi/a)$のときには，図3.30(c)の結合になり，もっともエネルギーの低い状態になる。したがって，p_x軌道的な性質を有する軌道はs軌道的な性質を有する軌道とは異なるk依存性を示す。

単位胞内の原子が1個ではなく，複数存在している場合にはどのように考えたらよいであろうか。ここでは簡単化のため，単位胞内には同

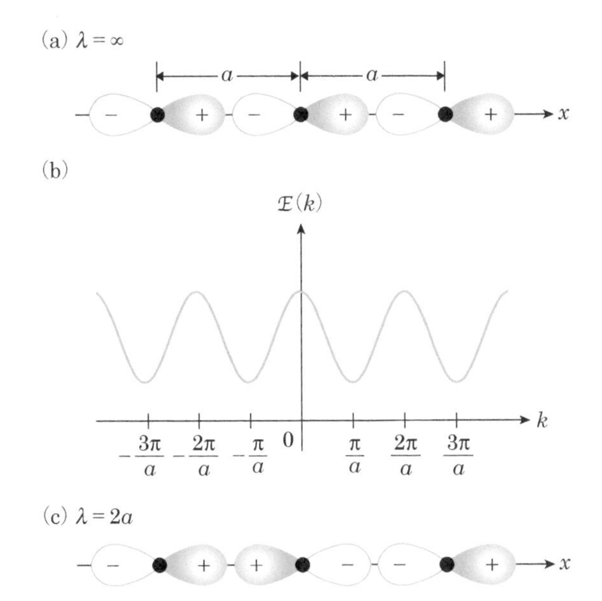

図3.30　p_x軌道（ただしσ軌道）から構成される1次元原子配列のバンド構造
(a) 反結合状態。$\lambda = \infty\ (k = 0)$ に相当する。(b) $\mathcal{E}(k)$ 曲線。(c) 結合状態。$\lambda = 2a$ $(k = \pm\pi/a)$ に相当する。

図3.31　単位胞に同種の2個の原子が含まれる場合の原子配列
単位胞の長さを $2a$ としている。

種の原子が存在すると仮定する。それぞれの原子は周期性を有しているはずであるから，それぞれの原子の単位胞内の位置を x_l と書くと，結晶全体に対する位置は $R_i + x_l$ と書ける。ここで，R_i は i 番目の単位胞の原点の位置である。位置 $R_i + x_l$ に存在する原子の m 番目の軌道を $\varphi_{ml}[x - (R_i + x_l)]$ とすると，この原子軌道に対するブロッホ関数は

$$\phi_{k,ml}(x) = \frac{1}{\sqrt{N}}\sum_i \exp[\mathrm{i}k(R_i + x_l)]\varphi_{ml}[x - (R_i + x_l)] \tag{3.107}$$

と書ける。全体の波動関数は，単位胞内のそれぞれの原子の各軌道から構成されるブロッホ関数の線形結合を考えればよいであろう。すなわち，全体の波動関数は

$$\Psi_k(x) = \sum_{ml} C_{ml}\,\phi_{k,ml}(x) \tag{3.108}$$

と書ける。C_{ml} は線形結合の係数である。

ここで簡単な具体例として図3.31のような1次元物質を考える。単位胞の中に同種の原子が2原子存在する。単位胞の長さは $2a$ であり，単位胞内の2原子の位置を x_1, x_2 とする。この2原子の位置は単位胞の中央部分に密集しているものとする。このような状態を2量体化と呼

んでいる。いま軌道 m に注目すると波数 k のブロッホ関数は

$$\phi_{k,m1}(x) = \frac{1}{\sqrt{N}} \sum_i \exp[ik(R_i + x_1)]\varphi_{m1}[x - (R_i + x_1)] \tag{3.109}$$

$$\phi_{k,m2}(x) = \frac{1}{\sqrt{N}} \sum_j \exp[ik(R_j + x_2)]\varphi_{m2}[x - (R_j + x_2)] \tag{3.110}$$

である。全体の波動関数は

$$\Psi_k(x) = C_1\phi_{k,m1}(x) + C_2\phi_{k,m2}(x) \tag{3.111}$$

であり，解くべきシュレーディンガー方程式は

$$\mathcal{H}|\Psi_k(x)\rangle = \mathcal{E}|\Psi_k(x)\rangle \tag{3.112}$$

である。式(3.112)に左から $\phi^*_{k,m1}(x)$ をかけて空間積分をとると

$$\begin{aligned} &\langle\phi_{k,m1}(x)|\mathcal{H}|C_1\phi_{k,m1}(x) + C_2\phi_{k,m2}(x)\rangle \\ &\quad = \mathcal{E}\langle\phi_{k,m1}(x)|C_1\phi_{k,m1}(x) + C_2\phi_{k,m2}(x)\rangle \end{aligned} \tag{3.113}$$

であるが，変形すると

$$C_1(\mathcal{E}_m^{(0)} - \mathcal{E}) + C_2\langle\phi_{k,m1}(x)|\mathcal{H}|\phi_{k,m2}(x)\rangle = 0 \tag{3.114}$$

となる。また，式(3.112)に左から $\phi^*_{k,m2}(x)$ をかけて空間積分をとると

$$C_1\langle\phi_{k,m2}(x)|\mathcal{H}|\phi_{k,m1}(x)\rangle + C_2(\mathcal{E}_m^{(0)} - \mathcal{E}) = 0 \tag{3.115}$$

となる。ここでは $\langle\phi_{k,m1}(x)|\mathcal{H}|\phi_{k,m1}(x)\rangle = \langle\phi_{k,m2}(x)|\mathcal{H}|\phi_{k,m2}(x)\rangle = \mathcal{E}_m^{(0)}$ としている。

次に $\langle\phi_{k,m1}(x)|\mathcal{H}|\phi_{k,m2}(x)\rangle$ について考える。x_2 にある原子の最近接は同じ単位胞内の x_1 にある原子であるので，

$$\exp[-ik(x_1 - x_2)]\langle\varphi_{m1}(x - x_1)|\mathcal{H}|\varphi_{m2}(x - x_2)\rangle = \exp(ikb)\cdot t_1 \tag{3.116}$$

と書ける。なお，ここでは $x_2 - x_1 = b$ とし，$t_1 = \langle\varphi_{m1}(x - x_1)|\mathcal{H}|\varphi_{m2}(x - x_2)\rangle$ とおいた。x_2 にある原子から見て2番目に近い距離の x_1 原子は，隣接する $R_j = R_i + 2a$ に位置する単位胞内の x_1 にある原子であるから

$$\begin{aligned} &\exp[-ik(x_1 - x_2 + 2a)]\langle\varphi_{m1}(x - 2a - x_1)|\mathcal{H}|\varphi_{m2}(x - x_2)\rangle \\ &\quad = \exp[-ik(2a - b)]\cdot t_2 \end{aligned} \tag{3.117}$$

と書ける[*7]。ここでは $t_2 = \langle\varphi_{m1}(x - 2a - x_1)|\mathcal{H}|\varphi_{m2}(x - x_2)\rangle$ とおいた。したがって，

$$\langle\phi_{k,m1}(x)|\mathcal{H}|\phi_{k,m2}(x)\rangle = \exp(ikb)\cdot t_1 + \exp[-ik(2a - b)]\cdot t_2 \tag{3.118}$$

となる。

一方，$\langle\phi_{k,m2}(x)|\mathcal{H}|\phi_{k,m1}(x)\rangle$ については，上と同様に考えると

＊7　第2近接まで考えている。

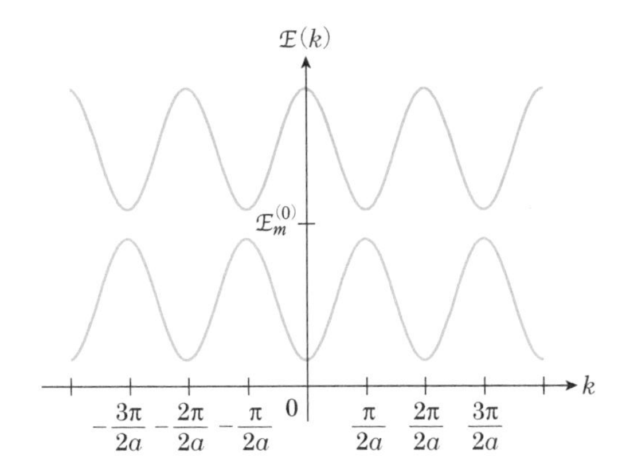

図 3.32　単位胞に同種の2個の原子が含まれる原子配列の$\mathcal{E}(k)$曲線
結合状態と反結合状態の2つのバンドに分かれ，それぞれのk依存性は異なる。

$$\langle \phi_{k,m2}(x)|\mathcal{H}|\phi_{k,m1}(x)\rangle = \exp(-\mathrm{i}kb)\cdot t_1 + \exp[\mathrm{i}k(2a-b)]\cdot t_2 \tag{3.119}$$

となる。したがって，C_1, C_2に対する行列要素として

$$\begin{pmatrix} \mathcal{E}_m^{(0)} - \mathcal{E} & \exp(\mathrm{i}kb)\times t_1 + \exp[-\mathrm{i}k(2a-b)]\times t_2 \\ \exp(-\mathrm{i}kb)\times t_1 + \exp[\mathrm{i}k(2a-b)]\times t_2 & \mathcal{E}_m^{(0)} - \mathcal{E} \end{pmatrix} \tag{3.120}$$

が得られる。これを整理すると

$$\mathcal{E} = \mathcal{E}_m^{(0)} \pm ({t_1}^2 + {t_2}^2 + 2t_1t_2\cos 2ka)^{1/2} \tag{3.121}$$

となる。いまs的な軌道を考慮するとt_1, $t_2 < 0$であるので図 3.32のようになり，2つのバンドが得られる。これは単位胞内の2つの原子の結合状態と反結合状態に対応してバンドが現れるからである。

実際の物質では，原子1と原子2が同種の原子であっても異なる軌道間の相互作用は無視できない。また，原子1と原子2が異なる物質の可能もある。このように考えるとバンド形成の理論は非常に複雑であるが，考え方の筋道は見えたことになる。それは式(3.107), (3.108)である。

3.8　2次元の強結合近似

1次元の強結合近似を2次元に拡張することは容易であり，波動関数は次のように表される。

$$\Psi_{\boldsymbol{k}}(\boldsymbol{r}) = \sum_{ml} C_{ml}\phi_{\boldsymbol{k},ml}(\boldsymbol{r}) \tag{3.122}$$

ここで，

$$\phi_{\boldsymbol{k},ml}(\boldsymbol{r})=\frac{1}{\sqrt{N}}\sum_{i}\exp[\mathrm{i}\boldsymbol{k}\cdot(\boldsymbol{R}_i+\boldsymbol{r}_l)]\varphi_{ml}[\boldsymbol{r}-(\boldsymbol{R}_i+\boldsymbol{r}_l)] \tag{3.123}$$

である。$\boldsymbol{k}$ は波数ベクトル，$\boldsymbol{R}_i$ は i 番目の単位胞の位置，$\boldsymbol{r}_l$ は単位胞内の l 番目の原子の位置であるので，位置ベクトルは $\boldsymbol{R}_i+\boldsymbol{r}_l$ である。$\varphi_{ml}[\boldsymbol{r}-(\boldsymbol{R}_i+\boldsymbol{r}_l)]$ は $\boldsymbol{R}_i+\boldsymbol{r}_l$ に位置する原子 l の m 番目の原子軌道，N は単位胞の数である。

2次元の具体的な計算例として炭素原子からなるグラフェンを取り上げる[*8]。グラフェンは図3.33の構造をした原子1層からなる完全な2次元物質である。ここで単位胞を図3.33のようにとり，基本格子ベクトル $\boldsymbol{a}_1, \boldsymbol{a}_2$ を

*8　グラフェンのバンド構造については多数の教科書で扱われているのでそちらも参考にしていただきたい。

$$\boldsymbol{a}_1=\left(\frac{\sqrt{3}a}{2},\frac{a}{2}\right),\quad \boldsymbol{a}_2=\left(\frac{\sqrt{3}a}{2},-\frac{a}{2}\right) \tag{3.124}$$

と定義すると，単位胞の位置は $\boldsymbol{R}_i=n_1\boldsymbol{a}_1+n_2\boldsymbol{a}_2$ で記述できる。単位胞内には炭素原子が2個存在することになるが，単位胞内の原子1の位置を $\boldsymbol{r}_1$，原子2の位置を $\boldsymbol{r}_2$ とすると

$$\boldsymbol{r}_1=\left(\frac{\sqrt{3}a}{3},0\right),\quad \boldsymbol{r}_2=\left(\frac{2\sqrt{3}a}{3},0\right) \tag{3.125}$$

となる。すべての原子の位置は，これらのベクトルを用いて $\boldsymbol{R}_i+\boldsymbol{r}_l$ (l は1あるいは2)で記述できる。この炭素原子の軌道を考えるわけであるが，隣接した原子の方向を向いているσ軌道の結合状態は，強い結合を有するために非常に低いエネルギーをとる。一方，反結合状態は非常に高いエネルギーをとる。ここではπ軌道を考える。

π軌道は p_z 軌道にほかならないので，原子1あるいは原子2に対す

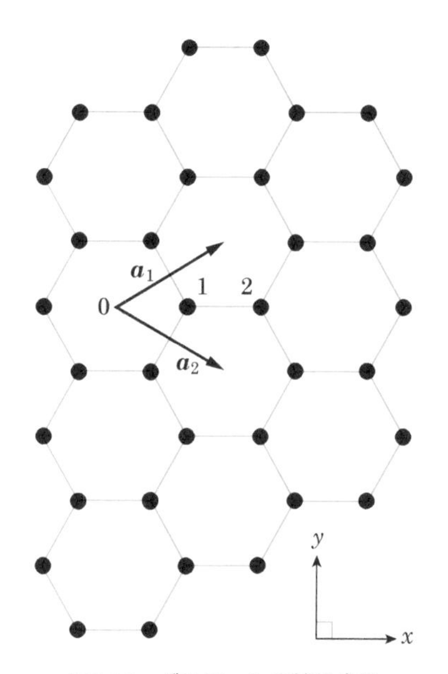

図3.33　グラフェンの結晶格子

各点の位置に炭素原子が存在し，単位胞には2個の炭素原子が含まれる。$\boldsymbol{a}_1, \boldsymbol{a}_2$ は基本格子ベクトル。

る p_z 軌道についてのブロッホ関数は

$$\phi_{\boldsymbol{k},p_z,1}(\boldsymbol{r}) = \frac{1}{\sqrt{N}} \sum_i \exp[i\boldsymbol{k}\cdot(\boldsymbol{R}_i + \boldsymbol{r}_1)] \varphi_{p_z,1}[\boldsymbol{k} - (\boldsymbol{R}_i + \boldsymbol{r}_1)] \tag{3.126}$$

$$\phi_{\boldsymbol{k},p_z,2}(\boldsymbol{r}) = \frac{1}{\sqrt{N}} \sum_j \exp[i\boldsymbol{k}\cdot(\boldsymbol{R}_j + \boldsymbol{r}_2)] \varphi_{p_z,2}[\boldsymbol{r} - (\boldsymbol{R}_j + \boldsymbol{r}_2)] \tag{3.127}$$

となる。全体の波動関数を表す式(3.122)は

$$\Psi_{\boldsymbol{k}}(\boldsymbol{r}) = C_1 \phi_{\boldsymbol{k},p_z,1}(\boldsymbol{r}) + C_2 \phi_{\boldsymbol{k},p_z,2}(\boldsymbol{r}) \tag{3.128}$$

となり，解くべきシュレーディンガー方程式は

$$\mathcal{H} | \Psi_{\boldsymbol{k}}(\boldsymbol{r}) \rangle = \mathcal{E} | \Psi_{\boldsymbol{k}}(\boldsymbol{r}) \rangle \tag{3.129}$$

となる。これを具体的に書くと

$$\mathcal{H} | C_1 \phi_{\boldsymbol{k},p_z,1}(\boldsymbol{r}) + C_2 \phi_{\boldsymbol{k},p_z,2}(\boldsymbol{r}) \rangle = \mathcal{E} | C_1 \phi_{\boldsymbol{k},p_z,1}(\boldsymbol{r}) + C_2 \phi_{\boldsymbol{k},p_z,2}(\boldsymbol{r}) \rangle \tag{3.130}$$

である。この式の両辺に左から $\phi^*_{\boldsymbol{k},p_z,1}(\boldsymbol{r})$ をかけて空間積分を行うと

$$\begin{aligned}(\text{左辺}) &= \langle \phi_{\boldsymbol{k},p_z,1}(\boldsymbol{r}) | \mathcal{H} | C_1 \phi_{\boldsymbol{k},p_z,1}(\boldsymbol{r}) + C_2 \phi_{\boldsymbol{k},p_z,2}(\boldsymbol{r}) \rangle \\ &= C_1 \mathcal{E}_{p_z} + C_2 \langle \phi_{\boldsymbol{k},p_z,1}(\boldsymbol{r}) | \mathcal{H} | \phi_{\boldsymbol{k},p_z,2}(\boldsymbol{r}) \rangle\end{aligned} \tag{3.131}$$

$$(\text{右辺}) = \mathcal{E}[\langle \phi_{\boldsymbol{k},p_z,1}(\boldsymbol{r}) | C_1 \phi_{\boldsymbol{k},p_z,1}(\boldsymbol{r}) + C_2 \phi_{\boldsymbol{k},p_z,2}(\boldsymbol{r}) \rangle] = C_1 \mathcal{E} \tag{3.132}$$

が得られる。ここでは規格直交性 $\langle \phi_{\boldsymbol{k},p_z,i}(\boldsymbol{r}) | \phi_{\boldsymbol{k},p_z,j}(\boldsymbol{r}) \rangle = \delta_{ij}$ を仮定している。両辺を整理すると

$$C_1(\mathcal{E}_{p_z} - \mathcal{E}) + C_2 \langle \phi_{\boldsymbol{k},p_z,1}(\boldsymbol{r}) | \mathcal{H} | \phi_{\boldsymbol{k},p_z,2}(\boldsymbol{r}) \rangle = 0 \tag{3.133}$$

が得られる。同じように式(3.131)の両辺に左から $\varphi^*_{\boldsymbol{k},p_z,2}(\boldsymbol{r})$ をかけて空間積分を行うと

$$C_1 \langle \phi_{\boldsymbol{k},p_z,2}(\boldsymbol{r}) | \mathcal{H} | \phi_{\boldsymbol{k},p_z,1}(\boldsymbol{r}) \rangle + C_2(\mathcal{E}_{p_z} - \mathcal{E}) = 0 \tag{3.134}$$

となる。積分

$$\langle \phi_{\boldsymbol{k},p_z,2}(\boldsymbol{r}) | \mathcal{H} | \phi_{\boldsymbol{k},p_z,1}(\boldsymbol{r}) \rangle = \alpha \tag{3.135}$$

$$\langle \phi_{\boldsymbol{k},p_z,1}(\boldsymbol{r}) | \mathcal{H} | \phi_{\boldsymbol{k},p_z,2}(\boldsymbol{r}) \rangle = \alpha^* \tag{3.136}$$

はサイト 1 からサイト 2，あるいはサイト 2 からサイト 1 へ遷移するトランスファー積分である。式(3.133)と式(3.134)は

$$C_1(\mathcal{E}_{p_z} - \mathcal{E}) + C_2 \alpha^* = 0 \tag{3.137}$$

$$C_1 \alpha + C_2(\mathcal{E}_{p_z} - \mathcal{E}) = 0 \tag{3.138}$$

と書ける。これから

$$\mathcal{E}=\mathcal{E}_{\mathrm{p}_z}\pm|\alpha^2|^{1/2} \tag{3.139}$$

となる。

次に，α を具体的に計算するために書き下すと

$$\begin{aligned}\alpha=\Big\langle &\frac{1}{\sqrt{N}}\sum_j \exp[\mathrm{i}\boldsymbol{k}\cdot(\boldsymbol{R}_j+\boldsymbol{r}_2)]\varphi_{\mathrm{p}_z,2}[\boldsymbol{r}-(\boldsymbol{R}_j+\boldsymbol{r}_2)]|\mathcal{H}|\\ &\frac{1}{\sqrt{N}}\sum_i \exp[\mathrm{i}\boldsymbol{k}\cdot(\boldsymbol{R}_i+\boldsymbol{r}_1)]\varphi_{\mathrm{p}_z,1}[\boldsymbol{r}-(\boldsymbol{R}_i+\boldsymbol{r}_1)]\Big\rangle\end{aligned} \tag{3.140}$$

となる。この式は次のように簡単化される。

$$\begin{aligned}\alpha&=\Big\langle\sum_j \exp[\mathrm{i}\boldsymbol{k}\cdot(\boldsymbol{R}_j+\boldsymbol{r}_2)]\varphi_{\mathrm{p}_z,2}[\boldsymbol{r}-(\boldsymbol{R}_j+\boldsymbol{r}_2)]|\mathcal{H}|\exp(\mathrm{i}\boldsymbol{k}\cdot\boldsymbol{r}_1)\varphi_{\mathrm{p}_z,1}(\boldsymbol{r}-\boldsymbol{r}_1)\Big\rangle\\ &=\sum_j \exp[-\mathrm{i}\boldsymbol{k}\cdot(\boldsymbol{R}_j+\boldsymbol{r}_2-\boldsymbol{r}_1)]\langle\varphi_{\mathrm{p}_z,2}[\boldsymbol{r}-(\boldsymbol{R}_j+\boldsymbol{r}_2)]|\mathcal{H}|\varphi_{\mathrm{p}_z,1}(\boldsymbol{r}-\boldsymbol{r}_1)\rangle\end{aligned} \tag{3.141}$$

上式においては，$\boldsymbol{r}_1$ の原子に注目し，その単位胞を $\boldsymbol{R}_i=0$ としている。波動関数の積分は最近接原子間が大きな値を有するので，単位胞 $\boldsymbol{R}_i=0$ の $\boldsymbol{r}_1$ に位置する 1 番目の炭素原子の最近接の炭素原子 2 に注目すればよい。さらに，炭素原子 2 は，注目する炭素原子 1 の最近接であれば他の単位胞に属していてもよい。すなわち，ベクトル $\boldsymbol{R}_j+\boldsymbol{r}_2-\boldsymbol{r}_1$ の大きさがもっとも小さな原子 2 を探せばよい。それらの 1 つは $\boldsymbol{R}_j=0$，すなわち注目する炭素原子 1 と同じ単位胞内に存在する炭素原子 2 である。他の 1 つは $\boldsymbol{R}_j=-\boldsymbol{a}_1$ の単位胞に属する炭素原子 2 であり，最後の 1 つは $\boldsymbol{R}_j=-\boldsymbol{a}_2$ の単位胞に属する炭素原子 2 である。

それぞれについて $\boldsymbol{R}_j+\boldsymbol{r}_2-\boldsymbol{r}_1$ をベクトル表示すると $(\sqrt{3}a/3, 0)$，$(-\sqrt{3}a/6, -a/2)$，$(-\sqrt{3}a/6, a/2)$ である。炭素原子 1 と上記 3 つの炭素原子 2 の距離は等しいので

$$\langle\varphi_{\mathrm{p}_z,2}(\boldsymbol{r}-\boldsymbol{r}_2)|\mathcal{H}|\varphi_{\mathrm{p}_z,1}(\boldsymbol{r}-\boldsymbol{r}_1)\rangle=t \tag{3.142}$$

とおくと

$$\begin{aligned}\alpha&=t\left\{\exp\left(-\frac{\mathrm{i}\sqrt{3}ak_x}{3}\right)+\exp\left[\mathrm{i}\left(\frac{\sqrt{3}ak_x}{6}+\frac{ak_y}{2}\right)\right]\right.\\ &\qquad\left.+\exp\left[\mathrm{i}\left(\frac{\sqrt{3}ak_x}{6}-\frac{ak_y}{2}\right)\right]\right\}\\ &=t\left\{\exp\left(-\frac{\mathrm{i}\sqrt{3}ak_x}{3}\right)+2\exp\left(\frac{\mathrm{i}\sqrt{3}ak_x}{6}\right)\cos\left(\frac{ak_y}{2}\right)\right\}\end{aligned} \tag{3.143}$$

となる。同様にして α^* については

$$\alpha^*=t\left\{\exp\left(\frac{\mathrm{i}\sqrt{3}ak_x}{3}\right)+2\exp\left(-\frac{\mathrm{i}\sqrt{3}ak_x}{6}\right)\cos\left(\frac{ak_y}{2}\right)\right\} \tag{3.144}$$

と求まる。結果として，エネルギーは

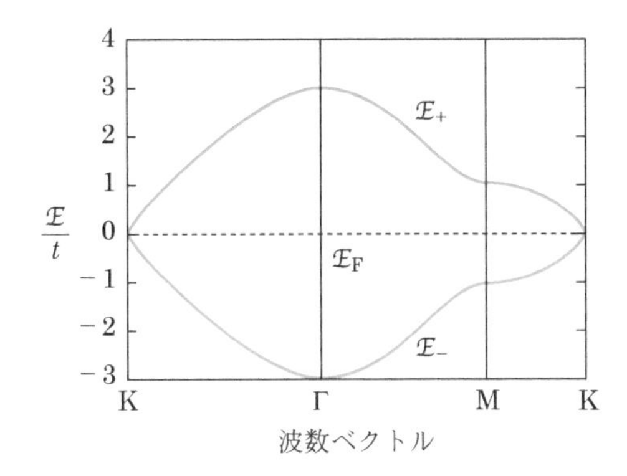

図 3.34　グラフェンのバンド構造

$$\mathcal{E} = \mathcal{E}_{p_z} \pm t\left\{1 + 4\cos^2\left(\frac{ak_y}{2}\right) + 4\cos\left(\frac{\sqrt{3}ak_x}{2}\right)\cos\left(\frac{ak_y}{2}\right)\right\}^{1/2} \tag{3.145}$$

と表現される。$\mathcal{E}_{p_z}$ は k に依存しないため，式(3.145)の $\{\quad\}^{1/2}$ のみに注目する。$\{\quad\}^{1/2}$ は，$\Gamma = (0, 0)$, $M = (2\pi/(\sqrt{3}a), 0)$, $K = (2\pi/(\sqrt{3}a), 2\pi/(3a))$ において，それぞれ 3, 1, 0 となる。また，$\{\quad\}^{1/2}$ の k 依存性をグラフ化すると図 3.34 のようになる。K 点ではバンドギャップは 0 である。K 点付近に特徴的なバンド構造が現れ，グラフェンの興味深い物性の起源となっている。詳細は専門書を参考にされたい。

❖ 章末問題

3.1　グラフェンのバンド構造の Γ 点と M 点について，結合性・反結合性軌道の視点から図を用いてエネルギー分離の大きさを議論しなさい。

3.2　面心立方格子を構成する原子が p 軌道からなる場合のバンド構造を強結合近似から求めなさい。なお，相互作用は最近接原子まで考慮すればよい。

第4章　半導体のバンド構造

4.1　強結合近似のバンド構造

前章で1次元および2次元の強結合近似について考察した。これらの結果を3次元に拡張することにより，3次元の強結合近似における波動関数は次のように表される。

$$\Psi_{\boldsymbol{k}}(\boldsymbol{r}) = \sum_{ml} C_{ml}\phi_{\boldsymbol{k},ml}(\boldsymbol{r}) \tag{4.1}$$

ここで，

$$\phi_{\boldsymbol{k},ml}(\boldsymbol{r}) = \frac{1}{\sqrt{N}}\sum_{i}\exp[\mathrm{i}\boldsymbol{k}\cdot(\boldsymbol{R}_i+\boldsymbol{r}_l)]\varphi_{ml}[\boldsymbol{r}-(\boldsymbol{R}_i+\boldsymbol{r}_l)] \tag{4.2}$$

である。$\boldsymbol{R}_i$ は i 番目の単位胞の位置，$\boldsymbol{r}_l$ は単位胞内の l 番目の原子の位置である。$\varphi_{ml}(\boldsymbol{r})$ は l 番目の原子の m 番目の軌道とする。また N は単位胞の数である。

ここではダイヤモンド構造や閃亜鉛鉱構造からなる半導体のバンド構造について考える。再度，図4.1にダイヤモンド構造を示すが，面心立方構造を基本とし，面心立方格子の単位胞の中に2つの原子が存在することが特徴である。1つの原子を単位胞の原点にとると，単位胞内の2つの原子の位置ベクトルは $\boldsymbol{r}_1=(0,0,0)$，$\boldsymbol{r}_2=(a/4,a/4,a/4)$ と表現できる。ダイヤモンド構造と閃亜鉛鉱構造の違いは，この2つの原子が同種であるか異種であるかである[*1]。

＊1　このことは各単位胞の原点は $\boldsymbol{r}_1$ の位置にとっていることを意味する。

それぞれの位置の原子には s, p(p_x, p_y, p_z) 軌道があるため，波動関数

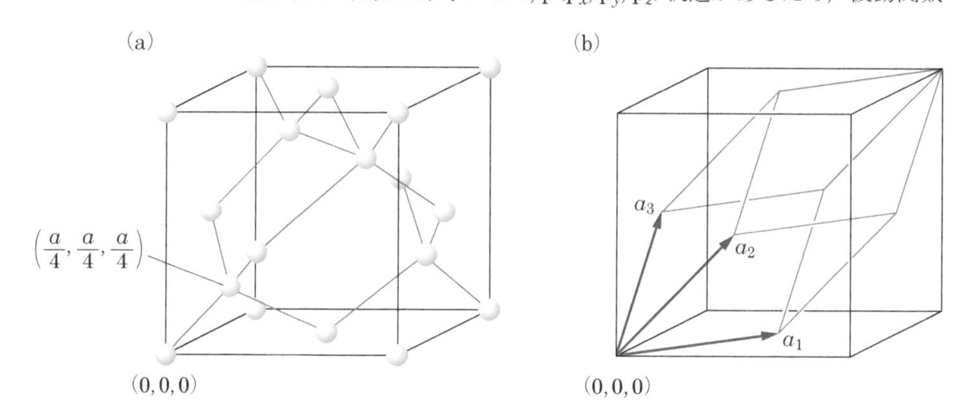

図4.1　ダイヤモンド構造
基本格子ベクトルは面心立方格子と同じであるが，単位胞は2つの原子を含んでいる。

は次に示す 8 つのブロッホ関数の線形結合で表される。

$$
\begin{aligned}
\Psi_{\boldsymbol{k}}(\boldsymbol{r}) = & \frac{C_{\mathrm{s1}}}{\sqrt{N}}\sum_i \exp(\mathrm{i}\boldsymbol{k}\cdot\boldsymbol{R}_i)\varphi_{\mathrm{s1}}(\boldsymbol{r}-\boldsymbol{R}_i)] + \frac{C_{\mathrm{p}_x1}}{\sqrt{N}}\sum_i \exp(\mathrm{i}\boldsymbol{k}\cdot\boldsymbol{R}_i)\varphi_{\mathrm{p}_x1}(\boldsymbol{r}-\boldsymbol{R}_i)] \\
& + \frac{C_{\mathrm{p}_y1}}{\sqrt{N}}\sum_i \exp(\mathrm{i}\boldsymbol{k}\cdot\boldsymbol{R}_i)\varphi_{\mathrm{p}_y1}(\boldsymbol{r}-\boldsymbol{R}_i)] \\
& + \frac{C_{\mathrm{p}_z1}}{\sqrt{N}}\sum_i \exp(\mathrm{i}\boldsymbol{k}\cdot\boldsymbol{R}_i)\varphi_{\mathrm{p}_z1}(\boldsymbol{r}-\boldsymbol{R}_i)] \\
& + \frac{C_{\mathrm{s2}}}{\sqrt{N}}\sum_i \exp[\mathrm{i}\boldsymbol{k}\cdot(\boldsymbol{R}_i+\boldsymbol{r}_2)]\varphi_{\mathrm{s2}}[\boldsymbol{r}-(\boldsymbol{R}_i+\boldsymbol{r}_2)] \\
& + \frac{C_{\mathrm{p}_x2}}{\sqrt{N}}\sum_i \exp[\mathrm{i}\boldsymbol{k}\cdot(\boldsymbol{R}_i+\boldsymbol{r}_2)]\varphi_{\mathrm{p}_x2}[\boldsymbol{r}-(\boldsymbol{R}_i+\boldsymbol{r}_2)] \\
& + \frac{C_{\mathrm{p}_y2}}{\sqrt{N}}\sum_i \exp[\mathrm{i}\boldsymbol{k}\cdot(\boldsymbol{R}_i+\boldsymbol{r}_2)]\varphi_{\mathrm{p}_y2}[\boldsymbol{r}-(\boldsymbol{R}_i+\boldsymbol{r}_2)] \\
& + \frac{C_{\mathrm{p}_z2}}{\sqrt{N}}\sum_i \exp[\mathrm{i}\boldsymbol{k}\cdot(\boldsymbol{R}_i+\boldsymbol{r}_2)]\varphi_{\mathrm{p}_z2}[\boldsymbol{r}-(\boldsymbol{R}_i+\boldsymbol{r}_2)]
\end{aligned}
\tag{4.3}
$$

ここで，添え字の s, p_x, p_y, p_z は s, p_x, p_y, p_z 軌道を，1, 2 は原子 1, 2 を表している。シュレーディンガー方程式は

$$
\mathcal{H}|\Psi_{\boldsymbol{k}}(\boldsymbol{r})\rangle = \mathcal{E}|\Psi_{\boldsymbol{k}}(\boldsymbol{r})\rangle \tag{4.4}
$$

である。この式に対して，例えば左辺から $\varphi_{\boldsymbol{k},\mathrm{s1}}(\boldsymbol{r}) = (1/\sqrt{N})\sum_j \exp(\mathrm{i}\boldsymbol{k}\cdot\boldsymbol{R}_j)\varphi_{\mathrm{s1}}(\boldsymbol{r}-\boldsymbol{R}_j)$ の複素共役をかけて空間積分をとると

$$
\begin{aligned}
& C_{\mathrm{s1}}\mathcal{E}_{\mathrm{s1}} \\
& + C_{\mathrm{s2}}\sum_j \exp[-\mathrm{i}\boldsymbol{k}\cdot(\boldsymbol{R}_j-\boldsymbol{r}_2)]\langle\varphi_{\mathrm{s1}}(\boldsymbol{r}-\boldsymbol{R}_j)|\mathcal{H}|\varphi_{\mathrm{s2}}(\boldsymbol{r}-\boldsymbol{r}_2)\rangle \\
& + C_{\mathrm{p}_x2}\sum_j \exp[-\mathrm{i}\boldsymbol{k}\cdot(\boldsymbol{R}_j-\boldsymbol{r}_2)]\langle\varphi_{\mathrm{s1}}(\boldsymbol{r}-\boldsymbol{R}_j)|\mathcal{H}|\varphi_{\mathrm{p}_x2}(\boldsymbol{r}-\boldsymbol{r}_2)\rangle \\
& + C_{\mathrm{p}_y2}\sum_j \exp[-\mathrm{i}\boldsymbol{k}\cdot(\boldsymbol{R}_j-\boldsymbol{r}_2)]\langle\varphi_{\mathrm{s1}}(\boldsymbol{r}-\boldsymbol{R}_j)|\mathcal{H}|\varphi_{\mathrm{p}_y2}(\boldsymbol{r}-\boldsymbol{r}_2)\rangle \\
& + C_{\mathrm{p}_z2}\sum_j \exp[-\mathrm{i}\boldsymbol{k}\cdot(\boldsymbol{R}_j-\boldsymbol{r}_2)]\langle\varphi_{\mathrm{s1}}(\boldsymbol{r}-\boldsymbol{R}_j)|\mathcal{H}|\varphi_{\mathrm{p}_z2}(\boldsymbol{r}-\boldsymbol{r}_2)\rangle = C_{\mathrm{s1}}\mathcal{E}
\end{aligned}
\tag{4.5}
$$

が得られる。ここでは同じ原子に属する異なる軌道は直交することを利用している。

すべての波動関数に類似の計算を行うと，C_{s1}, C_{p_x1}, $\cdots$, C_{p_y2}, C_{p_z2} に関して 8×8 の行列ができる。具体的な計算を進めるためには単位胞についての和をとる必要があるが，波動関数に関する積分については 3.7 節と 3.8 節で議論したように，最近接原子との相互作用がもっとも大きいと考えるのが妥当である。したがって，式(4.5)の各項の積分の中身は，原点に位置する単位胞の $\boldsymbol{r}_2$ に存在する原子 2 に対して最近接の原子 1 を考えればよいことを示している。したがって，$\exp[-\mathrm{i}\boldsymbol{k}\cdot(\boldsymbol{R}_j-\boldsymbol{r}_2)] = \exp(\mathrm{i}\boldsymbol{k}\cdot\boldsymbol{d})$ とおくと，$\boldsymbol{d} = -\boldsymbol{R}_j + \boldsymbol{r}_2$ には

$$\boldsymbol{d}_1=\left(\frac{a}{4},\frac{a}{4},\frac{a}{4}\right),\ \boldsymbol{d}_2=\left(\frac{a}{4},-\frac{a}{4},-\frac{a}{4}\right),\ \boldsymbol{d}_3=\left(-\frac{a}{4},\frac{a}{4},-\frac{a}{4}\right),$$
$$\boldsymbol{d}_4=\left(-\frac{a}{4},-\frac{a}{4},\frac{a}{4}\right) \tag{4.6}$$

の4種類があり，exp項は$\exp(\mathrm{i}\boldsymbol{k}\cdot\boldsymbol{d}_1)$, $\exp(\mathrm{i}\boldsymbol{k}\cdot\boldsymbol{d}_2)$, $\exp(\mathrm{i}\boldsymbol{k}\cdot\boldsymbol{d}_3)$, $\exp(\mathrm{i}\boldsymbol{k}\cdot\boldsymbol{d}_4)$と書ける。

次に積分項について吟味するが，注意を要する。例として，式(4.5)の第3項にある積分$\langle\varphi_{\mathrm{s}1}(\boldsymbol{r}-\boldsymbol{R}_j)|\mathcal{H}|\varphi_{\mathrm{p}_x2}(\boldsymbol{r}-\boldsymbol{r}_2)\rangle$を考える。この積分は，原点の単位胞の$\boldsymbol{r}_2$の位置にある原子2の$\mathrm{p}_x$軌道と原子1のs軌道の積分であるが，原子1との積分は位置によって位相(符号)が異なる。例えば，原子2のp_x軌道と原子1のs軌道の積分を考えた場合，$\boldsymbol{d}_1$と$\boldsymbol{d}_2$および$\boldsymbol{d}_3$と$\boldsymbol{d}_4$は符号が同じであるが，$\boldsymbol{d}_1$と$\boldsymbol{d}_3$は符号が異なる。積分$\langle\varphi_{\mathrm{s}1}(\boldsymbol{r})|\mathcal{H}|\varphi_{\mathrm{p}_x2}(\boldsymbol{r}-\boldsymbol{r}_2)\rangle=H_{\mathrm{s}1,\mathrm{p}_x2}$とおくと

$$\begin{aligned}&\sum_j \exp[-\mathrm{i}\boldsymbol{k}\cdot(\boldsymbol{R}_j-\boldsymbol{r}_2)]\langle\varphi_{\mathrm{s}1}(\boldsymbol{r}-\boldsymbol{R}_j)|\mathcal{H}|\varphi_{\mathrm{p}_x2}(\boldsymbol{r}-\boldsymbol{r}_2)\rangle\\&=H_{\mathrm{s}1,\mathrm{p}_x2}[+\exp(\mathrm{i}\boldsymbol{k}\cdot\boldsymbol{d}_1)+\exp(\mathrm{i}\boldsymbol{k}\cdot\boldsymbol{d}_2)-\exp(\mathrm{i}\boldsymbol{k}\cdot\boldsymbol{d}_3)-\exp(\mathrm{i}\boldsymbol{k}\cdot\boldsymbol{d}_4)]\\&=H_{\mathrm{s}1,\mathrm{p}_x2}g_1(\boldsymbol{k})\end{aligned} \tag{4.7}$$

となる。$g_1(\boldsymbol{k})$および後で出てくる$g_0(\boldsymbol{k})$, $g_2(\boldsymbol{k})$, $g_3(\boldsymbol{k})$は，後述する式(4.14)で定義する。

ここで，$H_{\mathrm{s}1,\mathrm{p}_x2}$の大きさにも注意を要する。上記の積分はs軌道と，2つの原子を結ぶ直線上のp_x軌道によって形成されるσ軌道(σ_{sp_x}軌道とする)とは異なり，図4.2(a)に示すようにp_x軌道が2つの原子を結ぶ直線の方向を向いていない。これを図4.2(b), (c)に示すように原子を結ぶ直線の方向の成分と，それに対して垂直な方向の成分に分けると，$H_{\mathrm{s}1,\mathrm{p}_x2}=H_{\mathrm{s}1,\mathrm{p}2}=V_{\mathrm{sp}\sigma}/\sqrt{3}$になる。$V_{\mathrm{sp}\sigma}$はp軌道の負の側にs軌道があるときの相互作用の大きさであり，$\mathcal{H}=\mathcal{H}_0+\Delta V(\boldsymbol{r})$ (ただし$\Delta V(\boldsymbol{r})<0$)に注意すると正の値になる。さらに，図4.2(c)に示す垂直な成分の積分は対称性から0である。一方，原子2がs軌道で原子1がp_x軌道である場合を図4.3に示したが，$H_{\mathrm{p}_x1,\mathrm{s}2}=-H_{\mathrm{s}1,\mathrm{p}_x2}$となるため，すべての

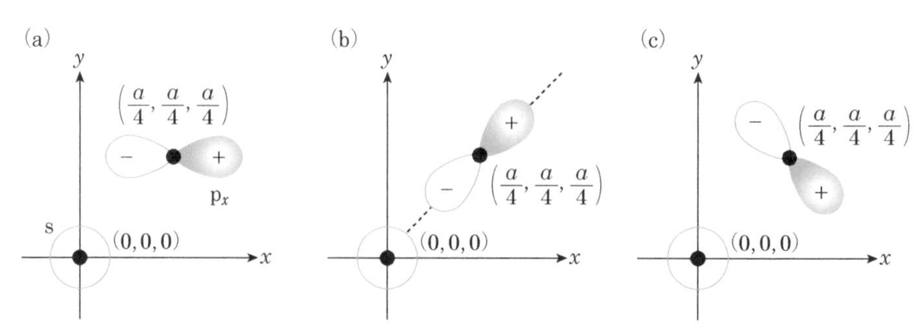

図4.2　s軌道とp_x軌道の相互作用の大きさ(1)

(a)原子1がs軌道，原子2がp_x軌道の場合の位置関係。(b)は原子1と2を結ぶ方向，(c)は原子1と2を結ぶ方向に対して垂直な方向にp_x軌道を分解した模式図。

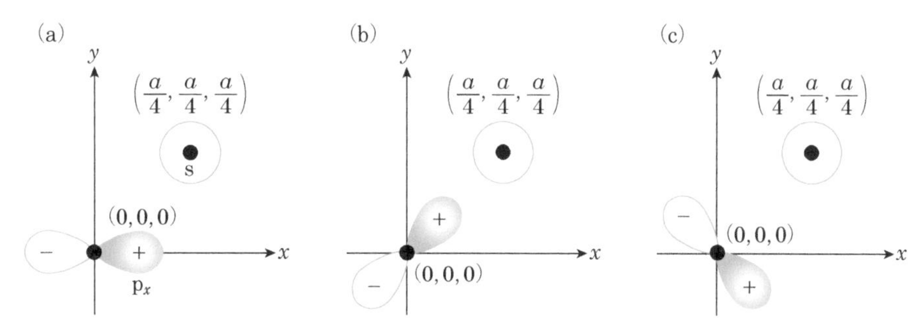

図 4.3　s 軌道と p_x 軌道の相互作用の大きさ (2)

(a) 原子 1 が p_x 軌道，原子 2 が s 軌道の場合の位置関係。(b) は原子 1 と 2 を結ぶ方向，(c) は原子 1 と 2 を結ぶ方向に対して垂直な方向に p_x 軌道を分解した模式図。

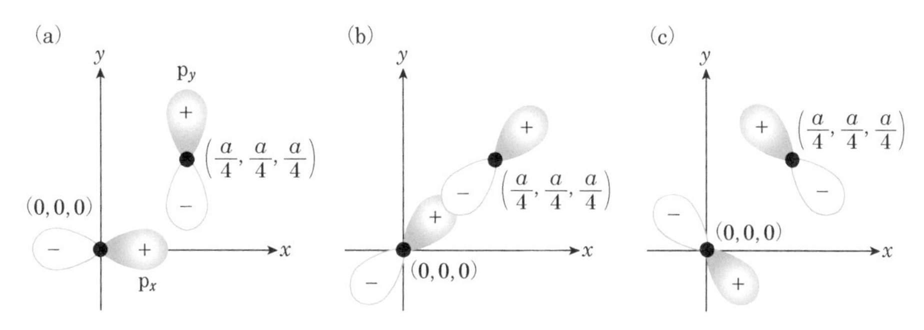

図 4.4　p_x 軌道と p_y 軌道の相互作用の大きさ (1)

(a) 原子 1 が p_x 軌道，原子 2 が p_y 軌道の場合の位置関係。(b) は原子 1 と 2 を結ぶ方向，(c) は原子 1 と 2 を結ぶ方向に対して垂直な方向に各軌道を分解した模式図。

最近接原子に対して和をとると，$-H_{s1,p2}g_1(\boldsymbol{k})$ となる。

また，式 (4.4) に対して左から $\phi_{\boldsymbol{k},p_x1}(\boldsymbol{r}) = (1/\sqrt{N})\sum_j \exp(i\boldsymbol{k}\cdot\boldsymbol{R}_j)\varphi_{p_x1}(\boldsymbol{r}-\boldsymbol{R}_j)$ の複素共役をかけて空間積分を行うと，$\sum_j \exp[-i\boldsymbol{k}\cdot(\boldsymbol{R}_j-\boldsymbol{r}_2)]\langle\varphi_{p_x1}(\boldsymbol{r}-\boldsymbol{R}_j)|\mathcal{H}|\varphi_{p_y2}(\boldsymbol{r}-\boldsymbol{r}_2)\rangle$ という項が現れる。この積分項 $\langle\varphi_{p_x1}(\boldsymbol{r}-\boldsymbol{R}_j)|\mathcal{H}|\varphi_{p_y2}(\boldsymbol{r}-\boldsymbol{r}_2)\rangle$ についても，原点にある単位胞の原子 2 と，最近接の原子 1 について考えればよく，原子 1 は原点の単位胞の原子 2 に対して $\boldsymbol{d}_1, \boldsymbol{d}_2, \boldsymbol{d}_3, \boldsymbol{d}_4$ の位置である。それぞれに対する積分項 $\langle\varphi_{p_x1}(\boldsymbol{r}-\boldsymbol{R}_j)|\mathcal{H}|\varphi_{p_y2}(\boldsymbol{r}-\boldsymbol{r}_2)\rangle$ のうち，$\boldsymbol{d}_1$ と $\boldsymbol{d}_4$ および $\boldsymbol{d}_2$ と $\boldsymbol{d}_3$ は符号が同じであるが，$\boldsymbol{d}_1$ と $\boldsymbol{d}_2$ は符号が反対である。積分項 $\langle\varphi_{p_x1}(\boldsymbol{r})|\mathcal{H}|\varphi_{p_y2}(\boldsymbol{r}-\boldsymbol{r}_2)\rangle = H_{p_x1,p_y2}$ とすると

$$\begin{aligned}
&\sum_j \exp[-i\boldsymbol{k}\cdot(\boldsymbol{R}_j-\boldsymbol{r}_2)]\langle\varphi_{p_x1}(\boldsymbol{r}-\boldsymbol{R}_j)|\mathcal{H}|\varphi_{p_y2}(\boldsymbol{r}-\boldsymbol{r}_2)\rangle \\
&= H_{p_x1,p_y2}[+\exp(i\boldsymbol{k}\cdot\boldsymbol{d}_1)-\exp(i\boldsymbol{k}\cdot\boldsymbol{d}_2)-\exp(i\boldsymbol{k}\cdot\boldsymbol{d}_3)+\exp(i\boldsymbol{k}\cdot\boldsymbol{d}_4)] \\
&= H_{p_x1,p_y2}g_3(\boldsymbol{k})
\end{aligned} \tag{4.8}$$

が得られる。H_{p_x1,p_y2} の値に対しても，図 4.4(a) に示すように p_x, p_y の両原子を結ぶ方向と軌道の向きに違いがあることを考慮する必要がある。2 つの軌道の相互作用を図 4.4(b), (c) のように σ 軌道の結合性軌道と π 軌道の結合性軌道に分解すると，$H_{p_x1,p_y2} = (1/3)(V_{pp\sigma} - V_{pp\pi})$ と

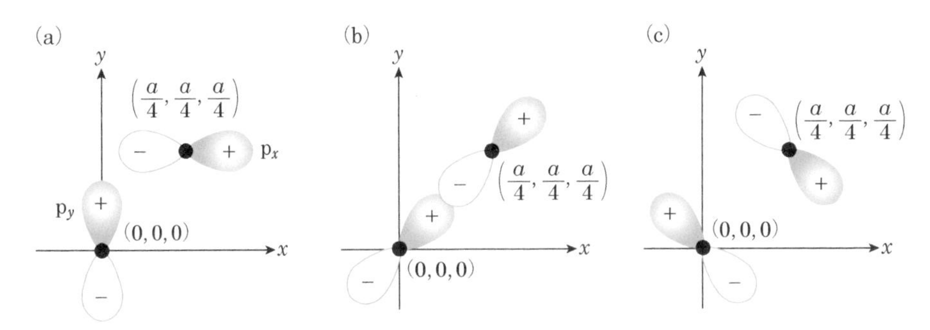

図4.5　p_x軌道とp_y軌道の相互作用の大きさ(2)

(a)原子1がp_y軌道，原子2がp_x軌道の場合の位置関係。(b)は原子1と2を結ぶ方向，(c)は原子1と2を結ぶ方向に対して垂直な方向に各軌道を分解した模式図。

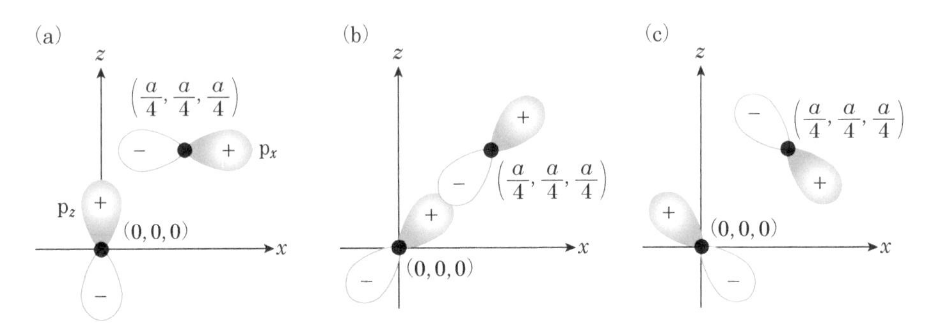

図4.6　p_x軌道とp_z軌道の相互作用の大きさ

(a)原子1がp_z軌道，原子2がp_x軌道の場合の位置関係。(b)は原子1と2を結ぶ方向，(c)は原子1と2を結ぶ方向に対して垂直な方向に各軌道を分解した模式図。

なる。ここで，$V_{\mathrm{pp}\sigma}$は2つの原子を結ぶ方向に両方の原子のp軌道が存在しているσ結合のときの相互作用の大きさであり，正の値である。$V_{\mathrm{pp}\pi}$は2つの原子を結ぶ方向に対して垂直にp軌道が存在しているπ結合のときの相互作用の大きさであり，負の値である。$V_{\mathrm{pp}\pi}$に負号が付いているのは反結合性のπ軌道であることによる。一方，原子2がp_x軌道，原子1がp_y軌道の場合を表す図4.5と図4.4を比較すると，$H_{\mathrm{p}_y1,\mathrm{p}_x2}$は$H_{\mathrm{p}_x1,\mathrm{p}_y2}$に対して符号の反転は無いため，$\sum_j \exp[-\mathrm{i}\boldsymbol{k}\cdot(\boldsymbol{R}_j-\boldsymbol{r}_2)]\langle\varphi_{\mathrm{p}_y1}(\boldsymbol{r})|\mathcal{H}|\varphi_{\mathrm{p}_x2}(\boldsymbol{r}-\boldsymbol{r}_2)\rangle$は$H_{\mathrm{p}_x1,\mathrm{p}_y2}g_3(\boldsymbol{k})$となる。さらに，原子2が$\mathrm{p}_x$軌道，原子1が$\mathrm{p}_z$軌道の場合を表す図4.6は，図4.5と等価であるため$H_{\mathrm{p}_z1,\mathrm{p}_x2}=H_{\mathrm{p}_y1,\mathrm{p}_x2}=H_{\mathrm{p}_x1,\mathrm{p}_y2}$であり，すべての最近接原子に対して和をとると，$H_{\mathrm{p}_x1,\mathrm{p}_y2}g_2(\boldsymbol{k})$となる。

さらに，式(4.4)に左から$\phi_{\boldsymbol{k},\mathrm{p}_x2}(\boldsymbol{r})=(1/\sqrt{N})\sum_j \exp[\mathrm{i}\boldsymbol{k}\cdot(\boldsymbol{R}_j+\boldsymbol{r}_2)]\varphi_{\mathrm{p}_x2}[\boldsymbol{r}-(\boldsymbol{R}_j+\boldsymbol{r}_2)]$の複素共役をかけて空間積分を行うと，$C_{\mathrm{p}_y1}$の項として

$$\left\langle \frac{1}{\sqrt{N}}\sum_j \exp[\mathrm{i}\boldsymbol{k}\cdot(\boldsymbol{R}_j+\boldsymbol{r}_2)]\varphi_{\mathrm{p}_x,2}[\boldsymbol{r}-(\boldsymbol{R}_j+\boldsymbol{r}_2)]\right|\mathcal{H}\left| \frac{1}{\sqrt{N}}\sum_i \exp(\mathrm{i}\boldsymbol{k}\cdot\boldsymbol{R}_i)\varphi_{\mathrm{p}_y,1}(\boldsymbol{r}-\boldsymbol{R}_i)\right\rangle \tag{4.9}$$

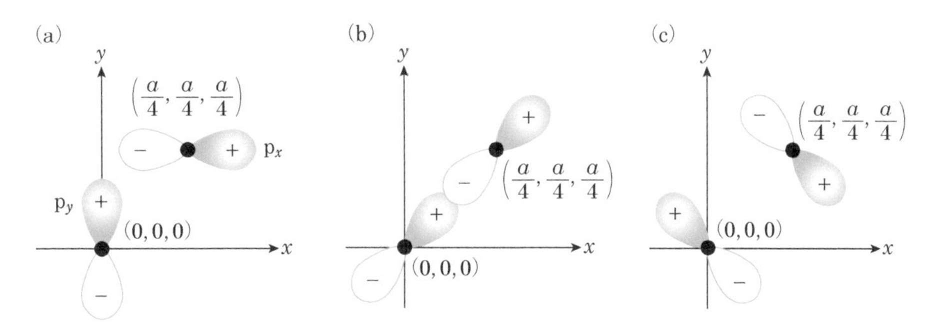

図4.7　この図の位置関係は図4.4，図4.5と同じである。

が現れるが，整理すると

$$\sum_j \exp[-\mathrm{i}\boldsymbol{k}\cdot(\boldsymbol{R}_j+\boldsymbol{r}_2)]\langle\varphi_{\mathrm{p}_x,2}[\boldsymbol{r}-(\boldsymbol{R}_j+\boldsymbol{r}_2)]|\mathcal{H}|\varphi_{\mathrm{p}_y,1}(\boldsymbol{r})\rangle \tag{4.10}$$

となる。原点の単位胞の原点に位置する原子1の p_y 軌道の最近接の原子2に対して $\exp[\mathrm{i}\boldsymbol{k}(-\boldsymbol{R}_j-\boldsymbol{r}_2)]=\exp(\mathrm{i}\boldsymbol{k}\cdot\boldsymbol{d})$ と書くと

$$\boldsymbol{d}_1=\left(-\frac{a}{4},-\frac{a}{4},-\frac{a}{4}\right),\ \boldsymbol{d}_2=\left(-\frac{a}{4},\frac{a}{4},\frac{a}{4}\right),\ \boldsymbol{d}_3=\left(\frac{a}{4},-\frac{a}{4},\frac{a}{4}\right),$$
$$\boldsymbol{d}_4=\left(\frac{a}{4},\frac{a}{4},-\frac{a}{4}\right) \tag{4.11}$$

となり，式(4.6)の $\boldsymbol{d}$ と符号が反対になる。一方，$\langle\varphi_{\mathrm{p}_x2}[\boldsymbol{r}-(\boldsymbol{R}_j+\boldsymbol{r}_2)]|\mathcal{H}|\varphi_{\mathrm{p}_y1}(\boldsymbol{r})\rangle$ については，例えば図4.7に示したように同じ単位胞内の原子2を考えると，$\langle\varphi_{\mathrm{p}_x2}(\boldsymbol{r}-\boldsymbol{r}_2)]|\mathcal{H}|\varphi_{\mathrm{p}_y1}(\boldsymbol{r})\rangle=H_{\mathrm{p}_x2,\mathrm{p}_y1}$ となり，図4.4と等価であるため，$H_{\mathrm{p}_x2,\mathrm{p}_y1}=H_{\mathrm{p}_x1,\mathrm{p}_y2}$ が成立する。したがって，すべての最近接原子に対して和をとると，$H_{\mathrm{p}_x1,\mathrm{p}_y2}g_3^*(\boldsymbol{k})$ となる。

また，式(4.4)に左から $\phi_{\boldsymbol{k},\mathrm{p}_x2}(\boldsymbol{r})=(1/\sqrt{N})\sum_j\exp[\mathrm{i}\boldsymbol{k}\cdot(\boldsymbol{R}_j+\boldsymbol{r}_2)]\varphi_{\mathrm{p}_x2}[\boldsymbol{r}-(\boldsymbol{R}_j+\boldsymbol{r}_2)]$ の複素共役をかけて空間積分をすると，C_{p_x1} の項として

$$\left\langle\frac{1}{\sqrt{N}}\sum_j\exp[\mathrm{i}\boldsymbol{k}\cdot(\boldsymbol{R}_j+\boldsymbol{r}_2)]\varphi_{\mathrm{p}_x,2}[\boldsymbol{r}-(\boldsymbol{R}_j+\boldsymbol{r}_2)]|\mathcal{H}|\frac{1}{\sqrt{N}}\sum_i\exp(\mathrm{i}\boldsymbol{k}\cdot\boldsymbol{R}_i)\varphi_{\mathrm{p}_x,1}(\boldsymbol{r}-\boldsymbol{R}_i)\right\rangle \tag{4.12}$$

が現れるが，整理すると

$$\sum_j\exp[-\mathrm{i}\boldsymbol{k}\cdot(\boldsymbol{R}_j+\boldsymbol{r}_2)]\langle\varphi_{\mathrm{p}_x,2}[\boldsymbol{r}-(\boldsymbol{R}_j+\boldsymbol{r}_2)]|\mathcal{H}|\varphi_{\mathrm{p}_x,1}(\boldsymbol{r})\rangle \tag{4.13}$$

となり，単位胞の原点に位置する原子1の p_x 軌道と最近接の原子2の p_x 軌道の積分に関する項である $\langle\varphi_{\mathrm{p}_x2}[\boldsymbol{r}-(\boldsymbol{R}_j+\boldsymbol{r}_2)]|\mathcal{H}|\varphi_{\mathrm{p}_x1}(\boldsymbol{r})\rangle$ が生じる。原子2として，原点の単位胞の $\boldsymbol{r}_2$ に位置する原子2を考えると，図4.8(a)に示す相互作用になるが，図4.8(b)，(c)のように σ 結合と π 結合に分解すると $H_{\mathrm{p}_x2,\mathrm{p}_x1}=(1/3)V_{\mathrm{pp}\sigma}+(2/3)V_{\mathrm{pp}\pi}$ となる。すべての最近接原子に対して和をとると，$H_{\mathrm{p}_x2,\mathrm{p}_x1}g_0^*(\boldsymbol{k})$ となる。

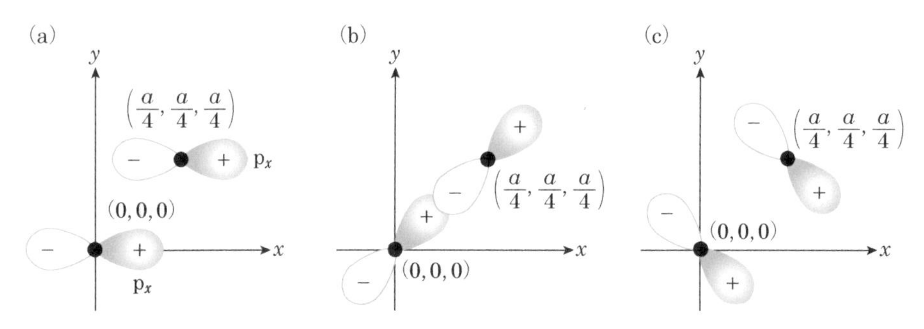

図4.8　2つのp_x軌道の相互作用の大きさ

(a)原子1, 2ともにp_x軌道の場合の位置関係。(b)は原子1と2を結ぶ方向，(c)は原子1と2を結ぶ方向に対して垂直な方向に各軌道を分解した模式図。

表4.1　最近接原子についての積分項

	s1	p_x1	p_y1	p_z1	s2	p_x2	p_y2	p_z2
s1	$\mathcal{E}_{s1}-\mathcal{E}(\boldsymbol{k})$	0	0	0	$H_{s1,s2}g_0(\boldsymbol{k})$	$H_{s1,p2}g_1(\boldsymbol{k})$	$H_{s1,p2}g_2(\boldsymbol{k})$	$H_{s1,p2}g_3(\boldsymbol{k})$
p_x1	0	$\mathcal{E}_{p1}-\mathcal{E}(\boldsymbol{k})$	0	0	$-H_{s1,p2}g_1(\boldsymbol{k})$	$H_{p_x1p_x2}g_0(\boldsymbol{k})$	$H_{p_x1p_y2}g_3(\boldsymbol{k})$	$H_{p_x1p_y2}g_2(\boldsymbol{k})$
p_y1	0	0	$\mathcal{E}_{p1}-\mathcal{E}(\boldsymbol{k})$	0	$-H_{s1,p2}g_2(\boldsymbol{k})$	$H_{p_x1p_y2}g_3(\boldsymbol{k})$	$H_{p_x1p_x2}g_0(\boldsymbol{k})$	$H_{p_x1p_y2}g_1(\boldsymbol{k})$
p_z1	0	0	0	$\mathcal{E}_{p1}-\mathcal{E}(\boldsymbol{k})$	$-H_{s1,p2}g_3(\boldsymbol{k})$	$H_{p_x1p_y2}g_2(\boldsymbol{k})$	$H_{p_x1p_y2}g_1(\boldsymbol{k})$	$H_{p_x1p_x2}g_0(\boldsymbol{k})$
s2	$H_{s1,s2}g_0^*(\boldsymbol{k})$	$-H_{s1,p2}g_1^*(\boldsymbol{k})$	$-H_{s1,p2}g_2^*(\boldsymbol{k})$	$-H_{s1,p2}g_3^*(\boldsymbol{k})$	$\mathcal{E}_{s2}-\mathcal{E}(\boldsymbol{k})$	0	0	0
p_x2	$H_{s1,p2}g_1^*(\boldsymbol{k})$	$H_{p_x1p_x2}g_0^*(\boldsymbol{k})$	$H_{p_x1p_y2}g_3^*(\boldsymbol{k})$	$H_{p_x1p_y2}g_2^*(\boldsymbol{k})$	0	$\mathcal{E}_{p2}-\mathcal{E}(\boldsymbol{k})$	0	0
p_y2	$H_{s1,p2}g_2^*(\boldsymbol{k})$	$H_{p_x1p_y2}g_3^*(\boldsymbol{k})$	$H_{p_x1p_x2}g_0^*(\boldsymbol{k})$	$H_{p_x1p_y2}g_1^*(\boldsymbol{k})$	0	0	$\mathcal{E}_{p2}-\mathcal{E}(\boldsymbol{k})$	0
p_z2	$H_{s1,p2}g_3^*(\boldsymbol{k})$	$H_{p_x1p_y2}g_2^*(\boldsymbol{k})$	$H_{p_x1p_y2}g_1^*(\boldsymbol{k})$	$H_{p_x1p_x2}g_0^*(\boldsymbol{k})$	0	0	0	$\mathcal{E}_{p2}-\mathcal{E}(\boldsymbol{k})$

このようにしてすべての積分を計算するが,

$$
\begin{aligned}
g_0(\boldsymbol{k}) &= [+\exp(\mathrm{i}\boldsymbol{k}\cdot\boldsymbol{d}_1)+\exp(\mathrm{i}\boldsymbol{k}\cdot\boldsymbol{d}_2)+\exp(\mathrm{i}\boldsymbol{k}\cdot\boldsymbol{d}_3)+\exp(\mathrm{i}\boldsymbol{k}\cdot\boldsymbol{d}_4)] \\
g_1(\boldsymbol{k}) &= [+\exp(\mathrm{i}\boldsymbol{k}\cdot\boldsymbol{d}_1)+\exp(\mathrm{i}\boldsymbol{k}\cdot\boldsymbol{d}_2)-\exp(\mathrm{i}\boldsymbol{k}\cdot\boldsymbol{d}_3)-\exp(\mathrm{i}\boldsymbol{k}\cdot\boldsymbol{d}_4)] \\
g_2(\boldsymbol{k}) &= [+\exp(\mathrm{i}\boldsymbol{k}\cdot\boldsymbol{d}_1)-\exp(\mathrm{i}\boldsymbol{k}\cdot\boldsymbol{d}_2)+\exp(\mathrm{i}\boldsymbol{k}\cdot\boldsymbol{d}_3)-\exp(\mathrm{i}\boldsymbol{k}\cdot\boldsymbol{d}_4)] \\
g_3(\boldsymbol{k}) &= [+\exp(\mathrm{i}\boldsymbol{k}\cdot\boldsymbol{d}_1)-\exp(\mathrm{i}\boldsymbol{k}\cdot\boldsymbol{d}_2)-\exp(\mathrm{i}\boldsymbol{k}\cdot\boldsymbol{d}_3)+\exp(\mathrm{i}\boldsymbol{k}\cdot\boldsymbol{d}_4)]
\end{aligned}
\tag{4.14}
$$

を用いると，表4.1のように整理される。

この行列式を解けば各$\boldsymbol{k}$に対するエネルギーが求まる。非常に複雑であるが，対称性の高い点では容易に解を求めることができる。例えばΓ点($\boldsymbol{k}=\boldsymbol{0}$)では，$g_0=4$で，それ以外は0である。計算しやすいように変形すると表4.2が得られる。

シリコンSiやゲルマニウムGeのようなダイヤモンド構造では，$\mathcal{E}_{s1}=\mathcal{E}_{s2}$, $\mathcal{E}_{p1}=\mathcal{E}_{p2}$である。この点を考慮して対角化すると

$$
\mathcal{E}=\begin{cases}\mathcal{E}_s \pm 4H_{s1,s2} \\ \mathcal{E}_p \pm 4H_{p_x1,p_x2} \quad (3\text{重縮退})\end{cases} \tag{4.15}
$$

となる。注目すべき点は，Γ点において，同種の軌道どうしが混成することである。3重縮退が残るのは同等なp軌道が3つあるからである。

表4.2　Γ点($\boldsymbol{k}=0$)における表4.1の計算結果
わかりやすいように，表4.1とは縦・横の軌道の順序も変えている。

	s1	s2	p_x1	p_x2	p_y1	p_y2	p_z1	p_z2
s1	$\mathcal{E}_{s1}-\mathcal{E}(\boldsymbol{k}=0)$	$4H_{s1,s2}$	0	0	0	0	0	0
s2	$4H_{s1,s2}$	$\mathcal{E}_{s2}-\mathcal{E}(\boldsymbol{k}=0)$	0	0	0	0	0	0
p_x1	0	0	$\mathcal{E}_{p1}-\mathcal{E}(\boldsymbol{k})$	$4H_{p_x1,p_x2}$	0	0	0	0
p_x2	0	0	$4H_{p_x1,p_x2}$	$\mathcal{E}_{p2}-\mathcal{E}(\boldsymbol{k}=0)$	0	0	0	0
p_y1	0	0	0	0	$\mathcal{E}_{p1}-\mathcal{E}(\boldsymbol{k}=0)$	$4H_{p_x1,p_x2}$	0	0
p_y2	0	0	0	0	$4H_{p_x1,p_x2}$	$\mathcal{E}_{p2}-\mathcal{E}(\boldsymbol{k}=0)$	0	0
p_z1	0	0	0	0	0	0	$\mathcal{E}_{p1}-\mathcal{E}(\boldsymbol{k}=0)$	$4H_{p_x1,p_x2}$
p_z2	0	0	0	0	0	0	$4H_{p_x1,p_x2}$	$\mathcal{E}_{p2}-\mathcal{E}(\boldsymbol{k}=0)$

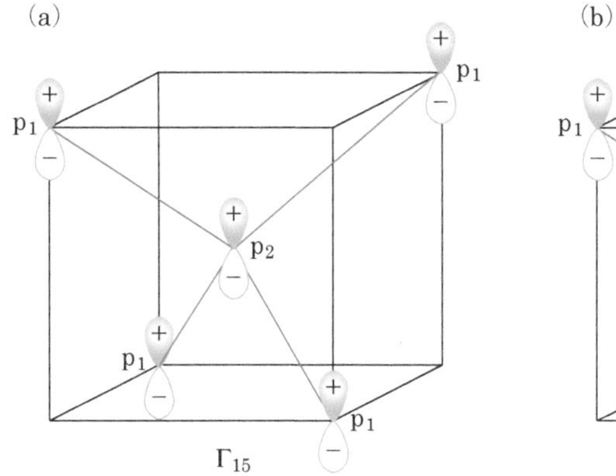

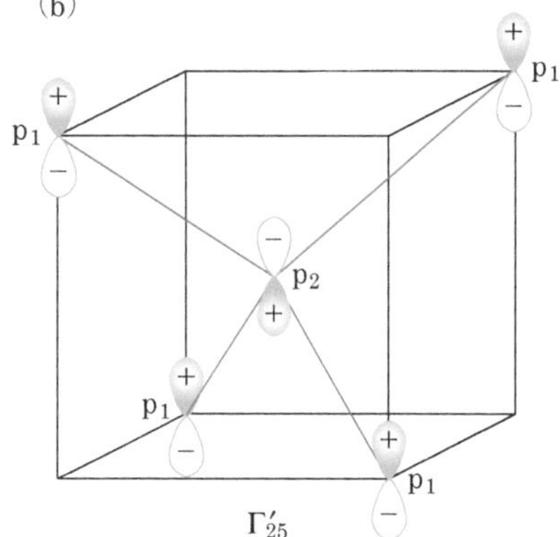

図4.9　p軌道間の相互作用
(a)と(b)では，真ん中にある原子2のp軌道の符号が異なる。(a)と(b)を比較すると，(b)の方がエネルギーが低い。
[犬井鉄郎，田辺行人，小野寺嘉孝，応用群論，裳華房(1976)を改変]

s軌道はp軌道よりもエネルギーが低いので，もっとも低いエネルギーはs軌道の結合性軌道(価電子帯の底)$\Psi_{\boldsymbol{k}=0}(\boldsymbol{r})\propto s_1+s_2$，その上にあるのは3重縮退したp軌道の結合性軌道(価電子帯の頂上)$\Psi_{\boldsymbol{k}=0}(\boldsymbol{r})\propto p_1-p_2$，その上はs軌道の反結合性軌道(伝導帯の底)$\Psi_{\boldsymbol{k}=0}(\boldsymbol{r})\propto s_1-s_2$，もっとも高いエネルギーはp軌道の反結合性軌道(伝導帯の頂上)$\Psi_{\boldsymbol{k}=0}(\boldsymbol{r})\propto p_1+p_2$となる。価電子帯の頂上の波動関数が$\Psi_{\boldsymbol{k}=0}(\boldsymbol{r})\propto p_1-p_2$となる理由は，図4.9を見れば明らかなように，$p_1-p_2$の方が$p_1+p_2$よりも電子の重なりが大きく，長い波長の電子波を形成できるからである。

X点($\boldsymbol{k}=(2\pi/a)(0,\ 0,\ 1)$)では$g_0=g_1=g_2=0$，$g_3=4i$である。整理すると表4.3のようになる。

SiやGeの場合には，$\mathcal{E}_{s1}=\mathcal{E}_{s2}=\mathcal{E}_s$，$\mathcal{E}_{p1}=\mathcal{E}_{p2}=\mathcal{E}_p$であるので

$$\mathcal{E}_1=\frac{1}{2}(\mathcal{E}_s+\mathcal{E}_p)+\left[\left\{\frac{1}{2}(\mathcal{E}_s-\mathcal{E}_p)\right\}^2+16{H_{s1,p2}}^2\right]^{1/2}\quad (2重縮退)$$

表4.3　X点($\boldsymbol{k}=(2\pi/a)(0, 0, 1)$)における表4.1の計算結果

	s1	p_z2	p_z1	s2	p_x1	p_y2	p_y1	p_x2
s1	$\mathcal{E}_{s1}-\mathcal{E}(X)$	$4iH_{s1,p2}$	0	0	0	0	0	0
p_z2	$-4iH_{s1,p2}$	$\mathcal{E}_{p2}-\mathcal{E}(X)$	0	0	0	0	0	0
p_z1	0	0	$\mathcal{E}_{p1}-\mathcal{E}(X)$	$-4iH_{s2,p1}$	0	0	0	0
s2	0	0	$4iH_{s2,p1}$	$\mathcal{E}_{s2}-\mathcal{E}(X)$	0	0	0	0
p_x1	0	0	0	0	$\mathcal{E}_{p1}-\mathcal{E}(X)$	$4iH_{p_x1,p_y2}$	0	0
p_y2	0	0	0	0	$-4iH_{p_x1,p_y2}$	$\mathcal{E}_{p2}-\mathcal{E}(X)$	0	0
p_y1	0	0	0	0	0	0	$\mathcal{E}_{p1}-\mathcal{E}(X)$	$4H_{p_x1,p_y2}$
p_x2	0	0	0	0	0	0	$-4iH_{p_x1,p_y2}$	$\mathcal{E}_{p2}-\mathcal{E}(X)$

表4.4　ダイヤモンドC，シリコンSi，ゲルマニウムGeにおける式(4.16)の各パラメータの値

[P. Y. Yu, M. Cardona著，末元 徹，岡 泰夫，勝本信吾，大成誠之助 訳，半導体の基礎，シュプリンガー・フェアラーク東京(1999)より引用]

	$\mathcal{E}_p-\mathcal{E}_s$	$4H_{ss}$	$4H_{sp}$	$4H_{p_xp_x}$	$4H_{p_xp_y}$
C	7.40	−15.2	10.25	3.0	8.3
Si	7.20	−8.13	5.88	3.17	7.51
Ge	8.41	−6.78	5.31	2.62	6.82

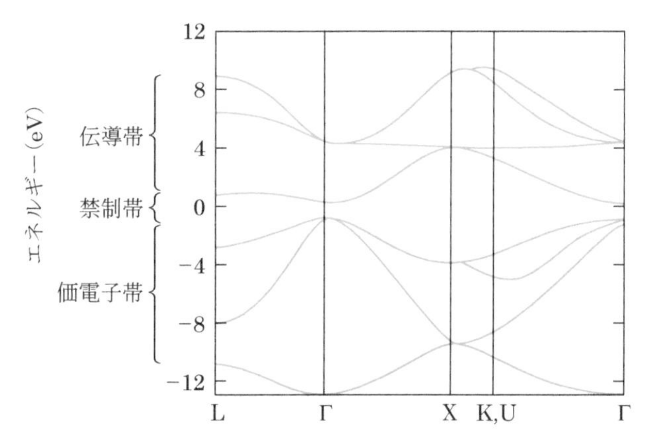

図4.10　ゲルマニウムのバンド構造

[W. A. Harrison著，小島忠宜，小島和子，山田栄三郎 訳，固体の電子構造と物性―化学結合の物理，現代工学社(1983)より改変]

$$
\begin{aligned}
\mathcal{E}_2 &= \frac{1}{2}(\mathcal{E}_s+\mathcal{E}_p)-\left[\left\{\frac{1}{2}(\mathcal{E}_s-\mathcal{E}_p)\right\}^2+16H_{s1,p2}{}^2\right] \quad (2\text{重縮退}) \\
\mathcal{E}_3 &= \mathcal{E}_p+4H_{p_x1p_y2} \quad (2\text{重縮退}) \\
\mathcal{E}_4 &= \mathcal{E}_p-4H_{p_x1p_y2} \quad (2\text{重縮退})
\end{aligned}
\tag{4.16}
$$

となる。各パラメータを表4.4にまとめて示した。これらの値を利用すると低いエネルギーから順に$\mathcal{E}_2<\mathcal{E}_4<\mathcal{E}_1<\mathcal{E}_3$となり，Geに対して図4.10のようなバンド図が得られる。

さらに発展的な議論を行うと，Si や Ge のように価電子帯の頂上は Γ 点($\boldsymbol{k}=0$)であるが伝導帯の底が Γ 点に存在しない半導体，あるいは伝導帯の底も Γ 点に存在する半導体が存在することが示される。前者を間接遷移型半導体，後者を直接遷移型半導体と呼ぶ。

4.2 $\boldsymbol{k}\cdot\boldsymbol{p}$ 摂動(1)：バンド端の詳細構造

半導体中の電子や正孔の数は少なく，電子は伝導帯の底，正孔は価電子帯の頂上に存在している。したがって，このような特徴的な場所のバンド構造を詳細に知ることは非常に重要である。その方法として $\boldsymbol{k}\cdot\boldsymbol{p}$ 摂動が知られている。

電子の波動関数は，周期的ポテンシャル中ではブロッホ関数

$$\phi_{n,\boldsymbol{k}}(\boldsymbol{r})=\exp(\mathrm{i}\boldsymbol{k}\cdot\boldsymbol{r})u_{n,\boldsymbol{k}}(\boldsymbol{r}) \tag{4.17}$$

で与えられる。一方，シュレーディンガー方程式は

$$\left\{-\frac{\hbar^2}{2m_\mathrm{e}}\nabla^2+V(\boldsymbol{r})\right\}\phi_{n,\boldsymbol{k}}(\boldsymbol{r})=\mathcal{E}_n(\boldsymbol{k})\phi_{n,\boldsymbol{k}}(\boldsymbol{r}) \tag{4.18}$$

と表される。ただし，$V(\boldsymbol{r})$ は周期的な関数であり，$\boldsymbol{R}_i$ を i 番目の単位胞の位置を表すベクトルとすると $V(\boldsymbol{r})=V(\boldsymbol{r}+\boldsymbol{R}_i)$ の関係が成立している。ここで，波動関数式(4.17)をシュレーディンガー方程式に代入すると $u_{n,\boldsymbol{k}}(\boldsymbol{r})$ に関する次の方程式が得られる。

$$\left\{-\frac{\hbar^2}{2m_\mathrm{e}}\nabla^2+V(\boldsymbol{r})+\frac{\hbar^2\boldsymbol{k}^2}{2m_\mathrm{e}}+\frac{\hbar\boldsymbol{k}\cdot\boldsymbol{p}}{m_\mathrm{e}}\right\}u_{n,\boldsymbol{k}}(\boldsymbol{r})=\mathcal{E}_n(\boldsymbol{k})u_{n,\boldsymbol{k}}(\boldsymbol{r}) \tag{4.19}$$

これは式(3.58)と同じである。いま簡単のために伝導帯の底，あるいは価電子帯の頂上が $\boldsymbol{k}=0$ にあると仮定すると，$\boldsymbol{k}=0$ において式(4.19)は

$$\mathcal{H}_0=-\frac{\hbar^2}{2m_\mathrm{e}}\nabla^2+V(\boldsymbol{r}) \tag{4.20}$$

であり，$\boldsymbol{k}$ が小さいときに付加的に生じる項

$$\mathcal{H}'=\frac{\hbar^2\boldsymbol{k}^2}{2m_\mathrm{e}}+\frac{\hbar\boldsymbol{k}\cdot\boldsymbol{p}}{m_\mathrm{e}} \tag{4.21}$$

を摂動として扱うことができる。シュレーディンガー方程式

$$\left\{-\frac{\hbar^2}{2m_\mathrm{e}}\nabla^2+V(\boldsymbol{r})\right\}u_{n,0}(\boldsymbol{r})=\mathcal{E}_n(0)u_{n,0}(\boldsymbol{r}) \tag{4.22}$$

に注目すると，$V(\boldsymbol{r})$ は原子が有するポテンシャルと類似しており，原子中の電子に近い軌道を有しているため，波動関数 $u_{n,0}(\boldsymbol{r})$ とエネルギー $\mathcal{E}_n(0)$ が求まると期待される。また，これらの波動関数は原子中の波動関数と同様に完全直交性を満たすと期待される。エネルギー $\mathcal{E}_n(0)$ は縮退していないと仮定すると，$\boldsymbol{k}$ が $\boldsymbol{k}=0$ の付近であれば式(4.21)を摂動 $\mathcal{H}'$ とみなすことができる。2 次の摂動まで考えるとエネルギーは

$$\mathcal{E}_n(\boldsymbol{k}) = \mathcal{E}_n(0) + \langle n,0|\mathcal{H}'|n,0\rangle + \sum_{n' \neq n} \frac{\langle n,0|\mathcal{H}'|n',0\rangle\langle n',0|\mathcal{H}'|n,0\rangle}{\mathcal{E}_n(0) - \mathcal{E}_{n'}(0)} \tag{4.23}$$

となる。ここで，$|n,0\rangle$は$\boldsymbol{k}=\boldsymbol{0}$の$n$番目のエネルギー準位の波動関数である。

伝導帯の底あるいは価電子帯の頂上が$\boldsymbol{k}=\boldsymbol{k}_0$に位置する場合には，その点でのブロッホ関数は$\phi_{n,\boldsymbol{k}_0}(\boldsymbol{r})=\exp(\mathrm{i}\boldsymbol{k}_0\cdot\boldsymbol{r})u_{n,\boldsymbol{k}_0}(\boldsymbol{r})$となる。$\boldsymbol{k}=\boldsymbol{k}_0$での波動関数とエネルギーはわかっているものとする。波数$\boldsymbol{k}$の波動関数は$\phi_{n,\boldsymbol{k}}(\boldsymbol{r})=\exp(\mathrm{i}\boldsymbol{k}\cdot\boldsymbol{r})u_{n,\boldsymbol{k}}(\boldsymbol{r})$であるが，$\boldsymbol{k}=\boldsymbol{k}_0+\boldsymbol{\kappa}$と定義すると

$$\phi_{n,\boldsymbol{k}}(\boldsymbol{r}) = \exp(\mathrm{i}\boldsymbol{\kappa}\cdot\boldsymbol{r})\exp(\mathrm{i}\boldsymbol{k}_0\cdot\boldsymbol{r})u_{n,\boldsymbol{k}}(\boldsymbol{r}) = \exp(\mathrm{i}\boldsymbol{\kappa}\cdot\boldsymbol{r})\phi_{n,\boldsymbol{k}_0,\boldsymbol{\kappa}}(\boldsymbol{r}) \tag{4.24}$$

となる[*2]。ここでは，$\phi_{n,\boldsymbol{k}_0,\boldsymbol{\kappa}}(\boldsymbol{r})=\exp(\mathrm{i}\boldsymbol{k}_0\cdot\boldsymbol{r})u_{n,\boldsymbol{k}}(\boldsymbol{r})$と定義している。シュレーディンガー方程式に式(4.24)を代入すると

*2　上村 洸，中尾憲司，電子物性論―物性物理・物質科学のための，培風館(1995)を参考にした。

$$\left\{-\frac{\hbar^2}{2m_\mathrm{e}}\nabla^2 + V(\boldsymbol{r}) + \frac{\hbar^2\boldsymbol{\kappa}^2}{2m_\mathrm{e}} + \frac{\hbar\boldsymbol{\kappa}\cdot\boldsymbol{p}}{m_\mathrm{e}}\right\}\phi_{n,\boldsymbol{k}_0,\boldsymbol{\kappa}}(\boldsymbol{r}) = \mathcal{E}_n(\boldsymbol{k})\phi_{n,\boldsymbol{k}_0,\boldsymbol{\kappa}}(\boldsymbol{r}) \tag{4.25}$$

となる。$\boldsymbol{k}=\boldsymbol{k}_0$での波動関数とエネルギーはわかっているものと仮定しているので

$$\left\{-\frac{\hbar^2}{2m_\mathrm{e}}\nabla^2 + V(\mathbf{r})\right\}\phi_{n,\boldsymbol{k}_0}(\boldsymbol{r}) = \mathcal{E}_n(\boldsymbol{k}_0)\phi_{n,\boldsymbol{k}_0}(\boldsymbol{r}) \tag{4.26}$$

が成立する。$\hbar^2\boldsymbol{\kappa}^2/(2m_\mathrm{e})+\hbar\boldsymbol{\kappa}\cdot\boldsymbol{p}/m_\mathrm{e}$を摂動と考え，2次の摂動まで考慮すると

$$\begin{aligned}
\mathcal{E}_n(\boldsymbol{k}) &= \mathcal{E}_n(\boldsymbol{k}_0) + \left\langle n,\boldsymbol{k}_0\left|\frac{\hbar^2\boldsymbol{\kappa}^2}{2m_\mathrm{e}} + \frac{\hbar\boldsymbol{\kappa}\cdot\boldsymbol{p}}{m_\mathrm{e}}\right|n,\boldsymbol{k}_0\right\rangle \\
&\quad + \sum_{n'\neq n}\frac{\left\langle n,\boldsymbol{k}_0\left|\frac{\hbar^2\boldsymbol{\kappa}^2}{2m_\mathrm{e}} + \frac{\hbar\boldsymbol{\kappa}\cdot\boldsymbol{p}}{m_\mathrm{e}}\right|n',\boldsymbol{k}_0\right\rangle\left\langle n',\boldsymbol{k}_0\left|\frac{\hbar^2\boldsymbol{\kappa}^2}{2m_\mathrm{e}} + \frac{\hbar\boldsymbol{\kappa}\cdot\boldsymbol{p}}{m_\mathrm{e}}\right|n,\boldsymbol{k}_0\right\rangle}{\mathcal{E}_n(\boldsymbol{k}_0) - \mathcal{E}_{n'}(\boldsymbol{k}_0)} \\
&= \mathcal{E}_n(\boldsymbol{k}_0) + \frac{\hbar^2\boldsymbol{\kappa}^2}{2m_\mathrm{e}} + \frac{\hbar^2}{{m_\mathrm{e}}^2}\sum_{n'\neq n}\frac{\langle n,\boldsymbol{k}_0|\boldsymbol{\kappa}\cdot\boldsymbol{p}|n',\boldsymbol{k}_0\rangle\langle n',\boldsymbol{k}_0|\boldsymbol{\kappa}\cdot\boldsymbol{p}|n,\boldsymbol{k}_0\rangle}{\mathcal{E}_n(\boldsymbol{k}_0) - \mathcal{E}_{n'}(\boldsymbol{k}_0)}
\end{aligned} \tag{4.27}$$

と書ける。また，波動関数は

$$\begin{aligned}
\phi_{n,\boldsymbol{k}}(\boldsymbol{r}) &= \exp(\mathrm{i}\boldsymbol{\kappa}\cdot\boldsymbol{r})\phi_{n,\boldsymbol{k}_0,\boldsymbol{\kappa}}(\boldsymbol{r}) \\
&= \exp(\mathrm{i}\boldsymbol{\kappa}\cdot\boldsymbol{r})\left\{\phi_{n,\boldsymbol{k}_0}(\boldsymbol{r}) + \sum_{n'\neq n}\frac{\left\langle n',\boldsymbol{k}_0\left|\frac{\hbar\boldsymbol{\kappa}\cdot\boldsymbol{p}}{m_\mathrm{e}}\right|n,\boldsymbol{k}_0\right\rangle}{\mathcal{E}_n(\boldsymbol{k}_0) - \mathcal{E}_{n'}(\boldsymbol{k}_0)}\times\phi_{n',\boldsymbol{k}_0}(\boldsymbol{r})\right\}
\end{aligned} \tag{4.28}$$

となる。

ここまでの議論は縮退が無いとしている。半導体において縮退しているバンドの代表例は，価電子帯の$\boldsymbol{k}=\boldsymbol{0}$の状態(Γ点)である。前節で述べたように，半導体の価電子帯は上に凸の形状をしており，Γ点で3重

に縮退している。強結合近似では価電子帯の Γ 点の波動関数は p_x, p_y, p_z 軌道的な性質を有する波動関数（簡単化のために以後は $|x\rangle$, $|y\rangle$, $|z\rangle$ と記載する）から構成されていた。摂動論では価電子帯にもっとも近いエネルギーを有するバンドが大きく寄与するので，図 4.10 のバンド図から価電子帯の直上（$\boldsymbol{k}=\boldsymbol{0}$）の s 軌道的な性質（これを $|\mathrm{s}\rangle$ と書く）を有する伝導帯の底のみを考慮することにしよう。

$\langle x|\mathcal{H}'|x\rangle$ の 2 次の摂動を計算すると

$$\begin{aligned}\langle x|\mathcal{H}'|x\rangle &= \frac{\left\langle x\left|\dfrac{\hbar^2\boldsymbol{k}^2}{2m_\mathrm{e}}+\dfrac{\hbar\boldsymbol{k}\cdot\boldsymbol{p}}{m_\mathrm{e}}\right|\mathrm{s}\right\rangle\left\langle \mathrm{s}\left|\dfrac{\hbar^2\boldsymbol{k}^2}{2m_\mathrm{e}}+\dfrac{\hbar\boldsymbol{k}\cdot\boldsymbol{p}}{m_\mathrm{e}}\right|x\right\rangle}{\mathcal{E}_\mathrm{v}(\boldsymbol{0})-\mathcal{E}_\mathrm{c}(\boldsymbol{0})} \\ &= -\frac{\hbar^2 k_x{}^2}{m_\mathrm{e}{}^2\mathcal{E}_\mathrm{g}}\langle x|\mathrm{p}_x|\mathrm{s}\rangle\langle \mathrm{s}|\mathrm{p}_x|x\rangle = -Lk_x{}^2\end{aligned} \tag{4.29}$$

となる。ここで，

$$\begin{aligned}&\mathcal{E}_\mathrm{v}(\boldsymbol{0})-\mathcal{E}_\mathrm{c}(\boldsymbol{0}) = -\mathcal{E}_\mathrm{g} \\ &L = \frac{\hbar^2}{m_\mathrm{e}{}^2\mathcal{E}_\mathrm{g}}\langle x|\mathrm{p}_x|\mathrm{s}\rangle\langle \mathrm{s}|\mathrm{p}_x|x\rangle\end{aligned} \tag{4.30}$$

とした。なお，積分は偶奇性のみを考慮し，0 でない項を見出すことを目的とした簡易的な表現となっているので注意されたい。同様にして $\langle y|\mathcal{H}'|x\rangle$ の 2 次の摂動項を計算すると

$$\begin{aligned}\langle y|\mathcal{H}'|x\rangle &= \frac{\left\langle y\left|\dfrac{\hbar^2\boldsymbol{k}^2}{2m_\mathrm{e}}+\dfrac{\hbar\boldsymbol{k}\cdot\boldsymbol{p}}{m_\mathrm{e}}\right|\mathrm{s}\right\rangle\left\langle \mathrm{s}\left|\dfrac{\hbar^2\boldsymbol{k}^2}{2m_\mathrm{e}}+\dfrac{\hbar\boldsymbol{k}\cdot\boldsymbol{p}}{m_\mathrm{e}}\right|x\right\rangle}{\mathcal{E}_\mathrm{v}(\boldsymbol{0})-\mathcal{E}_\mathrm{c}(\boldsymbol{0})} \\ &= -\frac{\hbar^2 k_x k_y}{m_\mathrm{e}{}^2\mathcal{E}_\mathrm{g}}\langle y|\mathrm{p}_y|\mathrm{s}\rangle\langle \mathrm{s}|\mathrm{p}_x|x\rangle = -Lk_x k_y\end{aligned} \tag{4.31}$$

となる。したがって，1 次の摂動項まで含めると行列式は

$$\begin{vmatrix} \dfrac{\hbar^2\boldsymbol{k}^2}{2m_\mathrm{e}}-Lk_x{}^2-\mathcal{E} & -Lk_xk_y & -Lk_xk_z \\ -Lk_xk_y & \dfrac{\hbar^2\boldsymbol{k}^2}{2m_\mathrm{e}}-Lk_y{}^2-\mathcal{E} & -Lk_yk_z \\ -Lk_xk_z & -Lk_yk_z & \dfrac{\hbar^2\boldsymbol{k}^2}{2m_\mathrm{e}}-Lk_z{}^2-\mathcal{E} \end{vmatrix} = 0 \tag{4.32}$$

となる。これを解くと価電子帯のエネルギーは

$$\mathcal{E} = \begin{cases} \dfrac{\hbar^2\boldsymbol{k}^2}{2m_\mathrm{e}} \quad (2重縮退) & (4.33\mathrm{a}) \\ \dfrac{\hbar^2\boldsymbol{k}^2}{2m_\mathrm{e}} - L\boldsymbol{k}^2 & (4.33\mathrm{b}) \end{cases}$$

となり，エネルギーが分裂する。ここでは価電子帯の頂上をエネルギーの原点としている。L は正の値であるが，$L>\hbar^2/(2m_\mathrm{e})$ であれば，式 (4.33b) は上に凸の縮退が無い 2 次曲線となるため，結果として図 4.11

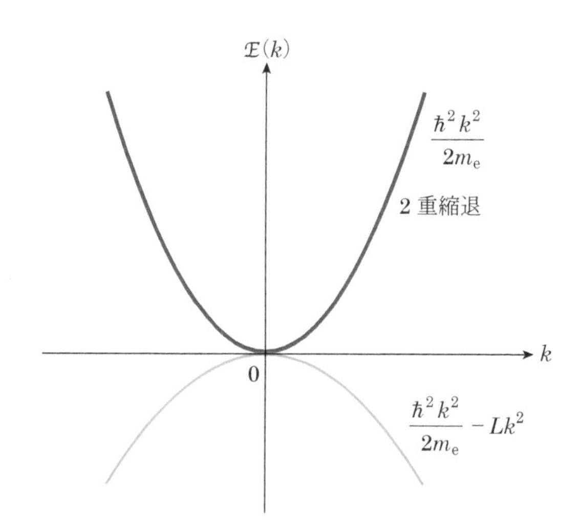

図4.11　伝導帯の底にあるs軌道と価電子帯の頂上にある3重縮退しているp軌道を$\boldsymbol{k}\cdot\boldsymbol{p}$摂動で考慮した価電子帯のバンド構造

のバンド構造になる。上記のモデルでは，伝導帯の底と価電子帯の頂上のみを考慮したモデルとなっているが，実際には他のバンドも存在するために行列要素はさらに複雑になる。

4.3　$\boldsymbol{k}\cdot\boldsymbol{p}$ 摂動(2)：面心立方格子の空格子に基づく計算

4.1節では強結合近似の考え方に従って価電子帯の構造を考えたが，ここでは Dresselhaus, Kip, Kittel の方法[*3]に従って考えてみる。ここで扱う波動関数は面心立方格子の空格子に立脚している。これはダイヤモンド構造の単位胞は面心立方格子と同じであることによる。

＊3　G. Dresselhaus, A. F. Kip, and C. Kittel, *Phys. Rev.*, **98**, 368 (1955)

まずは面心立方格子の空格子について考えるところから始めよう。1次元の空格子の考え方を3次元に拡張すると，エネルギーは逆格子ベクトル$\boldsymbol{K}$に依存して

$$\mathcal{E}(\boldsymbol{k}) = \frac{\hbar^2(\boldsymbol{k}+\boldsymbol{K})^2}{2m_e} \tag{4.34}$$

と書ける。一方，波動関数は

$$\phi(\boldsymbol{r}) \propto \exp[\mathrm{i}(\boldsymbol{k}+\boldsymbol{K})\cdot\boldsymbol{r}] \tag{4.35}$$

と記述される。規格化因子は無視している。$\boldsymbol{K}$は面心立方格子の逆格子ベクトルであるので，基本逆格子ベクトル $\boldsymbol{b}_1 = (2\pi/a)[1, 1, -1]$, $\boldsymbol{b}_2 = (2\pi/a)[1, -1, 1]$, $\boldsymbol{b}_3 = (2\pi/a)[-1, 1, 1]$を用いて，$\boldsymbol{K} = n_1\boldsymbol{b}_1 + n_2\boldsymbol{b}_2 + n_3\boldsymbol{b}_3$と記述される。すなわち，$\boldsymbol{K} = [(2\pi/a)(n_1+n_2-n_3), (2\pi/a)(n_1-n_2+n_3), (2\pi/a)(-n_1+n_2+n_3)]$である。図4.12はダイヤモンド構造の第1ブリュアンゾーンである。ここで，Γ点は$(2\pi/a)[0, 0, 0]$，X点は$(2\pi/a)[1, 0, 0]$，L点は$(2\pi/a)[1/2, 1/2, 1/2]$である。

まず，Γ点からX点に向かう方向のエネルギー曲線を考える。この

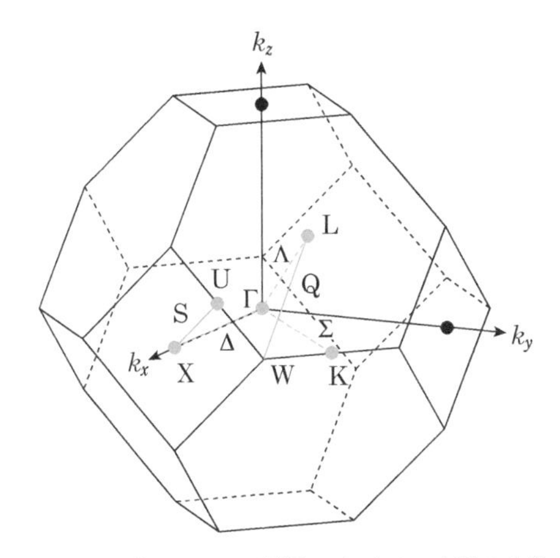

図4.12　ダイヤモンド構造における k 空間の名称
Γ: $(2\pi/a)[0, 0, 0]$, X: $(2\pi/a)[1, 0, 0]$, L: $(2\pi/a)[1/2, 1/2, 1/2]$。

方向では $k_y = k_z = 0$ である。$\boldsymbol{K}$ について大きさが小さい値から選んでいくと

$$\boldsymbol{K} = [0, 0, 0],\ \frac{2\pi}{a}[\pm1, \pm1, \pm1],\ \frac{2\pi}{a}[\pm2, 0, 0],\ \frac{2\pi}{a}[0, \pm2, \pm0],\ \frac{2\pi}{a}[0, 0, \pm2] \tag{4.36}$$

となる。それぞれに対してエネルギーを計算すると

$$\mathcal{E}(k_x) = \begin{cases} \dfrac{\hbar^2 {k_x}^2}{2m_\mathrm{e}} \\ \dfrac{\hbar^2}{2m_\mathrm{e}}\left\{\left(k_x \pm \dfrac{2\pi}{a}\right)^2 + 2\times\left(\dfrac{2\pi}{a}\right)^2\right\} & \left(\begin{array}{l}\text{正負それぞれの符号}\\ \text{について4重縮退}\end{array}\right) \\ \dfrac{\hbar^2}{2m_\mathrm{e}}\left(k_x \pm 2\times\dfrac{2\pi}{a}\right)^2 \\ \dfrac{\hbar^2}{2m_\mathrm{e}}\left\{{k_x}^2 + 4\left(\dfrac{2\pi}{a}\right)^2\right\} & \text{(4重縮退)} \end{cases} \tag{4.37}$$

となる。エネルギーに対しては $\{\hbar^2/(2m_\mathrm{e})\}(2\pi/a)^2$ を単位とし，また波数に対しては $k_x = (2\pi/a)\xi_x$ とおき，ξ_x の関数として表現すると

$$\mathcal{E}(\xi_x) = \begin{cases} {\xi_x}^2 \\ (\xi_x \pm 1)^2 + 2 & \text{(それぞれ4重縮退)} \\ (\xi_x \pm 2)^2 \\ {\xi_x}^2 + 4 & \text{(4重縮退)} \end{cases} \tag{4.38}$$

となる。これをグラフにすると図 4.13 の右半分が得られる。

次に Γ 点から L 点に向かう方向について考えると，エネルギーは次のように表される。

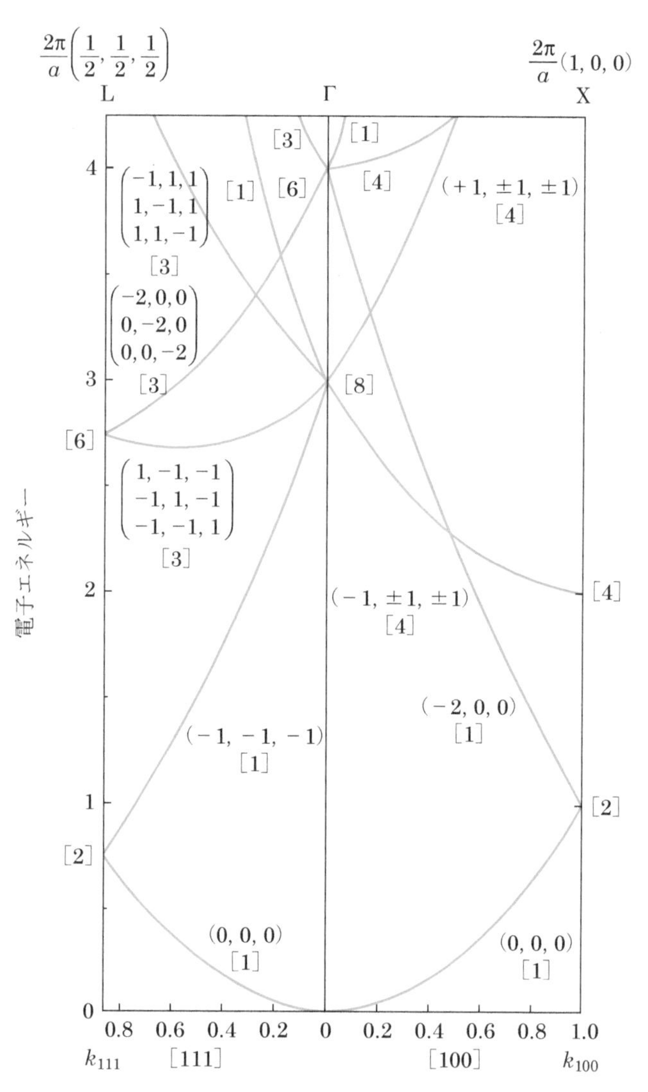

図4.13　空格子に基づいたバンド構造
［浜口智尋，固体物性(下)，丸善(1976)より改変］

$$
\mathcal{E}(\boldsymbol{k})=\begin{cases}
\dfrac{\hbar^2}{2m_\mathrm{e}}({k_x}^2+{k_y}^2+{k_z}^2) \\[2ex]
\dfrac{\hbar^2}{2m_\mathrm{e}}\left\{\left(k_x\pm\dfrac{2\pi}{a}\right)^2+\left(k_y\pm\dfrac{2\pi}{a}\right)^2+\left(k_z\pm\dfrac{2\pi}{a}\right)^2\right\} \\[2ex]
\dfrac{\hbar^2}{2m_\mathrm{e}}\left\{\left(k_x\pm2\times\dfrac{2\pi}{a}\right)^2+{k_y}^2+{k_z}^2\right\} \\[2ex]
\dfrac{\hbar^2}{2m_\mathrm{e}}\left\{{k_x}^2+\left(k_y\pm2\times\dfrac{2\pi}{a}\right)^2+{k_z}^2\right\} \\[2ex]
\dfrac{\hbar^2}{2m_\mathrm{e}}\left\{{k_x}^2+{k_y}^2+\left(k_z\pm2\times\dfrac{2\pi}{a}\right)^2\right\}
\end{cases} \tag{4.39}
$$

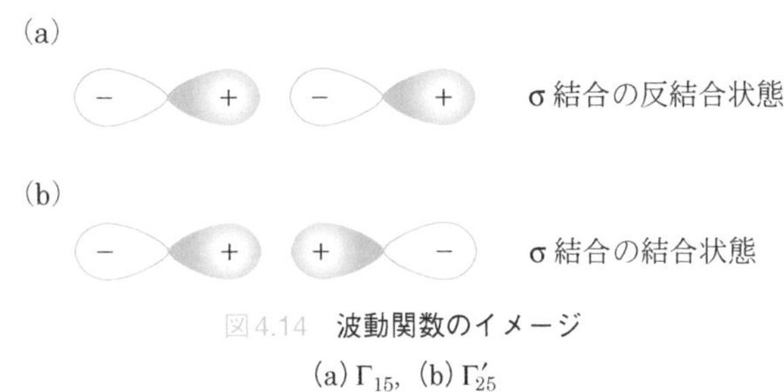

図 4.14 波動関数のイメージ
(a) Γ_{15}, (b) Γ'_{25}
［C. Kittel 著，堂山昌男 監訳，固体の量子論(1972)より改変］

この方向では $k_x = k_y = k_z$ であり，$k = (k_x{}^2 + k_y{}^2 + k_z{}^2)^{1/2}$ であるから $k_x = k_y = k_z = k/\sqrt{3}$ となる。$\boldsymbol{k}$ は L 点である $(2\pi/a)[1/2, 1/2, 1/2]$ までの範囲となる。これを $\{\hbar^2/(2m_e)\}(2\pi/a)^2$ を単位としてグラフにすると図 4.13 の左半分が得られる。

Γ 点($\boldsymbol{k}=0$)のエネルギーに注目すると $\mathcal{E}(0) = 3\hbar^2(2\pi/a)^2/(2m)$（図 4.13 中ではエネルギー 3）で 8 重に縮退している。各逆格子ベクトルに対して，$\boldsymbol{k}=0$ での波動関数は，$\exp[(2\pi/a)(x+y-z)]$，$\exp[(2\pi/a)(x-y+z)]$，$\exp[(2\pi/a)(-x+y+z)]$ などが対応している。

以下では群論の知識を必要とするため詳細については省略し，簡単な説明のみとする。原子がポテンシャルを有する場合（空格子でない場合）には，O_h 対称性を有するダイヤモンド構造では Γ 点の 8 重縮退は Γ_1(1 重) $+ \Gamma'_2$(1 重) $+ \Gamma'_{25}$(3 重) $+ \Gamma_{15}$(3 重) に分裂する。Γ_1, Γ'_2 は縮退度から推測すると強結合近似の s 的軌道であり，3 重縮退である Γ'_{25} と Γ_{15} は強結合近似の p 的軌道であると推測される。Γ_1, Γ'_2 の基底関数を群表から調べると対称性から Γ_1 は s 軌道の結合状態，Γ'_2 は反結合状態に対応する。Γ_{15} は基底関数が x, y, z 対称的な変換をすることから，Γ'_{25} の基底関数である $|1\rangle = yz$, $|2\rangle = zx$, $|3\rangle = xy\rangle$ と比較すると，Γ'_{25} の方がエネルギーは低い。Γ'_{25} までに 8 個の電子が占有可能であることから，Γ'_{25} が価電子帯の頂上に対応する。

$\mathcal{E}(\Gamma'_{25}) < \mathcal{E}(\Gamma_{15})$ の関係を Kittel の固体の量子論を参考に説明する。図 4.14(a), (b) は 1 次元上の直線上におかれた 2 つの p 軌道である。Γ_{15} の基底関数が x, y, z であることは，中点に対して符号が反対であることを意味しているが，この状態は図 4.14(a)の反結合状態である。一方，Γ'_{25} の基底関数が yz, zx, xy であることは，中点に対して符号が同じ図 4.14(b)の結合状態であることを意味している。したがって，Γ'_{25} は Γ_{15} よりもエネルギーは低い。このことは図 4.9 で説明したことと等価である。$\mathcal{E}(\Gamma'_2)$ と $\mathcal{E}(\Gamma_{15})$ の準位は簡単には決められず，Si と Ge における 2 つ準位の順番は逆である。

これらを利用して $\boldsymbol{k}\cdot\boldsymbol{p}$ 摂動に基づいて Γ'_{25} である価電子帯の頂上について摂動計算を行う。まず，$\langle 1|\mathcal{H}'|1\rangle$ を計算しよう。$\langle 1|\mathcal{H}'|1\rangle$ の 2 次の摂動は

$$\langle 1|\mathcal{H}'|1\rangle = \sum_j \frac{\left\langle yz\left|\frac{\hbar^2\boldsymbol{k}^2}{2m_e}+\frac{\hbar\boldsymbol{k}\cdot\boldsymbol{p}}{m_e}\right|j\right\rangle\left\langle j\left|\frac{\hbar^2\boldsymbol{k}^2}{2m_e}+\frac{\hbar\boldsymbol{k}\cdot\boldsymbol{p}}{m_e}\right|yz\right\rangle}{\mathcal{E}_v(0)-\mathcal{E}_j(0)} \tag{4.40}$$

である。式(4.40)に対しては，j が $\boldsymbol{k}=0$ に位置し，価電子帯の頂上に近いエネルギーを有する状態が強い影響を及ぼすはずであるから，このような電子状態を選ぶ。ここでは Γ_2' と Γ_{15} について考えることにする。

まず，Γ_2' の状態を考える。Γ_2' は xyz の対称性を有していることが群表からわかるが，2次の摂動は

$$\langle 1|\mathcal{H}'|1\rangle = \frac{\hbar^2{k_x}^2}{{m_e}^2}\times\frac{\langle yz|\mathrm{p}_x|xyz\rangle\langle xyz|\mathrm{p}_x|yz\rangle}{\mathcal{E}_v(0)-\mathcal{E}_{\Gamma_2}(0)} \tag{4.41}$$

となる。p_y, p_z 成分は0であり$(\hbar^2{k_x}^2/{m_e}^2)\times[\cdots]$の項が生じる。次に Γ_{15} を考える。Γ_{15} は x, y, z の対称性を有しており，j としてそれらを選択すると

$$\begin{aligned}\langle 1|\mathcal{H}'|1\rangle &= \frac{\hbar^2}{{m_e}^2}\times\frac{{k_y}^2\langle yz|\mathrm{p}_y|z\rangle\langle z|\mathrm{p}_y|yz\rangle+{k_z}^2\langle yz|\mathrm{p}_z|y\rangle\langle y|\mathrm{p}_z|yz\rangle}{\mathcal{E}_v(0)-\mathcal{E}_{\Gamma_{15}}(0)}\\ &= \frac{\hbar^2({k_y}^2+{k_z}^2)}{{m_e}^2}\times\frac{\langle yz|\mathrm{p}_y|z\rangle\langle z|\mathrm{p}_y|yz\rangle}{\mathcal{E}_v(0)-\mathcal{E}_{\Gamma_{15}}(0)}\end{aligned} \tag{4.42}$$

が成立し，$[\hbar^2({k_y}^2+{k_z}^2)/{m_e}^2]\times[\cdots]$なる項が残る。このような計算を Γ 点の他のエネルギー状態に対しても行い，合計すると

$$\langle 1|\mathcal{H}'|1\rangle = {k_x}^2L+({k_y}^2+{k_z}^2)M \tag{4.43}$$

と整理される。式(4.41)，(4.42)の分母のエネルギー項から L, M は負の値になる。

非対角要素である$\langle 2|\mathcal{H}'|1\rangle$について2次の摂動を表記すると

$$\langle 2|\mathcal{H}'|1\rangle = \sum_j \frac{\left\langle zx\left|\frac{\hbar^2\boldsymbol{k}}{2m_e}+\frac{\hbar\boldsymbol{k}\cdot\boldsymbol{p}}{m_e}\right|j\right\rangle\left\langle j\left|\frac{\hbar^2\boldsymbol{k}}{2m_e}+\frac{\hbar\boldsymbol{k}\cdot\boldsymbol{p}}{m_e}\right|yz\right\rangle}{\mathcal{E}_v(0)-\mathcal{E}_j(0)} \tag{4.44}$$

となるが，上記の計算で j の例として Γ_2' をとり，xyz の対称性を利用すると2次の摂動項は

$$\langle 2|\mathcal{H}'|1\rangle = \frac{\hbar^2k_xk_y}{{m_e}^2}\times\frac{\langle zx|\mathrm{p}_y|xyz\rangle\langle xyz|\mathrm{p}_x|yz\rangle}{\mathcal{E}_v(0)-\mathcal{E}_{\Gamma_2'}(0)} \tag{4.45}$$

となる。さらに Γ_{15} に対しては x, y, z の対称性を利用すると

$$\langle 2|\mathcal{H}'|1\rangle = \frac{\hbar^2k_xk_y}{{m_e}^2}\times\frac{\langle zx|\mathrm{p}_x|z\rangle\langle z|\mathrm{p}_y|yz\rangle}{\mathcal{E}_v(0)-\mathcal{E}_{\Gamma_{15}}(0)} \tag{4.46}$$

となる。同様にして Γ 点の他の状態に対して計算を行い，合計すると

$$\langle 2|\mathcal{H}'|1\rangle = k_xk_yN \tag{4.47}$$

と整理される。式(4.45)，(4.46)の分母のエネルギー項から，N は負の値である。すべての行列要素に対して計算し，1次の摂動を含めると次の行列式が得られる。なお，この式では価電子帯の頂上のエネルギーを

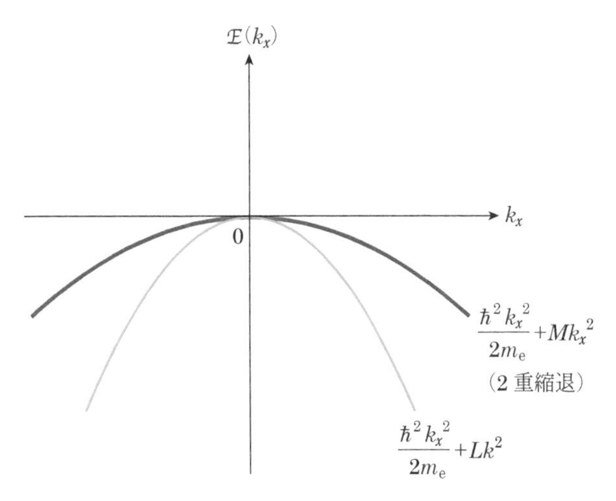

図4.15 価電子帯のバンド構造
k・p 摂動に基づいて計算したもの。

原点にとっている。

$$\begin{vmatrix} \frac{\hbar^2 \boldsymbol{k}^2}{2m_e}+Lk_x^2+M(k_y^2+k_z^2)-\mathcal{E} & Nk_xk_y & Nk_xk_z \\ Nk_xk_y & \frac{\hbar^2 \boldsymbol{k}^2}{2m_e}+Lk_y^2+M(k_x^2+k_z^2)-\mathcal{E} & Nk_yk_z \\ Nk_xk_z & Nk_yk_z & \frac{\hbar^2 \boldsymbol{k}^2}{2m_e}+Lk_z^2+M(k_x^2+k_y^2)-\mathcal{E} \end{vmatrix}=0 \tag{4.48}$$

この行列式を計算することが必要であるが，複雑すぎるために簡単な例として $k_x\neq 0$, $k_y=k_z=0$ について考えると

$$\mathcal{E}=\begin{cases} \frac{\hbar^2 k_x^2}{2m_e}+Lk_x^2 \\ \frac{\hbar^2 k_x^2}{2m_e}+Mk_x^2 \quad (2\text{重縮退}) \end{cases} \tag{4.49}$$

が得られる。Dresselhaus, Kip, Kittel の論文には Ge や Si に対する L, M, N の値が記載されており，Ge に対しては L, M ともに負の値であり，$|L|>|M|$ の関係が成立しているため，図 4.15 に示した上に凸の 2 次曲線となる。この 2 つのバンドは有効質量が異なる。なお，有効質量については次節で議論する。

以上の議論ではスピン軌道相互作用を考慮していない。スピン軌道相互作用はバンド構造に強く影響を及ぼすことが明らかになっているが，本書の範囲を越えるため他書を参考にしていただきたい。

4.4　有効質量と運動方程式

4.4.1　有効質量と運動方程式

質量とは，ある物体に外部から力を加えたときに，その物体の運動がどのように変化するかを示すパラメータである。したがって，電子が物質内において外部からの力を受けたとき，真空中の電子と異なる応答をするのであれば，それは真空中の電子と質量が異なるという見方ができる。物質内において電子は，原子核からの引力や他の電子の斥力を受けながら運動するため, 真空中の電子とは異なる質量をもつ可能性がある。このような本来の電子の質量と異なる物質内部を運動するときの電子の質量を**有効質量**(effective mass)と呼ぶ。

まず, 直感的なイメージから始めよう。例によって1次元を想定する。電子はバンド構造を有することを先に学んでいるが，ここでは図 4.16(a), (b)に示すように，注目するバンドが異なる形状を有しているとする。電子の運動は注目するバンド内に限定されると仮定する。したがって，我々が電子の状態について指定できるのは波数 $\boldsymbol{k}$ の値のみである。外力の典型的な例は電場による力であるが，外部からの力によって注目するバンド内で $\boldsymbol{k}=\boldsymbol{0}$ の状態から異なる $\boldsymbol{k}$ の値に動いたとする。図 4.16(a)のバンドは $\boldsymbol{k}$ が少し変化するとエネルギーが大きく変化する。一方，図 4.16(b)のバンドは $\boldsymbol{k}$ が変化してもエネルギーが変化しない。電子の状態を波数 $\boldsymbol{k}$ の決まった値に限定してしまうと不確定性原理から電子はどこにいるかわからないので，$\boldsymbol{k}$ を中心に周辺の波数を束ねて波束を考える。外部からの力によって $\boldsymbol{k}$ が変わるということは群速度が変化することに対応する。図 4.16(a)のバンドは波数がわずかに変化すると群速度が大きく変化する。一方，図 4.16(b)のバンドでは群速度の変化量が小さい。この現象を質量に対応させると，図 4.16(a)のバンドの電子は質量が軽いために，外部から力が加わると容易に加速されて群速度が大きくなると考えることができる。一方，図 4.16(b)のバンドの電子

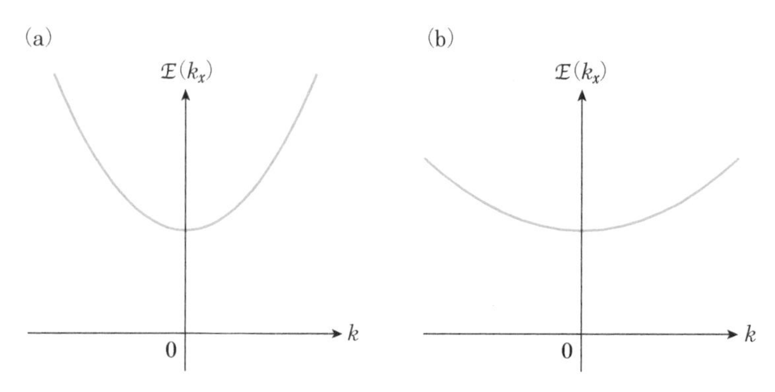

図4.16　2種類のバンド構造
(a)有効質量が小さい場合，(b)有効質量が大きい場合。

は質量が重く，力が加わっても電子が加速されないため，群速度が変化しないと考えることができる。このような描像に従うと，$\mathcal{E}(k)$曲線の曲率が質量に関係していることが推測される。すなわち，有効質量m^*は

$$\frac{1}{m^*} \propto \frac{\partial^2 \mathcal{E}(k)}{\partial k^2} \tag{4.50}$$

の関係がある。この関係はブロッホ電子の運動方程式を求めることから理解されるが，求めるべき運動方程式については注意が必要である。ブロッホ電子の状態は，バンドの指標nと波数kによって指定されるものであって，ニュートンの運動方程式のように位置によって指定されるものではない。したがって，ある1つのバンド内を運動していることを仮定すれば，運動方程式はkに関する方程式となり，時間とともにkがどのように変化するかを与えるものとなる。

いま，外力Fが加わっているとし，外力により電子の状態がkから$k+\Delta k$に変化したとする。外力は電子に対して仕事をしているので，エネルギーの変化量は，v_{g}を群速度として

$$\begin{aligned} \mathcal{E}(k+\Delta k)-\mathcal{E}(k) &= \left[\frac{\partial \mathcal{E}(k)}{\partial k}\right]\Delta k \\ &= F\Delta x = F v_{\mathrm{g}}\Delta t = F\left[\frac{1}{\hbar}\frac{\partial \mathcal{E}(k)}{\partial k}\right]\Delta t \end{aligned} \tag{4.51}$$

のように表され，

$$\hbar\frac{\Delta k}{\Delta t} = F \tag{4.52}$$

が得られる。この運動方程式はkの時間変化の形式になっている。すなわち，時間とともにk軸上をどのように変化するかを表す式である。先にも述べたように，1つのバンド内に電子の運動を限定する限り，電子の状態は波数kで与えられるから，運動方程式がkの方程式になるのは当然である。一方，電子を古典的な粒子として考えるとaを加速度として

$$\begin{aligned} F &= m^* a = m^*\frac{\Delta v_{\mathrm{g}}}{\Delta t} = m^*\frac{\Delta v_{\mathrm{g}}}{\Delta k}\times\frac{\Delta k}{\Delta t} \\ &= \frac{m^* F}{\hbar^2}\frac{\partial^2 \mathcal{E}(k)}{\partial k^2} \end{aligned} \tag{4.53}$$

から

$$\frac{1}{m^*} = \frac{1}{\hbar^2}\frac{\partial^2 \mathcal{E}(k)}{\partial k^2} \tag{4.54}$$

が得られる。なお，式(4.53)の変形では群速度の定義$v_{\mathrm{g}} = 1/\hbar \times [\partial \mathcal{E}(k)/\partial k]$と運動方程式を使っている。式(4.54)は直感的に求めた式(4.50)と同じ形式である。3次元での運動方程式はベクトル表示に変更して

$$\hbar\frac{\mathrm{d}\boldsymbol{k}}{\mathrm{d}t} = \boldsymbol{F} \tag{4.55}$$

となる。また，3次元ではエネルギーはベクトル$\boldsymbol{k}$の関数でテンソル量になるため，有効質量は

$$\frac{1}{m_{ij}^*}=\frac{1}{\hbar^2}\frac{\partial^2\mathcal{E}(\boldsymbol{k})}{\partial k_i \partial k_j} \tag{4.56}$$

と表現される。

固体内の電子は単なる平面波でなくブロッホ関数である。したがって，$v_{\mathrm{g}}=1/\hbar\times[\partial\mathcal{E}(\boldsymbol{k})/\partial\boldsymbol{k}]$が成立するかは不明である。ブロッホ関数をシュレーディンガー方程式に代入すると式(4.19)が成立する。ここで，$u_{n,\boldsymbol{k}}(\boldsymbol{r})$は$\boldsymbol{k}$の関数になっていることに注意されたい。$\boldsymbol{k}=\boldsymbol{k}_0$のブロッホ関数は時間因子まで含めると

$$\begin{aligned}\Psi_{n,\boldsymbol{k}_0}(\boldsymbol{r},t)&=\phi_{n,\boldsymbol{k}_0}(\boldsymbol{r})\exp\left[-\frac{\mathrm{i}\mathcal{E}_n(\boldsymbol{k}_0)t}{\hbar}\right]\\&=\exp[\mathrm{i}(\boldsymbol{k}_0\cdot\boldsymbol{r}-\omega_n(\boldsymbol{k}_0)t]u_{n,\boldsymbol{k}_0}(\boldsymbol{r})\end{aligned} \tag{4.57}$$

と書けるが，波束を$\boldsymbol{k}=\boldsymbol{k}_0$を中心に，その周辺の波数から構成されると仮定すると$u_{n,\boldsymbol{k}}(\boldsymbol{r})\approx u_{n,\boldsymbol{k}_0}(\boldsymbol{r})$と近似できる。このように近似すると波束に関する式は

$$\begin{aligned}&\int A(\boldsymbol{k})\exp[\mathrm{i}(\boldsymbol{k}\cdot\boldsymbol{r}-\omega_n(\boldsymbol{k})t]u_{n,\boldsymbol{k}}(\boldsymbol{r})\mathrm{d}\boldsymbol{k}\\&=u_{n,\boldsymbol{k}_0}(\boldsymbol{r})\int A(\boldsymbol{k})\exp[\mathrm{i}(\boldsymbol{k}\cdot\boldsymbol{r}-\omega_n(\boldsymbol{k})t]\mathrm{d}\boldsymbol{k}\end{aligned} \tag{4.58}$$

となる。なお，積分は$\boldsymbol{k}=\boldsymbol{k}_0$を中心に微小範囲で行うが，この式は平面波から波束を形成した式と同じである。したがって，$v_{\mathrm{g}}=1/\hbar\times[\partial\mathcal{E}(\boldsymbol{k})/\partial\boldsymbol{k}]$が成立すると考えてよい。この関係は，ブロッホ関数全体を決めているのは包絡関数の平面波の部分であることを思い出すと直感的には納得できる*4。

＊4　ブロッホ電子の群速度に関する詳細な議論は，以下の書籍で与えられているので参考にしていただきたい。
・植村泰忠，菊池 誠，半導体の理論と応用(上)，裳華房(1960)
・斯波弘行，基礎の固体物理学，培風館(2007)
・その他多数

半導体では，電子は伝導帯の底，正孔は価電子帯の頂上に存在するために，その領域での有効質量が重要になる。そのような領域の$\mathcal{E}(\boldsymbol{k})$曲線は先に学んだ$\boldsymbol{k}\cdot\boldsymbol{p}$摂動で記述される。式(4.23)を用いて式(4.56)を計算すれば有効質量が計算可能であり，

$$\frac{1}{m_{ij}^*}=\frac{1}{m_{\mathrm{e}}}\left(\delta_{ij}+\frac{2}{m_{\mathrm{e}}}\sum_{\alpha}\frac{\langle 0|p_i|\alpha\rangle\langle\alpha|p_j|0\rangle}{\mathcal{E}_0-\mathcal{E}_\alpha}\right) \tag{4.59}$$

となる。ここで，m_{e}は電子の質量であり，$|0\rangle$は注目するバンドである。これは縮退が無い場合の形式であるが，縮退がある場合には摂動論に従って行列式を解いて計算する必要がある。前節で議論した価電子帯頂上の電子の有効質量を求めると$m^*\approx-0.03m_{\mathrm{e}},-0.25m_{\mathrm{e}}$(2重縮退)が得られる。

4.4.2　電子の運動

図4.17(a)のようなバンド構造を有する1次元の電子に電場Eがマイナス方向にかかっているとする。電子の電荷を$(-e)$ $(e>0)$とすると運動方程式は

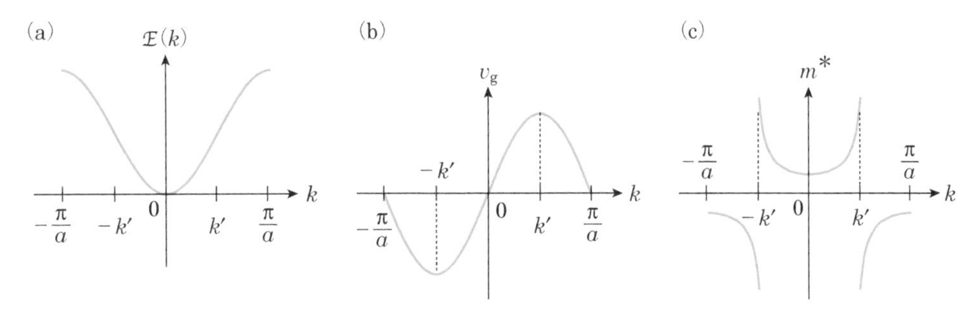

図4.17　1次元系における電子の(a)バンド構造，(b)群速度，(c)有効質量

$$\hbar\frac{\mathrm{d}k}{\mathrm{d}t}=(-e)\times(-E)=eE \tag{4.60}$$

である。電子は運動の途中でバンド間遷移を生じないものとすると，$k=0$付近にいる電子は，k軸上を正の方向に等速度運動することになる。

まず，$k>0$の領域の運動を考える。力が加わると仕事がなされるために群速度は増加する。しかし，図4.17(b)に示すように，ある点k'を過ぎてπ/aに近づくと群速度が次第に小さくなる。力が加わっている状況下で速度が飽和するのであれば，質量が大きくなったと理解すればよいが，減速するためには有効質量が負になる必要がある。還元表示では$k=\pi/a$は，$k=-\pi/a$と同じ状態である。$k=-\pi/a$から$-k'$に向かう領域では群速度はさらに低下しており，有効質量は負になっていると考えられる。その状態を過ぎると力を受ける方向に群速度が大きくなるわけであるから，この領域の有効質量は正である。

以上で述べた説明は，式(4.56)に従って有効質量を計算すると図4.17(c)が得られることから理解される。特に興味深いことは，直流の電場を加えているにもかかわらず，電子が正負の群速度を示すことである。これは交流電流が発生することを示している。このような電流の振動をブロッホ振動という。ブロッホ振動は簡単には観測されない。その理由は，電子は格子振動や不純物によって散乱し，往復運動を完成する前に運動の方向を変えてしまうからである。

次に2次元の場合を考えてみよう。一辺aの正方形の単位胞を仮定する。s軌道の強結合近似に基づいて計算すると，$\mathcal{E}(\boldsymbol{k})$曲線は次式で与えられ，図4.18(a)のエネルギー等高線が得られる[*5]。

$$\mathcal{E}(\boldsymbol{k})=\alpha-2\beta[\cos(k_xa)+\cos(k_ya)] \tag{4.61}$$

ここではs軌道を考えているので，$\beta>0$である。電場はx軸の負の方向(k_xの負の方向)を向いているとする。運動方程式はk_x, k_yに関してそれぞれ

＊5　この図ではエネルギーの原点をずらしている。

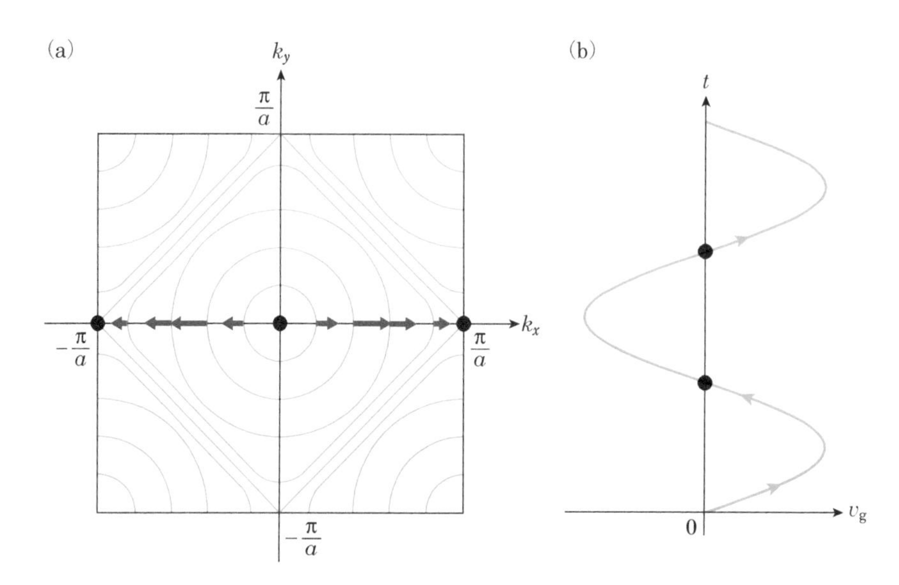

図4.18　電場存在下での2次元正方格子における電子の運動(1)

$t=0$において，電子が$k_x=k_y=0$にある場合。(a)等エネルギー曲線とk_x方向の電子の運動。電場は$-x$方向に加わっている。矢印は群速度の方向を示している。(b)群速度の時間依存性。

$$\hbar\frac{\mathrm{d}k_x}{\mathrm{d}t}=(-e)\times(-E)=eE$$
$$\hbar\frac{\mathrm{d}k_y}{\mathrm{d}t}=0 \tag{4.62}$$

と書ける。群速度は

$$v_x=\frac{2\beta a}{\hbar}\sin(k_x a)$$
$$v_y=\frac{2\beta a}{\hbar}\sin(k_y a) \tag{4.63}$$

と書ける。$t=0$の時点で電子が$k_x=k_y=0$にあったとすると図4.18(a)に示すように群速度は常にk_x軸に平行であるため，図4.18(b)に示すように時間とともに群速度の向きが入れ替わり，x軸上を往復運動する。これは先に述べたブロッホ振動である。しかし，$t=0$で$k_x=0$, $k_y\neq 0$であったとするとk_x軸に平行にk空間を運動するが，群速度の方向と大きさは図4.19(a)の矢印に示すように時々刻々変化するため，その軌跡をたどると図4.19(b)に示すように複雑に運動することになる。

つづいて，外場として磁場が存在している場合を考える。磁場は運動する電子に対してローレンツ力を及ぼすが，この力は運動する方向に垂直な方向であるから仕事をしない。したがって，式(4.55)の運動方程式が成立するかは疑問であるが，古典力学での運動方程式と同様の式

$$\hbar\frac{\mathrm{d}\boldsymbol{k}}{\mathrm{d}t}=(-e)(\boldsymbol{E}+\boldsymbol{v}\times\boldsymbol{B}) \tag{4.64}$$

が成立することが知られている。ただし，$\boldsymbol{v}$は群速度$\boldsymbol{v}_\mathrm{g}=1/\hbar\times$

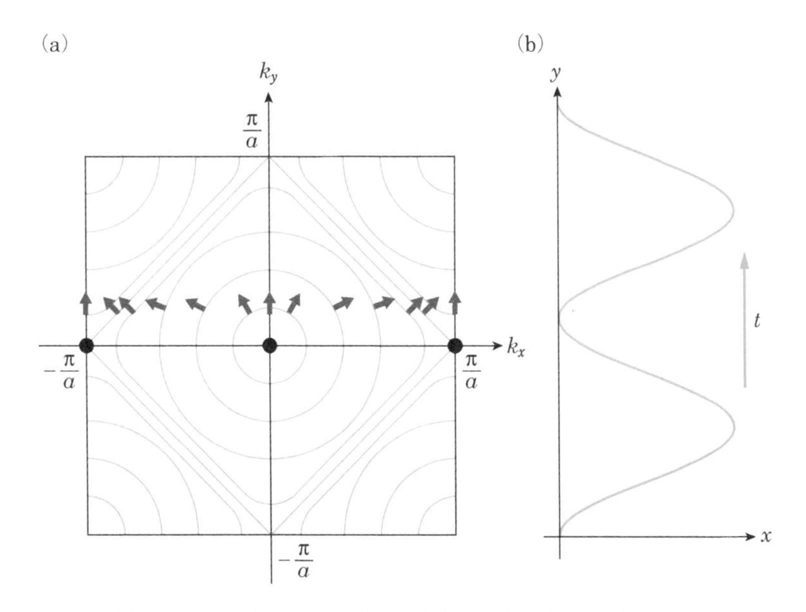

図 4.19 電場存在下での2次元正方格子における電子の運動(2)
$t=0$において，電子が$k_x=0$, $k_y \neq 0$にある場合。(a)等エネルギー曲線と電子の群速度。電場は$-x$方向に加わっている。矢印は群速度の方向を示している。(b)時間経過にともなう位置の変化。時間の経過とともに$+y$方向に進行し，x方向には往復運動を行う。
[小林浩一，化学者のための電気伝導入門，裳華房(1989)より改変]

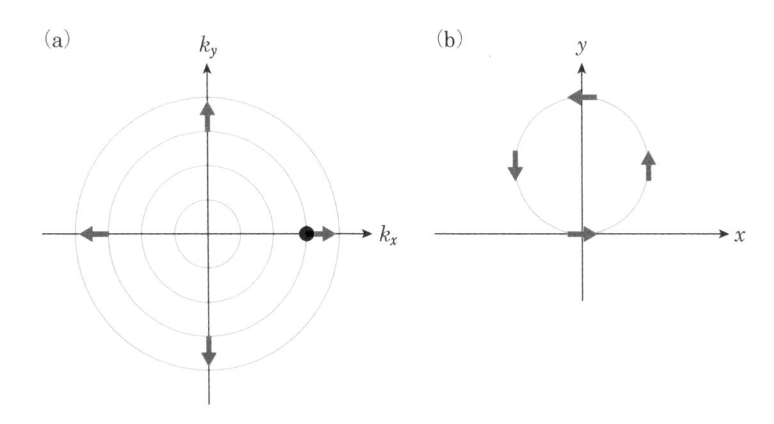

図 4.20 磁場存在下での2次元正方格子における電子の運動
電場$E=0$，2次元面に対して垂直に磁場が存在する場合。(a) k空間での電子の運動。初期状態では●を付けた位置にあるとする。(b)実空間での電子の軌跡。
[小林浩一，化学者のための電気伝導入門，裳華房(1989)より改変]

$[\partial \mathcal{E}(\boldsymbol{k})/\partial \boldsymbol{k}]$である。まず，電場は0とし，$z$軸方向に磁場$\boldsymbol{B}$のみが存在すると仮定する。初期状態として電子が図 4.20(a)の丸を付けた位置にあるとすると，ローレンツ力は群速度に垂直であり，電場0ではエネルギーが保存されるため，図 4.20(b)のように電子は$\boldsymbol{k}$空間の等エネルギー線上を変化する。

次に，電場と磁場が存在する場合を考える。特に$\boldsymbol{k}=0$付近を考えると，

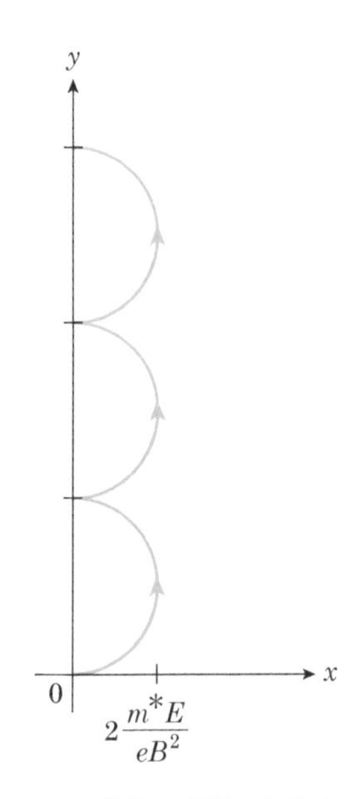

図4.21　電場と磁場が存在する場合の電子のサイクロトロン運動

$\mathcal{E}(\boldsymbol{k})$曲線は

$$\mathcal{E}(\boldsymbol{k}) = \alpha - 2\beta + 2\beta a^2({k_x}^2 + {k_y}^2) \tag{4.65}$$

で与えられ，自由電子と同じ波数依存性を示す。ここで有効質量 m^*を導入し，エネルギーの原点をずらして $\mathcal{E}(\boldsymbol{k}) = \hbar^2\boldsymbol{k}^2/(2m^*)$ と簡単化する。大きさ E の電場が $-x$ 方向，磁場が $+z$ 方向に加わっているものとする。自由電子近似の下で運動方程式を解くと

$$\begin{aligned} x(t) &= \frac{m^*E}{eB^2}\{1-\cos(\omega_c t)\} \\ y(t) &= \frac{m^*E}{eB^2}\{\omega_c t - \sin(\omega_c t)\} \end{aligned} \tag{4.66}$$

と書くことができ，図 4.21 のような運動を行う。$\omega_c = eB/m^*$はサイクロトロン振動数と呼ばれる。図 4.21 は一例であり，E や B の大きさに依存して軌跡は異なる。電場が $-x$ 方向に加わっているために電子は $+x$ 方向に移動するような気がするが，$+x$ 方向に速度があると y 方向に向かうローレンツ力が働くため，電子は y 方向に移動していく。$+x$ 方向に電子が移動していくためには散乱が必要である。散乱を受けながら電場の方向に移動していく運動をドリフトという。

4.5　正孔

満たされた価電子帯バンドの中に電子が存在しない（抜けた）孔を考える。例によって 1 次元から考えよう。価電子帯は波数空間では $k = 0$ を頂点とする上に凸の形状をしているので

$$\mathcal{E}(k) = -\frac{\hbar^2k^2}{2m^*} \tag{4.67}$$

と書ける。価電子帯頂上の電子の有効質量は負である。電子で満たされている価電子帯においては，ある波数 k に注目すると反対の符号の $-k$ の電子は必ず存在するため，両者の足し算をすれば k の総和は 0 になる。したがって，図 4.22(a)に示すように k' に電子が存在しない（孔がある）状態では，$-k'$ の電子のみが残る。これは次のように数式化するとわかりやすい。

$$\sum_{k \neq k'} k + k' = 0 \tag{4.68}$$

左辺第 1 項の$\sum_{k \neq k'} k$ は，k' に電子の孔がある状態であって

$$\sum_{k \neq k'} k = -k' \tag{4.69}$$

となる。すなわち，波数 k に電子が無い全電子状態は，波数 $-k$ の状態である。

次にエネルギーを考える。図 4.22(b)に示すように k_1' に電子の孔がある状態と k_2' に電子の孔がある状態を比較すると，k_1' は電子のエネル

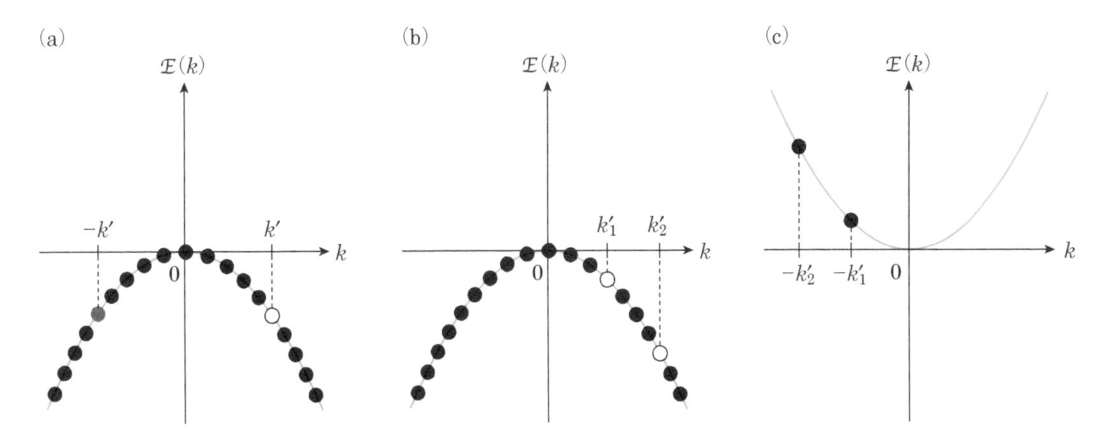

図4.22　ある波数の状態に電子が存在しない空席(正孔)がある場合のバンド構造

(a)は波数k'に空席(正孔)がある状態，(b)はk'_1とk'_2の状態に電子が存在しない空席(正孔)がある場合の価電子帯の頂上付近のバンド構造。(c)(b)の状態を書き換えたバンド図。$k=0$に空席(正孔)がある状態を基準としている。

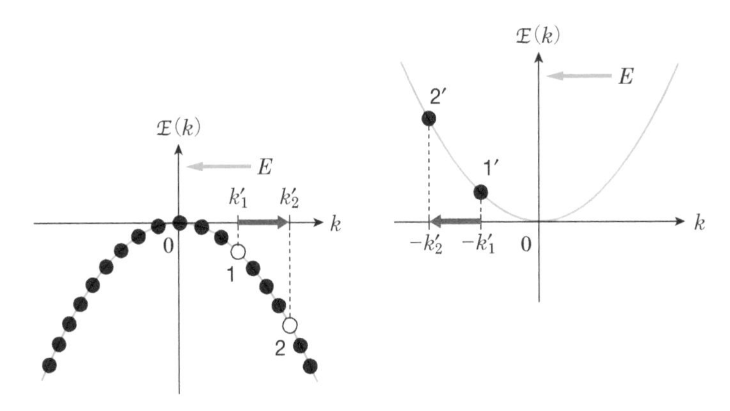

図4.23　電子が存在しない空席(正孔)の移動

k'_1の状態に空席(正孔)が存在したとする。電場が$-k$方向に加わっている場合，空席は$k'_1 \to k'_2$へ移動する。このことは孔に注目した右側のバンド図では，$-k'_1 \to -k'_2$に移動したことに対応する。

ギーが高い状態であり，k'_2は電子のエネルギーが低い状態であるから，k'_1に孔がある状態の方がk'_2に孔がある状態よりもエネルギーは低い。以上を整理して孔が存在する状態とエネルギーを描くと図4.22(c)のようになる。ここでは孔に関する波数の関係である式(4.69)を考慮している。これを孔に関するエネルギーバンドと呼ぶことにしよう。

次に運動方程式を考える。電場が$-x$方向に加わっていると仮定する。価電子帯の電子のk空間の運動方程式は

$$\hbar\frac{\mathrm{d}k}{\mathrm{d}t}=(-e)\times(-E)=eE \tag{4.70}$$

であり，すべての電子がk軸上を$+x$方向に等速度運動するため，孔も電子と同じ速度でk軸上を$+x$方向に運動する。図4.23に示すように，時間の経過とともに電子の孔が$1 \to 2$に移動すると，孔のエネルギーバ

ンドでは $1' \to 2'$ に移動する。群速度に注目すると，電子の孔は価電子帯の電子とともに動くので価電子帯の電子と同じになるはずであり，孔のエネルギーバンドを見ると $1' \to 2'$ の群速度は $1 \to 2$ の電子の群速度と同じになっている。

孔のエネルギーバンドに注目すると，力に対する孔の運動は電子と逆であり，正の電荷をもった粒子のように見える。また，正の電荷であると仮定すると，電場による力は $-x$ 方向を向いているはずであり，$1' \to 2'$ に進むと $-x$ 方向に群速度が大きくなっている。すなわち，力の方向に加速されており，有効質量は正となる。その値は価電子帯の電子の有効質量（式(4.26)のマイナスを含めると負の値である）の符号を変えたものになっている。この性質は孔のエネルギーバンドの曲率とも整合している。このような性質を有する孔のことを**正孔**(hole)と呼んでいる。

4.6　真性半導体のキャリア密度の温度依存性

電流に寄与する粒子，すなわち電子や正孔のことを総称して**キャリア**(carrier)と呼ぶ。ここでは，真性半導体のキャリア密度について考えるが，まずは直感的な議論から始め，次に詳細な議論を行う。

半導体のバンドギャップは図 4.24 のように表現され，直接遷移型半導体（図 4.24(a)），間接遷移型半導体（図 4.24(b)）ともに伝導帯の底と価電子帯の頂上のエネルギーの差（図 4.24(c)）で定義される。半導体のバンドギャップを $\mathcal{E}_g$ とする。真性半導体とは価電子帯の電子が伝導帯に励起され，伝導帯の電子密度 n_e = 価電子帯の正孔密度 n_h の関係が成立している半導体のことをいう。これに対して，次章で述べるようにドナーやアクセプターを導入し，電子が圧倒的に多い半導体あるいは正孔が圧倒的に多い半導体を形成することが可能であるが，このような半導体を不純物半導体と呼ぶ。

いま，価電子帯の頂上の電子が熱的なエネルギーを得て伝導帯に励起されると仮定すると，質量作用の法則から，n_e, n_h をそれぞれ伝導帯の

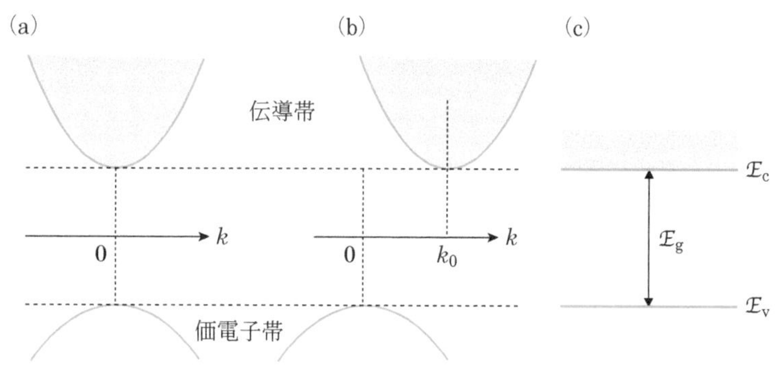

図 4.24　半導体のバンドギャップの表現

(a)直接遷移型半導体のバンド構造，(b)間接遷移型半導体のバンド構造，(c)半導体のバンドギャップの定義。

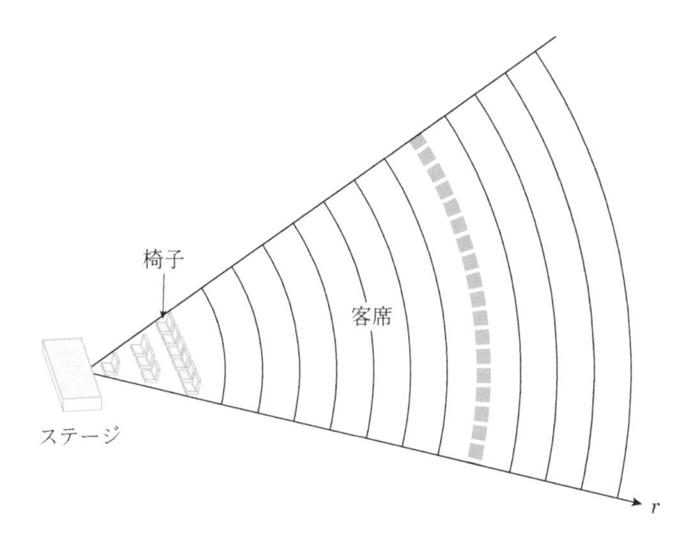

図4.25　伝導帯の電子数の計算について，スタジアムによる観客人数を例にしたモデル

電子数，価電子帯の正孔数として

$$\frac{n_e n_h}{n_{e-h}} = K(T) \tag{4.71}$$

が成立している。$n_{e\text{-}h}$ は電子と正孔が結合したものと考える。また $K(T)$ は温度に依存する平衡定数であり，バンドギャップを超える熱励起エネルギーによって電子と正孔の対が形成されるため，

$$K(T) = A\exp\left(-\frac{\mathcal{E}_g}{k_B T}\right) \tag{4.72}$$

と書ける。真性半導体では $n_e = n_h$ であるので，

$$n_e = n_h \propto \exp\left(-\frac{\mathcal{E}_g}{2k_B T}\right) \tag{4.73}$$

となる。すなわち，縦軸を $\ln n_e$，横軸を $1/T$ としてアレニウスプロットを書くと，グラフは右下がりの直線になり，傾きは $-\mathcal{E}_g/(2k_B)$ を示す。

以下において，より詳しく検討していくが，その前にイメージしやすい具体例により，伝導帯の電子数の計算方法を再度検討してみる。図 4.25 のようなスタジアムがあったとする。椅子の大きさは場所に無関係で同じとする。また，入場料は席の場所に無関係で同じであると仮定する。椅子の数はステージからの距離 r が大きくなるとともに増える。その関係を $D(r)$ とする。また，距離 r に依存した座席占有率を $f(r)$ とすると，ステージの近くではパフォーマーの演舞がよく見えるために座席占有率は 1 となるであろう。一方，距離が離れるとパフォーマーの演舞が見えないため，お金を出して見る価値がないと判断する人がいる。そのため，座席占有率は 1 より小さくなる。このモデルでは座席に座っているすべての人の数 N は

$$N \propto \int_0^\infty D(r)f(r)\mathrm{d}r \tag{4.74}$$

と書ける。

伝導帯の電子に対しては，ステージからの距離 r が電子のエネルギー $\mathcal{E}$，距離 r での椅子の数が状態密度 $D(\mathcal{E})$ に対応する。距離 r に依存する座席の占有率がフェルミーディラック分布関数 $f(\mathcal{E})$ である。これを参考にすると伝導帯の単位体積あたりの電子数は，状態密度 $D(\mathcal{E})$ とフェルミーディラック分布関数を使って

$$n_\mathrm{e} = \int_{\mathcal{E}_\mathrm{c}}^\infty D(\mathcal{E})f(\mathcal{E})\mathrm{d}\mathcal{E} \tag{4.75}$$

と書ける。半導体の伝導帯のエネルギーは下に凸の構造をとり，伝導帯の底（$\mathcal{E} = \mathcal{E}_\mathrm{c}$）付近では波数 k に関する2次関数であるため，有効質量を m_e^* とすると $\mathcal{E}_\mathrm{c}(k) = \hbar^2k^2/(2m_\mathrm{e}^*) + \mathcal{E}_\mathrm{c}$ と書ける。したがって，状態密度 $D_\mathrm{c}(\mathcal{E})$ は

$$D_\mathrm{c}(\mathcal{E}) = \frac{(2m_\mathrm{e}^*)^{3/2}}{2\pi^2\hbar^3}(\mathcal{E} - \mathcal{E}_\mathrm{c})^{1/2} \tag{4.76}$$

となる。ここで，m_e^* は伝導帯電子の有効質量である。伝導帯の単位体積あたりの電子の数は式(4.75)から

$$n_\mathrm{e} = \int_{\mathcal{E}_\mathrm{c}}^\infty D_\mathrm{c}(\mathcal{E})f(\mathcal{E})\mathrm{d}\mathcal{E} = \frac{(2m_\mathrm{e}^*)^{3/2}}{2\pi^2\hbar^3}\int \frac{(\mathcal{E} - \mathcal{E}_\mathrm{c})^{1/2}}{1 + \exp[(\mathcal{E} - \mathcal{E}_\mathrm{F})/k_\mathrm{B}T]}\mathrm{d}\mathcal{E} \tag{4.77}$$

となる。ここで本来積分は伝導帯の底のエネルギー $\mathcal{E}_\mathrm{c}$ から伝導帯の頂上のエネルギーまで行うことが正しいが，伝導帯頂上の高いエネルギーでは $f(\mathcal{E}) = 0$ の状態が実現されるため，積分は無限大にしても問題ない。また，フェルミエネルギー $\mathcal{E}_\mathrm{F}$ が不明であるが，$\mathcal{E}_\mathrm{F}$ はある温度 T での熱平衡状態において，電気的中性条件からバンドギャップ内のある一定のエネルギーに決まる。後述するが，$\mathcal{E}_\mathrm{F}$ はバンドギャップの中央付近に位置することが示される。

伝導帯についての $D_\mathrm{c}(\mathcal{E})$，$f(\mathcal{E})$，$D_\mathrm{c}(\mathcal{E}) \times f(\mathcal{E})$ を描くと図4.26(a)，(b)，(c)のようになる。Si などの典型的な半導体では，伝導帯の電子のエネルギーを $\mathcal{E}$ とすると，室温付近において $\mathcal{E} - \mathcal{E}_\mathrm{F} \geq \mathcal{E}_\mathrm{g}/2 \gg k_\mathrm{B}T$ が成立する。したがって，

$$f(\mathcal{E}) = \exp\left(-\frac{\mathcal{E} - \mathcal{E}_\mathrm{F}}{k_\mathrm{B}T}\right) \tag{4.78}$$

と近似できる。$y(x) = x^{1/2}\exp(-x)$ に対する積分公式を使うと

$$n_\mathrm{e} = N_\mathrm{c}\exp\left(-\frac{\mathcal{E}_\mathrm{c} - \mathcal{E}_\mathrm{F}}{k_\mathrm{B}T}\right) \tag{4.79}$$

となる。ここで，$N_\mathrm{c} = 2(2\pi m_\mathrm{e}^* k_\mathrm{B}T/h^2)^{3/2}$ であり，有効状態密度と呼ばれる。

一方，価電子帯における単位体積あたりの正孔数は，電子のとりうる状態数から電子が実際に存在する数を引いた値に対応するため，

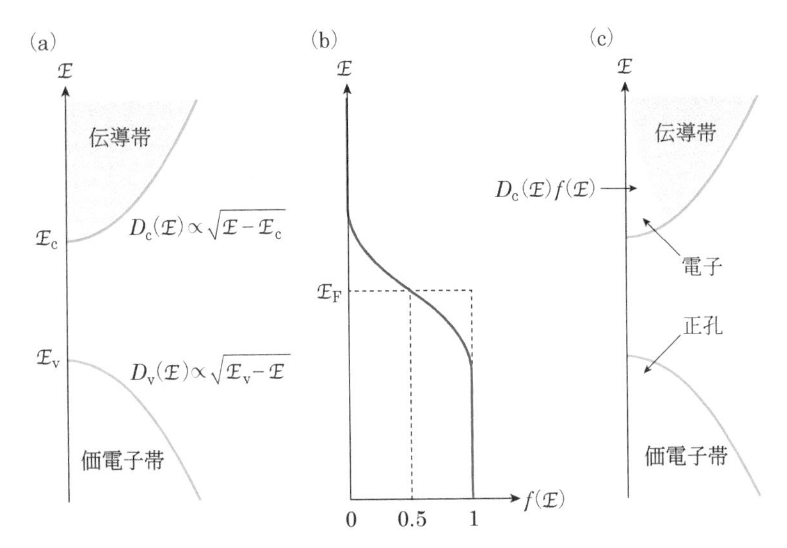

図4.26　有限温度における伝導帯の電子濃度，価電子帯の正孔濃度の計算方法
(a)伝導帯および価電子帯の状態密度$D_c(\mathcal{E})$, $D_v(\mathcal{E})$，(b)フェルミ−ディラック分布関数$f(\mathcal{E})$，(c)伝導帯の電子分布$D_c(\mathcal{E})\times f(\mathcal{E})$および価電子帯の正孔分布$D_v(\mathcal{E})\times\{1-f(\mathcal{E})\}$。

表4.5　シリコンSiとヒ化ガリウムGaAsにおける有効状態密度

	N_c(cm^{-3})	N_v(cm^{-3})
Si	2.8×10^{19}	1.0×10^{19}
GaAs	4.7×10^{17}	7.0×10^{18}

$$D_v(\mathcal{E}) = \frac{(2m_h^*)^{3/2}}{2\pi^2\hbar^3}(\mathcal{E}_v - \mathcal{E})^{1/2} \tag{4.80}$$

とすると

$$n_h = \int_{-\infty}^{\mathcal{E}_v} D_v(\mathcal{E})\mathrm{d}\mathcal{E} - \int_{-\infty}^{\mathcal{E}_v} D_v(\mathcal{E})f(\mathcal{E})\mathrm{d}\mathcal{E} \tag{4.81}$$

で計算可能であり，図4.26(c)の価電子帯の空白の部分に対応する。上記と同じ近似を用いると

$$n_h = N_v \exp\left(-\frac{\mathcal{E}_F - \mathcal{E}_v}{k_B T}\right) \tag{4.82}$$

となる。$N_v = 2(2\pi m_h^* k_B T/h^2)^{3/2}$である。ここで，$m_h^*$は正孔の有効質量であり，大きさ(絶対値)は価電子帯の電子の有効質量と同じである。有効状態密度の定義式を基礎として，有効質量およびバンドの縮退度を考慮すると，シリコンSiとヒ化ガリウムGaAsに関して有効状態密度は表4.5のように求められることが知られている。また，キャリア濃度の温度依存性は図4.27のようになる。

真性半導体におけるn_e, n_hを$n_{e,i}$, $n_{h,i}$とすると，$n_{e,i} = n_{h,i}$であるから

$$n_{e,i} = n_{h,i} = (N_c N_v)^{1/2} \exp\left(-\frac{\mathcal{E}_g}{2k_B T}\right) \tag{4.83}$$

となる。これを用いてフェルミ準位を求めると

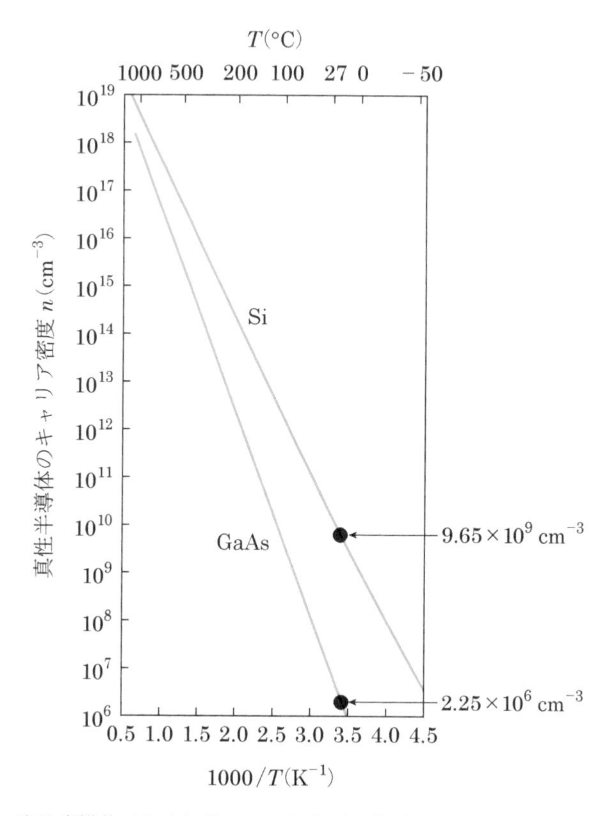

図4.27　真性半導体であるシリコンSiおよびヒ化ガリウムGaAsのキャリア密度の温度依存性

［S. M. Sze著，南日康夫，川辺光央，長谷川文夫 訳，半導体デバイス，産業図書(1987)より改変］

$$\begin{aligned}\mathcal{E}_{\mathrm{F}} &= \frac{1}{2}(\mathcal{E}_{\mathrm{c}}+\mathcal{E}_{\mathrm{v}})+\frac{k_{\mathrm{B}}T}{2}\ln\left(\frac{N_{\mathrm{v}}}{N_{\mathrm{c}}}\right)\\ &= \frac{1}{2}(\mathcal{E}_{\mathrm{c}}+\mathcal{E}_{\mathrm{v}})+\frac{3k_{\mathrm{B}}T}{4}\ln\left(\frac{m_{\mathrm{h}}^{*}}{m_{\mathrm{e}}^{*}}\right)\end{aligned} \tag{4.84}$$

となる。$m_{\mathrm{h}}^{*}/m_{\mathrm{e}}^{*}$は1に近い値であるので，$\ln(m_{\mathrm{h}}^{*}/m_{\mathrm{e}}^{*})$はほぼゼロになる。また，室温近傍では$k_{\mathrm{B}}T$は0.026 eVと小さな値である。したがって，真性半導体のフェルミ準位はバンドギャップのほぼ中央に出現する。

ここで$n_{\mathrm{e}}n_{\mathrm{h}}$積一定の法則について説明する。1つの塊の半導体を考えた場合，ある温度Tの熱平衡状態ではフェルミ準位$\mathcal{E}_{\mathrm{F}}$は1つのエネルギーに決まる。したがって，式(4.79)のn_{e}と式(4.82)のn_{h}に現れる$\mathcal{E}_{\mathrm{F}}$は同一のものである。いま$n_{\mathrm{e}}n_{\mathrm{h}}$を計算すると

$$n_{\mathrm{e}}\times n_{\mathrm{h}}=N_{\mathrm{c}}N_{\mathrm{v}}\exp\left(-\frac{\mathcal{E}_{\mathrm{g}}}{k_{\mathrm{B}}T}\right)={n_{\mathrm{e,i}}}^{2}={n_{\mathrm{h,i}}}^{2} \tag{4.85}$$

となる。フェルミ準位は次章で述べる不純物半導体においても，あるいはpn接合においても，ある温度の熱平衡状態の下では1つのエネルギーに決まるため，式(4.85)の関係式は常に成立する。これを$n_{\mathrm{e}}n_{\mathrm{h}}$積一定の法則という。

❖ 章末問題

4.1　価電子帯の頂上のバンド構造に対してスピン軌道相互作用を考慮した場合，どのような筋道でバンド構造を考えたらよいであろうか。考察しなさい。

4.2　有効状態密度を利用し，真性半導体 Si の室温での電子数を求めなさい。

第5章　不純物半導体

5.1　ドナーとアクセプター

前章で述べた真性半導体では，電子の数と正孔の数は等しくなる。したがって，電子が圧倒的に多い半導体や正孔が圧倒的に多い半導体は形成できない。それでは，電子が圧倒的に多い半導体や正孔が多い半導体はどのようにしたら形成できるであるか。それを明らかにすることが本節の目的である。

典型的なIV族半導体であるシリコンSiを例にとって考える。図5.1に示すSiの格子位置が，図5.2のようにV族元素であるリンPで置換されたとしよう。まず，絶対温度0Kの場合を考える。V族元素は一番外側のs軌道に電子を2個*1，p軌道に電子を3個有する。IV族元素SiがV族元素Pで置換されると，s軌道の電子2個とp軌道の電子2個は隣接するSiとの結合に使われ，Pには最終的に電子が1個余る。一方，V族元素Pの原子核はIV族元素Siよりも陽子(プラス電荷)が1つ多い。すなわち，Siに比較して電子が1個余分であるが，原子核が+1の電荷であるためにPは電気的に中性である。

*1　この2個の電子のスピンは反対向きである。

このとき，余分な1個の電子は，もともとPの原子軌道を運動していたわけであり，運動エネルギーを有している。一方，原子核のプラス電荷により，この電子には原子核とクーロン引力が生じる。結果として，図5.2に示すように遠心力とクーロン引力がつり合うようにP原子のまわりを周回運動する状態で安定化する。価電子帯はすでに電子で満たされており，ここには余分な電子が入る余地がないことに注意しよう。一方，伝導帯の電子は自由に結晶内を動ける状態に対応するが，この状

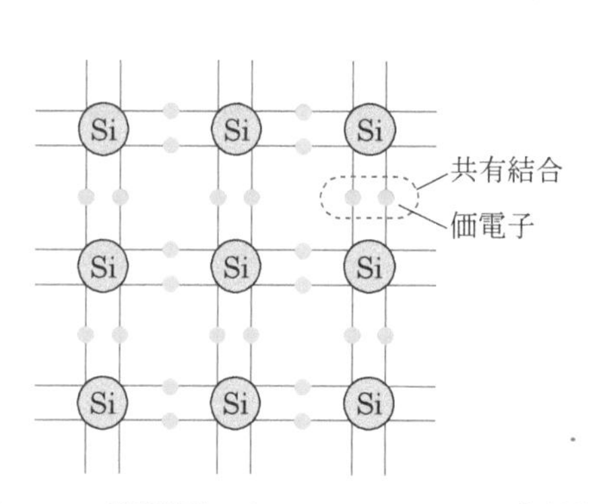

図5.1　IV型半導体であるシリコンにおける化学結合

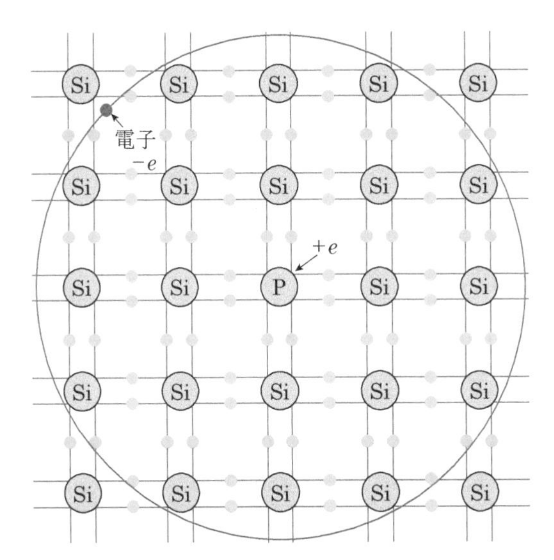

図5.2 図5.1のSiの格子位置をV族のP原子で置換したときの電子の運動
化学結合論的な視点から見た場合。極低温下においては，電子がP原子核のまわりを周回運動する。

態を水素原子に例えるならば，原子核からの引力を振り切って真空中を自由に動き回る状態に対応している。したがって，伝導帯中の電子はP原子に束縛されている状態よりもエネルギーが高い。このように考えると，P原子に束縛されている電子状態は伝導帯の底よりもエネルギーが低く，バンドギャップ中に位置することになる。

このことについて，より具体的に考えてみよう。水素原子では，電子は真空中を運動しているが，P原子に束縛されている電子は半導体結晶中に存在しており，P原子と周回する電子の間にも半導体物質が存在する。このような場合，真空中と異なり，P原子の原子核とそのまわりを周回する電子が生じる電場により物質中に誘電分極を生じる。この効果はクーロン引力を弱める。この現象は電磁気学において比誘電率という言葉で知られている。したがって，半導体中のP原子に束縛されている余分な電子は，水素原子のエネルギーの式に使われる真空の誘電率の代わりに比誘電率 ε_s を含めた $\varepsilon_0\varepsilon_s$ で表現されるべきである。さらに物質中を運動する電子の質量は有効質量で与えられるため，そのエネルギーは水素原子中の電子のエネルギーを表す式を変更して

$$\mathcal{E}_n = -13.6 \times \frac{m_e^*}{m} \times \frac{1}{{\varepsilon_s}^2} \times \frac{1}{n^2} \quad (\mathrm{eV}) \qquad (n = 1, 2, 3, \cdots) \qquad (5.1)$$

と表現される。ここで，-13.6 eVは水素原子の基底状態(1s状態)のエネルギーである。IV型半導体であるSiやゲルマニウムGeの比誘電率はそれぞれ12, 16であるので，水素原子に比べて少なくとも束縛エネルギーが1/100程度の小さな値になることを意味している。これらを考慮すると，図5.2に示すように原子Pに束縛されている電子は，バンドギャップ中の伝導帯に非常に近いエネルギー準位を有することになる。

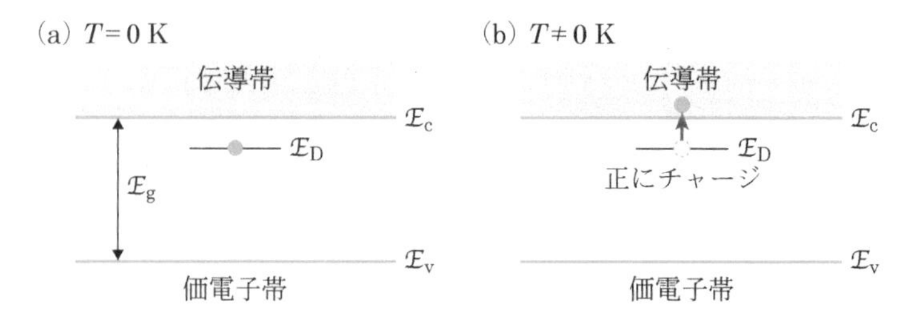

図5.3　ドナーに束縛されている電子の伝導帯への熱励起

(a) $T=0$ K, (b) $T\neq0$ K。ドナーに束縛されている電子は伝導帯に熱励起され，ドナー原子は正にチャージされる。

電子が束縛されている状態は $\boldsymbol{k}$ 空間ではどのように表現されるのであろうか。電子が引力を受け，実空間に束縛されていることは，位置の不確定性 Δx が小さいことを意味する。したがって，不確定性原理から運動量空間（$\boldsymbol{k}$ 空間）における不確定性は大きい。また，バンド中の電子は $\boldsymbol{k}$ だけでなくバンドの指標 n にも依存するので，空間に束縛されている電子状態は，n および波数 $\boldsymbol{k}$ の重ね合わせで構成される状態であると結論される。

話を元に戻して，有限温度ではV族の原子に束縛されている電子はどのようになるであろうか。先に述べたようにP原子に束縛されている電子の束縛エネルギーは非常に小さいために，有限温度では熱エネルギーを受け取り，P原子からの束縛を振り切って自由に動ける状態になるであろう。バンド構造の視点では，図5.3(a)に示すようにバンドギャップ中に束縛されていた電子が図5.3(b)に示すように伝導帯に励起することを意味する。以上のように有限温度で電子を伝導帯に供給する不純物を**ドナー**（donor）と呼ぶ。伝導帯に電子を供給した後のドナー原子は正の電荷をもつ。また，ドナーがドープされ，電子が主たるキャリアである半導体を**n型半導体**と呼ぶ。ここでは簡単化のためにV族の不純物を考えたが，0/+に加えて+/++の準位をバンドギャップ中に有する不純物も存在する[*2]。このようなドナーをダブルドナーと呼び，VI族のS, Se, Teなどがその代表例である。

*2　章末問題を参照。0/+のような表記はドナーの電荷の変化を表している。

次に，正孔を多量に含む半導体を形成する方法について考える。V族の原子が電子を伝導帯に供給するのであれば，正孔を供給するのはIII族の原子であると考えられる。図5.4(a)に示すように，化学結合論的な考え方を利用すると，電子が1つ不足している状態（孔）が存在するからである。孔はいつまでも実空間で1か所にとどまっているであろうか。III族元素であるホウ素Bの置換により生じる電子の孔を隣の結合の電子が埋めたとする。すると新たな場所に孔が生じる。さらにその孔を埋めようと隣の結合の電子が移動してきて孔を埋める。その結果，孔は別の場所に移動する。それでは，絶対温度0Kにおいて，この孔は自由に空間を移動するであろうか。III族原子の周辺は孔を埋めるために余分に電子が1つ存在する。このため負の電荷をもつ。一方，孔

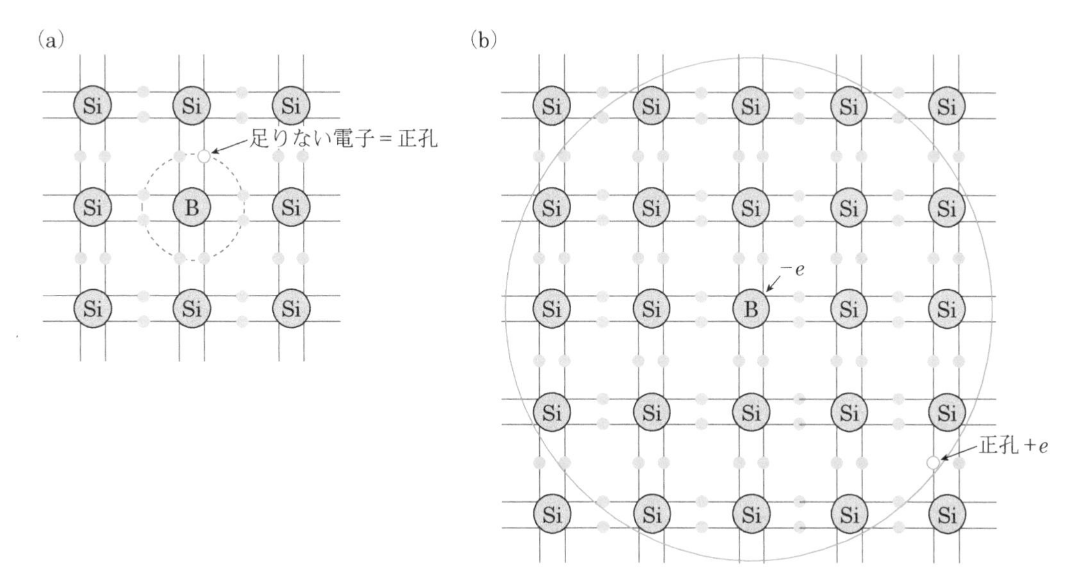

図 5.4　図 5.1 の Si の格子位置を III 族の B 原子で置換したときの (a) 化学結合および (b) 孔の運動
(a) B 原子に起因する孔が B 原子に束縛されている状態。(b) 極低温下においては，孔が B 原子核のまわりを周回運動する。

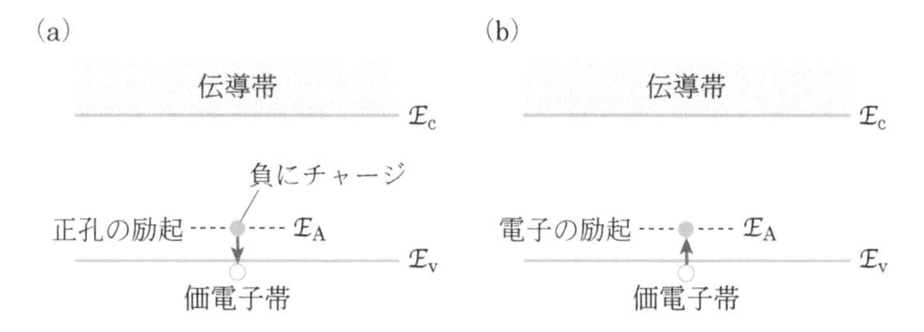

図 5.5　図 5.4 の状態にある正孔の有限温度における遷移
(a) 孔が価電子帯に励起されると負にチャージしたアクセプターが出現する。(b) 別の見方。

は電子が不足しているから正の電荷をもつ。すなわち，負の電荷をもつ B 原子と孔はクーロン相互作用により図 5.4 (b) のような周回運動の状態になっている。この状況は，ドナーにおいて，ドナー電子が正の電荷をもつ V 族原子に束縛されている状況に類似しており，符号を反対にした系とみなすことができる。このクーロン相互作用は，ドナーの場合と同様に半導体物質が媒質として存在しているために弱められる。

有限温度では，熱エネルギーによってクーロン引力の束縛を振り切り，この孔は自由に動けるようになる。この状態は，バンド構造の観点では，図 5.5 (a) に示すように価電子帯の中に形成された孔と考えることができる。また，クーロン引力は物質中に存在することによって弱められるため，孔が B 原子に束縛された状態は，価電子帯の近くのバンドギャップ中に存在するはずである。このように孔を価電子帯に供給する III 族の不純物を**アクセプター** (acceptor) と呼ぶ。この孔は満ちた価電子帯の中にできた電子の孔であるから正孔である。アクセプターがドープされ，正孔が主たるキャリアである半導体を**p型半導体**と呼ぶ。

以上のように，化学結合論的な描像に基づくと正孔の運動は実空間では結合ボンド間をホッピングしているように見える。はたして正孔はそのように運動しているのであろうか。電子は波束として運動しているが，電子の波数空間の抜け孔である正孔はホッピング運動であるというのは変である。正孔のバンドも第4章の図4.22で議論したように波数とそれに対応するエネルギーで記述されるものであり，その表現は電子と同じである。このように考えると正孔も波束として運動していると考えるべきである。

ここでバンド構造での正孔のエネルギーの方向を考える。バンド構造は電子のエネルギーに対して描かれているために，上の方向が電子のエネルギーが高い方向である。一方，正孔は電子の抜け穴であるため，通常のバンド図では下向きがエネルギーの高い方向である。アクセプターに束縛されている正孔の価電子帯への熱励起を記述する図5.5(**a**)を電子の立場で見直すと，図5.5(**b**)に示すように価電子帯に存在していた電子がアクセプター準位に励起され，価電子帯に正孔を形成し，アクセプターが負に帯電したとみなすこともできる。通常はこのような考え方に従って電子の遷移を考える。このように考えるのは，実際に存在する物質は電子だからである。

5.2　浅い準位を有する不純物中心の有効質量近似

5.2.1　浅い準位を有するドナーの有効質量近似

不純物による引力ポテンシャル $U(\boldsymbol{r})$ が存在する場合の電子の運動を記述する方程式について，大胆な近似を用いて考える。ここではドナー電子を例にとって考える。例によって1次元から考えよう。電子が不純物に捕獲されて局在している状態を記述するためには，先に述べたように多数のバンドに属する異なる波数の電子状態の重ね合わせ状態を形成しなければならない。しかし，浅い準位を有するドナー電子のように伝導帯の底にきわめて近いエネルギー準位を有し，格子間隔に比較して非常にゆっくり変化するポテンシャルに対しては，伝導帯の底のブロッホ関数が $U(x)$ によって変調を受けたと考えることができる。したがって，波動関数は伝導帯の底付近の波数を有するブロッホ関数の重ね合わせで近似でき，伝導帯以外のバンドは無視できる。

いま，波数 $k=0$ 付近に $\mathcal{E}(k)=\hbar^2k^2/(2m_e^*)$（$m_e^*$ は電子の有効質量）の形状を有する唯一の伝導帯の底があると仮定すると，波数 $k=0$ 付近のブロッホ関数は

$$\begin{aligned}\phi_k(x) &= \exp(\mathrm{i}kx)u_k(x) \approx u_0(x)\exp(\mathrm{i}kx) \\ &= \phi_0(x)\exp(\mathrm{i}kx)\end{aligned} \tag{5.2}$$

と書ける。波動関数は伝導帯のみを考え，他のバンドは無視するので，

式(5.2)では n の指標を削除している。$u_k(x)$ は k の関数であるが，伝導帯の底付近の波数の重ね合わせを考えるため，$u_k(x) \approx u_0(x) = \phi_0(x)$ が成立すると近似している。$\mathcal{H}_0$ を周期的なポテンシャルまで含めた形式

$$\mathcal{H}_0 = -\frac{\hbar^2}{2m_\mathrm{e}}\frac{\partial^2}{\partial x^2} + V(x) \tag{5.3}$$

とすればシュレーディンガー方程式は

$$\{\mathcal{H}_0 + U(x)\}\Psi(x) = \mathcal{E}\Psi(x) \tag{5.4}$$

となる。一方，$\Psi(x)$ は伝導帯の底付近のブロッホ関数の重ね合わせで形成されるので

$$\begin{aligned}\Psi(x) &= \sum_k F(k)\phi_k(x) = \sum_k F(k)\exp(\mathrm{i}kx)u_k(x) \approx \phi_0(x)\sum_k F(k)\exp(\mathrm{i}kx) \\ &= \phi_0(x)F(x)\end{aligned} \tag{5.5}$$

と書ける[*3]。ここで，$F(x) = \sum_k F(k)\exp(\mathrm{i}kx)$ とおいた。$F(x)$ は平面波の重ね合わせになっている。また，ブロッホ関数に対しては $\mathcal{H}_0\phi_k(x) = \mathcal{E}(k)\phi_k(x)$ が成立するから，

$$\begin{aligned}\mathcal{H}_0\Psi(x) &= \mathcal{H}_0\sum_k F(k)\phi_k(x) = \sum_k F(k)\mathcal{E}(k)\phi_k(x) \\ &= \phi_0(x)\sum_k F(k)\mathcal{E}(k)\exp(\mathrm{i}kx)\end{aligned} \tag{5.6}$$

となる。ここでは $\mathcal{E}(k) = \hbar^2k^2/(2m_\mathrm{e}^*)$ と仮定しているので

$$\begin{aligned}\mathcal{H}_0\Psi(x) &= \phi_0(x)\sum_k F(k)\frac{\hbar^2k^2}{2m_\mathrm{e}^*}\exp(\mathrm{i}kx) \\ &= \frac{\hbar^2}{2m_\mathrm{e}^*}\phi_0(x)\sum_k F(k)\left(-\mathrm{i}\frac{\mathrm{d}}{\mathrm{d}x}\right)^2\exp(\mathrm{i}kx) \\ &= \frac{\hbar^2}{2m_\mathrm{e}^*}\phi_0(x)\left(-\mathrm{i}\frac{\mathrm{d}}{\mathrm{d}x}\right)^2\sum_k F(k)\exp(\mathrm{i}kx)\end{aligned} \tag{5.7}$$

と書ける。シュレーディンガー方程式全体を整理すると

$$\begin{aligned}&\phi_0(x)\frac{\hbar^2}{2m_\mathrm{e}^*}\left(-\mathrm{i}\frac{\mathrm{d}}{\mathrm{d}x}\right)^2\sum_k F(k)\exp(\mathrm{i}kx) + \phi_0(x)U(x)\sum_k F(k)\exp(\mathrm{i}kx) \\ &= \phi_0(x)\mathcal{E}\sum_k F(k)\exp(\mathrm{i}kx)\end{aligned} \tag{5.8}$$

すなわち

$$\left\{\mathcal{E}\left(-\mathrm{i}\frac{\mathrm{d}}{\mathrm{d}x}\right) + U(x)\right\}F(x) = \mathcal{E}F(x) \tag{5.9}$$

となる。$\mathcal{E}(-\mathrm{id}/\mathrm{d}x)$ は $\mathcal{E}(k) = \hbar^2k^2/(2m_\mathrm{e}^*)$ の k に対して $-\mathrm{id}/\mathrm{d}x$ を代入するという意味である。もし，$\mathcal{E}$ が負になれば電子は束縛状態にあることを意味する。結晶が周期的なポテンシャル $V(x)$ を有していることは式(5.9)から消えており，代わりに電子の質量が有効質量 m_e^* に変化している。

*3 J. H. Davies 著，樺沢宇紀 訳，低次元半導体の物理，シュプリンガー・ジャパン(2004)を参考にしている。

これを伝導帯の底が $\boldsymbol{k}=\mathbf{0}$ に存在し，等方的な有効質量 m_e^* を有する3次元の半導体物質中の束縛状態に拡張すると，シュレーディンガー方程式は

$$\left\{-\frac{\hbar^2}{2m_e^*}\times\nabla^2+U(\boldsymbol{r})\right\}F(\boldsymbol{r})=\mathcal{E}F(\boldsymbol{r}) \tag{5.10}$$

と書ける。クーロンポテンシャルは

$$U(\boldsymbol{r})=-\frac{e^2}{4\pi\varepsilon_0\varepsilon_s r} \tag{5.11}$$

であるから，解くべき方程式は

$$\left(-\frac{\hbar^2}{2m_e^*}\times\nabla^2-\frac{e^2}{4\pi\varepsilon_0\varepsilon_s r}\right)F(\boldsymbol{r})=\mathcal{E}F(\boldsymbol{r}) \tag{5.12}$$

となり，水素原子中の電子のシュレーディンガー方程式と類似している。なお，全体の波動関数は式(5.5)から $\Psi(\boldsymbol{r})=\phi_0(\boldsymbol{r})F(\boldsymbol{r})$ となる。上記の計算では，$\phi_0(\boldsymbol{r})\approx u_0(\boldsymbol{r})$ であるから，単位胞の間隔で周期的に変化する関数である。波動関数の全体の形状を決めているのは水素原子中の電子の波動関数に類似した $F(\boldsymbol{r})$ であり，これが包絡関数(envelope function)である。その中に $u_0(\boldsymbol{r})$ に起因する単位胞周期の微細構造が存在する形になる。この性質はブロッホ関数とよく似ている。

ここで述べた方法では，式(5.5)からわかるように，束縛状態の波動関数をブロッホ関数から構成している。そもそもブロッホ関数は空間全体に広かった状態であるので，その状態から束縛状態を作り出すのではなく，局在した電子状態から束縛状態を形成することも可能なはずである。このアプローチはワニエ関数(Wannier function)を利用する方法として，多くの教科書で紹介されている。ここでは $\boldsymbol{k}\neq\mathbf{0}$ への拡張のため，ブロッホ関数を利用する方針をとった。

5.2.2　$k\neq 0$ に伝導帯の底がある場合の有効質量方程式

Si や Ge のような典型的な半導体では，図5.6(a)，(b)に示すように伝導帯の底は $\boldsymbol{k}=\mathbf{0}$ に存在しない。したがって，対称性から $\boldsymbol{k}$ 空間に等価な伝導帯の底が多数存在する。また，$\mathcal{E}(\boldsymbol{k})$ の $\boldsymbol{k}$ 依存性も異方性を有する。このような場合には，どのように有効質量近似を取り扱ったらよいであろうか。ここでも1次元から議論を始めよう。

バンドの底が k_0 にある場合，ドナー電子の束縛状態は k_0 付近の波数 k から構成されると考えられるので，$u_k(x)$ の部分を $u_k(x)\approx u_{k_0}(x)$ と近似する。また，5.2.1項と同様にバンドは伝導帯のみを考える。$\exp(\mathrm{i}kx)$ の部分は，$k=k_0+\kappa$ として $\exp[\mathrm{i}(k_0+\kappa)x]$ へ変更し，k_0 を中心に考える。また，$k=k_0$ 付近のエネルギーは $\mathcal{E}(k)=\hbar^2(k-k_0)^2/(2m_e^*)=\hbar^2\kappa^2/(2m_e^*)=\mathcal{E}(\kappa)$ と書けるものとする。波動関数 $\Psi(x)$ は

$$\begin{aligned}\Psi(x)&=\sum_k F(k)\phi_k(x)\approx\exp(\mathrm{i}k_0x)u_{k_0}(x)\sum_\kappa F(k_0+\kappa)\exp(\mathrm{i}\kappa x)\\&=\phi_{k_0}(x)F(x)\end{aligned} \tag{5.13}$$

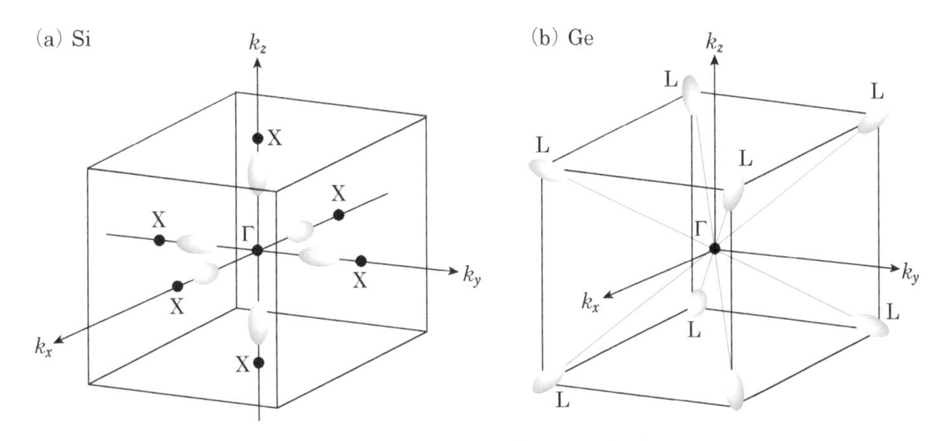

図5.6　IV族半導体における伝導帯の底の等エネルギー面
(a) Si, (b) Ge。

となる。ここで，$F(x)=\sum_{\kappa}F(k_0+\kappa)\exp(\mathrm{i}\kappa x)$とおいた。$\mathcal{H}_0\Psi(x)$を式(5.7)と同じ手法で計算すると

$$\mathcal{H}_0\Psi(x)=\mathcal{H}_0\sum_{k}F(k)\phi_k(x)=\phi_{k_0}(x)\frac{\hbar^2}{2m_\mathrm{e}^*}\left(-\mathrm{i}\frac{\mathrm{d}}{\mathrm{d}x}\right)^2F(x) \tag{5.14}$$

となる。シュレーディンガー方程式全体は

$$\begin{aligned}\{\mathcal{H}_0+U(x)\}\Psi(x)&=\phi_{k_0}(x)\frac{\hbar^2}{2m_\mathrm{e}^*}\left(-\mathrm{i}\frac{\mathrm{d}}{\mathrm{d}x}\right)^2F(x)+\phi_{k_0}(x)U(x)F(x)\\&=\mathcal{E}\phi_{k_0}(x)F(x)\end{aligned} \tag{5.15}$$

から

$$\left\{\mathcal{E}\left(-\mathrm{i}\frac{\mathrm{d}}{\mathrm{d}x}\right)+U(x)\right\}F(x)=\mathcal{E}F(x) \tag{5.16}$$

が成立する。波動関数$\Psi(x)$は$\Psi(x)=\phi_{k_0}(x)F(x)$であるので，包絡関数である$F(x)$が$k=k_0$のブロッホ関数$\phi_{k_0}(x)$によって変調を受けた形式になっている。

伝導帯の底がk_0にあれば対称性から$-k_0$にも伝導帯の底が存在する。これらは束縛された電子の状態に対して同じ寄与をするため，$\Psi(x)=\phi_{k_0}(x)F(x)$と$\Psi(x)=\phi_{-k_0}(x)F(x)$の線形結合が波動関数となる。

次に3次元に拡張することを考える。SiやGeの伝導帯の底がどの方向にあるかについては，サイクロトロン共鳴の実験から明らかにされており，図5.6に示すようにSiでは[1 0 0]方向，Geでは[1 1 1]方向である。ここではSiを例にとって説明する。

いま，$(k_x, k_y, k_z)=(0, 0, k_0)$において

$$\mathcal{E}(\boldsymbol{k}) = \frac{\hbar^2}{2m_\perp}(k_x{}^2 + k_y{}^2) + \frac{\hbar^2}{2m_{/\!/}}(k_z - k_0)^2$$
$$= \frac{\hbar^2}{2m_\perp}(k_x{}^2 + k_y{}^2) + \frac{\hbar^2}{2m_{/\!/}}k_z'^2 \tag{5.17}$$

で表されるような伝導帯を仮定すると，包絡関数 $F(\boldsymbol{r})$ に対する方程式は

$$\left\{-\frac{\hbar^2}{2m_\perp}\left(\frac{\partial^2}{\partial x^2} + \frac{\partial^2}{\partial y^2}\right) - \frac{\hbar^2}{2m_{/\!/}}\frac{\partial^2}{\partial z^2} - \frac{e^2}{4\pi\varepsilon_0\varepsilon_s r}\right\}F(\boldsymbol{r}) = \mathcal{E}F(\boldsymbol{r}) \tag{5.18}$$

となる。このとき，波動関数 $\Psi(\boldsymbol{r})$ は $\Psi(\boldsymbol{r}) = \phi_{(0,0,k_0)}(\boldsymbol{r})F(\boldsymbol{r})$ である。なお，$\phi_{(0,0,k_0)}(\boldsymbol{r})$ は $(k_x, k_y, k_z) = (0, 0, k_0)$ のブロッホ関数である。式(5.18)の解として規格化された試行関数

$$F_{(001)} = \left(\frac{1}{\pi a^2 b}\right)^{1/2} \exp\left[-\left(\frac{x^2 + y^2}{a^2} + \frac{z^2}{b^2}\right)^{1/2}\right] \tag{5.19}$$

を仮定して $\mathcal{E}$ を最小にする a, b を求めると，表5.1に示されるように束縛エネルギーは 0.029 eV となる。包絡関数は水素原子に類似した方程式であるから，エネルギー構造は水素原子に似ていることは容易に想像される[*4]。

表5.1　式(5.19)から求めたSiについての最小エネルギー $\mathcal{E}$ およびパラメータ a, b
［川村 肇，半導体の物理 槇書店(1971)より引用］

a(10^{-8} cm)	b(10^{-8} cm)	$\mathcal{E}_{1s}$(eV)
25	14.2	0.029

＊4　厳密には異なる。

3次元の場合には，$(k_x, k_y, k_z) = (0, 0, k_0)$ と等価な位置が他に5か所あるため，これらの線形結合を形成しなければならない。したがって，波動関数は

$$\Psi(\boldsymbol{r}) = \sum_j \alpha_j \phi_{\boldsymbol{k}_j 0}(\boldsymbol{r}) F_j(\boldsymbol{r}) \tag{5.20}$$

となる。ここで，j は伝導帯の底の位置を表している。Si であれば $(k_x, k_y, k_z) = (\pm k_0, 0, 0)$, $(0, \pm k_0, 0)$, $(0, 0, \pm k_0)$ の6か所を意味する。α_j は線形結合の係数であると同時に規格化因子でもある。

次に，基底状態がどのようになるか考える。式(5.18)は水素原子に類似した方程式であるから，基底状態は 1s であろう。伝導帯の底が6つ存在しているので 1s 状態は6重に縮退している。しかし，不純物のまわりの Si 原子は球対称ではないので α_j の組み合わせに依存して縮退が解かれる。直感的には，すべての係数を同じ重みで足し合わせた波動関数，すなわち

$$\alpha_j = \frac{1}{\sqrt{6}}(1,1,1,1,1,1) \tag{5.21}$$

がもっとも対称性が高いため，原子核位置での電子の存在確率がもっとも大きく，原子核のクーロン引力をもっとも有効に受けることができると期待される。具体的な係数の組み合わせは群論を用いて決定される。V族の原子が占めている Si 原子の置換位置は T_d 対称性を有している。群論によると 1s 状態は A_1，E(2重縮退)，T_1(3重縮退)の3種類の状

態が可能であり，それぞれの対称性に従う波動関数の組み合わせは，群表に記された基底関数を参考にすると次のようになる。

$$
\begin{aligned}
A_1 &= \frac{1}{\sqrt{6}}(1,1,1,1,1,1) \\
E &= \frac{1}{2}(1,1,-1,-1,0,0) \\
E &= \frac{1}{\sqrt{12}}(-1,-1,-1,-1,2,2) \\
T_1 &= \frac{1}{\sqrt{2}}(1,-1,0,0,0,0) \\
T_1 &= \frac{1}{\sqrt{2}}(0,0,1,-1,0,0) \\
T_1 &= \frac{1}{\sqrt{2}}(0,0,0,0,1,-1)
\end{aligned}
\tag{5.22}
$$

ここで係数は，伝導帯の底が$(k_x, k_y, k_z)=(k_0, 0, 0), (-k_0, 0, 0), (0, k_0, 0), (0, -k_0, 0), (0, 0, k_0), (0, 0, -k_0)$の位置にある係数を順番に示している。1$s$状態がこのように分裂していること，また水素原子と同じように励起状態(p状態など)が存在することは光吸収の実験から明らかになっている。

アクセプターについても有効質量近似が成立する。しかし，価電子帯が非常に複雑な構造をしていることを反映して有効質量近似も複雑である[*5]。

*5 興味のある読者は，より高度な内容を取り扱った教科書(例えば，川村 肇，半導体の物理，槇書店(1971))を参考にしてほしい。

5.3 ドナー不純物に束縛された電子の空間分布

伝導帯の底が$\boldsymbol{k}$空間のどの位置にあるかを知るためにはどうしたらよいであろうか。伝導帯の底がどの方向にあるかは，サイクロトロン共鳴の実験から明らかにされている[*6]。しかし，その位置(例えば，$\boldsymbol{k}$空間におけるΓ点からの距離)はサイクロトロン共鳴からはわからない。それを明らかにした電子スピン共鳴の実験があるので紹介する[*5]。

*6 章末問題を参照。

電子が磁場$\boldsymbol{H}$の下にあると仮定すると，電子のエネルギーのハミルトニアンは

$$\mathcal{H}=g\mu_{\mathrm{B}}\boldsymbol{s}\cdot\boldsymbol{H} \tag{5.23}$$

で与えられる。ここで，電子のスピンを$\boldsymbol{s}$とした。$\boldsymbol{s}$の値をm_sとすると式(5.23)は

$$\mathcal{E}=g\mu_{\mathrm{B}}m_sH \tag{5.24}$$

と書ける。ここで，m_sは$+1/2$, $-1/2$であるのでエネルギーは図5.7(a)のように分裂する。いま，磁場$\boldsymbol{H}$に直交する方向に周波数ν_0の交流磁場を加えると

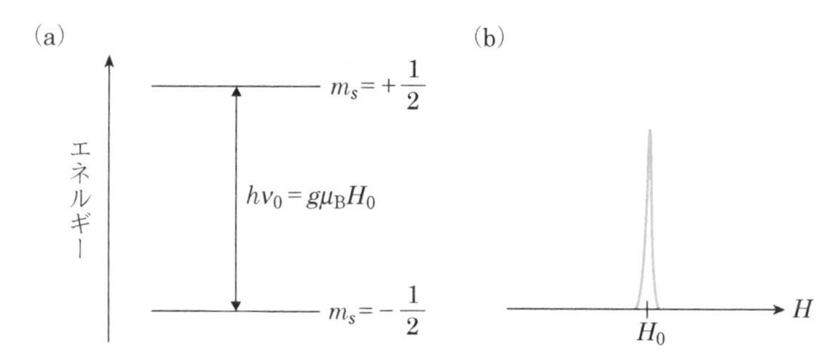

図5.7　電子スピン共鳴の原理とピーク
(a) $g>0$ の場合のエネルギー図。(b) マイクロ波の周波数を固定し，磁場を掃引した場合に得られるマイクロ波の吸収ピーク。H_0 の位置に共鳴が生じる。

$$h\nu_0=\hbar\omega_0=g\mu_B H_0 \tag{5.25}$$

の関係を満たす磁場 H_0 で共鳴吸収が生じる。式(5.25)の場合には共鳴磁場は1か所に現れる。

Si中のV族の不純物原子，例えばリン原子Pに束縛されているドナー電子は，低温ではクーロン力によってP原子のまわりを周回しているが，P原子は核スピン $I=1/2$ を有するために磁気的な超微細相互作用を生じる。一般に超微細相互作用は電子スピンと原子核スピンの双極子相互作用 $\mathcal{H}_{d\text{-}d}$ とフェルミ接触相互作用 $\mathcal{H}_F$ から成り立っており，$\boldsymbol{\mu}_N$ を核の磁気モーメントとするとそれぞれ

$$\mathcal{H}_{d\text{-}d}=\frac{1}{r^3}\left\{(\boldsymbol{\mu}_e\cdot\boldsymbol{\mu}_N)-\frac{3}{\boldsymbol{r}^2}(\boldsymbol{\mu}_e\cdot\boldsymbol{r})\cdot(\boldsymbol{\mu}_N\cdot\boldsymbol{r})\right\} \tag{5.26}$$

$$\mathcal{H}_F=\frac{8\pi}{3}(\boldsymbol{\mu}_e\cdot\boldsymbol{\mu}_N)\delta(\boldsymbol{r}_N-\boldsymbol{r}_e) \tag{5.27}$$

で与えられる。なお，$\mathcal{H}_F$ は $\boldsymbol{r}_N$ での電子の存在確率 $|\psi(\boldsymbol{r}_N)|^2$ に比例する。ドナー電子とP原子の核スピンに関する超微細相互作用を考えると，低温では1s状態のドナー電子は基底状態 A_1 に存在し，ドナー電子の空間分布の重心はP原子の核スピンの位置にあるから，双極子相互作用 $\mathcal{H}_{d\text{-}d}$ は発生せず，フェルミ接触相互作用 $\mathcal{H}_F$ だけが残る。P原子の位置を座標の原点にとると，エネルギーは

$$\mathcal{E}=g\mu_B m_s H+\frac{\mu_N}{I_N}m_N H+\frac{8\pi}{3}g\mu_B m_s\frac{\mu_N}{I_N}m_N|\psi(0)|^2 \tag{5.28}$$

となり，$m_s=+1/2,\ -1/2,\ m_N=+1/2,\ -1/2$ の場合には，図5.8のエネルギーが得られる。式(5.28)右辺の第2項は磁場中の核スピンのエネルギーである。電子スピン共鳴(ESR：マイクロ波領域)と核磁気共鳴(NMR：ラジオ波領域)の周波数は異なるため，電子スピン共鳴の周波数領域での測定磁場において核スピンは変化できない。したがって，電子スピン共鳴は図5.8の実線のエネルギー差に対応する2本の共鳴吸収が生じる。

一般的に，核スピン I を有するV族不純物の電子スピン共鳴シグナ

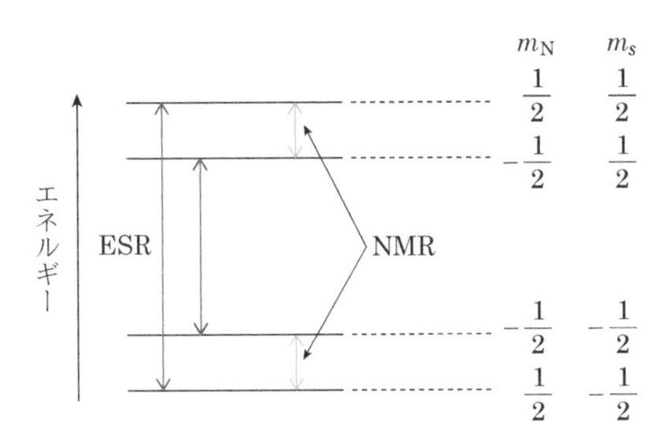

図5.8　核スピン$I=1/2$を有する原子に電子が束縛されている場合のエネルギー分裂とESRおよびNMRとの関係

表5.2　各種のドナーに対して実験的に求められたESRシグナルのパラメータ
［川村　肇，半導体の物理，槇書店（1971）より引用］

ドナー	核スピンI	シグナルの分裂数	$\|\psi(0)\|^2(\mathrm{cm}^{-3})$	線幅（Oe）*
P	1/2	2	0.44×10^{24}	2.9
As	3/2	4	1.80×10^{24}	3.6
Sb^{121}	5/2	6	1.20×10^{24}	2.7
Sb^{123}	7/2	8	1.20×10^{24}	2.7

*Oe：エルステッド。大気中では1 Oe＝1 G（ガウス）である。

ルは$2I+1$本に分裂する。このことはドナー電子の基底状態では，核の位置に電子が存在することを示している。P原子の核磁気モーメントが明らかになっていれば，2本の分裂間隔から$|\psi(\mathbf{0})|^2$を求めることができる。この実験値は有効質量近似に基づいた基底状態の波動関数から計算された$|\psi(\mathbf{0})|^2$と比較されるべき物理量である。各種の核スピンを有するドナーに対して実験的に求められた$|\psi(\mathbf{0})|^2$を表5.2に示す。不純物によって$|\psi(\mathbf{0})|^2$が異なることがわかる。一方，有効質量近似からは基底状態が$1s(A_1)$であるとすると，$|\psi(\mathbf{0})|^2=6|F(\mathbf{0})|^2|\phi_{k_0}(\mathbf{0})|^2$が得られる。ここで，$\phi_{k_0}(\mathbf{0})$は伝導帯の底のブロッホ関数の$\boldsymbol{r}=\mathbf{0}$での値を意味する。$|\phi_{k_0}(\mathbf{0})|^2$については，別の実験から求めたデータを用いると，$|\psi(\mathbf{0})|^2=0.042\times10^{24}\,\mathrm{cm}^{-3}$となることが知られている。この値は実験値の1/10であり，さらに実験値は不純物によって異なる。後述するが，光吸収の実験からもドナーの種類によって基底状態のエネルギーが異なることが明らかになっている。これらの結果は核の近傍のポテンシャルが有効質量近似で仮定したクーロン力よりも強く，さらに不純物によって個性があることを示唆している。

P原子のドナー電子による2本のESRスペクトルは非常に鋭いはずであるが，実験的に得られる吸収スペクトルは図5.9に示すように広い線幅を有している。また，その線幅は不純物によらず，約3 Oeである。このことは線幅の原因がドナー不純物以外の要因に起因することを示唆している。この線幅は核スピン$I=1/2$を有する自然存在率4.9％の

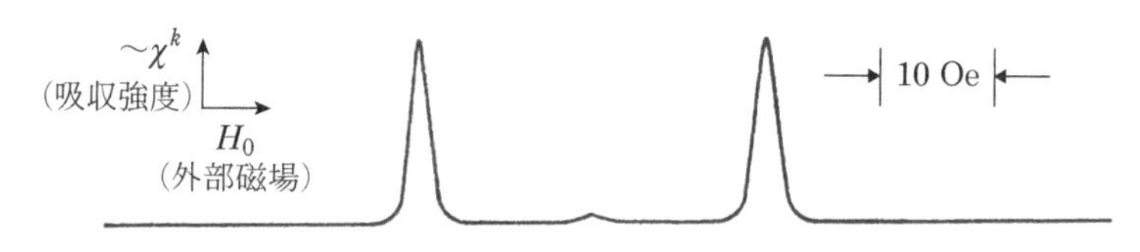

図5.9　P原子に束縛されているドナー電子のESRシグナル
幅の広い2本のシグナルを生じる。マイクロ波9 GHz。
［川村 肇，半導体の物理，槇書店(1971)より改変］

^{29}Siに起因する。P原子の近くに^{29}Siが存在すれば，ドナー電子の存在確率が比較的高いためにドナー電子と^{29}Siは強い双極子相互作用と強いフェルミ接触相互作用を生じる。したがって，Pの吸収線から離れた位置に吸収線を生じる。しかし，Pの近くのSi格子位置の総数は少ないため，その強度は弱い。逆に，Pからの距離が離れた位置に^{29}Siが存在する場合，ドナー電子の電子密度は低いと予想されるから，ドナー電子と^{29}Siとの双極子相互作用やフェルミ接触相互作用は弱いであろう。このことはPの吸収スペクトルの近くに吸収線を生じることを意味している。Pから等距離にあるSi格子位置の数は，Pからの距離が遠ければ遠いほど多いため，^{29}Siの原子数は多い。したがって，強度は比較的強い。これらを考慮するとP原子に束縛されているドナー電子のESRシグナルは図5.9のような広い線幅の形状になる。また，線幅の要因がドナー不純物原子そのものではないため，線幅がドナー不純物に強く依存しないことも説明できる。Asの線幅が一番広いことから，表5.2のドナー不純物の中ではAsのエネルギー準位がもっとも深く，電子がもっとも強く局在していると推測される[*7]。

＊7　光吸収からAsの1s状態がもっとも深いことが知られている。

上記で述べた直感的なイメージは，ドナー電子の基底状態が水素原子の1s軌道と同じように球対称の分布を示し，電子の存在確率がP原子からの距離とともに単調に減少する場合に成立する。しかし，Si中のドナー電子の基底状態$1s(A_1)$の波動関数は

$$\psi(\boldsymbol{r})=\frac{1}{\sqrt{6}}\sum_j F_j(\boldsymbol{r})\exp(\mathrm{i}\boldsymbol{k}_j\cdot\boldsymbol{r})u_j(\boldsymbol{r}) \tag{5.29}$$

で与えられるため，Pの最近接のSi位置におけるドナー電子の存在確率が，第2近接のSi位置や第3近接のSi位置のそれよりも高いとは必ずしもいえない。

いま，ドナー電子とさまざまな位置に存在する^{29}Siとの相互作用のシグナルを何らかの手法を用いて観測できたとすると，P原子と^{29}Siの方向は，ドナー電子と注目する^{29}Siとの双極子相互作用に関する磁場の角度依存性から推測できる。また，角度依存性を示すスペクトルの重心から，さまざまな位置に存在する^{29}Siとドナー電子のフェルミの接触相互作用の強度，すなわち$|\psi(\mathrm{r}_{\mathrm{Si}})|^2$を求めることができる。波動関数は式(5.29)で与えられるため，さまざまな位置に存在する^{29}Siに対して試行錯誤で実験結果と理論が一致するように$\boldsymbol{k}_j$の値を求める。

Feherは電子核2重共鳴(ENDOR)*8を利用してこれを実現し，$|\boldsymbol{k}_j| = 0.85 \times 2\pi/a$と求めた。詳細については他の教科書を参照していただきたい。

*8　ENDORについては，川村 肇，半導体の物理，槇書店(1971)を参考にされたい。

5.4　不純物半導体におけるキャリア密度の温度依存性

ここでは浅い準位を有するV族ドナーがドープされたn型半導体のキャリア密度の温度依存性について議論する。なお，簡単化のため，アクセプターは存在しないものとする。ドナーの電子準位は5.2節で述べたように伝導帯に非常に近い。伝導帯の電子密度の温度依存性は図5.10のようになる。絶対温度0K近傍では，熱エネルギーが十分でないため，電子はドナーのクーロン引力の束縛から脱出できない(図5.10(a))。しかし，温度が少し上昇すると電子はドナーのクーロン引力の束縛から解放され，伝導帯に励起され始める(不純物領域，図5.10(b))。さらに温度が上昇するとドナーに束縛されている電子は伝導帯にほぼすべてが励起され，ドナーの電子占有率は0に近くなる(出払い領域，図5.10(c))。さらに温度が上昇すると価電子帯から伝導帯に電子が励起できるようになる。このとき，状態密度が非常に大きな価電子帯から伝導帯に電子が直接励起されるため，ドナー濃度よりも多量の伝導電子を生じ，真性半導体と類似の温度依存性を示すようになる。

それぞれの状態のフェルミ準位について考えてみよう。低温の不純物領域ではドナーの電子占有率は1よりもわずかに小さい。このことからフェルミ準位はドナー準位の上にある。しかし，伝導帯の状態密度と同程度の多量の電子が伝導帯にあるわけではないので，フェルミ準位は伝導帯の底よりも低い位置である。これらのことから，フェルミ準位は伝導帯の底とドナー準位の間に存在する。さらに温度が上昇し出払い領域になるとドナーに束縛されている電子は伝導帯にほぼすべてが励起され，ドナーの電子占有率は0に近くなる。このことは，フェルミ準位はドナー準位よりも下に位置していることを意味している。温度がさらに上昇すると，状態密度が非常に大きい価電子帯から伝導帯に電子を熱励起できるため，真性半導体と同じようにフェルミ準位はバンドギャップの中間付近に位置している。

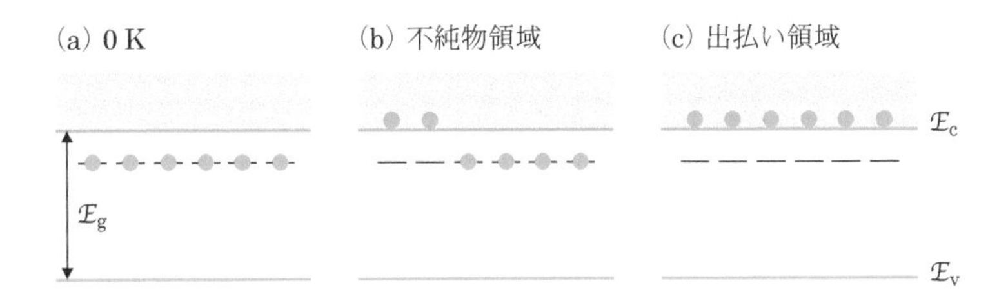

図5.10　ドナーがドープされたn型半導体における(a) 0K付近，(b)不純物領域，(c)出払い領域の電子状態

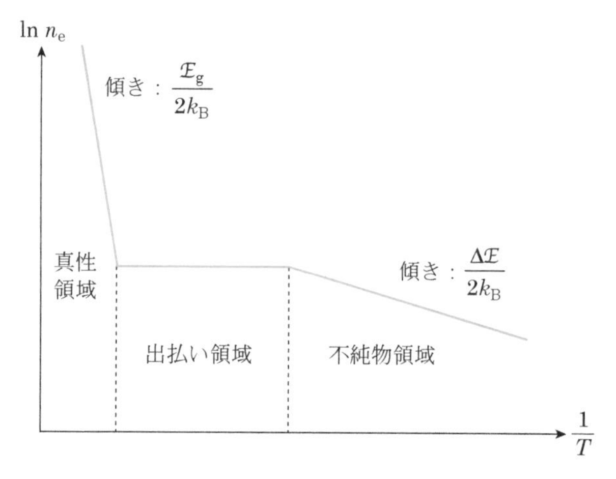

図5.11　ドナーがドープされたn型半導体における伝導帯の電子密度の温度依存性

次に，電子密度の温度依存性を図5.11に示す。ドナーの数をN_Dとすると，伝導帯に励起された電子密度n_eと同数のプラスにイオン化しているドナー原子が存在する。N_D^0をドナーが電子を保有し(電子を束縛し)電気的に中性になっている状態の数(密度)，N_D^+を電子が伝導帯に熱励起しイオン化しているドナーの数(密度)であるとすると，電気的中性条件から

$$n_e = N_D^+ = N_D - N_D^0 \tag{5.30}$$

と書ける。伝導帯の電子密度n_eは伝導帯の有効状態密度N_cを使うと

$$n_e = N_c \exp\left(-\frac{\mathcal{E}_c - \mathcal{E}_F}{k_B T}\right) \tag{5.31}$$

と書くことができる。また，電子を保有しているドナー数はフェルミーディラック統計$f(\mathcal{E})$を用いて

$$N_D^0 = N_D f(\mathcal{E}_D) \tag{5.32}$$

と書ける。これらの式を用いると

$$n_e = N_c \exp\left(-\frac{\mathcal{E}_c - \mathcal{E}_F}{k_B T}\right) = N_D\{1 - f(\mathcal{E}_D)\} \tag{5.33}$$

となる。

ここで以下のことに注意する必要がある。ドナーの1s状態を占有する電子のスピンは，アップスピン・ダウンスピンのどちらでもよいが，1つ目の電子と反対のスピンをもつ2つ目の電子を1s状態に占有させると，電子は束縛状態にあるため電子と電子の距離は比較的近く，電子間に斥力のクーロン相互作用が働く。結果として電子は高いエネルギー状態に変化する。したがって，ドナーの1s状態は1つの電子しか占有できない。このことを考慮すると，フェルミーディラック分布は

$$f(\mathcal{E})=\left[1+\frac{1}{2}\exp\left(\frac{\mathcal{E}-\mathcal{E}_\mathrm{F}}{k_\mathrm{B}T}\right)\right]^{-1} \tag{5.34}$$

に修正されることが知られている。低温では $k_\mathrm{B}T$ は非常に小さな値であるため，$\mathcal{E}_\mathrm{F}-\mathcal{E}_\mathrm{D}\gg k_\mathrm{B}T$ と書ける。したがって，式(5.33)から

$$\mathcal{E}_\mathrm{F}=\frac{\mathcal{E}_\mathrm{D}+\mathcal{E}_\mathrm{c}}{2}+\frac{k_\mathrm{B}T}{2}\ln\left(\frac{N_\mathrm{D}}{2N_\mathrm{c}}\right) \tag{5.35}$$

が得られる。式(5.35)の第 2 項は非常に小さい値であるために無視すると，フェルミ準位は伝導帯の底とドナー準位の中間に出現することになる。この式を式(5.31)に代入すると

$$n_\mathrm{e}=\left(\frac{N_\mathrm{c}N_\mathrm{D}}{2}\right)^{1/2}\exp\left(-\frac{\mathcal{E}_\mathrm{c}-\mathcal{E}_\mathrm{D}}{2k_\mathrm{B}T}\right)=\left(\frac{N_\mathrm{c}N_\mathrm{D}}{2}\right)^{1/2}\exp\left(-\frac{\Delta\mathcal{E}}{2k_\mathrm{B}T}\right) \tag{5.36}$$

が得られる。ここで，$\Delta\mathcal{E}_\mathrm{D}=\mathcal{E}_\mathrm{c}-\mathcal{E}_\mathrm{D}$ である。伝導帯の電子濃度の温度依存性における活性化エネルギーは，ドナー準位から伝導帯に励起するために必要なエネルギー $\Delta\mathcal{E}_\mathrm{D}$ の半分である。式(5.36)は式(4.83)の N_v を $N_\mathrm{D}/2$ に変更した形式になっている。1/2 の因子はドナーが電子 1 つのみを占有可能であることを反映している。

質量作用の法則では

［電子を有するドナー］ ⇄ ［伝導電子］
＋［電子を失ったドナー］

の関係から

$$\frac{n_\mathrm{e}\times N_\mathrm{D}^{+}}{N_\mathrm{D}^{0}}=\frac{n_\mathrm{e}\times n_\mathrm{e}}{N_\mathrm{D}-n_\mathrm{e}}\approx\frac{{n_\mathrm{e}}^2}{N_\mathrm{D}}=K(T) \tag{5.37}$$

が成立する。$K(T)$ は温度に依存する反応定数であり，活性化エネルギーは $\Delta\mathcal{E}=\mathcal{E}_\mathrm{c}-\mathcal{E}_\mathrm{D}$ である。伝導電子の濃度が低いときには $n_\mathrm{e}\propto\exp[-\Delta\mathcal{E}_\mathrm{D}/(2k_\mathrm{B}T)]$ となる。

これと同様の現象がアクセプターにも生じる。ただし，アクセプターに束縛されている電子に対するフェルミ－ディラック分布は，価電子帯のバンド構造の複雑さを反映して

$$f(\mathcal{E})=\left[1+2\exp\left(\frac{\mathcal{E}-\mathcal{E}_\mathrm{F}}{k_\mathrm{B}T}\right)\right]^{-1} \tag{5.38}$$

に変更されることが知られている。

デバイスに応用する際には，デバイスが動作する温度でキャリアの数が一定であることが重要である。そのためにはデバイス動作温度において出払い領域にあることが必要である。図 5.12 は n 型 Si のキャリア濃度の変化を示しているが，室温は出払い領域の中にある。このことはデバイス作製時にドーピングの量を精密にコントロールできれば，デバイスにおける電子や正孔の濃度を制御できることを意味している。

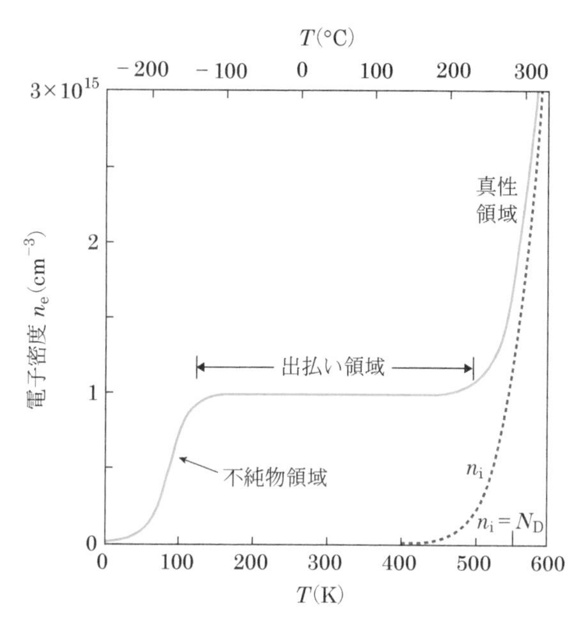

図5.12　n型Si半導体(ドナー濃度$N_D = 10^{15}$ cm^{-3})における伝導電子密度の温度変化

[S. M. Sze著，南日康夫，川辺光央，長谷川文夫 訳，半導体デバイス，産業図書(1987)より改変]

❖ 章末問題

5.1　SiとGeの比誘電率はそれぞれ12と16である。SiとGeの有効質量近似で与えられるドナーの基底準位について考察しなさい。簡単のため，両者の有効質量は真空中の電子の質量と同一であり，伝導帯の底は$\boldsymbol{k}=\mathbf{0}$にあり，等方的な質量を有するものとする。

5.2　V族のドナー原子の代わりにVI族の置換型ドナー原子を利用した場合，どのようなドナー準位が形成されるか，考察しなさい。

5.3　Siの伝導帯の底の位置を決めた次の論文を読み，その方法について簡単にまとめなさい：G. Feher, *Phys. Rev.*, **114**, 1219(1959)

第6章　格子振動

6.1　格子振動とは

格子振動とは，結晶格子を構成する原子(格子)が振動する現象をいう。まず，原子が振動する理由から考えてみよう。摩擦の無い床の上に，一方が固定されたバネが横たわっており，先端に重りがつながれているとしよう(単振動のモデル)。重りを振動させるためには，バネを引っ張るという仕事をバネに対して行い(バネにエネルギーを与え)，バネを引っ張っている手を離す必要がある。バネにエネルギーを与える方法は別の手段でもよい。もし，重りが非常に軽い物質でバネ定数が非常に小さければわずかなエネルギーで振動させることが可能であろう。このわずかなエネルギーを熱で供給できれば，この系は有限温度で振動することになる。

物質内の原子はバネでつながれているわけではないので，バネに相当する復元力を生じる何らかの力の起源が必要である。この力については次のように考えられる。原子が結晶格子を形成する理由は，図 6.1 に示すように原子がその位置に存在する状態がもっともエネルギー(凝集エネルギー)が安定であるからであって，原子が安定位置からずれるとエネルギーは必ず大きくなる。したがって，原子には元の位置に戻ろうとする復元力が働く。

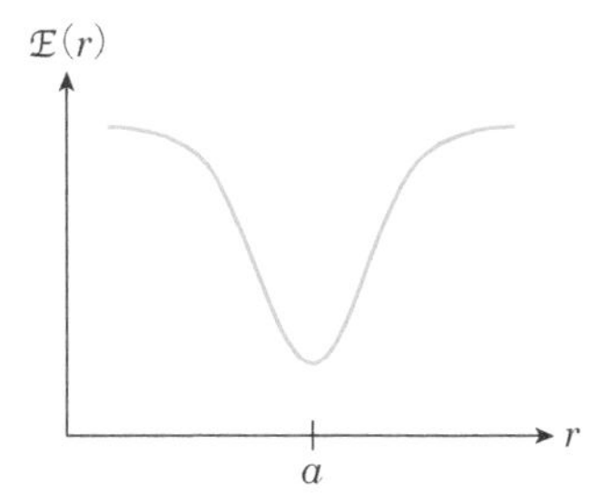

図6.1　原子が間隔aで並ぶ理由を示す単純なエネルギーモデル

横軸rは原子間距離の大きさを表している。

いま，原子間隔 $r=a$ のときにもっともエネルギーが小さく，そこから原子がわずかに動いて $r=a+x$ になったとする。ここで，x は最小エネルギーを有する原子間隔 a からのずれ量であり，微小量であると仮定する。エネルギー $U(r)$ を x で展開して 2 次の項まで書くと

$$U(r)=U(a)+\left[\frac{\mathrm{d}U(r)}{\mathrm{d}r}\right]_{r=a}x+\frac{1}{2}\left[\frac{\mathrm{d}^2U(r)}{\mathrm{d}r^2}\right]_{r=a}x^2 \tag{6.1}$$

となる。したがって，力は

$$F(r)=-\frac{\mathrm{d}U(r)}{\mathrm{d}r}=-\left[\frac{\mathrm{d}^2U(r)}{\mathrm{d}r^2}\right]_{r=a}x \tag{6.2}$$

となる。なお，$r=a$ でエネルギーが最小であることから，式(6.1)の x の 1 次の項は 0 となる。また，式(6.1)は下に凸の関数であるから $[\mathrm{d}^2U(r)/\mathrm{d}r^2]_{r=a}>0$ である。式(6.2)は，力が変位量に比例していることからバネでつながれていることと等価である。

結晶格子を構成する原子は規則的に並んでいるから，1 つの原子を移

動させると両隣の原子間の距離が変わる。そのため，両隣の原子も力を受けて移動する。また，それらの隣の原子も同様に移動し，さらに先の原子でも同じことが生じる。すなわち，各原子は相互に力を及ぼし合っており，独立に運動しているわけではない。以後は，このモデルを取り扱うことにする。

6.2　1次元単原子格子

例によって1次元から考える。簡単な例として，単位胞に原子が1つ存在する図6.2の系を考える。図6.2(a)は平衡状態での原子配置を表し，単位胞の大きさ(原子間隔)はaである。図6.2(b)は原子が振動する様子を示しており，j番目の原子位置での原子変位をu_jとする。

原子の質量をM，バネ定数をKとすると，運動方程式は

$$M\frac{\mathrm{d}^2u_j}{\mathrm{d}t^2}=+K(u_{j+1}-u_j)-K(u_j-u_{j-1}) \tag{6.3}$$

となる。右辺第1項について考えると，$u_{j+1}-u_j$が正の値の場合には，バネは伸びているため，バネは縮んで元の長さaに戻ろうとする。このとき，u_jの重りに対しては$+x$方向に引っ張る力を及ぼす。したがって，$+K(u_{j+1}-u_j)$となっている。一方，u_j-u_{j-1}が正であれば，バネは伸びているため，縮んでaに戻ろうとする。このときにはu_jの重りに対して$-x$方向に引っ張る力を及ぼす。したがって，$-K(u_j-u_{j-1})$となっている。

式(6.3)は原子変位の変数が3つあるのに対して方程式は1つであるから，これを解くためには何らかの工夫が必要である。それぞれの原子はバネでつながれており，ある原子を変位させると他の原子も同時に変位するため，各原子の運動は独立ではない。そこで，原子の運動を波と考える。波数をq，平衡状態でのj番目の原子の位置をjaとする。j番目の原子の変位をu_jとすると

$$u_j=A\exp[\mathrm{i}\{qja-\omega(q)t\}] \tag{6.4}$$

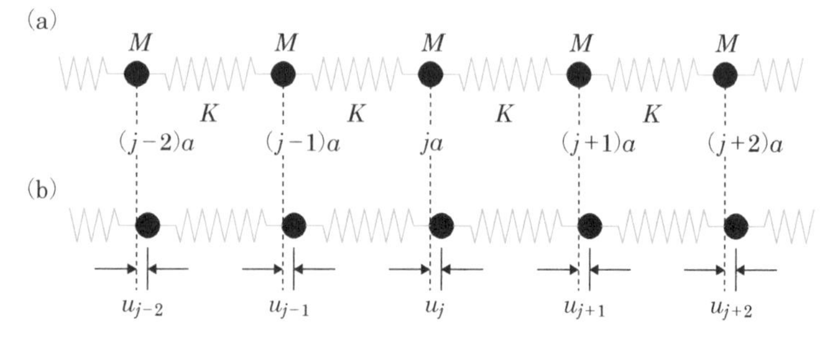

図6.2　単位胞内に原子が1つ存在する系(1次元単原子格子)における振動
(a)質量Mを有する原子を1つ含む単位胞が間隔aで並んでいる様子。バネ定数をKとしている。(b)原子が振動している様子。j番目の原子の変位をu_jとしている。

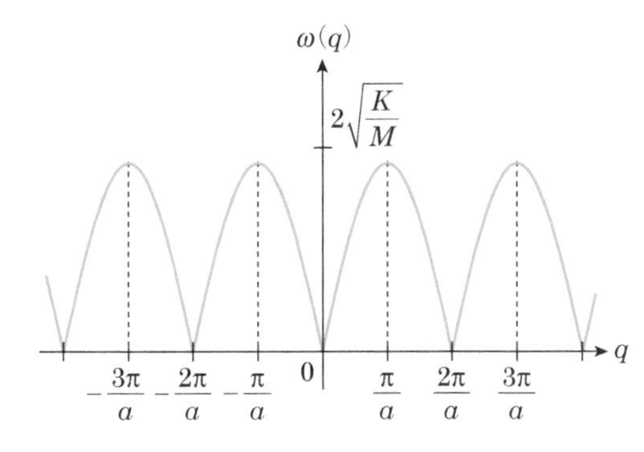

図6.3　分散関係$\omega(q)$のグラフ

と書ける。ここで，Aは振幅である。角振動数ωは波数qによって異なる値をとるため，$\omega(q)$としている。1次元を仮定しているので原子変位は原子の並びの方向のみであり，原子の運動の波は縦波である。u_{j+1}, u_{j-1}, u_jは同じ角振動数および同じ振幅で振動する波の，異なる位置における原子変位であるから

$$u_{j+1} = A\exp[\mathrm{i}\{q(j+1)a - \omega(q)t\}] \tag{6.5}$$

$$u_{j-1} = A\exp[\mathrm{i}\{q(j-1)a - \omega(q)t\}] \tag{6.6}$$

と表現される。式(6.4)～(6.6)を式(6.3)に代入すると，方程式は容易に解くことができて

$$\omega(q) = 2\sqrt{\frac{K}{M}}\left|\sin\left(\frac{qa}{2}\right)\right| \tag{6.7}$$

の関係が得られる。角振動数は正の値であるので絶対値が付いている。バネが強ければ(バネ定数が大きければ)高い振動数で激しく振動し，質量が大きければ動きにくい(振動数が小さい)わけであるから，振動数の表式にK/Mの因子が現れることは納得できる。物質が有限の長さの場合には，波長に制限が加わる。原子数Nからなる長さ$L = Na$の物質に対して周期的境界条件を導入すると$u_j = u_{j+N}$が成立する。したがって，$q = 2\pi n/L$ ($n = 0, \pm 1, \pm 2, \cdots$)となる。これは電子の状態に関する周期的境界条件と同じである。負のqは，正のqに対して反対方向に進行することを意味する。したがって，図6.3のような分散関係となる。

ここで2つの特別な波数の振動状態を見てみよう。1つは$q = 0$であり，もう1つは$q = \pi/a$である。先に述べたように，考えている波は縦波になるが，図6.4では振動の様子を見やすくするために変位量を原子配列に垂直な方向に描いてある。図6.4(a)は$q = 0$ ($\lambda = \infty$)における振動の様子である。この状態ではすべての原子が同じ方向に移動するため，全原子の平行移動であって振動ではない。したがって，$q = 0$では$\omega = 0$である。一方，図6.4(b)は$q = \pi/a$ ($\lambda = 2a$)の波に対応する。この場合には隣り合う原子が反対方向に移動しており，もっとも激しく振動してい

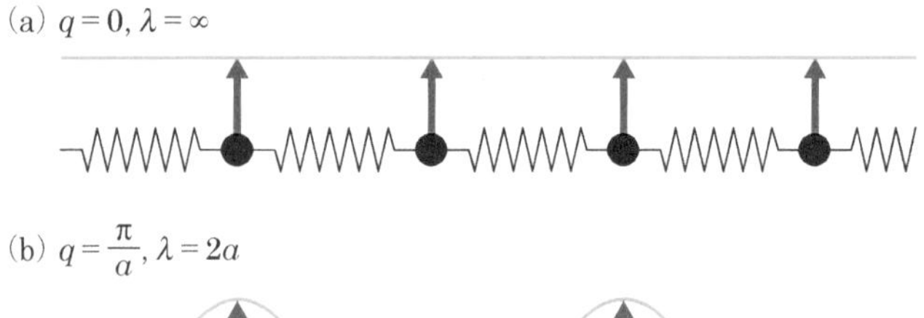

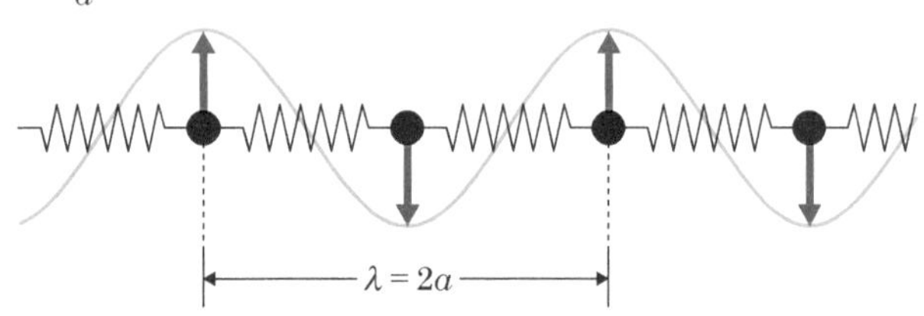

図6.4　1次元単原子格子における振動(1)

(a) $q=0,\ \lambda=\infty$,　(b) $q=\pi/a,\ \lambda=2a$における振動の様子。振動の方向に対して垂直に原子変位を表現している。

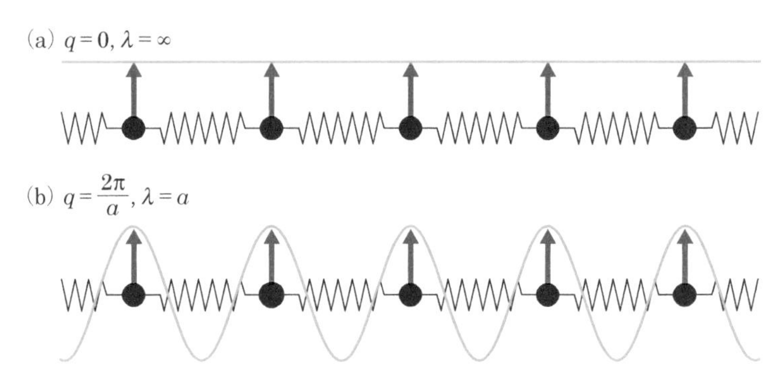

図6.5　1次元単原子格子における振動(2)

(a) $q=0,\ \lambda=\infty$,　(b) $q=2\pi/a,\ \lambda=a$における振動の様子。(a)と(b)は原子位置において同じ振幅である。

る。したがって，角振動数がもっとも大きい。図6.3において$q=0$と$q=2\pi/a$が同じ振動である理由は，図6.5(a), (b)に示すように，すべての原子は両者の波数で同じように振動しているからである。図6.5(a), (b)を見ると，原子と原子の間の振動の様子が異なるので，$q=0$と$q=2\pi/a$は異なる振動であるように思われるが，原子が存在している部分は図6.5の丸の部分だけであるので，それ以外の領域は意味を持たないことに注意しよう。同様に$q=\pi/a$と$q=3\pi/a$は図6.6(a), (b)に示すように振動しており，原子が存在している部分は図6.6の丸の部分だけであるので，同じ振動である。したがって，取り扱う波数領域を図6.3の第1ブリュアンゾーン$(-\pi/a\leq q\leq\pi/a)$に限定できる。第1ブリュアンゾーン内でとりうる波数qの数は$(2\pi/a)/(2\pi/L)=N$個存在する。これは自由度が1である系に単位胞(原子)がN個存在し，全自由度がNであることに対応している。

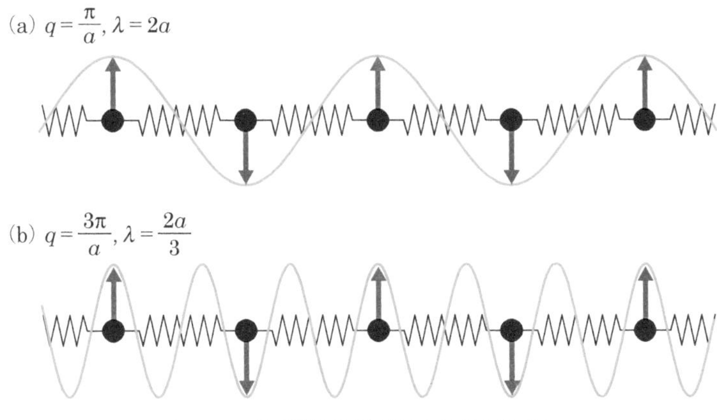

図6.6　1次元単原子格子における振動(3)

(a) $q=\pi/a$, $\lambda=2a$,　(b) $q=3\pi/a$, $\lambda=2a/3$における振動の様子。(a)と(b)は原子位置において同じ振幅である。

6.3　1次元2原子格子

図6.7に示すように，これまでと同じ1次元であるが単位胞内に2つの原子A, Bが存在する場合を考える。この系は2原子格子と呼ばれる。1次元であるので，存在する波は縦波のみである。単位胞の大きさをa，原子A, Bの質量をそれぞれM_A, M_Bとする。また，j番目の単位胞内の原子Aの変位をu_j，原子Bの変位をv_jとする。原子AおよびBの運動方程式は，それぞれ

$$M_A \frac{d^2 u_j}{dt^2} = +K_1(v_j - u_j) - K_2(u_j - v_{j-1}) \tag{6.8}$$

$$M_B \frac{d^2 v_j}{dt^2} = -K_1(v_j - u_j) + K_2(u_{j+1} - v_j) \tag{6.9}$$

と書ける。上の式は式(6.3)で述べた1次元単原子格子と同じ考え方に基づいている。

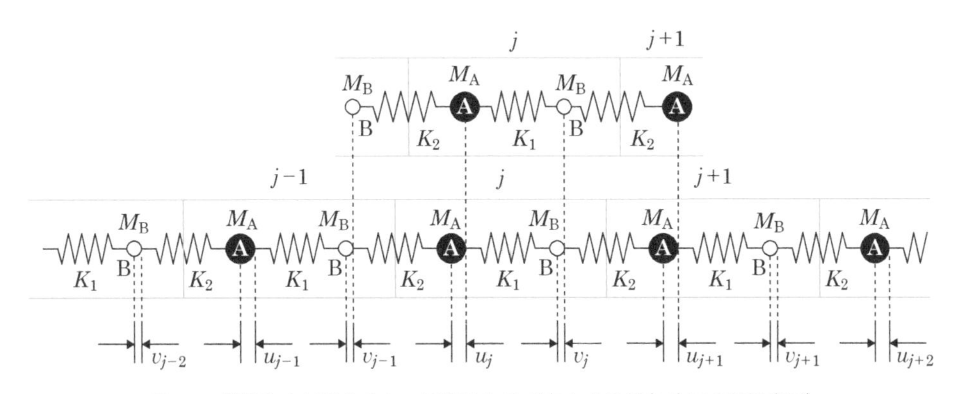

図6.7　単位胞内に異なる2つの原子A, Bが存在する系(1次元2原子格子)

単位胞は周期aで並んでいるものとする。

(a) $q=0, \omega=0$：音響モード

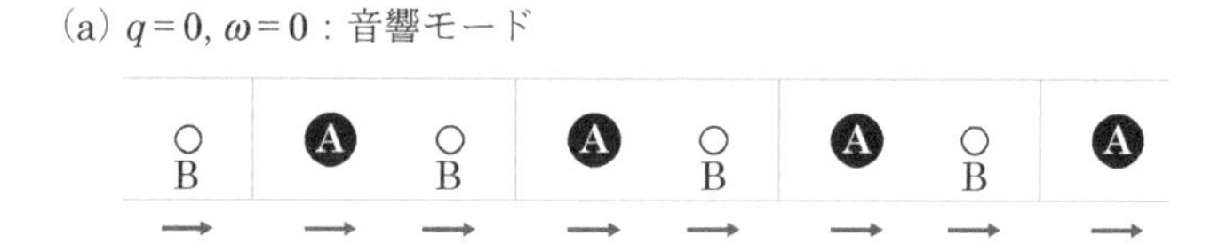

(b) $q=0, \omega=\sqrt{(K_1+K_2)\left(\dfrac{1}{M_A}+\dfrac{1}{M_B}\right)}$：光学モード

B A B A B A B A

図6.8　1次元2原子格子における振動

(a) $q=0$における音響モード，(b) $q=0$における光学モードの振動の様子。振動の方向のみを議論している。

$$u_j = A\exp[\mathrm{i}\{qja-\omega(q)t\}] \tag{6.10}$$

$$v_j = B\exp[\mathrm{i}\{qja-\omega(q)t\}] \tag{6.11}$$

とする。A, Bはそれぞれの振幅である。式(6.10), (6.11)のexp項の指数は共通であり，これらは単位胞の振動を表現している。式(6.10), (6.11)を式(6.8), (6.9)に代入すると

$$-M_A A\omega^2 = -K_1(A-B) - K_2[A-B\exp(-\mathrm{i}qa)] \tag{6.12}$$

$$-M_B B\omega^2 = -K_1(B-A) - K_2[B-A\exp(\mathrm{i}qa)] \tag{6.13}$$

となる。A, Bに関する行列式を解くことで

$$\omega^2 = \frac{1}{2}\left(\frac{1}{M_A}+\frac{1}{M_B}\right)(K_1+K_2) \pm\left[\frac{1}{4}\left(\frac{1}{M_A}+\frac{1}{M_B}\right)^2(K_1+K_2)^2-\frac{2K_1K_2}{M_1M_2}\{1-\cos(qa)\}\right]^{1/2} \tag{6.14}$$

が得られる。

波数$q=0$の極限では

$$\omega = \begin{cases} 0 & (6.15\mathrm{a}) \\ \left\{\left(\dfrac{1}{M_A}+\dfrac{1}{M_B}\right)(K_1+K_2)\right\}^{1/2} & (6.15\mathrm{b}) \end{cases}$$

が得られる。$q=0$で$\omega=0$になる振動を音響モードと呼ぶ。その振動は図6.8(a)に示すように，すべての単位胞が同じ方向に移動し，単位胞内部の原子A, Bも単位胞の移動方向と同一方向に移動する単なる平行移動である。これは$\omega=0$を式(6.12)に代入すると$A=B$となることからもわかる。もう1つの式(6.15b)で表されるモードは，図6.8(b)に

示すように単位胞は同じ方向に平行移動しているが，単位胞内の原子A, Bが反対方向に運動している振動であり，光学モードと呼ばれる。このことも式(6.15b)を式(6.13)に代入すると$B = -(M_A/M_B)A$となることからわかる。

波数$q = \pi/a$の極限でも2つの振動モードが現れる。この波数では隣り合う単位胞が反対方向に振動する。そのように振動している単位胞内で原子A, Bが同じ方向に振動している状態と原子A, Bが反対の方向に振動している状態が存在するためである。$q = \pi/a$での結果は少し複雑であるので，上で述べた原子変異を簡単な場合について確かめてみる。

第1の例として，原子A, Bは同一種で同じ質量を有しているが，バネ定数が異なる場合$(K_1 > K_2)$を考える。式(6.14)で$M_1 = M_2 = M$とおくと，$q = 0$においては

$$A = \begin{cases} B & (\omega = 0：音響モード) \quad (6.16a) \\ -B & \left(\omega = \left[\dfrac{2(K_1 + K_2)}{M}\right]^{1/2} 光学モード\right) \quad (6.16b) \end{cases}$$

となる。これらの振動の様子を図6.9(a), (b)に示すが，隣どうしの単位胞は同じ方向に移動している。また，$q = \pi/a$においては

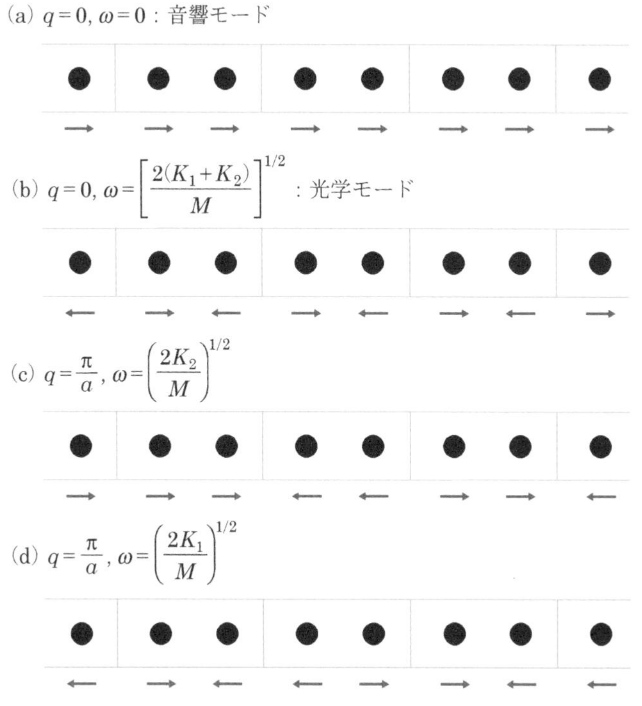

図6.9　1次元2原子格子の単位胞内の2原子は同じ質量であるがバネ定数が異なる場合$(K_1 > K_2)$の振動

(a) $q = 0$における音響モード，(b) $q = 0$における光学モード，(c) $q = \pi/a$における音響モード，(d) $q = \pi/a$における光学モードの振動の様子。振動の方向のみを議論している。

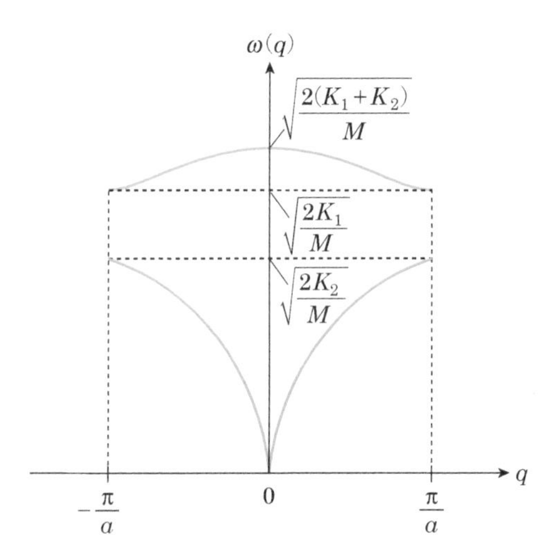

図6.10　1次元2原子格子の単位胞内の2原子は同じ質量であるがバネ定数が異なる場合($K_1>K_2$)の分散関係

$$A=\begin{cases} B & \left(\omega=\left(\dfrac{2K_2}{M}\right)^{1/2}\right) \quad (6.17\text{a}) \\ -B & \left(\omega=\left(\dfrac{2K_1}{M}\right)^{1/2}\right) \quad (6.17\text{b}) \end{cases}$$

となる。振動の様子を図6.9(c), (d)に示したが，隣どうしの単位胞は反対方向に振動している。このときの分散関係を図6.10に示した。

また，バネ定数は同じであるが単位胞内の原子A, Bの質量が異なる場合も考えられる。この場合には式(6.14)で $K_1=K_2=K$ とおいて $M_A>M_B$ とすると，$q=0$ においては

$$A=\begin{cases} B & (\omega=0:\text{音響モード}) \quad (6.18\text{a}) \\ -B & \left(\omega=\left[2K\left(\dfrac{1}{M_A}+\dfrac{1}{M_B}\right)\right]^{1/2}\text{光学モード}\right) \quad (6.18\text{b}) \end{cases}$$

となる。これらは図6.11(a), (b)に示すように，隣どうしの単位胞は同じ振動をしている。また，$q=\pi/a$ においては

$$\omega=\begin{cases} \left(\dfrac{2K}{M_A}\right)^{1/2} & (A=\text{不定},\ B=0) \quad (6.19\text{a}) \\ \left(\dfrac{2K}{M_B}\right)^{1/2} & (A=0,\ B=\text{不定}) \quad (6.19\text{b}) \end{cases}$$

となる。これらの振動では図6.11(c), (d)に示すように，隣どうしの単位胞の振動は逆転している。また，このときの分散関係を図6.12に示した。

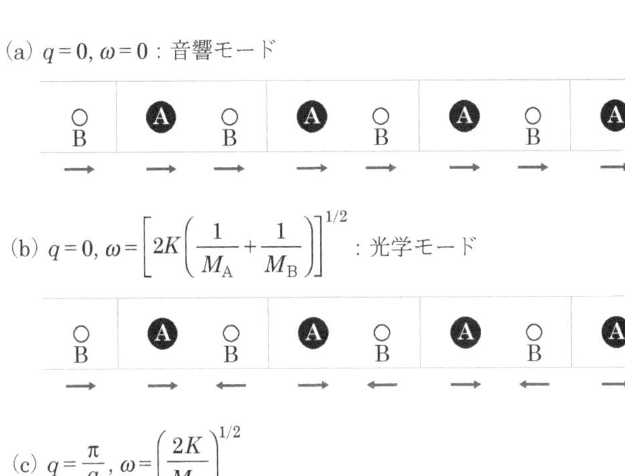

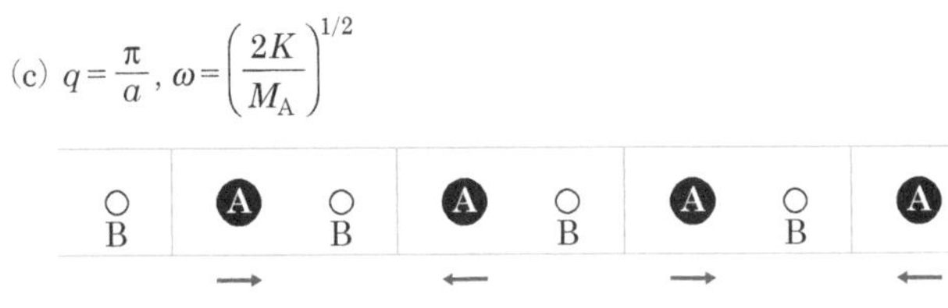

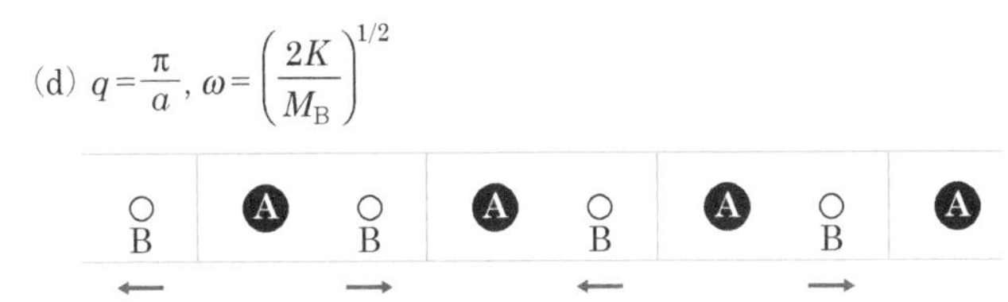

図6.11　1次元2原子格子のバネ定数は同じであるが単位胞内の2原子が異なる質量である場合の振動

(a) $q=0$における音響モード，(b) $q=0$における光学モード，(c) $q=\pi/a$における音響モード，(d) $q=\pi/a$における光学モード。振動の方向のみを議論している。

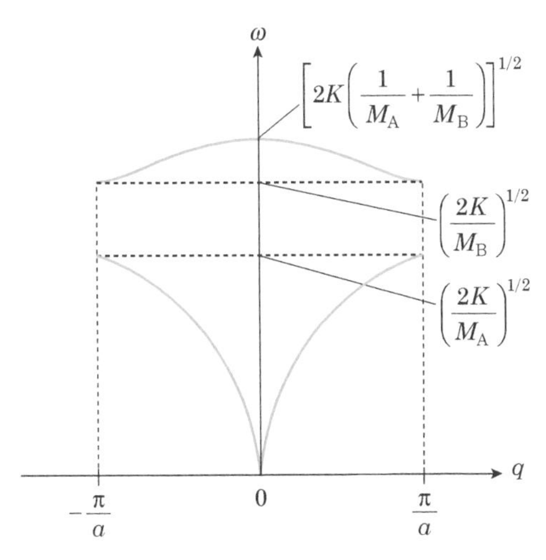

図6.12　単位胞内の2原子のバネ定数は同じ大きさであるが，質量が異なる場合($M_A>M_B$)の分散関係

6.4　3次元の格子振動

6.4.1　3次元単原子格子の格子振動

次に，3次元の単原子格子の格子振動について考える。波の進行方向を $\boldsymbol{q}$ とする。波の進行方向に変位する縦波(longitudal wave)と進行方向に対して垂直に変位する2種類の横波(transverse wave)が存在するため，式(6.3)などに対応する式は

$$\boldsymbol{u}_{\mathrm{l},j}=\boldsymbol{e}_{\mathrm{l}}\cdot A\exp[\mathrm{i}\{\boldsymbol{q}\cdot\boldsymbol{R}_j-\omega_{\mathrm{l}}(\boldsymbol{q})t\}] \tag{6.20}$$

$$\boldsymbol{u}_{\mathrm{t1},j}=\boldsymbol{e}_{\mathrm{t1}}\cdot A\exp[\mathrm{i}\{\boldsymbol{q}\cdot\boldsymbol{R}_j-\omega_{\mathrm{t1}}(\boldsymbol{q})t\}] \tag{6.21}$$

$$\boldsymbol{u}_{\mathrm{t2},j}=\boldsymbol{e}_{\mathrm{t2}}\cdot A\exp[\mathrm{i}\{\boldsymbol{q}\cdot\boldsymbol{R}_j-\omega_{\mathrm{t2}}(\boldsymbol{q})t\}] \tag{6.22}$$

と書ける。$\boldsymbol{R}_j$ は j 番目の単位胞の位置(原子位置)，$\boldsymbol{e}_{\mathrm{l}}$ は $\boldsymbol{q}$ に平行な単位ベクトル(縦波)，$\boldsymbol{e}_{\mathrm{t1}}$, $\boldsymbol{e}_{\mathrm{t2}}$ は $\boldsymbol{q}$ に垂直な2種類の単位ベクトル(横波)であり，$\boldsymbol{e}_{\mathrm{t1}}$ と $\boldsymbol{e}_{\mathrm{t2}}$ は直交している。また，$\omega_{\mathrm{l}}(\boldsymbol{q})$ は縦波，$\omega_{\mathrm{t1}}(\boldsymbol{q})$，$\omega_{\mathrm{t2}}(\boldsymbol{q})$ は横波の角振動数である。

縦波と横波の振動の様子は，一辺が a の正方形の2次元単位胞を考えると理解しやすい。波の進行方向を x 軸に平行であると仮定し，x–y 面内での原子振動を考えると，振動は図6.13(a), (b)のようになる。縦波(図6.13(a))と横波(図6.13(b))の顕著な相違点は，縦波は物質に密度の高い領域と低い領域を形成する疎密波であるのに対して，横波は疎密を形成しない。この相違点は，後述する電子−格子相互作用に対して大きな違いを生じる。

再度，3次元に戻ろう。振動モードは波数ベクトル $\boldsymbol{q}$ に対して縦波が1つと横波が2つ存在するため，一般的な $\boldsymbol{q}$ に対して3本の分散曲線が得られる。対称性が高い $\boldsymbol{q}$ の方向に対しては縮退が発生するが，周期的境界条件を考慮すると一般的な方向では $3N$ の振動モードが得られる。これは自由度3，単位胞数(原子数) N に対応している。波数 $\boldsymbol{q}=0$ で $\omega=0$ に漸近する振動モードは音響モードであり，光学モードは存在しない。

6.4.2　一般的な3次元結晶での格子振動

音響モードは波数 $\boldsymbol{q}=0$ で $\omega=0$ に漸近する振動モードであるが，これを実現するためには，すべての単位胞は同じ方向に移動したうえで，単位胞内のすべての原子も単位胞と同じ方向に移動する必要がある。これを実現できるのは，縦波1つと横波2つのみである。以上の考察から非常に有用な結論が得られる。

単位胞の数を N とし，単位胞内に M 個の原子が存在すると，全自由度は $3MN$ となる。ある波数 $\boldsymbol{q}$ に注目すると，図6.14に示すように $3M$ 本の分散曲線が存在するが，音響モードは3つしか存在できないた

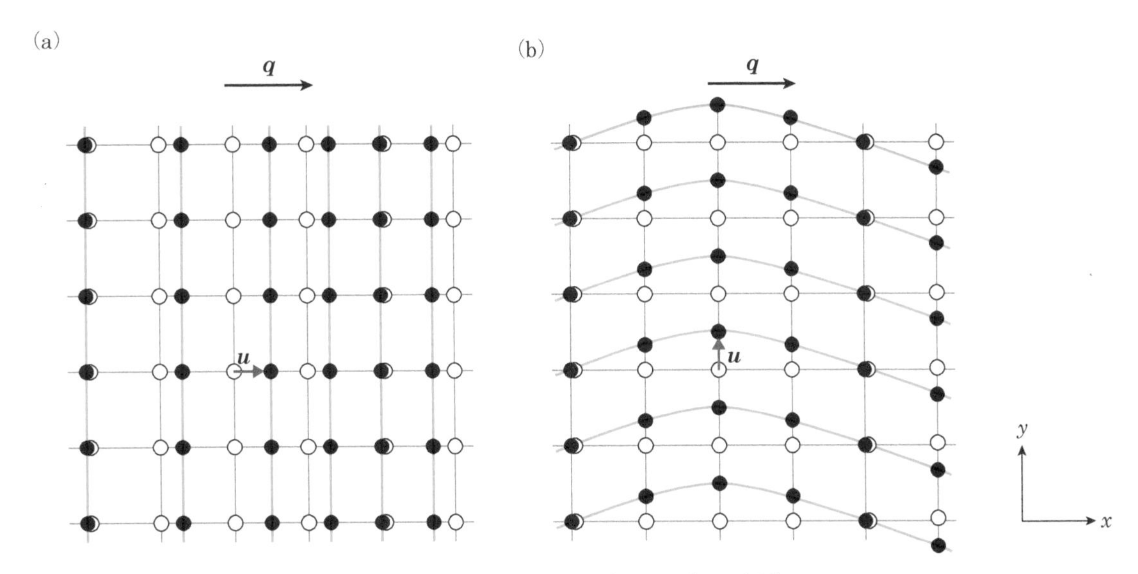

図6.13　1原子からなる2次元正方格子の振動
(a)縦波，(b)横波の振動の様子。波の波数ベクトルを$\boldsymbol{q}$としている。○は振動前の原子位置，●は振動後の原子位置。

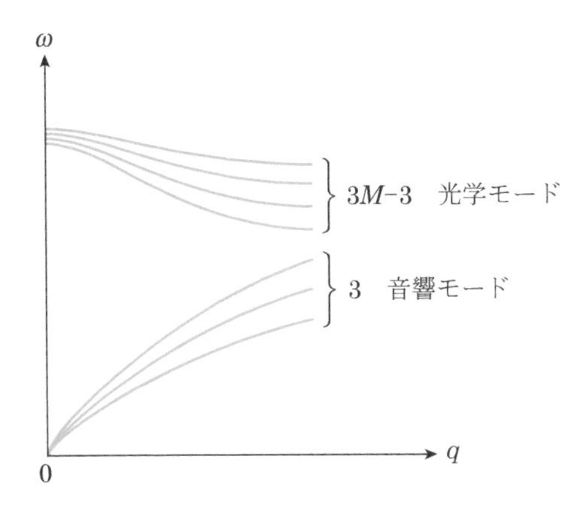

図6.14　単位胞内にM個の原子が存在する3次元物質における格子振動の分散関係

め，光学モードの分散曲線は$3M-3$本になる。もちろん対称性が高い$\boldsymbol{q}$では縮退が生じうる。

ダイヤモンド構造や閃亜鉛鉱構造の半導体では単位胞内に2個の原子が存在するため，一般の波数$\boldsymbol{q}$に対して6本の分散曲線が存在するが，3本は$\boldsymbol{q}=0$で$\omega(\boldsymbol{q})=0$になる音響モード，3本は$\boldsymbol{q}=0$で$\omega(\boldsymbol{q})\neq 0$になる光学モードとなる。例として，SiとGaAsのΓ点からX点に向かう分散関係を図6.15に示す。TA(横型の音響モード)，TO(横型の光学モード)は2重に縮退している。GaAsは原子の質量が重いためにSiよりも振動数が小さくなっている。

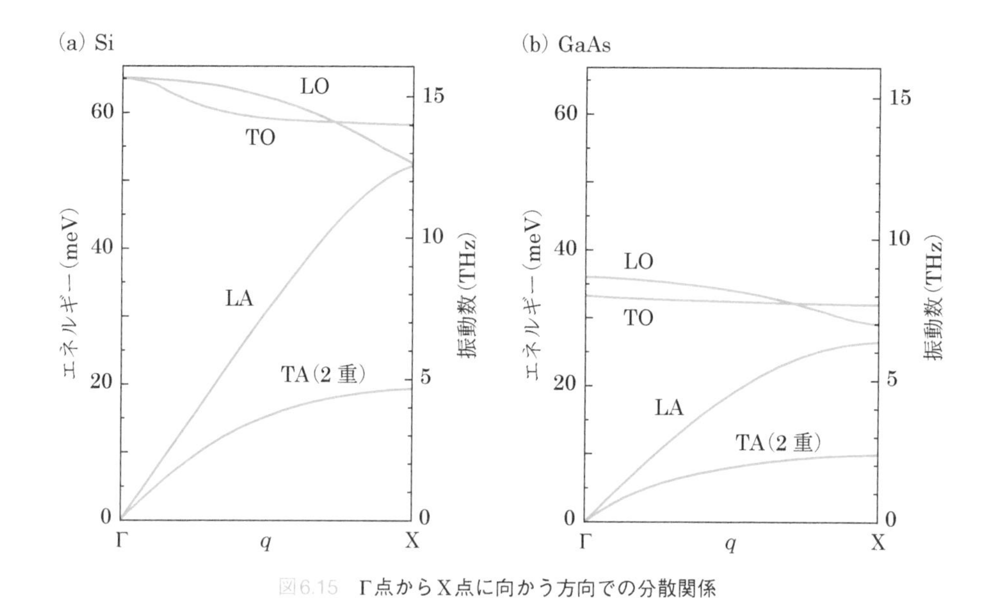

図6.15　Γ点からX点に向かう方向での分散関係
(a) Si，(b) GaAs。
[J. H. Davies著，樺沢宇紀 訳，低次元半導体の物理，シュプリンガー・フェアラーク東京(2004)より改変]

6.5　フォノン

6.5.1　1次元単原子格子の格子振動と調和振動子*1

*1　小林浩一，化学者のための電気伝導入門，裳華房(1989)を参考にしている。

単原子格子の1つの格子点を $\boldsymbol{r}_j$，その点での変位を $\boldsymbol{u}_j$ とする。有限の温度ではいろいろな振動モードが存在しているはずであるから，ある時刻 t の j における原子変位は，いろいろな振動モードの重ね合わせで表現でき，

$$\boldsymbol{u}(\boldsymbol{r}_j)=\frac{1}{\sqrt{N}}\sum_{\boldsymbol{q}}\boldsymbol{e}_{\boldsymbol{q}}\left[A_{\boldsymbol{q}}\exp[\mathrm{i}\{\boldsymbol{q}\cdot\boldsymbol{r}_j-\omega(\boldsymbol{q})t\}]+A_{\boldsymbol{q}}^{*}\exp[-\mathrm{i}\{\boldsymbol{q}\cdot\boldsymbol{r}_j-\omega(\boldsymbol{q})t\}]\right] \tag{6.23}$$

と書ける。$\boldsymbol{q}$ は波数ベクトルであり，$\boldsymbol{e}_{\boldsymbol{q}}$ は波の変位の方向を表す単位ベクトルである。すなわち，$\boldsymbol{q}/\!/\boldsymbol{e}_{\boldsymbol{q}}$ であれば縦波であり，$\boldsymbol{q}\perp\boldsymbol{e}_{\boldsymbol{q}}$ であれば横波である。$A_{\boldsymbol{q}}$ は波数 $\boldsymbol{q}$ の波の変位の大きさ(振幅)であり，角振動数は波数の関数であるので $\omega(\boldsymbol{q})$ と書いた。原子の変位は実数であるために第2項を加え，虚数項を削除している。また，式(6.23)の $(1/N)^{1/2}$ は後に説明する。

ここでも簡単化のために1次元から議論を始めよう。このときには原子の変位方向は原子の並びの方向に限定される。すなわち，存在できる波は縦波のみであるため，原子の変位の方向のベクトルを省略し，変位を u_j，座標を x_j と書き換え，角振動数を ω_q と表記すると

$$u_j=\frac{1}{\sqrt{N}}\sum_q[A_q\exp[\mathrm{i}(qx_j-\omega_q t)]+A_q^*\exp[-\mathrm{i}(qx_j-\omega_q t)]] \tag{6.24}$$

と書ける。原子の質量をMとすると，運動エネルギーは$K=(1/2)M\sum_j(\mathrm{d}u_j/\mathrm{d}t)^2$であるから

$$T=\frac{M}{2N}\sum_j\left\{\sum_q[-\mathrm{i}\omega_q A_q\exp[\mathrm{i}(qx_j-\omega_q t)]+\mathrm{i}\omega_q A_q^*\exp[-\mathrm{i}(qx_j-\omega_q t)]]\right.$$
$$\left.\times\sum_{q'}[-\mathrm{i}\omega_{q'}A_{q'}\exp[\mathrm{i}(q'x_j-\omega_{q'}t)]+\mathrm{i}\omega_{q'}A_{q'}^*\exp[-\mathrm{i}(q'x_j-\omega_{q'}t)]]\right\} \tag{6.25}$$

となる。ここで，波数qは周期的境界条件$q=2\pi n/L$（$L=Na$, aは単位胞の大きさであり，このモデルでは格子間隔に相当する）の関係を満足している。また, $x_j=aj$と書けることに注意すると, 上記のかけ算を行った際に出てくる$\sum_j\exp[\mathrm{i}(q+q')x_j]$の項は

$$\begin{aligned}\sum_j\exp[\mathrm{i}(q+q')x_j]&=\sum_j\exp\left[\mathrm{i}(n+n')\frac{2\pi aj}{Na}\right]\\&=\sum_j\exp\left[\mathrm{i}(n+n')\frac{2\pi j}{N}\right]=N\delta_{n,-n}\end{aligned} \tag{6.26}$$

となる。ここで，分散関係から$\omega_q=\omega_{-q}$であることに注意する。これらの関係を用いると

$$T=\frac{M}{2}\sum_q{\omega_q}^2\left\{A_qA_q^*+A_q^*A_q-A_qA_{-q}\exp(-2\mathrm{i}\omega_q t)\right.$$
$$\left.-A_q^*A_{-q}^*\exp(2\mathrm{i}\omega_q t)\right\} \tag{6.27}$$

となる。

次に，ポテンシャルエネルギーUを計算する。バネ定数をKとすると

$$U=\frac{K}{2}\sum_j(u_{j+1}-u_j)^2 \tag{6.28}$$

と書ける。これに式(6.24)を代入して計算すると

$$\begin{aligned}U&=\frac{K}{2}\sum_q[\exp(\mathrm{i}qa)-1][\exp(-\mathrm{i}qa)-1]\\&\quad\left\{A_qA_q^*+A_q^*A_q+A_qA_{-q}\exp(-2\mathrm{i}\omega_q t)+A_q^*A_{-q}^*\exp(2\mathrm{i}\omega_q t)\right\}\\&=\sum_q\frac{M{\omega_q}^2}{2}\left\{A_qA_q^*+A_q^*A_q+A_qA_{-q}\exp(-2\mathrm{i}\omega_q t)\right.\\&\quad\left.+A_q^*A_{-q}^*\exp(2\mathrm{i}\omega_q t)\right\}\end{aligned} \tag{6.29}$$

となる。したがって，全エネルギー$\mathcal{E}=T+U$は

$$\mathcal{E}=T+U=\sum_q M{\omega_q}^2(A_qA_q^*+A_q^*A_q) \tag{6.30}$$

と書ける[*2]。全エネルギーは時間に依存せずに保存されているはずで

＊2　詳しい計算については，先にあげた小林浩一，化学者のための電気伝導入門，裳華房(1989)を参考にされたい。

あり，式(6.30)の中には時間に依存する因子は含まれていない。

ここで式(6.30)について再度考えてみる。波数 q のエネルギーは $M\omega_q{}^2(A_qA_q^* + A_q^*A_q)$ であり，波数 q は N 個あるので，式(6.30)が示すように波数 q に対して N 個を足し合わせたものが全エネルギーである。式(6.30)を導くためには，式(6.23)，(6.24)に係数 $(1/N)^{1/2}$ がなければならない。ここで次のように定義される新しい座標 Q_q を導入する。

$$Q_q = A_q \exp(-\mathrm{i}\omega_q t) + A_q^* \exp(\mathrm{i}\omega_q t) \tag{6.31}$$

この座標系に対する運動量 P_q は

$$P_q = M\frac{\mathrm{d}Q_q}{\mathrm{d}t} = -\mathrm{i}\omega_q MA_q \exp(-\mathrm{i}\omega_q t) + \mathrm{i}\omega_q MA_q^* \exp(\mathrm{i}\omega_q t) \tag{6.32}$$

となる。いま，エネルギーに相当する $\mathcal{E}_q$ を考えると

$$\mathcal{E}_q = \frac{P_q{}^2}{2M} + \frac{M\omega_q{}^2 Q_q{}^2}{2} = M\omega_q{}^2(A_qA_q^* + A_q^*A_q) \tag{6.33}$$

となる。したがって，全エネルギーは

$$\mathcal{E} = \sum_q \mathcal{E}_q = \sum_q \left(\frac{P_q{}^2}{2M} + \frac{M\omega_q{}^2 Q_q{}^2}{2} \right) \tag{6.34}$$

となる。これは単原子格子の格子振動の全エネルギーは独立な調和振動子の集まりとして記述できることを意味している。

6.5.2　格子振動の量子化

格子振動を量子化したものをフォノン(phonon)という。6.5.1 項は古典力学に基づく表現であるが，量子力学に移行するために $P_q = -\mathrm{i}\hbar\partial/\partial Q_q$ と $[Q_q, P_{q'}] = \mathrm{i}\hbar\delta_{q,q'}$ の交換関係を導入する。式(6.34)に対応する量子力学的ハミルトニアンは

$$\mathcal{H} = \sum_q \left(-\frac{\hbar^2}{2M}\frac{\partial^2}{\partial Q_q{}^2} + \frac{M\omega_q{}^2 Q_q{}^2}{2} \right) \tag{6.35}$$

となる。式(6.35)の括弧の中は 1 次元調和振動子のシュレーディンガー方程式である。調和振動子のシュレーディンガー方程式を解くには複雑な数式を必要とするため，ここでは概略のみを示すことにする。質量 M の粒子は $M\omega_q{}^2 Q^2/2$ のポテンシャルの中を運動するわけであるから，粒子はこのポテンシャルの中に存在する。すなわち，波動関数はこのポテンシャルの中に存在する。したがって，このポテンシャルの外では概ね指数関数的に 0 に向かって減衰する。また，高いエネルギー状態は波動関数の波長が短いはずであるが，これは原子が激しく振動しているとみなすこともできる。さらに，波動関数の 2 乗(存在確率)は原点に対して左右対称のはずであるから，波動関数は原点に対して対称または反対称である。さらに，粒子が静止していると不確定性原理から運動量が大きくなるから，波長が長い波が基底状態になっているはずである。

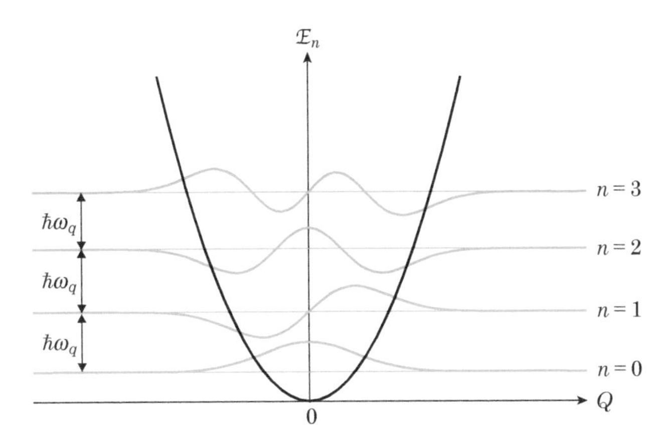

図6.16　バネにつながれている粒子の振動の量子準位と波動関数

波動関数の一例を図6.16に示す。このときのエネルギーは $\mathcal{E}_n = (n+1/2)\hbar\omega_q$ になることが知られている。最低エネルギーの状態は $n=0$ のときであり，その値は $\hbar\omega_q/2$ であって0ではない。これは先に述べた不確定性原理に起因している。エネルギーの表記 $\mathcal{E}_n = (n+1/2)\hbar\omega_q$ は $\hbar\omega_q$ の粒子が n 個あるとみなすことができる。

式(6.35)に戻ると全エネルギーは

$$\mathcal{E} = \sum_q \left(n_q + \frac{1}{2} \right) \hbar\omega_q \quad (n_q = 0, 1, 2, \cdots) \tag{6.36}$$

と書ける。いま，P_q, Q_q から作られる新しい演算子である

$$a_q = \left(\frac{1}{2\hbar\omega_q M} \right)^{1/2} (M\omega_q Q_q + \mathrm{i}P_q) \quad \text{（消滅演算子）} \tag{6.37}$$

$$a_q^+ = \left(\frac{1}{2\hbar\omega_q M} \right)^{1/2} (M\omega_q Q_q - \mathrm{i}P_q) \quad \text{（生成演算子）} \tag{6.38}$$

を定義すると，式(6.36)は

$$\mathcal{E} = \sum_q \left(\frac{\hbar\omega_q}{2} \right) (a_q a_q^+ + a_q^+ a_q) = \sum_q \hbar\omega_q \left(a_q^+ a_q + \frac{1}{2} \right) \tag{6.39}$$

と書ける。なお，この計算を行う際は，$[Q_q, P_{q'}] = \mathrm{i}\hbar\delta_{q,q'}$ の交換関係を使っている。式(6.36)と式(6.39)を比較すると $a_q^+ a_q$ は n_q に対応していることがわかる。調和振動子の量子力学を思い出してもらうと，n は1粒子あたり $\hbar\omega$ というエネルギーをもった粒子の数と等価であった。したがって，$a_q^+ a_q$ は $\hbar\omega_q$ のエネルギーを有する波数 q の粒子の数を表している。

ここで A_q を a_q を使って表現することを考える。式(6.32)と式(6.37)，(6.38)を比較すると

$$A_q \exp(-\mathrm{i}\omega_q t) = \left(\frac{\hbar}{2M\omega_q} \right)^{1/2} a_q \tag{6.40}$$

$$A_q^+ \exp(\mathrm{i}\omega_q t) = \left(\frac{\hbar}{2M\omega_q} \right)^{1/2} a_q^+ \tag{6.41}$$

から

$$u_j = \sum_q \left(\frac{\hbar}{2MN\omega_q} \right)^{1/2} [a_q \exp(\mathrm{i}qx_j) + a_q^+ \exp(-\mathrm{i}qx_j)] \quad (6.42)$$

となる。3 次元に拡張すると

$$\boldsymbol{u}(\boldsymbol{r}) = \sum_{\boldsymbol{q}} \boldsymbol{e}_{\boldsymbol{q}} \left(\frac{\hbar}{2MN\omega_{\boldsymbol{q}}} \right)^{1/2} [a_{\boldsymbol{q}} \exp(\mathrm{i}\boldsymbol{q}\cdot\boldsymbol{r}) + a_{\boldsymbol{q}}^+ \exp(-\mathrm{i}\boldsymbol{q}\cdot\boldsymbol{r})] \quad (6.43)$$

である。すなわち，変位は演算子で表されることを示している。なお，消滅演算子，生成演算子は次の性質を満足していることを付記しておく。

$$a^+|n\rangle = \sqrt{n+1}\,|n+1\rangle \quad (6.44)$$

$$a|n\rangle = \sqrt{n}\,|n-1\rangle \quad (6.45)$$

$$aa^+ - a^+a = 1 \quad (6.46)$$

式(6.46)は $[Q_q, P_{q'}] = \mathrm{i}\hbar\delta_{q,q'}$ の交換関係を反映した結果である。

6.6　格子比熱

ここでは，単原子格子の格子振動の比熱について考える。有限温度 T の下で古典統計力学の等分配定理に従うと，1 次元では 1 つの原子の振動のエネルギーは，運動エネルギーについて $k_BT/2$，ポテンシャルエネルギーについて $k_BT/2$ に等分配される。3 次元では自由度が 3 であり，単位体積あたりの単位胞の数(原子数)を N とすると，内部エネルギー $\mathcal{E}$ は

$$\mathcal{E}(T) = 3N\left(\frac{k_BT}{2} + \frac{k_BT}{2} \right) = 3Nk_BT \quad (6.47)$$

となる。温度 T から温度 $T+\Delta T$ に上昇した際の内部エネルギーの変化は

$$\Delta\mathcal{E}(T) = \mathcal{E}(T+\Delta T) - \mathcal{E}(T) = 3Nk_B\Delta T \quad (6.48)$$

であるので，(定積)比熱は

$$C(T) = \frac{\Delta\mathcal{E}(T)}{\Delta T} = 3Nk_B \quad (6.49)$$

となる。ここで，N を 1 モルにすると比熱は物質や温度によらず 25 J K^{-1} mol^{-1} という一定の値になる。表 6.1 は室温における実験値を示しているが，理論値と非常に良く一致している(デュロン-プティの法則)。しかし，理論値と実験値は，低温になると一致しない。

表6.1　25°Cにおけるモル比較

固　体	モル比熱 (J K^{-1} mol^{-1})
金(Au)	25.4
銀(Ag)	25.5
銅(Cu)	24.5
鉄(Fe)	25.0

低温において比熱の実験値と理論値が比較的一致するモデルとしてアインシュタイン・モデルがある。このモデルでは波数 q と無関係に原子は一定の振動数 ω で振動していると仮定している。先に述べたように原子の振動は量子化されており，

$$\mathcal{E}_n = \left(n + \frac{1}{2} \right)\hbar\omega \quad (6.50)$$

の関係により不連続の値をとる。低温で比熱が $3Nk_B$ からずれる理由を簡単に説明する。温度が十分に高く $k_BT \gg \hbar\omega$ の関係が成立していると，高いエネルギー状態で原子が振動しているため，式(6.50)のようにエネルギーが離散的に分布していることを感じない。この場合は古典統計力学的な取り扱いが許される。したがって，比熱は $3Nk_B$ となる。しかし，低温で $k_BT \approx \hbar\omega$ の場合には，エネルギーが離散的である影響を受け始める。$\hbar\omega \gg k_BT$ では熱エネルギーを吸収することで励起状態に遷移できないため，内部エネルギーは増加できない。したがって，比熱は0になる。

簡単な計算をしてみよう。統計力学に従うと，ある温度 T の下でエネルギー $\mathcal{E}_n$ をとる確率 P_n は

$$P_n \propto \exp\left(-\frac{\mathcal{E}_n}{k_BT}\right) = \exp(-\beta\mathcal{E}_n) \tag{6.51}$$

で表される。ここで，$\beta = 1/(k_BT)$ である。この関係は前にも述べたようにボルツマン分布と呼ばれ，比較的イメージしやすい。例えば，あるエネルギー $\mathcal{E}_n$ を考えよう。極低温($T \approx 0$)では熱エネルギーが小さいために，エネルギー $\mathcal{E}_n$ の状態をとりうる確率は0に近い。これは $\exp(-\beta\mathcal{E}_n) \approx 0$ に対応している。一方，高温では，大きな熱エネルギーを受け取り，$\mathcal{E}_n$ のエネルギー状態を占有することが可能となる。これは $\exp(-\beta\mathcal{E}_n)$ が有限の値になることに対応している。

さて，式(6.51)は比例定数を A とおけば

$$P_n = A\exp(-\beta\mathcal{E}_n) \tag{6.52}$$

である。すべて状態の確率を足し合わせると $1(\sum_n P_n = 1)$ になるはずであるから A が求まり，ある温度 T において $\mathcal{E}_n$ をとる確率 P_n は

$$P_n = \frac{\exp(-\beta\mathcal{E}_n)}{\sum_n \exp(-\beta\mathcal{E}_n)} \tag{6.53}$$

と表される。n はさまざまな状態をとりうるが，平均のエネルギーは

$$\langle\mathcal{E}\rangle = \sum_n \mathcal{E}_n P_n \tag{6.54}$$

で計算できる。数列を使って計算するか，あるいは統計力学の便利な公式を使って計算すると

$$\langle\mathcal{E}\rangle = \left\{\frac{1}{2} + \frac{1}{\exp(\hbar\omega/k_BT) - 1}\right\}\hbar\omega = \left(\frac{1}{2} + \langle n\rangle\right)\hbar\omega \tag{6.55}$$

と求まる。第1項の $\hbar\omega/2$ は式(6.50)の右辺第2項に関係し，温度に依存しないために必ず残る。これはゼロ点振動に起因した基底状態のエネルギーである。第2項より

$$\langle n\rangle = \frac{1}{\exp(\hbar\omega/k_BT) - 1} \tag{6.56}$$

となる。式(6.55)は，$\hbar\omega \gg k_BT$ において $\langle\mathcal{E}\rangle = \hbar\omega/2$ となって比熱は0

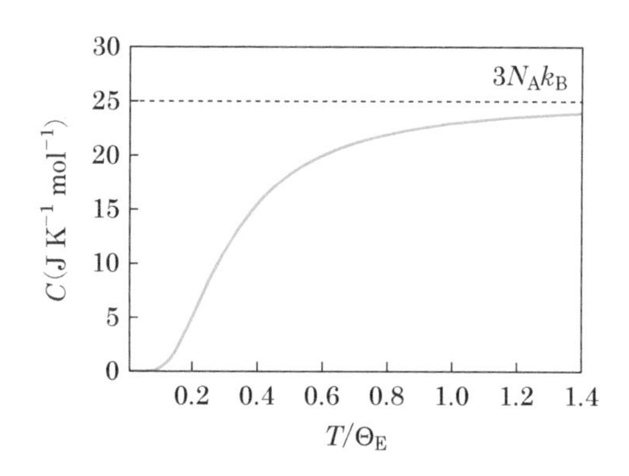

図6.17　アインシュタイン・モデルでの格子振動比熱の温度変化

となる。一方，$\hbar\omega \ll k_{\mathrm{B}}T$ では，$\exp[\hbar\omega/(k_{\mathrm{B}}T)]$ を展開して計算を進めると，$\langle\mathcal{E}\rangle = k_{\mathrm{B}}T$ となる。したがって，比熱は $3Nk_{\mathrm{B}}$ である。中間温度では少し複雑な式で表現されるが，ここでは省略する。すなわち，比熱は図6.17に示すように変化する。なお，この図では $\hbar\omega = k_{\mathrm{B}}\Theta_{\mathrm{E}}$（$\Theta_{\mathrm{E}}$ はアインシュタイン温度）としている。

以上の議論で重要なポイントは，高温とは何か，低温とは何かという視点である。格子振動におけるアインシュタイン・モデルでは，$k_{\mathrm{B}}T$ が量子化されたエネルギー $\hbar\omega$ に対して大きいか，小さいかということであった。ここでは格子振動を取り上げたので，比較するエネルギーの対象は格子振動のエネルギー $\hbar\omega$ であったが，ある特徴的な物理現象があった場合，その現象を特徴づけるエネルギーよりも $k_{\mathrm{B}}T$ の方が大きければ高温であり，$k_{\mathrm{B}}T$ の方が小さければ低温である。高温・低温は絶対温度が何度以上・以下という視点で決まるわけではない*3。

*3　長岡洋介，低温・超伝導・高温超伝導，丸善(1995)

比熱に話を戻すと，アインシュタイン・モデルでは $\hbar\omega$ という一定の値で振動していると仮定した。これは光学モードの分散関係の特徴である。したがって，アインシュタイン・モデルは光学モードに対して良い近似になっているとみなすことができる。

一方，低温における比熱の実験値の温度依存性は T^3 に比例した緩やかな変化を示すことが知られている。この違いは次のように説明される。格子振動の分散関係が示すように長波長の音響モードの波（波数 $q \approx 0$）の角振動数は小さいわけであるから，低温になっても $\hbar\omega(q) \ll k_{\mathrm{B}}T$ の関係を満足する波が存在しうる。このような場合には緩慢な温度変化を示す。

ここで再び単原子格子の格子振動を考える。波数 q，波の種類 s（縦波，横波）に対応して角振動数 $\omega_s(q)$ で振動しているので，格子振動による全エネルギーは，単位体積あたり

$$\mathcal{E} = \frac{1}{V}\sum_{q,s}\left(n_{q,s} + \frac{1}{2}\right)\hbar\omega_s(q) \tag{6.57}$$

となる。$n_{q,s}$ は $n_{q,s} = 1/\{\exp[\hbar\omega_s(q)/(k_{\mathrm{B}}T)] - 1\}$ である。したがって，エネルギーは

$$\mathcal{E}=\frac{1}{V}\sum_{q,s}\frac{\hbar\omega_s(q)}{\exp[\hbar\omega_s(q)/(k_\mathrm{B}T)]-1} \tag{6.58}$$

で計算できるが，具体的な計算を進めるためには $\omega_s(q)$ の関係を知る必要がある[*4]。デバイのモデルでは，$\omega_s(q)$ の関係として音響モードにおける $q\approx 0$ の関係である $\omega_s=v_s q$ を採用している。詳細な計算は固体物理学の教科書を参照していただきたいが，低温において実験結果と一致する T^3 に比例する比熱が得られることが知られている。仮に，単位胞内に複数の原子が存在し，光学モードが存在していたとしても，図 6.15 の Si や GaAs の分散関係が示すように，光学モードは数百 K（Si の光学モードは約 700 K）に相当する高いエネルギーを有しているので，極低温では励起されない。したがって，極低温の比熱には光学モードは寄与しないと考えられる。

＊4　1/2 の係数は温度に無関係であるので無視している。

❖ 章末問題

6.1　不活性ガス He は低温においても常圧では固体にならない。低温で固体になるための条件を不確定性原理から求めなさい。

6.2　グラフェンは単位胞に同種の 2 原子を含む 2 次元物質である。しかし，格子振動に関する実験結果では 6 本の分散曲線を示すことが知られている。この結果は何を意味するかについて考えなさい。

第7章 キャリアの輸送現象

7.1 オームの法則

電子を古典的な粒子と考えてオームの法則を導きだすことが本節の目的である。よく知られているように，オームの法則は，電圧 V，電流 I，抵抗 R の間に

$$V = I \times R \tag{7.1}$$

の関係があるというものである。もう少し具体的なパラメータを使うと

$$V = I \times \frac{\rho L}{S} \tag{7.2}$$

である。ρ は電気の流しにくさを表す電気抵抗率，L は物質の長さ，S は断面積である。$\sigma = 1/\rho$ は電気伝導率（電気伝導度）と呼ばれる電流の流れやすさを表すパラメータである。

半導体内部の $-x$ 方向に一様に形成された大きさ E の電場により，半導体内部の電子が力を受けて運動したとしよう。単純に運動方程式を書くと

$$m_{\mathrm{e}}^{*}\frac{\mathrm{d}v}{\mathrm{d}t} = (-e)(-E) = eE \tag{7.3}$$

となる。$-e(e>0)$ は電子の電荷量である。また，m_{e}^{*} は電子の有効質量である。この運動方程式を解くと電子の速度は時間とともに大きくなる。

ここで電流の基本的な単位となる電流密度を定義しておく。電流密度 j は単位時間に単位面積を通過する電気量で定義されるが，これを式で表すと

$$j = (-e)nv \tag{7.4}$$

となる。v は電子の速度，n は電子の密度である。この数式の意味は図 7.1 を参考にすると理解できる。単位体積を有する立方体が速度 v で運動していると，単位時間あたりに単位面積を通過する立方体の個数は v 個である。1 つの単位体積の立方体の中には n 個の粒子が入っているので，単位時間に単位面積を通過する粒子数は nv 個である。1 つ 1 つの粒子が $-e$ の電荷を有しているので，単位時間に単位面積を通過する電気量は $(-e)nv$ となる。

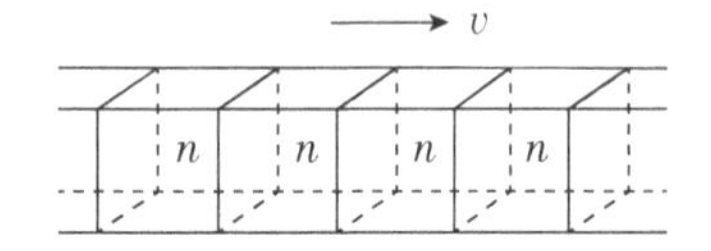

図 7.1 単位体積あたりに n 個の粒子を含む立方体を利用した電流密度の考え方

さて，元に戻って式(7.3)の運動方程式が正しいとすると，電子の速

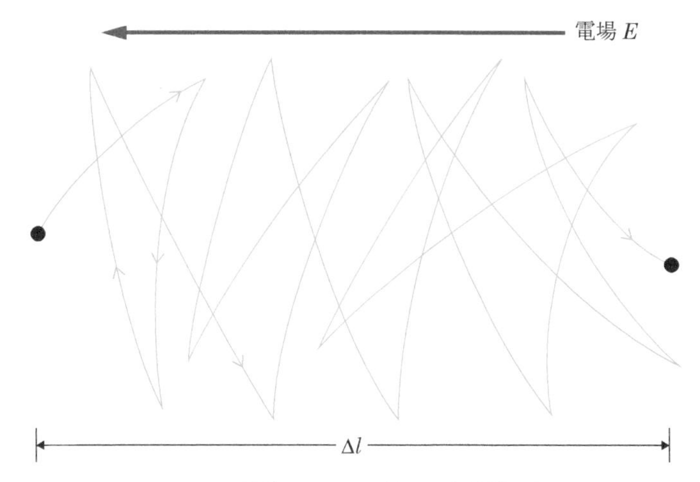

図7.2　電場下における電子の運動(散乱)
電子は格子振動や不純物によって散乱され，運動方向を変えながらも，電場の方向へ少しずつ移動する。

度は時間とともに大きくなるため,電流密度も時間とともに大きくなる。しかし，読者の方は実験などでこのような現象に出会ったことはないであろう。では，上記の考え方のどこに問題があるのであろうか。それは散乱が考慮されていないことである。電子は格子振動や不純物によって散乱され，運動方向を変えながら図 7.2 のような運動をしている。すなわち，電場からの力を常に受けるために散乱されながらも少しずつ移動していく。Δt の間に Δl だけ動いたとすると，このときの速度は

$$v_\mathrm{d} = \frac{\Delta l}{\Delta t} \tag{7.5}$$

で与えられる。この速度は散乱と次に受ける散乱の間に電子が有している速度とは明らかに異なる。このように散乱を受けながら電場の方向に移動する速度を**ドリフト速度**と呼ぶ。この現象は空から降ってくる雨と類似している。雨粒は地上に到達するときには肉眼で観察される程度の速度しか有していない。これは空気の抵抗があるためであり，速度が大きくなりつづけることはなく，ある一定の速度に落ち着く。

雨粒の落下に関する運動方程式を参考にして電場中の運動方程式を書き直すと

$$m_\mathrm{e}^* \frac{\mathrm{d}v_\mathrm{d}}{\mathrm{d}t} = eE - \frac{m_\mathrm{e}^*}{\tau} v_\mathrm{d} \tag{7.6}$$

となる。右辺の第 2 項は左辺と次元を合わせるために m_e^*/τ を係数として導入している。τ は時間の次元を有し，緩和時間と呼ばれる。最終的に実現される定常状態では左辺は 0 であるから

$$v_\mathrm{d} = \frac{e\tau}{m_\mathrm{e}^*} E = \mu E \tag{7.7}$$

が得られる。$\mu = e\tau/m_\mathrm{e}^*$ は**移動度**(mobility)と呼ばれる。分母に m_e^* があるのは，質量が軽ければ電場に起因する力により加速されやすく，分子

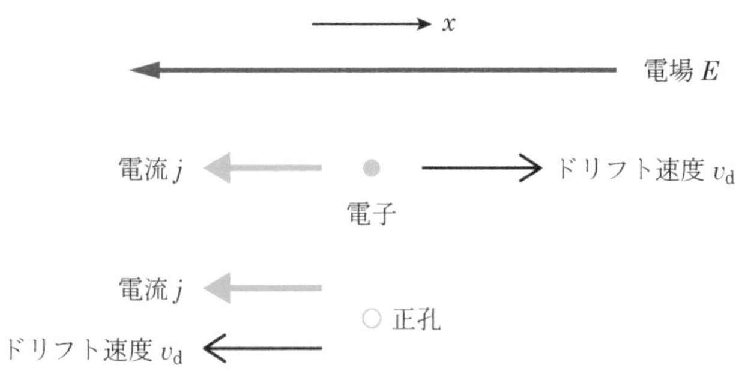

図7.3　電子と正孔のドリフト速度および電流の方向

に緩和時間 τ があるのは，τ が長ければ，散乱から散乱までの時間が長くなり（散乱頻度が少なくなり），電場による力を有効に受けるために電場方向の速度が大きくなることによる。また，E が大きければ電子を引っ張る力が大きいために速度は大きくなる。

式(7.7)を使うと電流密度は

$$j = (-e)nv_d = -\frac{ne^2\tau}{m_e^*}E = -ne\mu E = -\sigma E \tag{7.8}$$

と書くことができ，電流は $-x$ 方向に流れる。σ は電気伝導度であるので，移動度が大きい物質，電子の密度が高い物質は多くの電流を流せることを示している[*1]。考えている物質が断面積 S，長さ L を有し，外部電源電圧 V に接続されているとき，電場 E の大きさは $E=V/L$ であり，$I=j\times S$ であるから

*1　電場は $-x$ 方向に加わっている。

$$\begin{aligned} I &= -\sigma E\times S = -\sigma\times\frac{V}{L}\times S = -\frac{1}{\rho}\times\frac{S}{L}\times V \\ &= -\frac{1}{R}\times V \end{aligned} \tag{7.9}$$

となりオームの法則が導かれる。ここで，$R=\rho\times L/S$ とおいた。

ここまでは電子のみを考えたが，正孔も存在していると仮定する。正孔のドリフト速度は図7.3のように電子と反対向きである。しかし，電荷が電子と反対であるため電流密度は図7.3のように電子と同じ向きになる。したがって，電子と正孔が共存した場合には，全電流値はそれぞれを足し合わせることで

$$\begin{aligned} j &= n_e(-e)v_{d,e} + n_h(+e)(-v_{d,h}) = n_e(-e)\mu_e E + n_h(+e)(-\mu_h E) \\ &= \left(-\frac{n_e e^2\tau_e}{m_e^*} - \frac{n_h e^2\tau_h}{m_h^*}\right)E \\ &= -\sigma E \end{aligned} \tag{7.10}$$

となる。ここで，$\sigma = n_e e^2\tau_e/m_e^* + n_h e^2\tau_h/m_h^* (>0)$ である。

7.2 ホール効果

この節では，半導体のキャリア濃度や移動度を求める重要な実験手段であるホール効果について説明する。実験のセットアップを図 7.4 に示す。電流の方向とキャリアの流れの方向が同じである正孔を考えるとわかりやすいので，一般的に p 型の半導体を利用して説明する場合が多い。本書でも p 型の半導体を仮定する。

図 7.4 のような長さ L・幅 W・高さ H を有する直方体の p 型半導体試料を考える。また，座標軸を図中のように設定する。$\boldsymbol{B}$ は外部磁場であり，z 軸方向を向いているとする。電流を流すための電場は x 軸方向を向いている。正孔のドリフト速度を $\boldsymbol{v}_{\mathrm{d,h}}$ とするとローレンツ力 $\boldsymbol{F}$ は

$$\boldsymbol{F} = e(\boldsymbol{v}_{\mathrm{d,h}} \times \boldsymbol{B}) \tag{7.11}$$

と書ける。ここで，×は外積である。この力の大きさは $ev_{\mathrm{d,h}}B$ であり，$-y$ 方向を向く。したがって，ドリフト速度 $\boldsymbol{v}_{\mathrm{d,h}}$ で運動している正孔は $-y$ 方向に曲げられる。この結果，$-y$ の面には正の電荷が溜まる。一方，反対の $+y$ の面には負の電荷が発生する。$+y$ の面は負の電荷を有するアクセプターがあらわになっていると考えれば理解しやすい。重要な点は電気的中性条件が成立していることである。これにより y 軸方向には電圧が発生する。この電圧はホール電圧 V_{H} と呼ばれ，電圧計で計測可能である*2。

*2 ホール電圧の名は，正孔(hole)ではなく，発見者である米国の物理学者 Edwin Herbert Hall (1855～1938) にちなんでいる。

さて，いつまでも正孔は $-y$ 面に溜まり続けるであろうか。ローレンツ力はドリフト速度で運動している個々の正孔に対し，常に同じ大きさで働いている。一方，電荷が溜まり続けると $+y$ 方向に発生する電場（ホール電場 E_{H}）は増加し続け，正孔を $+y$ 方向に押し戻す力が増加する。最終的にローレンツ力とホール電場から受ける力がバランスした状態でつり合うはずである。両者の力はバランスしているので正孔は x 軸方向に平行にドリフト運動することになる。このとき，ローレンツ力＝ホール電場の力の関係が成立するため，

$$ev_{\mathrm{d,h}}B = eE_{\mathrm{H}} \tag{7.12}$$

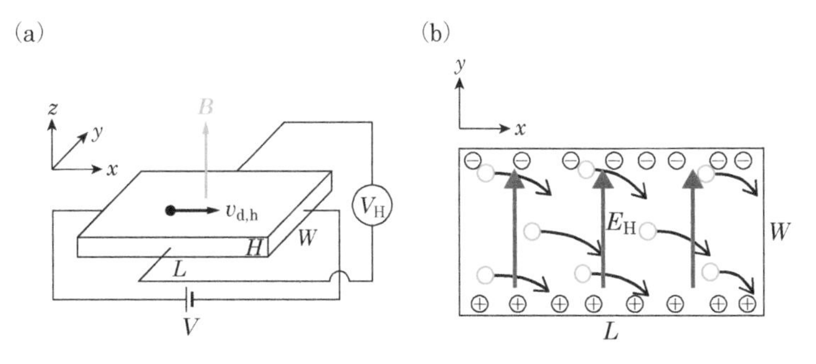

図 7.4 ホール効果
(a) ホール効果の測定のための実験配置，(b) ホール効果の原理。

となる。さらに書き換えると

$$e\mu_{\mathrm{h}}\frac{V}{L}B=\frac{eV_{\mathrm{H}}}{W} \tag{7.13}$$

から

$$\mu_{\mathrm{h}}=\frac{LV_{\mathrm{H}}}{VBW} \tag{7.14}$$

となる。右辺はマクロな物理量の組み合わせであり，これらからミクロな移動度という物理量を求めることができる。電流密度は

$$j=en_{\mathrm{h}}v_{\mathrm{d,h}}=en_{\mathrm{h}}\mu_{\mathrm{h}}E=en_{\mathrm{h}}\mu_{\mathrm{h}}\frac{V}{L} \tag{7.15}$$

となるので，電流 I は $I=j\times S=j\times(WH)=en_{\mathrm{h}}\mu_{\mathrm{h}}(V/L)(WH)$ となる。式(7.14)を用いると

$$R_{\mathrm{H}}=\frac{1}{en_{\mathrm{h}}}=\frac{V_{\mathrm{H}}H}{BI}=\frac{E_{\mathrm{H}}}{Bj} \tag{7.16}$$

と書ける。$R_{\mathrm{H}}=1/(en_{\mathrm{h}})$ をホール係数と呼ぶ。ここでもマクロな物理量の組み合わせからキャリア(正孔)密度 n_{h} が求まることがわかる。また，キャリア(正孔)移動度 μ_{h} は $\mu_{\mathrm{h}}=R_{\mathrm{H}}\sigma$ とも書き換えられる。σ は抵抗 R と $R=1/\sigma\times(L/S)$ の関係にあるため，観測可能なマクロな物理量から求まる。加えて，先に述べたように R_{H} もマクロな物理量から観測可能である。このようにマクロな観測量の組み合わせからミクロな物理量である移動度が求まることにホール効果の大きな特徴がある。

上記で求めた解は直感的に理解しやすいが単純化しすぎている。本来，正孔に働く力 $\boldsymbol{F}$ は

$$\boldsymbol{F}=e(\boldsymbol{E}+\boldsymbol{v}_{\mathrm{d,h}}\times\boldsymbol{B}) \tag{7.17}$$

と書かれるべきである*3。そこで正孔を粒子とし，運動方程式に戻って

*3　$e>0$ である。

$$m_{\mathrm{h}}^{*}\frac{\mathrm{d}\boldsymbol{v}_{\mathrm{d,h}}}{\mathrm{d}t}=\boldsymbol{F}-\frac{m_{\mathrm{h}}^{*}}{\tau}\times\boldsymbol{v}_{\mathrm{d,h}} \tag{7.18}$$

と書くことにする。定常状態では $\mathrm{d}\boldsymbol{v}_{\mathrm{d,h}}/\mathrm{d}t=0$ であるので

$$\boldsymbol{v}_{\mathrm{d,h}}=\frac{\tau e}{m_{\mathrm{h}}^{*}}(\boldsymbol{E}+\boldsymbol{v}_{\mathrm{d,h}}\times\boldsymbol{B}) \tag{7.19}$$

となる。この式から $\boldsymbol{v}_{\mathrm{d,h}}$ の各成分を求めると次のようになる。

$$v_{\mathrm{d,h},x}=\frac{1}{1+(\omega_{\mathrm{c}}\tau)^2}\left(\frac{e\tau}{m_{\mathrm{h}}^{*}}\right)E_x+\frac{\omega_{\mathrm{c}}\tau}{1+(\omega_{\mathrm{c}}\tau)^2}\left(\frac{e\tau}{m_{\mathrm{h}}^{*}}\right)E_y \tag{7.20}$$

$$v_{\mathrm{d,h},y}=-\frac{\omega_{\mathrm{c}}\tau}{1+(\omega_{\mathrm{c}}\tau)^2}\left(\frac{e\tau}{m_{\mathrm{h}}^{*}}\right)E_x+\frac{1}{1+(\omega_{\mathrm{c}}\tau)^2}\left(\frac{e\tau}{m_{\mathrm{h}}^{*}}\right)E_y \tag{7.21}$$

$$v_{\mathrm{d,h},z}=\left(\frac{e\tau}{m_{\mathrm{h}}^{*}}\right)E_z \tag{7.22}$$

ここで，$\omega_{\mathrm{c}}=eB/m_{\mathrm{h}}^{*}$ はサイクロトロン周波数である。$\omega_{\mathrm{c}}\tau\gg1$ であれば $\tau/T\gg1$ となり，緩和時間内に何回も周回運動(周回運動の面内で見れば単振動)を完成できることを意味している。いま，電場は x 軸方向の

みに加わっており，まったく散乱が無い($\tau=\infty$)と仮定すると $v_{\mathrm{d,h},x}=0$, $v_{\mathrm{d,h},y}=-E/B$ となる。これは式(4.66)のドリフト速度と一致している。

一般的に電流密度は $\boldsymbol{j}=en_{\mathrm{h}}\boldsymbol{v}_{\mathrm{d,h}}$ であるので各成分は次のようになる。

$$j_{\mathrm{d,h},x}=en_{\mathrm{h}}v_{\mathrm{d,h},x}=\frac{1}{1+(\omega_{\mathrm{c}}\tau)^2}\left(\frac{n_{\mathrm{h}}e^2\tau}{m_{\mathrm{h}}^*}\right)E_x+\frac{\omega_{\mathrm{c}}\tau}{1+(\omega_{\mathrm{c}}\tau)^2}\left(\frac{n_{\mathrm{h}}e^2\tau}{m_{\mathrm{h}}^*}\right)E_y \tag{7.23}$$

$$j_{\mathrm{d,h},y}=en_{\mathrm{h}}v_{\mathrm{d,h},y}=-\frac{\omega_{\mathrm{c}}\tau}{1+(\omega_{\mathrm{c}}\tau)^2}\left(\frac{n_{\mathrm{h}}e^2\tau}{m_{\mathrm{h}}^*}\right)E_x+\frac{1}{1+(\omega_{\mathrm{c}}\tau)^2}\left(\frac{n_{\mathrm{h}}e^2\tau}{m_{\mathrm{h}}^*}\right)E_y \tag{7.24}$$

$$j_{\mathrm{d,h},z}=en_{\mathrm{h}}v_{\mathrm{d,h},z}=\left(\frac{n_{\mathrm{h}}e^2\tau}{m_{\mathrm{h}}^*}\right)E_z \tag{7.25}$$

となる。これをテンソルで表現すると

$$\begin{bmatrix} \dfrac{\sigma_0}{1+(\omega_{\mathrm{c}}\tau)^2} & \dfrac{\omega_{\mathrm{c}}\tau\sigma_0}{1+(\omega_{\mathrm{c}}\tau)^2} & 0 \\ -\dfrac{\omega_{\mathrm{c}}\tau\sigma_0}{1+(\omega_{\mathrm{c}}\tau)^2} & \dfrac{\sigma_0}{1+(\omega_{\mathrm{c}}\tau)^2} & 0 \\ 0 & 0 & \sigma_0 \end{bmatrix} \tag{7.26}$$

となり，各成分は

$$\sigma_{xx}=\sigma_{yy}=\frac{\sigma_0}{1+(\omega_{\mathrm{c}}\tau)^2} \tag{7.27}$$

$$\sigma_{yx}=-\sigma_{xy}=-\frac{\omega_{\mathrm{c}}\tau\sigma_0}{1+(\omega_{\mathrm{c}}\tau)^2} \tag{7.28}$$

$$\sigma_{zz}=\sigma_0 \tag{7.29}$$

となる。ここで，$\sigma_0=n_{\mathrm{h}}e^2\tau/m_{\mathrm{h}}^*$である。ホール電圧を測定するために電流を y 方向に流さないようにすると，$j_y=0$ から $\omega_{\mathrm{c}}\tau E_x=E_y$ となる。これを j_x に代入すると

$$j_x=en_{\mathrm{h}}v_{\mathrm{d,h},x}=\sigma_0 E_x \tag{7.30}$$

となる。

ここで半導体内部の電場の方向について考える。y 軸方向にはホール電場 E_y, x 軸方向には電流を流すための電場 E_x が存在するため，半導体内部の電場は x 軸，y 軸に対して傾きを有しているはずである。E_x と E_y がなす角度はホール角 θ_{H} と呼ばれる。したがって，電場の方向，電流の方向は図 7.5 のようになっており，

$$\tan\theta_{\mathrm{H}}=\frac{E_y}{E_x}=\omega_{\mathrm{c}}\tau=\mu B \tag{7.31}$$

となる。

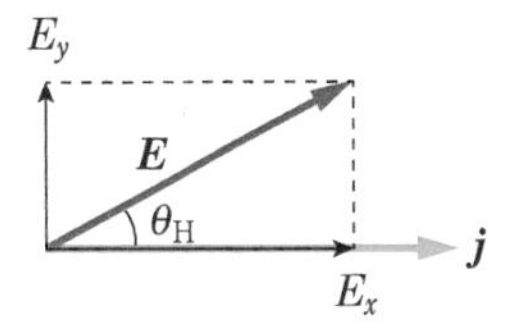

図7.5 ホール角 θ_{H}

7.3　移動度の温度依存性

ここでは格子振動散乱とイオン化不純物散乱に起因する移動度の温度依存性について簡単な考察を行う。いま，キャリアが速度 v で運動しているとする。この速度は，散乱から次の散乱までの間にキャリアが運動する速度であり，ドリフト速度ではない。散乱断面積を σ とする。また，単位体積あたりの散乱体の密度を N，緩和時間を τ とする。平均自由行程 l を $l=v\tau$ とすると緩和時間 τ は

$$N\sigma l = N\sigma v\tau = 1 \tag{7.32}$$

の関係を満たす。この関係は図 7.6 のようにキャリアの運動方向に対して垂直に設置されたスクリーンに散乱体を投影したとき，散乱体が単位面積を隙間なく埋めつくす条件である。この条件が満たされれば，キャリアは緩和時間内に必ず散乱を受けるはずである。

この関係を格子振動散乱の温度依存性に適用する。格子振動散乱の場合には，温度の上昇とともに原子は激しく振動するため，緩和時間は温度ともに減少すると期待される。古典統計が許される高温領域では，$KA^2 \propto k_B T$ と簡単化できる。ここで，A は原子の振動の振幅，K はバネ定数である。原子の振動の振幅の 2 乗は散乱断面積に比例すると考えてよいため，散乱断面積は T に比例する。一方，非縮退の半導体におけるキャリアの速度については，運動エネルギー $\propto k_B T$ の関係があり，全体として $\tau \propto T^{-3/2}$，したがって移動度 $\mu \propto T^{-3/2}$ の関係が成立する。なお，金属のような電子縮退系においては，電子の速度はフェルミ速度に従い温度とは無関係であるから，$\tau \propto T^{-1}$ の関係が成立する。

また，フォノンの考え方に従うと，温度上昇にともない格子振動が活発になることはフォノン数が増えること，すなわち散乱体の数が増えることを意味する。ボーズーアインシュタイン統計に従うとフォノン数は

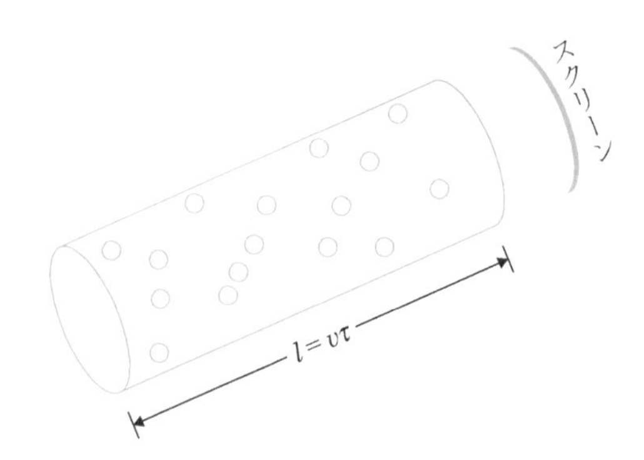

図7.6　散乱の簡単なモデル

○は散乱断面積 σ を有する散乱体。単位体積あたりに N 個の散乱体が存在すると仮定する。
［御子柴宣夫，半導体の物理，培風館(1982)を参考に作図］

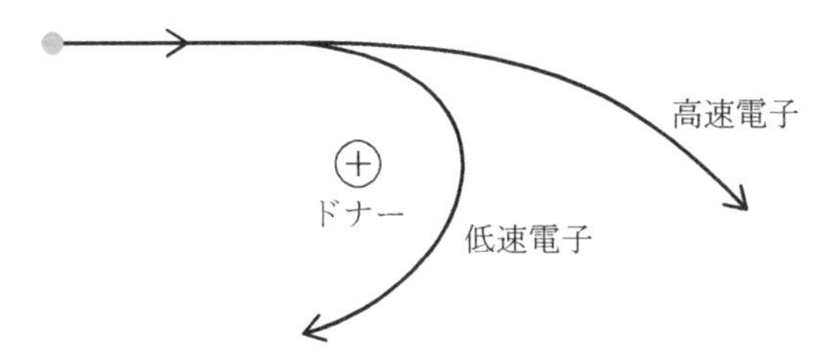

図7.7　イオン化した不純物による散乱

$$N_{\boldsymbol{q}}=\frac{1}{\exp[\hbar\omega(\boldsymbol{q})/(k_{\mathrm{B}}T)]-1} \tag{7.33}$$

と表現されるため，高温領域では $N_{\boldsymbol{q}}=k_{\mathrm{B}}T/\{\hbar\omega(\boldsymbol{q})\}$ であり，半導体のような非縮退系においては式(7.32)から $\tau\propto T^{-3/2}$ の結果が得られる。

次にドナーを例にとり，図7.7に示すドナー，すなわちイオン化した不純物による散乱の場合について考えてみよう。電子がドナーの近傍を通過したとき，電子の速度が小さいと正の電荷をもつドナーからのクーロン力を長時間にわたって受けるため，軌道は大きく曲げられる。逆に，電子の速度が大きいとドナーのクーロン引力を受ける時間は短くなり，電子の軌道が曲げられる程度は小さくなる。したがって，温度が高い(電子の熱速度が大きい)ほど，電子は散乱されにくいと考えられる。結果として，移動度は温度の上昇とともに，$\mu\propto T^{3/2}$ で大きくなる。これらの量子力学的な取り扱いについては後述する。

7.4　ボルツマン方程式

7.4.1　ボルツマン方程式

ここでボルツマン方程式について触れておく。電子の状態が波数 $\boldsymbol{k}$，座標 $\boldsymbol{r}$ の位相空間で指定されるとする。位相空間のある微小領域 $\Delta\boldsymbol{k}\Delta\boldsymbol{r}$ に注目しよう。ある時刻 t において，波数 $\boldsymbol{k}$，位置 $\boldsymbol{r}$ の微小領域 $\Delta\boldsymbol{k}\Delta\boldsymbol{r}$ に存在する電子の数は分布関数 $f(\boldsymbol{k},\boldsymbol{r},t)$ を用いて $f(\boldsymbol{k},\boldsymbol{r},t)\Delta\boldsymbol{k}\Delta\boldsymbol{r}$ と書けるものとする。また，電子は運動方程式に従って運動すると仮定する。さらに，電子が一切散乱を受けることが無いと仮定すると，運動方程式に従って運動した結果，$t+\Delta t$ の時刻において，波数は $\boldsymbol{k}\to\boldsymbol{k}+\Delta\boldsymbol{k}$，位置は $\boldsymbol{r}\to\boldsymbol{r}+\Delta\boldsymbol{r}$ に変化するはずであり

$$f(\boldsymbol{k}+\Delta\boldsymbol{k},\boldsymbol{r}+\Delta\boldsymbol{r},t+\Delta t)=f(\boldsymbol{k},\boldsymbol{r},t) \tag{7.34}$$

が成立する。分布関数の時間変化は，外力や濃度勾配に基づく流れの変化(ドリフト)と散乱によって他の状態に遷移，あるいは他の状態から散乱によって遷移してきた成分(散乱)の和として表現できる。すなわち，

$$\frac{\partial f}{\partial t}=\left(\frac{\partial f}{\partial t}\right)_{\text{ドリフト}}+\left(\frac{\partial f}{\partial t}\right)_{\text{散乱}} \tag{7.35}$$

となる。なお，ここでは電子が発生したり，消滅したりすることはないと仮定している。半導体内部においては，このような現象が生じることは認識しておくべきである。例えば，突然バンドギャップ以上のエネルギーを有する光を照射して電子－正孔対を発生させたり，突然光照射を止め，電子－正孔対が再結合して消滅する場合がこれに相当する。いまは，このような状況下にはないものとしている。

$f(\boldsymbol{k}+\Delta\boldsymbol{k}, \boldsymbol{r}+\Delta\boldsymbol{r}, t+\Delta t)-f(\boldsymbol{k}, \boldsymbol{r}, t)$ の値がゼロでないのであれば，その原因は散乱項によると考えることができる。すなわち，

$$f(\boldsymbol{k}+\Delta\boldsymbol{k},\boldsymbol{r}+\Delta\boldsymbol{r},t+\Delta t)-f(\boldsymbol{k},\boldsymbol{r},t)=\left(\frac{\partial f}{\partial t}\right)_{\text{散乱}}\Delta t \tag{7.36}$$

が成立する。$\Delta\boldsymbol{k}$, $\Delta\boldsymbol{r}$, Δt が小さいとして，左辺第1項を展開すると

$$\left(\frac{\partial f}{\partial \boldsymbol{k}}\right)\Delta\boldsymbol{k}+\left(\frac{\partial f}{\partial \boldsymbol{r}}\right)\Delta\boldsymbol{r}+\left(\frac{\partial f}{\partial t}\right)\Delta t=\left(\frac{\partial f}{\partial t}\right)_{\text{散乱}}\Delta t \tag{7.37}$$

$$\left(\frac{\partial f}{\partial \boldsymbol{k}}\right)\frac{\boldsymbol{F}}{\hbar}+\left(\frac{\partial f}{\partial \boldsymbol{r}}\right)\boldsymbol{v}_{\mathrm{g}}+\left(\frac{\partial f}{\partial t}\right)=\left(\frac{\partial f}{\partial t}\right)_{\text{散乱}} \tag{7.38}$$

となる。ここで，$\Delta\boldsymbol{k}/\Delta t$ については波数空間における運動方程式 $\Delta\boldsymbol{k}/\Delta t=\boldsymbol{F}/\hbar$ を用いた。また，$\Delta\boldsymbol{r}/\Delta t$ は速度 $\boldsymbol{v}$ であるが，波数 $\boldsymbol{k}$ の状態の電子の速度は群速度で与えられることから $\boldsymbol{v}=\boldsymbol{v}_{\mathrm{g}}(\boldsymbol{k})=(1/\hbar)\,\mathrm{grad}_{\boldsymbol{k}}\mathcal{E}(\boldsymbol{k})$ と書けることに注意されたい。また，式(7.35)，(7.38)から

$$-\left(\frac{\partial f}{\partial \boldsymbol{k}}\right)\frac{\boldsymbol{F}}{\hbar}-\left(\frac{\partial f}{\partial \boldsymbol{r}}\right)\boldsymbol{v}_{\mathrm{g}}(\boldsymbol{k})=\left(\frac{\partial f}{\partial t}\right)_{\text{ドリフト}} \tag{7.39}$$

と書ける。

式(7.38)の右辺にある $(\partial f/\partial t)_{\text{散乱}}$ はどのように考えればよいだろうか。いま，状態 $\boldsymbol{k}$ にある電子が状態 $\boldsymbol{k}'$ に遷移すると $\boldsymbol{k}$ を占める電子数は減少する。一方，状態 $\boldsymbol{k}'$ にあった電子が状態 $\boldsymbol{k}$ に遷移すれば $\boldsymbol{k}$ の電子の数は増える。$\boldsymbol{k}$ の電子が $\boldsymbol{k}'$ に遷移する確率を $W(\boldsymbol{k}', \boldsymbol{k})$ と書くことにすると*4

*4　他の多くの教科書と表記が異なるため，注意されたい。

$$\left(\frac{\partial f}{\partial t}\right)_{\text{散乱}}=-\sum_{\boldsymbol{k}'}W(\boldsymbol{k}',\boldsymbol{k})f(\boldsymbol{k})\{1-f(\boldsymbol{k}')\}+\sum_{\boldsymbol{k}'}W(\boldsymbol{k},\boldsymbol{k}')f(\boldsymbol{k}')\{1-f(\boldsymbol{k})\} \tag{7.40}$$

となる。上式右辺の第1項は $\boldsymbol{k}$ から $\boldsymbol{k}'$ に遷移する過程を示しているが，状態 $\boldsymbol{k}$ に電子が存在することが必要である。また，電子が遷移する先である $\boldsymbol{k}'$ の状態に空席がなければならない。このことから $f(\boldsymbol{k})\{1-f(\boldsymbol{k}')\}$ の因子が付加されている。これと類似の考え方が第2項に当てはまる。

熱平衡状態では $(\partial f^{(0)}/\partial t)_{\text{散乱}}=0$ であるから

$$0=\sum_{\boldsymbol{k}'}\left[-W(\boldsymbol{k}',\boldsymbol{k})f^{(0)}(\boldsymbol{k})\{1-f^{(0)}(\boldsymbol{k}')\}+W(\boldsymbol{k},\boldsymbol{k}')f^{(0)}(\boldsymbol{k}')\{1-f^{(0)}(\boldsymbol{k})\}\right] \tag{7.41}$$

が成立する。$f^{(0)}(\boldsymbol{k})$ は熱平衡状態の分布関数である。ここで半導体のようにボルツマン分布で与えられ，電子密度が低い系では $f^{(0)}(\boldsymbol{k})\ll 1$, $f^{(0)}(\boldsymbol{k}')\ll 1$ のように考えると，式(7.41)から

$$W(\boldsymbol{k}',\boldsymbol{k})f^{(0)}(\boldsymbol{k})=W(\boldsymbol{k},\boldsymbol{k}')f^{(0)}(\boldsymbol{k}') \tag{7.42}$$

が成立する。この関係を詳細平衡の定理と呼ぶ。

いま，外力が小さく，$f(\boldsymbol{k})=f^{(0)}(\boldsymbol{k})+g(\boldsymbol{k})$と書けるとする。ここで，$f^{(0)}(\boldsymbol{k})\gg g(\boldsymbol{k})$である。また，散乱によるエネルギー変化は小さいと仮定して，$\boldsymbol{k}\approx\boldsymbol{k}'$, $f^{(0)}(\boldsymbol{k})\approx f^{(0)}(\boldsymbol{k}')$, $\mathcal{E}(\boldsymbol{k})\approx\mathcal{E}(\boldsymbol{k}')$と近似する。式(7.42)を使うと式(7.40)は

$$\begin{aligned}\left(\frac{\partial f(\boldsymbol{k})}{\partial t}\right)_{\text{散乱}}&=\left(\frac{\partial g(\boldsymbol{k})}{\partial t}\right)_{\text{散乱}}\approx\sum_{\boldsymbol{k}'}\{-W(\boldsymbol{k}',\boldsymbol{k})g(\boldsymbol{k})+W(\boldsymbol{k},\boldsymbol{k}')g(\boldsymbol{k}')\}\\&=-\sum_{\boldsymbol{k}'}W(\boldsymbol{k}',\boldsymbol{k})[g(\boldsymbol{k})-\{W(\boldsymbol{k},\boldsymbol{k}')/W(\boldsymbol{k}',\boldsymbol{k})\}\times g(\boldsymbol{k}')]\\&\approx-g(\boldsymbol{k})\sum_{\boldsymbol{k}'}W(\boldsymbol{k}',\boldsymbol{k})[1-\{f^{(0)}(\boldsymbol{k})/f^{(0)}(\boldsymbol{k}')\}\times\{g(\boldsymbol{k}')/g(\boldsymbol{k})\}]\\&\approx-g(\boldsymbol{k})\sum_{\boldsymbol{k}'}W(\boldsymbol{k}',\boldsymbol{k})\{1-g(\boldsymbol{k}')/g(\boldsymbol{k})\}\\&=-\frac{g(\boldsymbol{k})}{\tau(\boldsymbol{k})}=-\frac{f(\boldsymbol{k})-f^{(0)}(\boldsymbol{k})}{\tau(\boldsymbol{k})}\end{aligned} \tag{7.43}$$

となる。ここで，

$$\frac{1}{\tau(\boldsymbol{k})}=\sum_{\boldsymbol{k}'}W(\boldsymbol{k}',\boldsymbol{k})\{1-g(\boldsymbol{k}')/g(\boldsymbol{k})\} \tag{7.44}$$

である。

ここで，$\tau(\boldsymbol{k})$の意味を考えてみよう。いま，空間分布はないものとする。すなわち，$\partial f/\partial \boldsymbol{r}=0$とする。突然，外場$\boldsymbol{F}$が取り除かれたとすると，式(7.38)および式(7.43)から

$$\frac{\partial f(\boldsymbol{k})}{\partial t}=-\frac{f(\boldsymbol{k})-f^{(0)}(\boldsymbol{k})}{\tau(\boldsymbol{k})} \tag{7.45}$$

と書ける。最終的には熱平衡状態に戻っていくはずであるから，この微分方程式の解は

$$f(\boldsymbol{k})=f^{(0)}(\boldsymbol{k})+g(\boldsymbol{k})\exp\left[-\frac{t}{\tau(\boldsymbol{k})}\right] \tag{7.46}$$

と書くことができ，$\tau(\boldsymbol{k})$は分布が熱平衡状態に戻っていく時間的な目安であることがわかる。この時間を緩和時間と呼ぶ。熱平衡状態に戻っていくプロセスは散乱によるわけであるから$\tau(\boldsymbol{k})$は散乱に関する時間を表していると考えることができる。

定常状態では，式(7.38)において$\partial f/\partial t=0$の関係が成立するから，式(7.43)を使うと

$$\frac{\partial f}{\partial \boldsymbol{k}}\frac{\boldsymbol{F}}{\hbar}+\frac{\partial f}{\partial \boldsymbol{r}}\boldsymbol{v}_{\mathrm{g}}(\boldsymbol{k})=-\frac{f(\boldsymbol{k})-f^{(0)}(\boldsymbol{k})}{\tau(\boldsymbol{k})} \tag{7.47}$$

が成立する。このような近似を緩和時間近似と呼ぶ。

7.4.2　電気伝導度

ここでは，ボルツマン方程式を使って電気伝導度を求める。ただし，

電子の空間的な分布はない，すなわち $\partial f/\partial \boldsymbol{r}=\boldsymbol{0}$ とする。また，電場 $\boldsymbol{E}$ のみが物質内に存在すると仮定する。電子に働く力 $\boldsymbol{F}=(-e)\boldsymbol{E}(e>0)$ の関係が成立する。この式を代入すると

$$\frac{\partial f(\boldsymbol{k})}{\partial \boldsymbol{k}}\left(-\frac{e\boldsymbol{E}}{\hbar}\right)=-\frac{f(\boldsymbol{k})-f^{(0)}(\boldsymbol{k})}{\tau(\boldsymbol{k})} \tag{7.48}$$

より

$$f(\boldsymbol{k})=f^{(0)}(\boldsymbol{k})+e\tau(\boldsymbol{k})\frac{\partial f(\boldsymbol{k})}{\partial \boldsymbol{k}}\frac{\boldsymbol{E}}{\hbar} \tag{7.49}$$

が得られる。ここで，$f(\boldsymbol{k})$ は $f^{(0)}(\boldsymbol{k})$ からわずかにずれたものであると仮定すると

$$f(\boldsymbol{k})=f^{(0)}(\boldsymbol{k})+e\tau(\boldsymbol{k})\frac{\partial f^{(0)}(\boldsymbol{k})}{\partial \boldsymbol{k}}\frac{\boldsymbol{E}}{\hbar} \tag{7.50}$$

と近似できる。これを少し変形して

$$f(\boldsymbol{k})=f^{(0)}(\boldsymbol{k})+\frac{1}{\hbar}\left(\frac{\partial \mathcal{E}}{\partial \boldsymbol{k}}\right)e\tau(\boldsymbol{k})\left[\frac{\partial f^{(0)}(\boldsymbol{k})}{\partial \mathcal{E}}\right]\boldsymbol{E} \tag{7.51}$$

と書くと

$$f(\boldsymbol{k})=f^{(0)}(\boldsymbol{k})+\boldsymbol{v}_{\mathrm{g}}(\boldsymbol{k})e\tau(\boldsymbol{k})\left[\frac{\partial f^{(0)}(\boldsymbol{k})}{\partial \mathcal{E}}\right]\boldsymbol{E} \tag{7.52}$$

が得られる。いま，x 軸方向に大きさ E_x の電場が働いているとすると

$$f(\boldsymbol{k})=f^{(0)}(\boldsymbol{k})+v_{\mathrm{g},x}(\boldsymbol{k})e\tau(\boldsymbol{k})\left[\frac{\partial f^{(0)}(\boldsymbol{k})}{\partial \mathcal{E}}\right]E_x \tag{7.53}$$

となる。電子は等方的な有効質量を有し，$\mathcal{E}(\boldsymbol{k})=\hbar^2\boldsymbol{k}^2/(2m_{\mathrm{e}}^*)$ の関係を有すると仮定し，式(7.53)右辺の第2項が $g(\boldsymbol{k})$ であることを考慮すると，緩和時間 $\tau(\boldsymbol{k})$ は

$$\begin{aligned}\frac{1}{\tau(\boldsymbol{k})}&=\sum_{\boldsymbol{k}'}W(\boldsymbol{k}',\boldsymbol{k})[1-g(\boldsymbol{k}')/g(\boldsymbol{k})]\\&=\sum_{\boldsymbol{k}'}W(\boldsymbol{k}',\boldsymbol{k})[1-v_{\mathrm{g},x}(\boldsymbol{k}')/v_{\mathrm{g},x}(\boldsymbol{k})]\\&=\sum_{\boldsymbol{k}'}W(\boldsymbol{k}',\boldsymbol{k})(1-k_x'/k_x)\end{aligned} \tag{7.54}$$

となる。ただし，$\tau(\boldsymbol{k})=\tau(\boldsymbol{k}')$ と仮定している。散乱後の x 軸方向の速度が散乱前と変わらなければ，散乱が無いことを意味する。この場合には緩和時間は無限大である。式(7.54)はこの性質を満足している。

次に，電流の表現を考えてみよう。電流密度は，すべての波数の電子を足し合わせることにより

$$\begin{aligned}j_x&=\sum_{\boldsymbol{k},s}(-e)v_{\mathrm{g},x}(\boldsymbol{k})f(\boldsymbol{k})\\&=\sum_{\boldsymbol{k},s}(-e)v_{\mathrm{g},x}(\boldsymbol{k})f^{(0)}(\boldsymbol{k})+\sum_{\boldsymbol{k},s}(-e^2)\{v_{\mathrm{g},x}(\boldsymbol{k})\}^2\tau(\boldsymbol{k})\left[\frac{\partial f^{(0)}(\boldsymbol{k})}{\partial \mathcal{E}}\right]E_x\end{aligned} \tag{7.55}$$

で表される。$\sum_{\boldsymbol{k},s}$ は $\boldsymbol{k}$ とスピン (s) に関する和である。$v_{\mathrm{g},x}(\boldsymbol{k})$ は $\boldsymbol{k}$ の奇関数であるので第1項は消え，第2項のみが残る。これを積分に変えると

$$j_x = -\frac{2e^2}{(2\pi)^3}\int\{v_{g,x}(\boldsymbol{k})\}^2\tau(\boldsymbol{k})\left[\frac{\partial f^{(0)}(\boldsymbol{k})}{\partial \mathcal{E}}\right]\mathrm{d}\boldsymbol{k}E_x \tag{7.56}$$

となる。ここで，$\sum_{\boldsymbol{k}}$を積分に変える際には周期的境界条件を利用し，$(2\pi/L)^3$ごとにとりうる値が存在することを用いた。いまは電流密度を求めるために単位体積を考えているので，$L^3=1$である。またスピンを考慮して因子2をかけている。電気伝導度σは$\sigma=j/E$であるので

$$\sigma = -\frac{2e^2}{(2\pi)^3}\int\{v_{g,x}(\boldsymbol{k})\}^2\tau(\boldsymbol{k})\left[\frac{\partial f^{(0)}(\boldsymbol{k})}{\partial \mathcal{E}}\right]\mathrm{d}\boldsymbol{k} \tag{7.57}$$

となる。

話は少しずれるが，電子の密度n_eは

$$n_e = \frac{2}{(2\pi)^3}\int f^{(0)}(\boldsymbol{k})\mathrm{d}\boldsymbol{k} \tag{7.58}$$

と書ける。これを用いて

$$\sigma = n_e\left[-\frac{2e^2}{(2\pi)^3}\int\{v_{g,x}(\boldsymbol{k})\}^2\tau(\boldsymbol{k})\left[\frac{\partial f^{(0)}(\boldsymbol{k})}{\partial \mathcal{E}}\right]\mathrm{d}\boldsymbol{k}\right]\Bigg/\left[\frac{2}{(2\pi)^3}\int f^{(0)}(\boldsymbol{k})\mathrm{d}\boldsymbol{k}\right] \tag{7.59}$$

と変形する。エネルギーが等方的であり$\mathcal{E}(\boldsymbol{k})=\hbar^2\boldsymbol{k}^2/(2m_e^*)$で与えられ，$\tau(\boldsymbol{k})$はエネルギー$\mathcal{E}$のみに依存して$\tau(\mathcal{E})$と書けるものとする。式(7.58)は

$$n_e = \frac{2}{(2\pi)^3}\int f^{(0)}(\boldsymbol{k})\mathrm{d}\boldsymbol{k} = \frac{2}{(2\pi)^3}\int 4\pi k^2 f^{(0)}(\mathcal{E})\mathrm{d}k \tag{7.60}$$

であるが，これを部分積分により変形すると

$$\begin{aligned} n_e &= -\frac{2}{(2\pi)^3}\int\frac{4}{3}\pi k^3\left[\frac{\partial f^{(0)}(\mathcal{E})}{\partial k}\right]\mathrm{d}k \\ &= -\frac{2}{(2\pi)^3}\int\frac{4}{3}\pi k^3\left[\frac{\partial f^{(0)}(\mathcal{E})}{\partial \mathcal{E}}\right]\left(\frac{\partial \mathcal{E}}{\partial k}\right)\mathrm{d}k \\ &= -\frac{2m_e^*}{(2\pi)^3}\int {v_{g,x}}^2\left[\frac{\partial f^{(0)}(\mathcal{E})}{\partial \mathcal{E}}\right]\mathrm{d}\boldsymbol{k} \end{aligned} \tag{7.61}$$

と求まる[*5]。したがって，σは

$$\sigma = \frac{n_e e^2\langle\tau(\mathcal{E})\rangle}{m_e^*} \tag{7.62}$$

となる。ここで，$\langle\tau(\mathcal{E})\rangle$は次式で定義される。

$$\langle\tau(\mathcal{E})\rangle = \int {v_{g,x}}^2\tau(\mathcal{E})\left[\frac{\partial f^{(0)}(\mathcal{E})}{\partial \mathcal{E}}\right]\mathrm{d}\boldsymbol{k}\Bigg/\int {v_{g,x}}^2\left[\frac{\partial f^{(0)}(\mathcal{E})}{\partial \mathcal{E}}\right]\mathrm{d}\boldsymbol{k} \tag{7.63}$$

この式を変形して

$$\langle\tau(\mathcal{E})\rangle = \int \mathcal{E}^{3/2}\tau(\mathcal{E})\left[\frac{\partial f^{(0)}(\mathcal{E})}{\partial \mathcal{E}}\right]\mathrm{d}\mathcal{E}\Bigg/\int \mathcal{E}^{3/2}\left[\frac{\partial f^{(0)}(\mathcal{E})}{\partial \mathcal{E}}\right]\mathrm{d}\mathcal{E} \tag{7.64}$$

とする。緩和時間はエネルギー$\mathcal{E}$に依存して変化すると仮定して$\tau(\mathcal{E})$と書いたわけであるから，$\mathcal{E}$についての平均をとる必要がある。式(7.63)の分母は電子の総数nを求める際に出てきた式であり，分子は$\tau(\mathcal{E})$を除いて分母と同じ式である。したがって，式(7.63)は$\tau(\mathcal{E})$の平均値

*5　式(7.61)の最後の式における$\mathrm{d}\boldsymbol{k}$の$\boldsymbol{k}$はベクトルであり，その他は$\mathrm{d}k$であることに注意されたい。

$\langle\tau(\mathcal{E})\rangle$となっていることに注意しよう。

金属の場合には，$\partial f^{(0)}(\mathcal{E})/\partial\mathcal{E}$はフェルミ準位でのみ大きな値をとり，それ以外は0であるから$\langle\tau\rangle=\tau(\mathcal{E}_\mathrm{F})$と書ける。一方，半導体の場合にはボルツマン分布$f^{(0)}(\mathcal{E})=A\exp[-\mathcal{E}/(k_\mathrm{B}T)]$で与えられると

$$\langle\tau(\mathcal{E})\rangle=\int\mathcal{E}^{3/2}\tau(\mathcal{E})\exp\left(-\frac{\mathcal{E}}{k_\mathrm{B}T}\right)\mathrm{d}\mathcal{E}\Big/\int\mathcal{E}^{3/2}\exp\left(-\frac{\mathcal{E}}{k_\mathrm{B}T}\right)\mathrm{d}\mathcal{E} \tag{7.65}$$

となる。

7.5　散乱プロセスの計算[*6]

＊6　本節の内容は
・御子柴宣夫，半導体の物理 改訂版，培風館（1991）
・小林浩一，化学者のための電気伝導入門，裳華房（1989）
に詳しく記述されている。

7.5.1　縦波音響型格子振動による散乱

音響型フォノンはすべての結晶格子に存在するうえに角振動数が小さいため，広い温度範囲で存在する。一方，光学モードは高いエネルギーを有するため高い温度でなければ存在しない。ここでは結晶中電子と音響型フォノンとの相互作用を考えよう。「第6章 格子振動」で述べたように横波は結晶格子の疎密を生じない。一方，縦波は結晶格子に疎密を生じる。すなわち，格子間隔が変化するためにバンド構造が変化する。この現象は強結合近似でバンド構造をイメージするとわかりやすい。例えば，原子間距離が小さくなると隣の原子への遷移が活発となりバンド幅は大きくなる。

結晶格子が周期的に並んでいる系の電子のハミルトニアンを$\mathcal{H}_\mathrm{e}$，格子振動のハミルトニアン$\mathcal{H}_\mathrm{L}$とすると全系のハミルトニアン$\mathcal{H}_0$は$\mathcal{H}_0=\mathcal{H}_\mathrm{e}+\mathcal{H}_\mathrm{L}$となる。これが非摂動系である。電子が$\phi_{n,\boldsymbol{k}}(\boldsymbol{r})$におり，さらに格子振動の音響型縦波モード$\boldsymbol{q}$の状態に$n_{\boldsymbol{q}}$個のフォノンが存在すると仮定すると

$$\mathcal{H}_\mathrm{e}\phi_{n,\boldsymbol{k}}(\boldsymbol{r})=\mathcal{E}_n(\boldsymbol{k})\phi_{n,\boldsymbol{k}}(\boldsymbol{r}) \tag{7.66}$$

$$\mathcal{H}_\mathrm{L}\phi_{\boldsymbol{q}}(\boldsymbol{r})=\hbar\omega_{\boldsymbol{q}}\left(n_{\boldsymbol{q}}+\frac{1}{2}\right)\phi_{\boldsymbol{q}}(\boldsymbol{r}) \tag{7.67}$$

が成立している。格子振動が存在する系において電子状態に対する摂動はどのように考えたらよいであろうか。

伝導帯の底に存在している電子の状態は，音響型縦波格子振動があることによって，先に述べたメカニズムによりエネルギーが時間的に微小変動している。このエネルギーの変動を摂動と考える。したがって，電子と格子振動の相互作用を$\mathcal{H}'$とすると，全体の$\mathcal{H}$は$\mathcal{H}=\mathcal{H}_\mathrm{e}+\mathcal{H}_\mathrm{L}+\mathcal{H}'$となる。

次に，この相互作用についてもう少し考えてみよう。例によって1次元からスタートする。格子間隔をaとする。位置xでの原子の変位を$u(x)$とすると位置$x+a$での原子の変位は連続体近似の下では

$$u(x+a)=u(x)+\left[\frac{\mathrm{d}u(x)}{\mathrm{d}x}\right]a \tag{7.68}$$

と書ける。したがって，格子間隔の変化量は $\Delta a=u(x+a)-u(x)=[\mathrm{d}u(x)/\mathrm{d}x]\times a$ となる。格子間隔が大きい場合，格子間隔の変化量も大きくなるため，この値は意味のある物理量ではない。そこで格子間隔の変化量の割合を考える。格子間隔の変化の割合 $\Delta a/a$ は $\Delta a/a=\mathrm{d}u(x)/\mathrm{d}x$ である。

これを3次元に拡張すると体積変化の割合 $\Delta V/V$ は

$$\frac{\Delta V}{V}=\left(\frac{\partial u(x)}{\partial x}+\frac{\partial u(y)}{\partial y}+\frac{\partial u(z)}{\partial z}\right)=\mathrm{div}\,\boldsymbol{u}(\boldsymbol{r}) \tag{7.69}$$

となる。$\boldsymbol{u}(\boldsymbol{r})$ は位置 $\boldsymbol{r}$ での原子変位のベクトルである。電子のエネルギーの変化は体積変化の割合（1次元では格子間隔の変化の割合）に比例すると仮定し，その比例定数を変形ポテンシャル Ξ と書く。変形ポテンシャルは，シリコン Si では 6.5 eV，ゲルマニウム Ge では 9 eV，またヒ化ガリウム GaAs では 7.0 eV と報告されている。先に述べたように電子散乱に寄与する振動モードは縦波振動の場合であるから，$\mathrm{div}\,\boldsymbol{u}(\boldsymbol{r})$ をとるとスカラー量になる[*7]。また，摂動ハミルトニアンは

$$\begin{aligned}\mathcal{H}'&=\Xi\mathrm{div}\,\boldsymbol{u}(\boldsymbol{r})\\&=\mathrm{i}\,\Xi\sum_q\left(\frac{\hbar}{2MN\omega_q}\right)^{1/2}q\left[a_{\boldsymbol{q}}\exp(\mathrm{i}\boldsymbol{q}\cdot\boldsymbol{r})-a_{\boldsymbol{q}}^{+}\exp(-\mathrm{i}\boldsymbol{q}\cdot\boldsymbol{r})\right]\end{aligned} \tag{7.70}$$

という演算子になる。

ここで，

$$V_q=\mathrm{i}\,\Xi\left(\frac{\hbar}{2MN\omega_q}\right)^{1/2}q \tag{7.71}$$

とおく。長波長の極限では音響型の格子振動は $\omega_q=c_{\mathrm{s}}q$ である。c_{s} は縦波音波の速度を表す。この表現を用いると

$$V_q=\mathrm{i}\,\Xi\left(\frac{\hbar}{2MNc_{\mathrm{s}}}\right)^{1/2}q^{1/2} \tag{7.72}$$

となり，$\mathcal{H}'$ は

$$\mathcal{H}'=\sum_q\left[V_q a_{\boldsymbol{q}}\exp(\mathrm{i}\boldsymbol{q}\cdot\boldsymbol{r})+V_q^{*}a_{\boldsymbol{q}}^{+}\exp(-\mathrm{i}\boldsymbol{q}\cdot\boldsymbol{r})\right] \tag{7.73}$$

となる。ここで，$V_q^{*}=-\mathrm{i}\Xi\{\hbar/(2MNc_{\mathrm{s}})\}^{1/2}q^{1/2}$ である。結晶構造が周期性を有する物質中での電子の状態はブロッホ関数で与えられるが，本書では計算を簡単にするため，自由電子で与えられると仮定する。したがって，電子の状態は波数ベクトル $\boldsymbol{k}$ により記述され，波動関数は

$$\phi(\boldsymbol{k})=\frac{1}{\sqrt{V}}\exp(\mathrm{i}\boldsymbol{k}\cdot\boldsymbol{r}) \tag{7.74}$$

と書ける。ここで，V は結晶の体積である。ブロッホ電子を仮定した場合の計算例については参考書を参照されたい。ブロッホ関数を用いるとノーマル過程と呼ばれる散乱機構に加え，ウムクラップ過程（Umklapp

＊7　変位方向の単位ベクトルを $\boldsymbol{e}_q$ とすると，縦波であるから $\boldsymbol{e}_q\cdot\boldsymbol{q}=q$ である。

＊8　Umklappはドイツ語のumklappen（裏返す）に由来する。

process）＊8と呼ばれる別の散乱機構が付加される。

フェルミの黄金律を用いると初期状態$\boldsymbol{k}$から終状態$\boldsymbol{k}'$への単位時間あたりの遷移確率は

$$W(\boldsymbol{k}',\boldsymbol{k})=\frac{2\pi}{\hbar}|\langle\boldsymbol{k}'|\mathcal{H}'|\boldsymbol{k}\rangle|^2\delta(\mathcal{E}_{\boldsymbol{k}'}-\mathcal{E}_{\boldsymbol{k}}) \tag{7.75}$$

と書ける。ここで，$\mathcal{E}_{\boldsymbol{k}'}$は終状態$\boldsymbol{k}'$のエネルギー，$\mathcal{E}_{\boldsymbol{k}}$は初期状態$\boldsymbol{k}$のエネルギーである。なお，遷移可能な終状態が1つでない場合には，それらの状態について和をとる必要があるため，遷移確率は$W=\sum_{k'}W(\boldsymbol{k}',\boldsymbol{k})$となる。

以下では，この式の$|\langle\boldsymbol{k}'|\mathcal{H}'|\boldsymbol{k}\rangle|^2$の計算を進める。まず，$\langle\boldsymbol{k}'|\mathcal{H}'|\boldsymbol{k}\rangle$が0でないのはどのような場合か検討しよう。格子振動による散乱の場合には，初期状態・終状態ともに電子の状態と格子振動の状態の両方が関与することに注意すべきである。フォノンの考え方を用いると，格子振動の状態は，$\hbar\omega_{\boldsymbol{q}}$のエネルギーを有するモード$\boldsymbol{q}$に何個のフォノンが存在するかによって与えられる。非摂動の状態に関して電子の状態とフォノンの状態の両方を合わせて$|\boldsymbol{k},n_{\boldsymbol{q}}\rangle=|\boldsymbol{k},n_1,n_2,\cdots n_{\boldsymbol{q}},\cdots\rangle$と書くことにする。フォノンの生成・消滅演算子は第6章6.5.2項で述べたように

$$a_{\boldsymbol{q}}|n_{\boldsymbol{q}}\rangle=(n_{\boldsymbol{q}})^{1/2}|n_{\boldsymbol{q}}-1\rangle \tag{7.76}$$

$$a_{\boldsymbol{q}}^{+}|n_{\boldsymbol{q}}\rangle=(n_{\boldsymbol{q}}+1)^{1/2}|n_{\boldsymbol{q}}+1\rangle \tag{7.77}$$

を満足している。行列要素$\langle\boldsymbol{k}',n_{\boldsymbol{q}}'|\mathcal{H}'|\boldsymbol{k},n_{\boldsymbol{q}}\rangle$は

$$\left\langle\boldsymbol{k}',n_1',n_2',\cdots,n_{\boldsymbol{q}}',\cdots\left|\sum_{\boldsymbol{q}}[V_q a_{\boldsymbol{q}}\exp(\mathrm{i}\boldsymbol{q}\cdot\boldsymbol{r})+V_q^{*}a_{\boldsymbol{q}}^{+}\exp(-\mathrm{i}\boldsymbol{q}\cdot\boldsymbol{r})]\right|\boldsymbol{k},n_1,n_2,\cdots,n_{\boldsymbol{q}},\cdots\right\rangle \tag{7.78}$$

である。

式(7.78)の第1項を具体的に記述すると

$$\sum_{\boldsymbol{q}}V_q\langle\boldsymbol{k}',n_1',n_2',\cdots,n_{\boldsymbol{q}}',\cdots|a_{\boldsymbol{q}}\exp(\mathrm{i}\boldsymbol{q}\cdot\boldsymbol{r})|\boldsymbol{k},n_1,n_2,\cdots,n_{\boldsymbol{q}},\cdots\rangle \tag{7.79}$$

であるが，まず積分$\langle n_1',n_2',\cdots,n_{\boldsymbol{q}}',\cdots|a_{\boldsymbol{q}}|n_1,n_2,\cdots,n_{\boldsymbol{q}},\cdots\rangle$について検討する。この積分で残るのは終状態のフォノン状態が$|n_1,n_2,\cdots n_{\boldsymbol{q}}-1,\cdots\rangle$のものだけである。したがって，最終的に

$$\begin{aligned}&\langle\boldsymbol{k}',n_1',n_2',\cdots,n_{\boldsymbol{q}}',\cdots|a_{\boldsymbol{q}}\exp(\mathrm{i}\boldsymbol{q}\cdot\boldsymbol{r})|\boldsymbol{k},n_1,n_2,\cdots,n_{\boldsymbol{q}},\cdots\rangle\\&=(n_{\boldsymbol{q}})^{1/2}\langle\boldsymbol{k}'|\exp(\mathrm{i}\boldsymbol{q}\cdot\boldsymbol{r})|\boldsymbol{k}\rangle\end{aligned} \tag{7.80}$$

となる。周期的境界条件の下では$\langle\boldsymbol{k}'|\exp(\mathrm{i}\boldsymbol{q}\cdot\boldsymbol{r})|\boldsymbol{k}\rangle=\delta_{\boldsymbol{k}'=\boldsymbol{k}+\boldsymbol{q}}$となるため，

$$\langle \boldsymbol{k}', n_1', n_2', \cdots, n_{\boldsymbol{q}}', \cdots | a_{\boldsymbol{q}} \exp(\mathrm{i}\boldsymbol{q}\cdot\boldsymbol{r}) | \boldsymbol{k}, n_1, n_2, \cdots, n_{\boldsymbol{q}}, \cdots \rangle = (n_{\boldsymbol{q}})^{1/2} \delta_{\boldsymbol{k}'=\boldsymbol{k}+\boldsymbol{q}} \tag{7.81}$$

が得られる[*9]。同様にして式(7.78)の第 2 項は

$$\begin{aligned} &\langle \boldsymbol{k}', n_1', n_2', \cdots, n_{\boldsymbol{q}}', \cdots | a_{\boldsymbol{q}}^{+} \exp(-\mathrm{i}\boldsymbol{q}\cdot\boldsymbol{r}) | \boldsymbol{k}, n_1, n_2, \cdots, n_{\boldsymbol{q}}, \cdots \rangle \\ &= (n_{\boldsymbol{q}}+1)^{1/2} \delta_{\boldsymbol{k}'=\boldsymbol{k}-\boldsymbol{q}} \end{aligned} \tag{7.82}$$

*9　波数 $\boldsymbol{k}, \boldsymbol{q}, \boldsymbol{k}'$ は周期的境界条件に従う。

である。したがって，$|\langle \boldsymbol{k}'|\mathcal{H}'|\boldsymbol{k}\rangle|^2$ は

$$|\langle \boldsymbol{k}'|\mathcal{H}'|\boldsymbol{k}\rangle|^2 = \begin{cases} \Xi^2 \left(\dfrac{\hbar}{2MNc_{\mathrm{s}}} \right) q n_{\boldsymbol{q}} & (\boldsymbol{k}' = \boldsymbol{k} + \boldsymbol{q}) \quad (7.83\mathrm{a}) \\ \Xi^2 \left(\dfrac{\hbar}{2MNc_{\mathrm{s}}} \right) q (n_{\boldsymbol{q}}+1) & (\boldsymbol{k}' = \boldsymbol{k} - \boldsymbol{q}) \quad (7.83\mathrm{b}) \end{cases}$$

となる。式(7.83a)は波数 $\boldsymbol{k}$ の電子状態からフォノン $\boldsymbol{q}$ を吸収して波数 $\boldsymbol{k}' = \boldsymbol{k} + \boldsymbol{q}$ になったことを示している(吸収過程)。また，式(7.83b)は波数 $\boldsymbol{k}$ からフォノン $\boldsymbol{q}$ を放出して波数 $\boldsymbol{k}' = \boldsymbol{k} - \boldsymbol{q}$ になったことを示している(放出過程)。一般的に，このような過程は図 7.8 のように表される。吸収過程ではフォノンを吸収しているので終状態の電子エネルギーは $\mathcal{E}_{\boldsymbol{k}+\boldsymbol{q}} = \mathcal{E}_{\boldsymbol{k}} + \hbar\omega_{\boldsymbol{q}}$ となる。一方，放出過程ではフォノンのエネルギーを放出するため，電子エネルギーは $\mathcal{E}_{\boldsymbol{k}-\boldsymbol{q}} = \mathcal{E}_{\boldsymbol{k}} - \hbar\omega_{\boldsymbol{q}}$ となる。

7.5.2　不純物散乱

ここでもフェルミの黄金律を適用する。不純物散乱の場合には，不純物のポテンシャルが静的なポテンシャルであるため初期状態と終状態のエネルギーは保存される。固体中の電子はブロッホ関数で与えられるが，ここでも簡単化のために平面波(自由電子)を用いることにする。ドナーのクーロン相互作用は

$$\mathcal{H}' = -\frac{Ze^2}{4\pi\varepsilon_0\varepsilon_{\mathrm{s}} r} \tag{7.84}$$

で表される。Ze $(e>0)$ はドナーの電荷とする。また，電子の電荷を $-e$ とする。半導体の誘電率は $\varepsilon = \varepsilon_0\varepsilon_{\mathrm{s}}$，ドナーと電子の距離は r である。半導体内には他にも電子が存在しており，それらの電子によりクーロン力が遮蔽されていると考える(ブルックスーヘリングモデル)。この場合には，次のような遮蔽されたクーロンポテンシャルになる。

$$\mathcal{H}' = -\frac{Ze^2}{4\pi\varepsilon_0\varepsilon_{\mathrm{s}} r} \exp\left(-\frac{r}{\lambda}\right) \tag{7.85}$$

相互作用は e^2 であるので斥力と引力に対して同じ形式である。$\langle \boldsymbol{k}'|\mathcal{H}'|\boldsymbol{k}\rangle$ は

$$\langle \boldsymbol{k}'|\mathcal{H}'|\boldsymbol{k}\rangle = \frac{1}{V} \times \frac{Ze^2}{4\pi\varepsilon_0\varepsilon_{\mathrm{s}}} \times \frac{4\pi}{(\boldsymbol{k}'-\boldsymbol{k})^2 + (1/\lambda)^2} \tag{7.86}$$

となる。

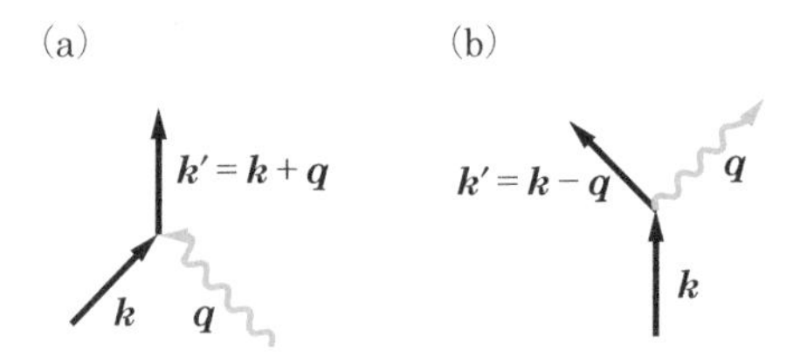

図7.8　格子振動（フォノン）による散乱における波数とフォノンの関係
(a)フォノンの吸収による散乱，(b)フォノンの放出による散乱。

7.6　緩和時間の計算[*10]

*10　本節の内容も，7.5節と同様，
・御子柴宣夫，半導体の物理 改訂版，培風館(1991)
・小林浩一，化学者のための電気伝導入門，裳華房(1989)
に詳しく記述されている。

7.6.1　縦波音響型格子振動散乱による緩和時間の計算

ボルツマン方程式(7.54)に従って緩和時間を計算する。まずはフォノンの吸収過程から計算を行うが，$\mathcal{E}_{\boldsymbol{k}'=\boldsymbol{k}+\boldsymbol{q}}=\mathcal{E}_{\boldsymbol{k}}+\hbar\omega_{\boldsymbol{q}}$ の関係を満たすすべての $\boldsymbol{k}'$ の状態に遷移可能なわけであるから，これらの終状態について和をとる必要がある。このことは遷移可能な状態がたくさんあれば緩和時間は短くなることを意味している。この点は時間とエネルギーに関する不確定性原理にも通じる。$W(\boldsymbol{k}', \boldsymbol{k})$ に黄金律を使って式(7.54)に代入すると

$$\frac{1}{\tau_{\mathrm{ab}}(\boldsymbol{k})}=\sum_{\boldsymbol{k}'=\boldsymbol{k}+\boldsymbol{q}}\frac{2\pi}{\hbar}\Xi^2\frac{\hbar}{2MNc_{\mathrm{s}}}qn_q\left(1-\frac{k_x'}{k_x}\right)\delta(\mathcal{E}_{\boldsymbol{k}'=\boldsymbol{k}+\boldsymbol{q}}-\mathcal{E}_{\boldsymbol{k}}-\hbar\omega_{\boldsymbol{q}}) \tag{7.87}$$

となる。ここで，$\tau_{\mathrm{ab}}(\boldsymbol{k})$ はフォノン吸収過程の緩和時間である。しかし，終状態 $\boldsymbol{k}'$ は $\boldsymbol{k}'=\boldsymbol{k}+\boldsymbol{q}$ で与えられるため，$\boldsymbol{k}'$ に関する和は $\boldsymbol{q}$ に関する和と見直すことができる。

周期的境界条件の下では $\boldsymbol{q}$ は $(2\pi/L)^3$ ごとにとりうる状態が存在するため

$$\frac{1}{\tau_{\mathrm{ab}}(\boldsymbol{k})}=\frac{\Xi^2V}{2(2\pi)^2MNc_{\mathrm{s}}}\int qn_q\left(1-\frac{k_x'}{k_x}\right)q^2\sin\theta\,\mathrm{d}q\,\mathrm{d}\theta\,\mathrm{d}\phi\,\delta(\mathcal{E}_{\boldsymbol{k}'=\boldsymbol{k}+\boldsymbol{q}}-\mathcal{E}_{\boldsymbol{k}}-\hbar\omega_{\boldsymbol{q}}) \tag{7.88}$$

となる。十分高い温度では $k_{\mathrm{B}}T\gg\hbar\omega_{\boldsymbol{q}}$ であり，$n_{\boldsymbol{q}}+1\approx n_{\boldsymbol{q}}=k_{\mathrm{B}}T/(\hbar\omega_{\boldsymbol{q}})$ である。$\omega_{\boldsymbol{q}}=c_{\mathrm{s}}q$ を用いると $n_{\boldsymbol{q}}+1\approx n_{\boldsymbol{q}}=k_{\mathrm{B}}T/(\hbar\omega_{\boldsymbol{q}})=k_{\mathrm{B}}T/(\hbar c_{\mathrm{s}}q)$ から

$$\frac{1}{\tau_{\mathrm{ab}}(\boldsymbol{k})}=\frac{\Xi^2Vk_{\mathrm{B}}T}{2(2\pi)^2\hbar MN{c_{\mathrm{s}}}^2}\int\left(1-\frac{k_x'}{k_x}\right)q^2\sin\theta\,\mathrm{d}q\,\mathrm{d}\theta\,\mathrm{d}\phi\,\delta(\mathcal{E}_{\boldsymbol{k}'=\boldsymbol{k}+\boldsymbol{q}}-\mathcal{E}_{\boldsymbol{k}}-\hbar\omega_{\boldsymbol{q}}) \tag{7.89}$$

となる。この積分を実行する必要があるが，複雑な計算を必要とし，本書の範囲を越えるので，詳細は参考書を見ていただくことにして，結果

のみを示すと

$$\frac{1}{\tau_{\mathrm{ab}}(\boldsymbol{k})} = \frac{m_{\mathrm{e}}^{*}\Xi^{2}Vk_{\mathrm{B}}T}{2\pi\hbar^{3}MN{c_{\mathrm{s}}}^{2}}k \tag{7.90}$$

となる。

$\tau(\boldsymbol{k})$は散乱までの時間であったので，$1/\tau(\boldsymbol{k})$は散乱頻度を表している。異なる散乱機構があり，それらの散乱機構が独立に作用している状況下では，全体の散乱頻度は各散乱機構を足し合わせたものになる。したがって，格子振動散乱に対する全散乱頻度は，$\tau_{\mathrm{em}}(\boldsymbol{k})$をフォノン放出過程の緩和時間として$1/\tau(\boldsymbol{k}) = 1/\tau_{\mathrm{ab}}(\boldsymbol{k}) + 1/\tau_{\mathrm{em}}(\boldsymbol{k})$である。このような関係はマティーセンの法則(Matthiessen's rule)と呼ばれる。ここではフォノンの吸収・放出過程を考えたが，まったく異なる独立した散乱機構である不純物散乱が共存すれば$1/\tau(\boldsymbol{k}) = 1/\tau_{\mathrm{ab}}(\boldsymbol{k}) + 1/\tau_{\mathrm{em}}(\boldsymbol{k}) + 1/\tau_{\mathrm{imp}}(\boldsymbol{k})$の関係が成立する。

格子振動散乱に戻って，$k_{\mathrm{B}}T \gg \hbar\omega_{\boldsymbol{q}}$が成立するような十分高い温度では，式(7.83)において$n_{\boldsymbol{q}} + 1 \approx n_{\boldsymbol{q}} = k_{\mathrm{B}}T/(\hbar\omega_{\boldsymbol{q}})$の関係が満足されるため，$1/\tau_{\mathrm{em}}(\boldsymbol{k}) = 1/\tau_{\mathrm{ab}}(\boldsymbol{k})$となる。結局，移動度はマティーセンの法則から得られる$1/\tau(\boldsymbol{k}) = 1/\tau_{\mathrm{ab}}(\boldsymbol{k}) + 1/\tau_{\mathrm{em}}(\boldsymbol{k})$を用いて

$$\mu = \frac{e\tau(\boldsymbol{k})}{m_{\mathrm{e}}^{*}} \tag{7.91}$$

となる。ここで，$1/\tau(\boldsymbol{k})$は

$$\frac{1}{\tau(\boldsymbol{k})} = \frac{m_{\mathrm{e}}^{*}\Xi^{2}Vk_{\mathrm{B}}T}{\pi\hbar^{3}MN{c_{\mathrm{s}}}^{2}}k \tag{7.92}$$

である。いまは自由電子を仮定しているので，$\mathcal{E}(\boldsymbol{k}) = \hbar^{2}\boldsymbol{k}^{2}/(2m_{\mathrm{e}}^{*})$であり

$$\frac{1}{\tau(\boldsymbol{k})} = \frac{1}{\tau(\mathcal{E})} = \frac{m_{\mathrm{e}}^{*}(2m_{\mathrm{e}}^{*})^{1/2}\Xi^{2}Vk_{\mathrm{B}}T}{\pi\hbar^{4}MN{c_{\mathrm{s}}}^{2}}\mathcal{E}^{1/2} \tag{7.93}$$

となる。式(7.93)の$\tau(\mathcal{E})$をTと$\mathcal{E}$の関係で表すと$\tau(\mathcal{E}) = AT^{-1}\mathcal{E}^{-1/2}$であるが($A$は定数からなる係数)，式(7.65)に基づいて$x = \mathcal{E}/(k_{\mathrm{B}}T)$を積分変数に変更すると温度依存性の項として$\langle\tau_{\mathrm{phonon}}\rangle \propto T^{-3/2}$が得られる。なお，移動度$\mu$の全体を表記すると

$$\mu = \frac{(8\pi)^{1/2}}{3}\frac{e\hbar^{4}\rho{c_{\mathrm{s}}}^{2}}{(k_{\mathrm{B}}T)^{3/2}(m_{\mathrm{e}}^{*})^{5/2}\Xi^{2}} \tag{7.94}$$

となる。ここで，ρは密度であり$\rho = NM/V$で表される。変形ポテンシャルΞが小さければ縦波音響モードによる電子と格子の相互作用は弱いはずであり，移動度は大きくなる。式(7.94)はそのような形式になっている。もちろん，有効質量が小さければ移動度は大きくなる。これは7.1節で述べた移動度の説明に通じる。

7.6.2 不純物散乱による緩和時間の計算

不純物散乱の緩和時間を計算してみよう。$\boldsymbol{k}'$と$\boldsymbol{k}$の間の角度をθとすると，不純物散乱の場合には$\mathcal{E}(\boldsymbol{k}) = \hbar^{2}\boldsymbol{k}^{2}/(2m_{\mathrm{e}}^{*}) = \mathcal{E}(\boldsymbol{k}') =$

$\hbar^2 \boldsymbol{k}'^2/(2m_e^*)$ であるから $|\boldsymbol{k}|=|\boldsymbol{k}'|$ であり，式(7.54)において $k_x'/k_x=\cos\theta$ が成立する。$\sum_{k'}$ を周期的境界条件を利用して積分に置き換えると

$$\frac{1}{\tau(\boldsymbol{k})}=\frac{V}{(2\pi)^3}\int W(\boldsymbol{k}',\boldsymbol{k})(1-\cos\theta)\mathrm{d}^3\boldsymbol{k}'\delta[\mathcal{E}(\boldsymbol{k}')-\mathcal{E}(\boldsymbol{k})]$$
$$=\frac{V}{(2\pi)^3}\int W(\boldsymbol{k}',\boldsymbol{k})(1-\cos\theta)k'^2\sin\theta\,\mathrm{d}k'\,\mathrm{d}\theta\,\mathrm{d}\phi\,\delta[\mathcal{E}(\boldsymbol{k}')-\mathcal{E}(\boldsymbol{k})] \tag{7.95}$$

となる。

$$\mathcal{E}(\boldsymbol{k}')-\mathcal{E}(\boldsymbol{k})=\frac{\hbar^2}{2m_e^*}(|\boldsymbol{k}'|+|\boldsymbol{k}|)(|\boldsymbol{k}'|-|\boldsymbol{k}|)=\frac{\hbar^2|\boldsymbol{k}|}{m_e^*}(|\boldsymbol{k}'|-|\boldsymbol{k}|) \tag{7.96}$$

と整理し，デルタ関数の性質である $\delta(ax)=a^{-1}\delta(x)$ を利用すると

$$\frac{1}{\tau(\boldsymbol{k})}=\frac{V}{(2\pi)^3}\times\frac{2\pi}{\hbar}\left(\frac{1}{V^2}\right)\left(\frac{Ze^2}{4\pi\varepsilon_0\varepsilon_s}\right)^2(2\pi)$$
$$\times\int(4\pi)^2[|\boldsymbol{k}'-\boldsymbol{k}|^2+(1/\lambda)^2]^{-2}(1-\cos\theta)\left(\frac{km_e^*}{\hbar^2}\right)\sin\theta\,\mathrm{d}\theta] \tag{7.97}$$

となる。2π は ϕ に関する積分に起因する。$|\boldsymbol{k}'-\boldsymbol{k}|=2k\sin(\theta/2)$ を利用すると，

$$J=\int[4k^2\sin(\theta/2)^2+(1/\lambda)^2]^{-2}(1-\cos\theta)\sin\theta\,\mathrm{d}\theta$$
$$=\frac{1}{4k^4}\left\{\log[1+(2k\lambda)^2]-\frac{(2k\lambda)^2}{1+(2k\lambda)^2}\right\} \tag{7.98}$$

である。式(7.97)は

$$\frac{1}{\tau(\boldsymbol{k})}=\frac{2\pi m_e^*}{\hbar^3}\times\frac{1}{V}\times\left(\frac{Ze^2}{4\pi\varepsilon_0\varepsilon_s}\right)^2\times k^{-3}\left\{\log[1+(2k\lambda)^2]-\frac{(2k\lambda)^2}{1+(2k\lambda)^2}\right\} \tag{7.99}$$

となる。$\mathcal{E}(\boldsymbol{k})=\hbar^2\boldsymbol{k}^2/(2m_e^*)$ を利用すると

$$\frac{1}{\tau(\mathcal{E})}=AV^{-1}\mathcal{E}^{-3/2}\left\{\log[1+(2k\lambda)^2]-\frac{(2k\lambda)^2}{1+(2k\lambda)^2}\right\} \tag{7.100}$$

となる。上式の A は比例定数，V は体積である。体積 V の物質中の不純物の総数を N 個とする。マティーセンの法則に従うと全体の散乱頻度は個々の不純物の散乱の足し算になるため，散乱頻度は $N/\tau(\mathcal{E})$ となる。

$$\frac{1}{\tau_{\mathrm{imp}}(\mathcal{E})}=\frac{N}{\tau(\mathcal{E})}=NAV^{-1}\mathcal{E}^{-3/2}\left\{\log[1+(2k\lambda)^2]-\frac{(2k\lambda)^2}{1+(2k\lambda)^2}\right\} \tag{7.101}$$

{　}の中のエネルギー依存性を無視すると

$$\tau_{\mathrm{imp}}(\mathcal{E})\propto\frac{1}{n}\times A^{-1}\mathcal{E}^{3/2} \tag{7.102}$$

である。これを式(7.65)に代入し，積分変数を $\mathcal{E}/(k_BT)=x$ に変換すると $\langle\tau_{\mathrm{imp}}(\mathcal{E})\rangle\propto(1/n)\times T^{3/2}$ が得られる。

7.6.3 移動度の温度および不純物濃度の依存性

異なる複数の散乱機構 1, 2, 3, …が存在し，それぞれの散乱機構が独立に作用している場合，マティーセンの法則に従うと $1/\tau(\boldsymbol{k}) = 1/\tau_1(\boldsymbol{k}) + 1/\tau_2(\boldsymbol{k}) + 1/\tau_3(\boldsymbol{k}) + \cdots$ の関係が成立する。この式に基づいて $\langle\tau(\boldsymbol{k})\rangle$ を求めるためには非常に複雑な計算が必要となる。そこで近似的に

$$\frac{1}{\langle\tau(\boldsymbol{k})\rangle} = \frac{1}{\langle\tau_1(\boldsymbol{k})\rangle} + \frac{1}{\langle\tau_2(\boldsymbol{k})\rangle} + \frac{1}{\langle\tau_3(\boldsymbol{k})\rangle} + \cdots \tag{7.103}$$

を計算する。さらに緩和時間がエネルギーのみに依存しているとすると

$$\frac{1}{\langle\tau(\mathcal{E})\rangle} = \frac{1}{\langle\tau_1(\mathcal{E})\rangle} + \frac{1}{\langle\tau_2(\mathcal{E})\rangle} + \frac{1}{\langle\tau_3(\mathcal{E})\rangle} + \cdots \tag{7.104}$$

となる。

ここで簡単な例として，散乱機構が縦波音響型格子振動と不純物散乱のみであると仮定すると，移動度は温度と不純物濃度に依存して図 7.9 のように変化する。ここでは不純物伝導が生じないような不純物濃度領域を想定している。不純物濃度が低いときには不純物散乱は存在しないため，縦波音響型格子振動のみである。このとき，$\mu \propto T^{-3/2}$ である。また，不純物が含まれる場合，低温領域では格子振動散乱が抑制されるため，不純物散乱が顕著に表れる。この散乱に起因する移動度は式 (7.102) が示すように $\mu \propto n^{-1} \times T^{3/2}$ である。当然，不純物濃度が高い場合には移動度は小さい。また，不純物が存在する場合であっても高温では格子振動が全体の散乱を支配するため $\mu \propto T^{-3/2}$ に漸近する。図 7.10 (a), (b) は Ge と Si の移動度の不純物濃度と温度依存性を示している。高温度領域では不純物の濃度に依存せずに格子振動散乱に漸近していることがわかる。また，低温度領域では不純物濃度に依存し，特に Si で顕著であるが，$\mu \propto T^{3/2}$ の傾向が観測される。

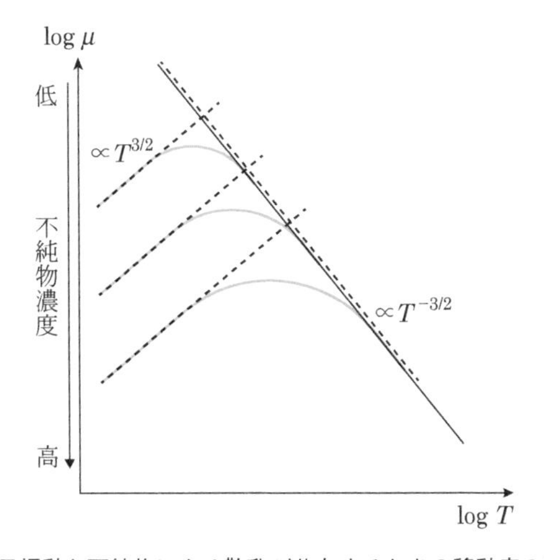

図7.9 格子振動と不純物による散乱が共存するときの移動度の温度依存性

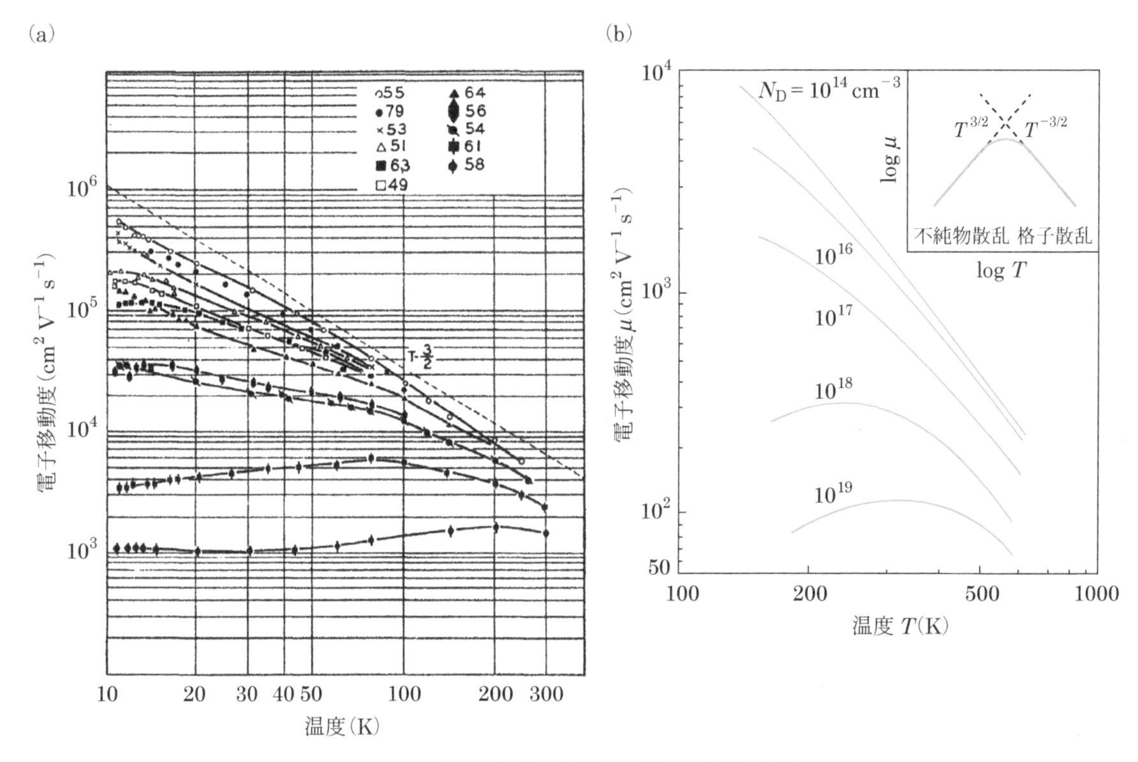

図7.10　不純物濃度と温度に対する移動度の依存性

(a) n型Ge半導体における電子移動度，(b) n型Si半導体における電子移動度。
[(a) はP. P. Debye and E. M. Conwell, *Phys. Rev.*, **93**, 693 (1954)，(b) はS. M. Sze著，南日康夫，川辺光央，長谷川文夫 訳，半導体デバイス，産業図書 (1987) より改変]

❖ 章末問題

7.1　電子や正孔の有効質量を決める方法としてサイクロトロン共鳴がある。サイクロトロン共鳴について調べなさい。

7.2　サイクロトロン共鳴は低温で欠陥・不純物が少ないサンプルにおいて観測される。なぜ，そのような条件が必要であるのかについて考えなさい。

第8章　光学的性質

8.1　物質中の電磁波

マクスウェル方程式は均一物質中での電磁場を記述するものであり，非磁性物質では次のように表される[*1]。

$$\mathrm{div}\,\boldsymbol{D} = \rho \tag{8.1}$$

$$\mathrm{div}\,\boldsymbol{B} = 0 \tag{8.2}$$

$$\mathrm{rot}\,\boldsymbol{E} = -\frac{\partial \boldsymbol{B}}{\partial t} \tag{8.3}$$

$$\mathrm{rot}\,\boldsymbol{H} = \boldsymbol{j} + \frac{\partial \boldsymbol{D}}{\partial t} \tag{8.4}$$

ここで，$\boldsymbol{E}$は電場，$\boldsymbol{H}$は磁場，$\boldsymbol{j}$は電流密度，$\boldsymbol{B}$は磁束密度である。$\boldsymbol{J} = \sigma\boldsymbol{E}$, $\boldsymbol{D} = \varepsilon_0\boldsymbol{E} + \boldsymbol{P} = \varepsilon\varepsilon_0\boldsymbol{E}$, $\boldsymbol{P} = \chi\varepsilon_0\boldsymbol{E}$, $\boldsymbol{B} = \mu\mu_0\boldsymbol{H}$が成立している。$\varepsilon_0$, μ_0はそれぞれ真空中の誘電率，透磁率である。いま，$\mu = 1$，$\rho = 0$とする。σは電気伝導率，$\boldsymbol{P}$は分極，$\varepsilon = 1 + \chi$は比誘電率である。電場および磁場に対して上式を整理すると

$$\Delta\boldsymbol{E} - \sigma\mu_0\frac{\partial \boldsymbol{E}}{\partial t} - \varepsilon\varepsilon_0\mu_0\frac{\partial^2 \boldsymbol{E}}{\partial t^2} = 0 \tag{8.5}$$

$$\Delta\boldsymbol{H} - \sigma\mu_0\frac{\partial \boldsymbol{H}}{\partial t} - \varepsilon\varepsilon_0\mu_0\frac{\partial^2 \boldsymbol{H}}{\partial t^2} = 0 \tag{8.6}$$

となる。この解としてz軸方向に角振動数ωで進行し，x軸方向に偏向している電場として

$$E_x = E_0 \exp[\mathrm{i}(kz - \omega t)] \tag{8.7}$$

を仮定し，式(8.5)に代入すると

$$k^2 = \left(\frac{\omega}{c}\right)^2\left(\varepsilon + \mathrm{i}\frac{\sigma}{\varepsilon_0\omega}\right) \tag{8.8}$$

となる。上式では$c^2 = 1/(\varepsilon_0\mu_0)$を用いている。ここで複素屈折率を定義する。波の速度は式(8.7)の$v = \omega/k$で定義されるが，その速度は光速cよりも小さく，屈折率$n(>1)$を使うと$v = c/n$で定義される。したがって

$$n = \left(\varepsilon + \mathrm{i}\frac{\sigma}{\varepsilon_0\omega}\right)^{1/2} = n_1 + \mathrm{i}n_2 \tag{8.9}$$

*1　各パラメータは以下の通りである。
$\boldsymbol{D}$：電束密度
ρ：電荷密度
χ：電気感受率
μ：比透磁率

が成立する。ここで，iは虚数単位であり，屈折率は複素数を含んだ複素屈折率である。$\omega/k=c/n$ を利用すると

$$E_x=E_0\exp[\mathrm{i}(kz-\omega t)] =E_0\exp\left(-\frac{\omega n_2}{c}z\right)\exp\left[\mathrm{i}\omega\left(\frac{n_1 z}{c}-t\right)\right] \tag{8.10}$$

となる。この式は物質中を波が伝搬するとともに強度（振幅の2乗）が減少することを示している。強度の減少は物質が光のエネルギーを吸収し，電流によりジュール熱として消費されたためである。強度は式(8.10)に従って

$$\exp\left(-\frac{2\omega n_2}{c}z\right) \tag{8.11}$$

に比例して減少していく。通常，物質中の光の吸収係数 α は，光の強度を I とすると $I=I_0\exp(-\alpha z)$ で定義されるため

$$\alpha=\frac{2\omega n_2}{c} \tag{8.12}$$

となる。また，式(8.9)の（　）内は比誘電率の次元であるため

$$n=(\varepsilon_1+\mathrm{i}\varepsilon_2)^{1/2}=\left(\varepsilon+\mathrm{i}\frac{\sigma}{\varepsilon_0\omega}\right)^{1/2}=n_1+\mathrm{i}n_2 \tag{8.13}$$

とすると，

$$\varepsilon_1=n_1{}^2-n_2{}^2 \tag{8.14}$$

$$\varepsilon_2=2n_1n_2 \tag{8.15}$$

$$\alpha=\frac{2\omega n_2}{c}=\frac{\omega\varepsilon_2}{n_1 c} \tag{8.16}$$

となる。吸収される光のエネルギーは，$\hbar\omega\times W$（W は遷移確率）に比例するため

$$-\mathrm{d}I=\hbar\omega W\times\mathrm{d}z \tag{8.17}$$

である。一方，$\mathrm{d}I/\mathrm{d}z=-\alpha I$ から $\alpha=\hbar\omega W/I$ となる。なお。I はポインティング・ベクトルで与えられ，$I\propto\varepsilon_0 cn\omega^2|A_0|^2$ である。

8.2　バンド間遷移

8.2.1　バンド間遷移の量子論[*2]

＊2　8.2.1項は，御子柴宣夫，半導体の物理 改訂版，培風館(1991)を参考にした。

半導体に光を照射し，そのエネルギーがバンドギャップ以上のエネルギーを有していれば，価電子帯に存在していた電子を伝導帯に励起することが可能である。また，バンドギャップよりも小さなエネルギーを有する波長を選べばドナーやアクセプターに束縛されていた電子を励起状態や伝導帯・価電子帯に励起することも可能であろう。本節では，これらのうち価電子帯から伝導帯に遷移する過程（バンド間遷移）について議

論する。不純物に束縛された電子が励起状態に遷移する過程については次節で検討する。

量子力学においてハミルトニアンはエネルギーに対応するため，光の電磁場が存在する場合には，それらの効果は $\boldsymbol{E}$ や $\boldsymbol{B}$ ではなく，ベクトルポテンシャルを利用して記述される。量子力学では電磁場のベクトルポテンシャルを $\boldsymbol{A}$ とすると運動量 $\boldsymbol{p}$ を $\boldsymbol{p}+e\boldsymbol{A}$($e(>\boldsymbol{0})$は電子の電荷の大きさ)の書き換えを行えばよいことが知られている。

結晶中の電子のハミルトニアン $\mathcal{H}$ は

$$\mathcal{H}=\frac{(\boldsymbol{p}+e\boldsymbol{A})^2}{2m_{\mathrm{e}}}+V(\boldsymbol{r}) \tag{8.18}$$

と書き換えられる。ここで，$V(\boldsymbol{r})$ は結晶の周期ポテンシャルである。m_{e} は有効質量ではないので注意する。電場と磁場はベクトルポテンシャル $\boldsymbol{A}$ との間に次の関係がある。

$$\boldsymbol{E}=-\frac{\partial \boldsymbol{A}}{\partial t} \tag{8.19}$$

$$\boldsymbol{B}=\mathrm{rot}\,\boldsymbol{A} \tag{8.20}$$

いま，次式で表される平面波の解を考える。

$$\begin{aligned}\boldsymbol{A}&=A\cdot\boldsymbol{e}\cdot\cos(\boldsymbol{k_p}\cdot\boldsymbol{r}-\omega t)\\&=(A/2)\cdot\boldsymbol{e}\cdot\{\exp[\mathrm{i}(\boldsymbol{k_p}\cdot\boldsymbol{r}-\omega t)]+\exp[-\mathrm{i}(\boldsymbol{k_p}\cdot\boldsymbol{r}-\omega t)]\}\end{aligned} \tag{8.21}$$

ここで，$\boldsymbol{e}$ は電場 $\boldsymbol{E}$ の偏光方向の単位ベクトルであり，$\boldsymbol{k_p}$ は電磁場の波数ベクトルである。式(8.18)を書き直すと

$$\mathcal{H}=\frac{\boldsymbol{p}^2}{2m_{\mathrm{e}}}+\frac{e\boldsymbol{p}\cdot\boldsymbol{A}}{2m_{\mathrm{e}}}+\frac{e\boldsymbol{A}\cdot\boldsymbol{p}}{2m_{\mathrm{e}}}+\frac{(e\boldsymbol{A})^2}{2m_{\mathrm{e}}}+V(\boldsymbol{r}) \tag{8.22}$$

となる。grad $\boldsymbol{A}=\boldsymbol{0}$ のゲージをとると

$$\boldsymbol{p}\cdot\boldsymbol{A}=\boldsymbol{A}\cdot\boldsymbol{p} \tag{8.23}$$

であるから

$$\mathcal{H}=\mathcal{H}_0+\mathcal{H}' \tag{8.24}$$

$$\mathcal{H}_0=-\frac{\hbar^2}{2m_{\mathrm{e}}}\nabla^2+V(\boldsymbol{r}) \tag{8.25}$$

$$\mathcal{H}'=\frac{e}{m_{\mathrm{e}}}\boldsymbol{A}\cdot\boldsymbol{p} \tag{8.26}$$

となる。$(e\boldsymbol{A})^2/(2m_{\mathrm{e}})$ は微小量として無視している。式(8.23)の関係は $\boldsymbol{p}\cdot[\boldsymbol{A}\phi(\boldsymbol{r})]=-\mathrm{i}\hbar[\boldsymbol{A}\cdot\nabla\phi(\boldsymbol{r})+\phi(\boldsymbol{r})\cdot\nabla\boldsymbol{A}]=\boldsymbol{A}\cdot\boldsymbol{p}\phi(\boldsymbol{r})$ から得られる。

式(8.24)～(8.26)を見ると $\mathcal{H}_0$ は結晶中の電子のハミルトニアンであるから非摂動系であり，時間に依存する変化量 $\mathcal{H}'$ を摂動の項と考えることができる。伝導帯と価電子帯の電子の波動関数を

$$\phi_{\mathrm{c},\boldsymbol{k}'}(\boldsymbol{r})=\left(\frac{1}{V}\right)^{1/2}\exp(\mathrm{i}\boldsymbol{k}'\cdot\boldsymbol{r})u_{\mathrm{c},\boldsymbol{k}'}(\boldsymbol{r}) \tag{8.27}$$

$$\phi_{\mathrm{v},\boldsymbol{k}}(\boldsymbol{r})=\left(\frac{1}{V}\right)^{1/2}\exp(\mathrm{i}\boldsymbol{k}\cdot\boldsymbol{r})u_{\mathrm{v},\boldsymbol{k}}(\boldsymbol{r}) \tag{8.28}$$

とする。ここで，Ω を単位胞の体積とすると $(1/\Omega)\times\int_{\text{単位胞}}|u_{n,\boldsymbol{k}}(\boldsymbol{r})|^2\mathrm{d}\boldsymbol{r}=1$ を満足する必要がある。添え字の c, v は伝導帯と価電子帯のバンドを指定しており，ブロッホ関数のバンド指標 n に対応する。$\boldsymbol{k}$, $\boldsymbol{k}'$ はそれぞれのバンドの波数の値である。

時間に依存する摂動 $\mathcal{H}'$ は $(e/m_{\mathrm{e}})\boldsymbol{A}\cdot\boldsymbol{p}$ であるから，$\phi_{\mathrm{v},\boldsymbol{k}}(\boldsymbol{r})$ から $\phi_{\mathrm{c},\boldsymbol{k}'}(\boldsymbol{r})$ に遷移する単位時間あたりの遷移確率はフェルミの黄金律に従うと

$$W(\boldsymbol{k}',\boldsymbol{k})=\frac{2\pi}{\hbar}\left|\left\langle \mathrm{c},\boldsymbol{k}'\left|\left(\frac{e}{m_{\mathrm{e}}}\right)\boldsymbol{A}\cdot\boldsymbol{p}\right|\mathrm{v},\boldsymbol{k}\right\rangle\right|^2\delta[\mathcal{E}_{\mathrm{c}}(\boldsymbol{k}')-\mathcal{E}_{\mathrm{v}}(\boldsymbol{k})] \tag{8.29}$$

となる。まず，$\langle \mathrm{c},\boldsymbol{k}'|(e/m_{\mathrm{e}})\boldsymbol{A}\cdot\boldsymbol{p}|\mathrm{v},\boldsymbol{k}\rangle$ を計算すると

$$\begin{aligned}&\left\langle \mathrm{c},\boldsymbol{k}'\left|\left(\frac{e}{m_{\mathrm{e}}}\right)\boldsymbol{A}\cdot\boldsymbol{p}\right|\mathrm{v},\boldsymbol{k}\right\rangle\\&=\frac{e}{Vm_{\mathrm{e}}}\int_V\exp(-\mathrm{i}\boldsymbol{k}'\cdot\boldsymbol{r})u^*_{\mathrm{c},\boldsymbol{k}'}(\boldsymbol{r})\boldsymbol{A}\cdot\left\{\left[-\mathrm{i}\hbar\frac{\partial u_{\mathrm{v},\boldsymbol{k}}(\boldsymbol{r})}{\partial\boldsymbol{r}}\right]\exp(\mathrm{i}\boldsymbol{k}\cdot\boldsymbol{r})\right.\\&\quad\left.+\hbar\boldsymbol{k}\exp(\mathrm{i}\boldsymbol{k}\cdot\boldsymbol{r})u_{\mathrm{v},\boldsymbol{k}}(\boldsymbol{r})\right\}\mathrm{d}\boldsymbol{r}\\&=\frac{e}{Vm_{\mathrm{e}}}\int_V\exp[-\mathrm{i}(\boldsymbol{k}'-\boldsymbol{k})\cdot\boldsymbol{r}]u^*_{\mathrm{c},\boldsymbol{k}'}(\boldsymbol{r})\boldsymbol{A}\cdot(\boldsymbol{p}+\hbar\boldsymbol{k})u_{\mathrm{v},\boldsymbol{k}}(\boldsymbol{r})\mathrm{d}\boldsymbol{r}\end{aligned} \tag{8.30}$$

となる。$\boldsymbol{A}=(A/2)\cdot\boldsymbol{e}\cdot\{\exp[\mathrm{i}(\boldsymbol{k_p}\cdot\boldsymbol{r}-\omega t)]+\exp[-\mathrm{i}(\boldsymbol{k_p}\cdot\boldsymbol{r}-\omega t)]\}$ であるが，第1章1.11節で時間に依存する摂動について述べたように，吸収過程に関しては

$$\left(\frac{A}{2}\right)\cdot\boldsymbol{e}\cdot\exp[\mathrm{i}(\boldsymbol{k_p}\cdot\boldsymbol{r}-\omega t)] \tag{8.31}$$

の項が該当する。空間の積分項に関しては

$$\begin{aligned}&\left\langle \mathrm{c},\boldsymbol{k}'\left|\left(\frac{e}{m_{\mathrm{e}}}\right)\boldsymbol{A}\cdot\boldsymbol{p}\right|\mathrm{v},\boldsymbol{k}\right\rangle\\&=\frac{eA}{2Vm_{\mathrm{e}}}\int_V\exp[-\mathrm{i}(\boldsymbol{k}'-\boldsymbol{k}-\boldsymbol{k_p})\cdot\boldsymbol{r}]u^*_{\mathrm{c},\boldsymbol{k}'}(\boldsymbol{r})\boldsymbol{e}\cdot(\boldsymbol{p}+\hbar\boldsymbol{k})u_{\mathrm{v},\boldsymbol{k}}(\boldsymbol{r})\mathrm{d}\boldsymbol{r}\end{aligned} \tag{8.32}$$

となり，式(8.29)のデルタ関数項は $\mathcal{E}_{\mathrm{c}}(\boldsymbol{k}')=\mathcal{E}_{\mathrm{v}}(\boldsymbol{k})+\hbar\omega$ の場合にのみ0ではない。

さて，式(8.32)の体積積分は結晶全体について行う必要があるが，単位胞内で変化する関数 $u_{\mathrm{v},\boldsymbol{k}}(\boldsymbol{r})$, $u_{\mathrm{c},\boldsymbol{k}}(\boldsymbol{r})$ と空間的に緩やかに変化する性質を有する平面波を含んでいるため，結晶全体の積分を行う代わりに単位胞に分割し，単位胞内部の積分と単位胞の足し算に書き換える。そのために $\boldsymbol{r}=\boldsymbol{R}_i+\boldsymbol{r}_u$ と書き換える。$\boldsymbol{R}_i$ は i 番目の単位胞の位置ベクトル，$\boldsymbol{r}_u$ は単位胞内の位置ベクトルである。また，ブロッホ関数の性質 $u_{n,\boldsymbol{k}}(\boldsymbol{r})=u_{n,\boldsymbol{k}}(\boldsymbol{r}+\boldsymbol{R}_i)$ を利用すると式(8.32)の積分項は

$$\frac{eA}{2Vm_e}\sum_i\int_{単位胞}\exp[-\mathrm{i}(\boldsymbol{k}'-\boldsymbol{k}-\boldsymbol{k_p})\cdot(\boldsymbol{R}_i+\boldsymbol{r}_u)]$$
$$u^*_{\mathrm{c},\boldsymbol{k}'}(\boldsymbol{r}_u)\boldsymbol{e}\cdot(\boldsymbol{p}+\hbar\boldsymbol{k})u_{\mathrm{v},\boldsymbol{k}}(\boldsymbol{r}_u)\mathrm{d}\boldsymbol{r}_u$$
$$=\frac{eA}{2Vm_e}\sum_i\exp[-\mathrm{i}(\boldsymbol{k}'-\boldsymbol{k}-\boldsymbol{k_p})\cdot\boldsymbol{R}_i]\int_{単位胞}\exp[-\mathrm{i}(\boldsymbol{k}'-\boldsymbol{k}-\boldsymbol{k_p})\cdot\boldsymbol{r}_u]$$
$$u^*_{\mathrm{c},\boldsymbol{k}'}(\boldsymbol{r}_u)\boldsymbol{e}\cdot(\boldsymbol{p}+\hbar\boldsymbol{k})u_{\mathrm{v},\boldsymbol{k}}(\boldsymbol{r}_u)\mathrm{d}\boldsymbol{r}_u \tag{8.33}$$

となる。ここで，$\sum_i$ は単位胞についての足し算であり，$\sum_i\exp[-\mathrm{i}(\boldsymbol{k}'-\boldsymbol{k}-\boldsymbol{k_p})\cdot\boldsymbol{R}_i]$ が値を有するには $\boldsymbol{k}'-\boldsymbol{k}-\boldsymbol{k_p}$ が逆格子ベクトル $\boldsymbol{K}$ である必要がある。この場合には $\sum_i\exp[-\mathrm{i}(\boldsymbol{k}'-\boldsymbol{k}-\boldsymbol{k_p})\cdot\boldsymbol{R}_i]=N$（単位胞の数）である。$\boldsymbol{k}'-\boldsymbol{k}-\boldsymbol{k_p}=\boldsymbol{K}$ について考えてみると，逆格子ベクトル $\boldsymbol{K}$ は 1 次元を例にすると 0, $\pm2\pi/a$, $\pm4\pi/a$, …という大きさである。格子定数を 0.5 nm と仮定すると $K=2\pi/a\sim1\times10^8\ \mathrm{cm}^{-1}$ である。一方，1 eV 程度の光に対する波長は 1.24 μm である。これを波数に直すと～$5\times10^4\ \mathrm{cm}^{-1}$ であり，$\boldsymbol{k}'$ や $\boldsymbol{k}$ の領域に対して $\boldsymbol{k_p}$ は桁違いに小さいため $\boldsymbol{k}'-\boldsymbol{k}\approx\boldsymbol{K}$ と考えてよい。電子状態を第 1 ブリュアンゾーンに限定すると $\boldsymbol{k}'\approx\boldsymbol{k}$ となる。したがって，バンドの還元表示では，光を吸収して価電子帯から伝導帯に電子が遷移する場合，$\boldsymbol{k}$ 空間では同じ波数位置，すなわち $\boldsymbol{k}$ 空間において垂直に遷移すると考えてよい。

最後に式(8.33)の積分項について吟味する。$V=N\Omega$ であるから式(8.33)は

$$\frac{eA}{2\Omega m_e}\int_{単位胞}\exp[-\mathrm{i}(\boldsymbol{k}'-\boldsymbol{k}-\boldsymbol{k_p})\cdot\boldsymbol{r}_u]u^*_{\mathrm{c},\boldsymbol{k}'}(\boldsymbol{r}_u)\boldsymbol{e}\cdot(\boldsymbol{p}+\hbar\boldsymbol{k})u_{\mathrm{v},\boldsymbol{k}}(\boldsymbol{r}_u)\mathrm{d}\boldsymbol{r}_u \tag{8.34}$$

となる。まず第 2 項について整理すると，$\boldsymbol{k}'\approx\boldsymbol{k}$, $\boldsymbol{k_p}\approx0$ であることに注意して

$$\frac{eA}{2\Omega m_e}\cdot\boldsymbol{e}\cdot\hbar\boldsymbol{k}\int_{単位胞}u^*_{\mathrm{c},\boldsymbol{k}}(\boldsymbol{r}_u)u_{\mathrm{v},\boldsymbol{k}}(\boldsymbol{r}_u)\mathrm{d}\boldsymbol{r}_u \tag{8.35}$$

となるが，この積分は異なるバンドに関するものであるためにゼロになる。式(8.34)の第 1 項は $\boldsymbol{k}'\approx\boldsymbol{k}$ であることを考慮すると

$$\frac{eA}{2\Omega m_e}\cdot\boldsymbol{e}\cdot\int_{単位胞}u^*_{\mathrm{c},\boldsymbol{k}}(\boldsymbol{r}_u)\boldsymbol{p}u_{\mathrm{v},\boldsymbol{k}}(\boldsymbol{r}_u)\mathrm{d}\boldsymbol{r}_u \tag{8.36}$$

となる。$u_{\mathrm{v},\boldsymbol{k}}(\boldsymbol{r})$ や $u_{\mathrm{c},\boldsymbol{k}}(\boldsymbol{r})$ は原子軌道的な波動関数であるので，この積分は原子軌道の s, p 軌道間の光学遷移に関する議論に類似している。したがって，価電子帯と伝導帯の対称性に関する光学的選択則を与える。例えば，$\boldsymbol{k}=0$ における光学遷移を考えた場合，価電子帯の頂上の $u_{\mathrm{v},0}(\boldsymbol{r})$ が p 軌道的であり，かつ $u_{\mathrm{c},0}(\boldsymbol{r})$ が s 軌道的であれば式(8.36)の項は偶奇性から消滅しない。一方，s 軌道間，p 軌道間の積分は 0 になり，光学遷移は禁止される。以上をまとめると黄金律の波動関数に関する積分部分は光学遷移の選択則を与えている。

本来，式(8.29)では，$\boldsymbol{k}'$ について総和をとる必要があるが，垂直遷

移の性質から $\boldsymbol{k}$ を決めれば $\boldsymbol{k}'$ は決まってしまう。しかし，$\delta(\mathcal{E}_{\mathrm{c},\boldsymbol{k}}-\mathcal{E}_{\mathrm{v},\boldsymbol{k}}-\hbar\omega)$ を満足する波数 $\boldsymbol{k}$ は多数存在するはずであり，それらは電子遷移に寄与する。電子遷移が生じると入射した光のエネルギーを消費するわけであるから，それらは光吸収に関与する。したがって，

$$\text{光吸収係数} \propto \frac{2\pi}{\hbar}\sum_{\boldsymbol{k}}\left|\frac{eA}{2\Omega m_{\mathrm{e}}}\int_{\text{単位胞}} u^*_{\mathrm{c},\boldsymbol{k}}(\boldsymbol{r}_u)\boldsymbol{e}\cdot\boldsymbol{p}u_{\mathrm{v},\boldsymbol{k}}(\boldsymbol{r}_u)\mathrm{d}\boldsymbol{r}_u\right|^2 \times\delta(\mathcal{E}_{\mathrm{c}}(\boldsymbol{k})-\mathcal{E}_{\mathrm{v}}(\boldsymbol{k})-\hbar\omega) \tag{8.37}$$

となる。単位胞内の波動関数の $\boldsymbol{k}$ 依存性は小さいと仮定すると式(8.37)は

$$\text{光吸収係数} \propto \frac{2\pi}{\hbar}\left|\frac{eA}{2\Omega m_{\mathrm{e}}}\int_{\text{単位胞}} u^*_{\mathrm{c},\boldsymbol{k}}(\boldsymbol{r}_u)\boldsymbol{e}\cdot\boldsymbol{p}u_{\mathrm{v},\boldsymbol{k}}(\boldsymbol{r}_u)\mathrm{d}\boldsymbol{r}_u\right|^2 \times\sum_{\boldsymbol{k}}\delta(\mathcal{E}_{\mathrm{c}}(\boldsymbol{k})-\mathcal{E}_{\mathrm{v}}(\boldsymbol{k})-\hbar\omega) \tag{8.38}$$

と変形できる。

8.2.2　結合状態密度

次に式(8.38)のデルタ関数の部分に注目しよう。単位体積あたり

$$J_{\mathrm{cv}}(\hbar\omega)=\sum_{\boldsymbol{k}}\delta[\mathcal{E}_{\mathrm{c}}(\boldsymbol{k})-\mathcal{E}_{\mathrm{v}}(\boldsymbol{k})-\hbar\omega]=\frac{2}{(2\pi)^3}\int\delta[\mathcal{E}_{\mathrm{cv}}(\boldsymbol{k})-\hbar\omega]\mathrm{d}^3\boldsymbol{k} \tag{8.39}$$

と書き直せる。$\mathcal{E}_{\mathrm{cv}}(\boldsymbol{k})=\mathcal{E}_{\mathrm{c}}(\boldsymbol{k})-\mathcal{E}_{\mathrm{v}}(\boldsymbol{k})$ である。ここでも周期的境界条件を利用し，$(2\pi/L)^3$ ごとに電子がとりうる状態が存在することを考慮している。いまは単位体積を考えているので $L^3=1$ である。2はスピンに依存する因子である。ここで，$\boldsymbol{k}=0$ に伝導帯の底および価電子帯の頂上が存在する図8.1(a)の直接遷移型半導体を考える。伝導帯および価電子帯を

$$\mathcal{E}_{\mathrm{c}}(\boldsymbol{k})=\frac{\hbar^2k^2}{2m^*_{\mathrm{c}}}+\mathcal{E}_{\mathrm{g}} \tag{8.40}$$

$$\mathcal{E}_{\mathrm{v}}(\boldsymbol{k})=-\frac{\hbar^2k^2}{2m^*_{\mathrm{v}}} \tag{8.41}$$

と仮定する。式(8.39)のデルタ関数内は

$$\begin{aligned}\mathcal{E}_{\mathrm{cv}}(\boldsymbol{k})-\hbar\omega&=\frac{\hbar^2k^2}{2m^*_{\mathrm{c}}}+\mathcal{E}_{\mathrm{g}}+\frac{\hbar^2k^2}{2m^*_{\mathrm{v}}}-\hbar\omega\\&=\frac{\hbar^2k^2}{2}\left(\frac{1}{m^*_{\mathrm{c}}}+\frac{1}{m^*_{\mathrm{v}}}\right)+\mathcal{E}_{\mathrm{g}}-\hbar\omega\end{aligned} \tag{8.42}$$

であるが，この値が0である必要がある。この関係を満足する状態数がいくつあるかという問題を考えることになるが，$1/\mu=1/m^*_{\mathrm{c}}+1/m^*_{\mathrm{v}}$，$\mathcal{E}=\hbar\omega-\mathcal{E}_{\mathrm{g}}$ と置き換えると

$$\frac{\hbar^2k^2}{2\mu}=\mathcal{E} \tag{8.43}$$

となる。いまは特定の光のエネルギー $\hbar\omega$ を考えているので $\mathcal{E}=\hbar\omega-\mathcal{E}_{\mathrm{g}}$

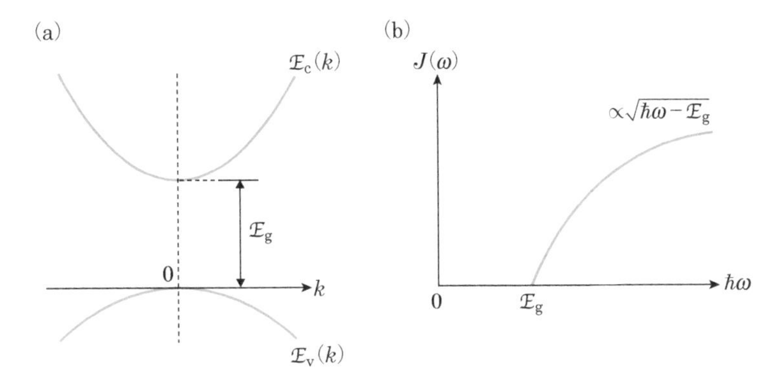

図8.1　直接遷移型半導体の(a)バンド構造と(b)結合状態密度

は一定値である。式(8.43)は質量μを有する粒子が3次元自由空間を運動するときの波数とエネルギーの関係と同じである。したがって，ある一定エネルギー$\mathcal{E}$のときの状態密度を使うと

$$J(\hbar\omega)=\frac{(2\mu)^{3/2}}{2\pi^2\hbar^3}(\hbar\omega-\mathcal{E}_g)^{1/2} \tag{8.44}$$

となる。これは図8.1(b)に示すグラフになる。閾値はバンドギャップのエネルギーに相当する。

ここで式(8.39)の

$$\delta[\mathcal{E}_{cv}(\boldsymbol{k})-\hbar\omega]\mathrm{d}^3\boldsymbol{k} \tag{8.45}$$

の関係を再度考えてみよう。体積素片$\mathrm{d}^3\boldsymbol{k}$で積分する代わりに図8.2に示すようにエネルギー$\mathcal{E}$と$\mathcal{E}+\mathrm{d}\mathcal{E}$で囲まれた薄い領域の面積素片$\mathrm{d}S$とその厚さ$\mathrm{d}k_\perp$を考え，$\mathrm{d}S\mathrm{d}k_\perp$に関する積分に変更する。それを実行するために数式を少し変形して

$$\mathrm{d}S\mathrm{d}k_\perp=\frac{\mathrm{d}S}{\mathrm{d}\mathcal{E}(\boldsymbol{k})/\mathrm{d}k_\perp}\times\mathrm{d}\mathcal{E}(\boldsymbol{k})=\left[\frac{\mathrm{d}S}{\mathrm{grad}_{\boldsymbol{k}}\mathcal{E}(\boldsymbol{k})}\right]\mathrm{d}\mathcal{E}(\boldsymbol{k}) \tag{8.46}$$

とする。この式を用いると

$$J_{cv}(\hbar\omega)=\frac{2}{(2\pi)^3}\int_{\mathcal{E}_{cv}=\hbar\omega}\left[\frac{\mathrm{d}S}{\mathrm{grad}_{\boldsymbol{k}}\mathcal{E}_{cv}(\boldsymbol{k})}\right]\mathrm{d}\mathcal{E}_{cv}(\boldsymbol{k}) \tag{8.47}$$

となる。これを結合状態密度という。右辺の積分の$\int_{\mathcal{E}_{cv}=\hbar\omega}$の意味は$\mathcal{E}_{cv}=\hbar\omega$を満たすエネルギー積分のみが寄与することを示している。この積分は$\mathcal{E}_{cv}=\hbar\omega$の関係を満足し，かつ$|\mathrm{grad}_{\boldsymbol{k}}\mathcal{E}_{cv}(\boldsymbol{k})|=0$のときに大きくなる。この条件は

$$|\mathrm{grad}_{\boldsymbol{k}}[\mathcal{E}_c(\boldsymbol{k})-\mathcal{E}_v(\boldsymbol{k})]|_{\mathcal{E}_{cv}=\hbar\omega}=0 \tag{8.48}$$

であるから，図8.3(a)のような$\boldsymbol{k}$空間で伝導帯と価電子帯の傾きが平行でエネルギー差が$\hbar\omega$である点を示している。もちろん，図8.3(b)のように$\mathrm{grad}_{\boldsymbol{k}}[\mathcal{E}_c(\boldsymbol{k})]=\mathrm{grad}_{\boldsymbol{k}}[\mathcal{E}_v(\boldsymbol{k})]=0$の場合も含まれている*3。

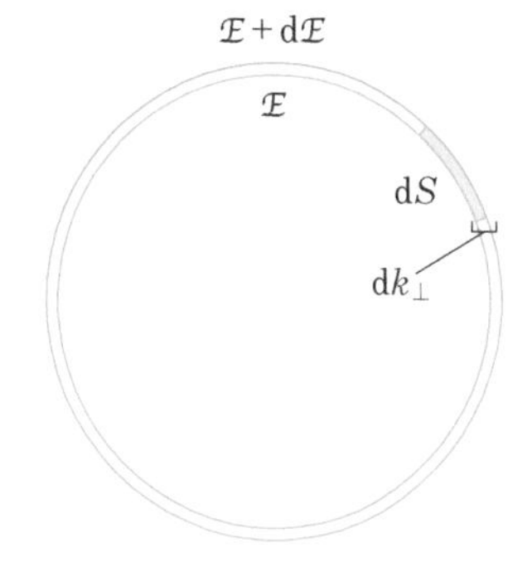

図8.2　状態密度の計算方法において考える面積素片

＊3　式(8.48)はバンド構造に依存して異なるエネルギー依存性をとる。詳細は光物性に関する教科書(例えば，中山正昭，半導体の光物性，コロナ社(2013))を参照。

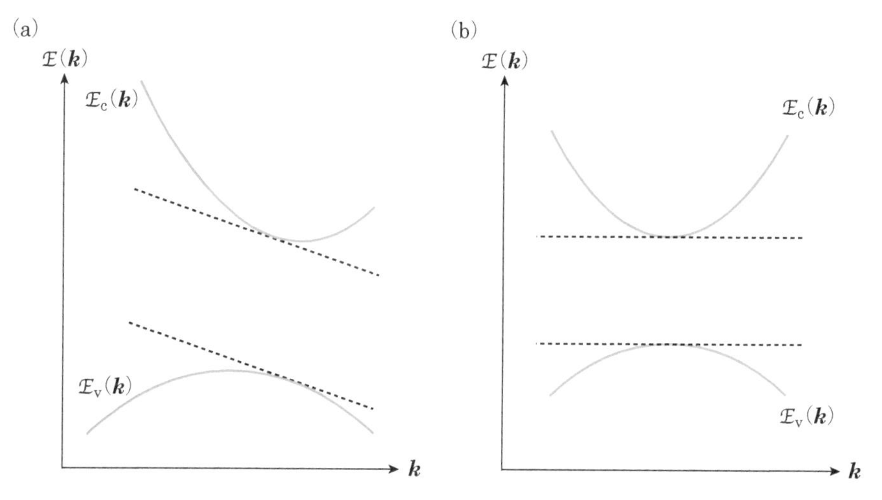

図8.3　結合状態密度が高い点の例

(a) $\mathcal{E}(k)$ 曲線の傾きが同じ点，(b) 直接遷移型半導体におけるバンドギャップが最小となる点。

8.2.3　間接遷移型半導体のバンド間遷移

間接遷移型半導体では図8.4に示すように価電子帯の頂上と伝導帯の底の $\boldsymbol{k}$ の値が異なるため，バンドギャップに相当するエネルギー $\mathcal{E}_{\mathrm{g}}$ を有する光を照射しても価電子帯の頂上の電子の遷移先はバンドギャップ内であり，垂直遷移だけを考えた場合には光吸収を生じない。したがって，価電子帯の頂上の電子を同じ波数の伝導帯に励起させるためには，バンドギャップ以上のエネルギーを有する光を照射する必要がある。一方，図8.5は間接遷移型半導体の代表であるGeの光吸収の実験結果を示しているが，バンドギャップ付近の光子エネルギーにおいて弱いながらも光の吸収が観測されている。この現象はどのように説明したらよいであろうか。

もしも，バンドの中で波数を横にずらすことを可能にする何らかのメカニズムが存在すれば，そのメカニズムと垂直遷移の特徴を有する光吸収を組み合わせることにより，価電子帯の頂上から伝導帯の底に電子を遷移させることが可能になるであろう。それでは波数空間において電子の波数を横にずらすことを可能にするメカニズムは何であろうか。

ここで格子振動を思い出していただきたい。格子振動の波数は，格子間隔 a を有する1次元系を例にとると，$q=0$ から $q=\pm\pi/a$ まで可能である。この幅は格子間隔 a を有する1次元電子系の波数空間における第1ブリュアンゾーンと同じである。すなわち，格子振動による散乱と光による遷移を組み合わせることにより，価電子帯の頂上の電子をそれと異なる波数を有する伝導帯底の電子状態に遷移させることが可能になる。

この現象を量子力学的に扱うことは非常に複雑であり，本書の範囲を

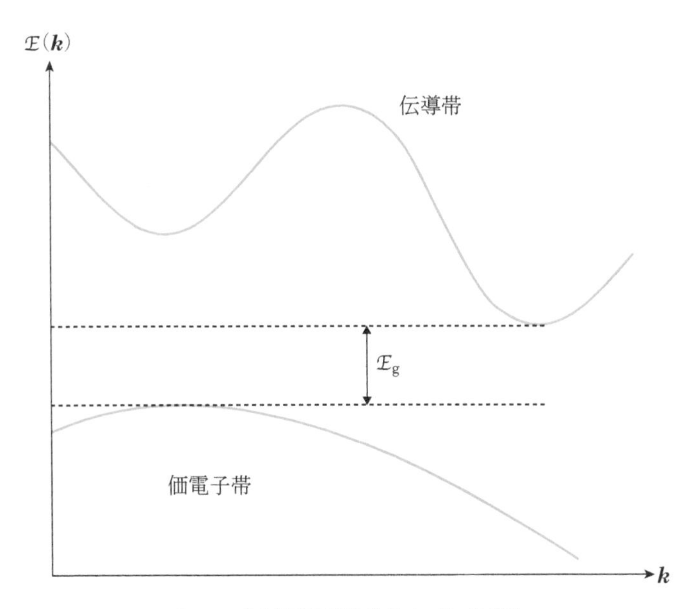

図 8.4　間接遷移型半導体のバンド構造

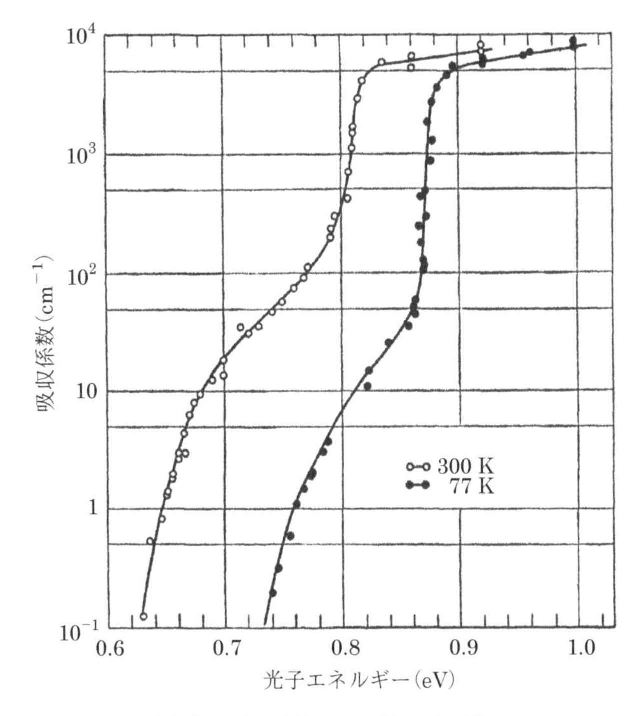

図 8.5　Ge 半導体のバンドギャップ付近の光吸収スペクトル
［W. C. Dash and R. Newman, *Phys. Rev.*, **99**, 1151 (1955) より改変］

越えるので巻末の教科書を参考にしていただきたい。ここでは考え方の概略のみを示す。図 8.6 中の矢印 (a), (b) に示すように，価電子帯の頂上の波数と異なる波数を有する伝導帯の底の電子状態に遷移するために

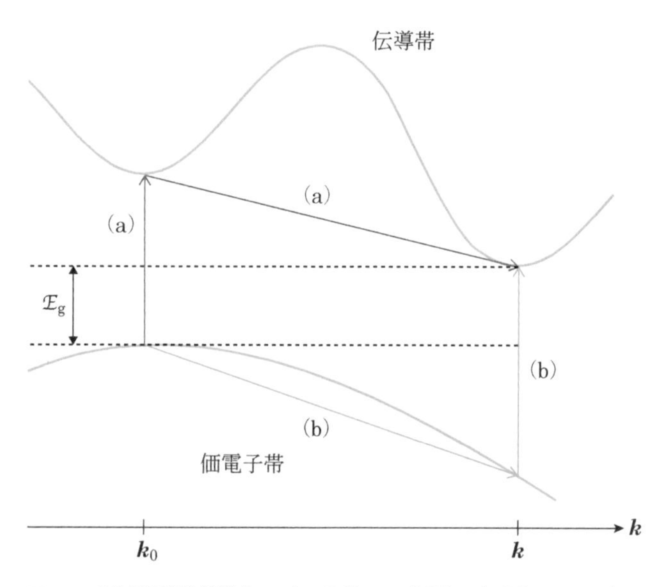

図8.6　間接遷移型半導体のバンドギャップ近傍の光吸収メカニズム

は2つの経路がある。光吸収の遷移は波数空間で垂直であり，格子振動による遷移は1つのバンド内の波数空間で横向きである。両者はともに時間に依存する摂動であり，両者の過程を $\mathcal{H}_{\rm photon}$ および $\mathcal{H}_{\rm phonon}$ と書くことにしよう。全体の摂動は

$$\mathcal{H}' = \mathcal{H}_{\rm photon} + \mathcal{H}_{\rm phonon} \tag{8.49}$$

と考えることができる。価電子帯の $\phi_{{\rm v},\boldsymbol{k}_0}(\boldsymbol{r})$ の状態から伝導帯の $\phi_{{\rm c},\boldsymbol{k}}(\boldsymbol{r})$ の状態への遷移について考えるわけであるが，1次摂動を考えると

$$\langle {\rm c}, \boldsymbol{k} | \mathcal{H}_{\rm photon} + \mathcal{H}_{\rm phonon} | {\rm v}, \boldsymbol{k}_0 \rangle \tag{8.50}$$

となる。しかし，$\boldsymbol{k}_0 \neq \boldsymbol{k}$ であることに加え，バンドが異なるため

$$\langle {\rm c}, \boldsymbol{k} | \mathcal{H}_{\rm photon} | {\rm v}, \boldsymbol{k}_0 \rangle = \langle {\rm c}, \boldsymbol{k} | \mathcal{H}_{\rm phonon} | {\rm v}, \boldsymbol{k}_0 \rangle = 0 \tag{8.51}$$

となる。一方，2次の摂動では中間状態 m を考慮すると

$$\sum_m \frac{\langle {\rm c}, \boldsymbol{k} | \mathcal{H}_{\rm photon} + \mathcal{H}_{\rm phonon} | m \rangle \langle m | \mathcal{H}_{\rm photon} + \mathcal{H}_{\rm phonon} | {\rm v}, \boldsymbol{k}_0 \rangle}{\mathcal{E}_{{\rm v},\boldsymbol{k}_0} - \mathcal{E}_m} \tag{8.52}$$

の項が現れる。このうちの分子の項が残る場合として

$$\langle {\rm c}, \boldsymbol{k} | \mathcal{H}_{\rm phonon} | {\rm c}, \boldsymbol{k}_0 \rangle \langle {\rm c}, \boldsymbol{k}_0 | \mathcal{H}_{\rm photon} | {\rm v}, \boldsymbol{k}_0 \rangle \tag{8.53}$$

と

$$\langle {\rm c}, \boldsymbol{k} | \mathcal{H}_{\rm photon} | {\rm v}, \boldsymbol{k} \rangle \langle {\rm v}, \boldsymbol{k} | \mathcal{H}_{\rm phonon} | {\rm v}, \boldsymbol{k}_0 \rangle \tag{8.54}$$

が可能である。式(8.53)は光子(photon)を吸収する $\langle {\rm c}, \boldsymbol{k}_0 | \mathcal{H}_{\rm photon} | {\rm v}, \boldsymbol{k}_0 \rangle$ の垂直遷移に引き続いて $\langle {\rm c}, \boldsymbol{k} | \mathcal{H}_{\rm phonon} | {\rm c}, \boldsymbol{k}_0 \rangle$ によるフォノンを介した遷

移が生じる過程である。式(8.54)は最初に光子の吸収によって$\langle \mathrm{c}, \boldsymbol{k} | \mathcal{H}_{\mathrm{photon}} | \mathrm{v}, \boldsymbol{k} \rangle$の遷移が生じ，引き続いて価電子帯の空いた状態である$\phi_{\mathrm{v},\boldsymbol{k}}(\boldsymbol{r})$に対し，$\phi_{\mathrm{v},\boldsymbol{k}_0}(\boldsymbol{r})$からフォノンを介して遷移する$\langle \mathrm{v}, \boldsymbol{k} | \mathcal{H}_{\mathrm{phonon}} | \mathrm{v}, \boldsymbol{k}_0 \rangle$の過程である。このように考えるのはパウリの排他原理を満足するためである。ここで式(8.53)は図 8.6(a)の経路に対応し，式(8.54)は図 8.6(b)の経路に対応する。

以上のように価電子帯の頂上の初期状態から波数の異なる伝導帯の底の終状態に遷移する過程は 2 段の遷移を経ることになる。このような 2 段の過程は(微小量)×(微小量)であるから非常に小さな値になる。このため吸収係数は小さい。

この遷移についてもう少し考えてみよう。格子振動のエネルギーは数 10 meV 程度と非常に小さいため電子遷移に関与するエネルギーのほとんどは光子に起因する。図 8.5 を注意深く見ると間接遷移型半導体のバンドギャップに対応するエネルギーで弱いながらも光吸収が生じており，このエネルギーの下で$\langle \mathrm{c}, \boldsymbol{k}_0 | \mathcal{H}_{\mathrm{photon}} | \mathrm{v}, \boldsymbol{k}_0 \rangle$や$\langle \mathrm{c}, \boldsymbol{k} | \mathcal{H}_{\mathrm{photon}} | \mathrm{v}, \boldsymbol{k} \rangle$の遷移が生じることは，エネルギー保存則から理解しがたい。この現象の理解には$\phi_{\mathrm{c},\boldsymbol{k}_0}(\boldsymbol{r})$や$\phi_{\mathrm{v},\boldsymbol{k}}(\boldsymbol{r})$が中間状態(仮想状態)であることが重要である。中間状態(仮想状態)に滞在する時間は非常に短く，時間とエネルギーに関する不確定性原理から，中間状態への遷移に関してはエネルギー保存則を厳格に満足する必要はない。しかし，初期状態と終状態のエネルギー保存則は満足する必要があるので

$$\begin{aligned} &\mathcal{E}_{\mathrm{c}}(\boldsymbol{k}) - \mathcal{E}_{\mathrm{v}}(\boldsymbol{k}_0) - \hbar\omega_{\mathrm{photon}} \mp \hbar\omega_{\mathrm{phonon}} \\ &\approx \mathcal{E}_{\mathrm{c}}(\boldsymbol{k}) - \mathcal{E}_{\mathrm{v}}(\boldsymbol{k}_0) - \hbar\omega_{\mathrm{photon}} = 0 \end{aligned} \tag{8.55}$$

の関係が要求される。最後の変形において，フォノンのエネルギーは小さいので無視している*4。

*4 phononには吸収と放出があるので±を付けている。

光子のエネルギーが大きくなって，価電子帯の頂上から垂直遷移により伝導帯に遷移できるようになると強い吸収が生じるようになる。図 8.5 の高エネルギー側で急激に立ち上がる肩領域は，このエネルギーに対応する。

8.3 ドナーに束縛された電子の光励起

本節ではドナーを例にとり束縛された電子状態の準位内遷移について議論する。摂動は前章で述べた

$$\mathcal{H}' = \frac{e}{m_{\mathrm{e}}} \boldsymbol{A} \cdot \boldsymbol{p} \tag{8.56}$$

である。ただし，$-e\,(e>0)$は電子の電荷である。最初に簡単な例として$\boldsymbol{k}=0$に伝導帯の底を有する半導体のドナー電子について考察する。ドナーの電子は次のシュレーディンガー方程式を満足している。

$$\mathcal{H}\Psi(\boldsymbol{r}) = \left\{ -\frac{\hbar^2}{2m_{\mathrm{e}}} \nabla^2 + V(\boldsymbol{r}) + U(\boldsymbol{r}) \right\} \Psi(\boldsymbol{r}) = \mathcal{E}\Psi(\boldsymbol{r}) \tag{8.57}$$

ここで，$V(\boldsymbol{r})$は結晶の周期ポテンシャルであり，$U(\boldsymbol{r})$はドナーによるクーロンポテンシャルである。伝導帯の底は$\boldsymbol{k}=0$の1か所であるから有効質量近似に基づいた電子の波動関数は

$$\Psi_{\mathrm{g}}(\boldsymbol{r})=F_{\mathrm{g}}(\boldsymbol{r})\phi_{\mathrm{c},\boldsymbol{k}=0}(\boldsymbol{r}) \tag{8.58}$$

$$\Psi_{\mathrm{e}}(\boldsymbol{r})=F_{\mathrm{e}}(\boldsymbol{r})\phi_{\mathrm{c},\boldsymbol{k}=0}(\boldsymbol{r}) \tag{8.59}$$

である。添え字のgは基底状態，eは励起状態を意味している。$\boldsymbol{k}=0$に伝導帯の底があるとき，ブロッホ関数$\phi_{\mathrm{c},\boldsymbol{k}=0}(\boldsymbol{r})=u_{\mathrm{c},\boldsymbol{k}=0}(\boldsymbol{r})$の関係が成立する。$u_{\mathrm{c},\boldsymbol{k}=0}(\boldsymbol{r})$はブロッホ関数の単位胞を周期とする関数である。$F_{\mathrm{g}}(\boldsymbol{r})$および$F_{\mathrm{e}}(\boldsymbol{r})$は包絡関数の基底状態および励起状態とする。したがって，式(8.56)による遷移は

$$\langle\Psi_{\mathrm{e}}(\boldsymbol{r})|\,\boldsymbol{p}\,|\Psi_{\mathrm{g}}(\boldsymbol{r})\rangle=\langle F_{\mathrm{e}}(\boldsymbol{r})u_{\mathrm{c},\boldsymbol{k}=0}(\boldsymbol{r})|\,\boldsymbol{p}\,|F_{\mathrm{g}}(\boldsymbol{r})u_{\mathrm{c},\boldsymbol{k}=0}(\boldsymbol{r})\rangle \tag{8.60}$$

に関係する。便利な公式

$$[\boldsymbol{r},\mathcal{H}]=\frac{\mathrm{i}\hbar}{m_{\mathrm{e}}}\boldsymbol{p} \tag{8.61}$$

を使うと式(8.60)は

$$\begin{aligned}&\frac{m_{\mathrm{e}}}{\mathrm{i}\hbar}\langle F_{\mathrm{e}}(\boldsymbol{r})u_{\mathrm{c},\boldsymbol{k}=0}(\boldsymbol{r})|\,\boldsymbol{r}\mathcal{H}-\mathcal{H}\boldsymbol{r}\,|F_{\mathrm{g}}(\boldsymbol{r})u_{\mathrm{c},\boldsymbol{k}=0}(\boldsymbol{r})\rangle\\&=\frac{m_{\mathrm{e}}}{\mathrm{i}\hbar}(\mathcal{E}_{\mathrm{g}}-\mathcal{E}_{\mathrm{e}})\langle F_{\mathrm{e}}(\boldsymbol{r})u_{\mathrm{c},\boldsymbol{k}=0}(\boldsymbol{r})|\,\boldsymbol{r}\,|F_{\mathrm{g}}(\boldsymbol{r})u_{\mathrm{c},\boldsymbol{k}=0}(\boldsymbol{r})\rangle\end{aligned} \tag{8.62}$$

となる。$\langle F_{\mathrm{e}}(\boldsymbol{r})u_{\mathrm{c},\boldsymbol{k}=0}(\boldsymbol{r})|\boldsymbol{r}|F_{\mathrm{g}}(\boldsymbol{r})u_{\mathrm{c},\boldsymbol{k}=0}(\boldsymbol{r})\rangle$の積分は結晶全体に対して行うわけであるが，単位胞内で変化する$u_{\mathrm{c},\boldsymbol{k}=0}(\boldsymbol{r})$と広い空間にわたって緩やかに変化する$\boldsymbol{F}(\boldsymbol{r})$を有しているため，前章で述べたように積分を単位胞内に関する積分と単位胞の和に分解する。ここで，$r_u \ll R_l$であるから$\boldsymbol{r}_u+\boldsymbol{R}_l\approx\boldsymbol{R}_l$とする。

$$\begin{aligned}&\langle F_{\mathrm{e}}(\boldsymbol{r})u_{\mathrm{c},\boldsymbol{k}=0}(\boldsymbol{r})|\,\boldsymbol{r}\,|F_{\mathrm{g}}(\boldsymbol{r})u_{\mathrm{c},\boldsymbol{k}=0}(\boldsymbol{r})\rangle\\&=\sum_l F_{\mathrm{e}}^*(\boldsymbol{R}_l)\cdot F_{\mathrm{g}}(\boldsymbol{R}_l)\int_{\text{単位胞}}|u_{\mathrm{c},\boldsymbol{k}=0}(\boldsymbol{r}_u)|^2\boldsymbol{r}_u\mathrm{d}\boldsymbol{r}_u\\&\quad+\sum_l\int_{\text{単位胞}}|u_{\mathrm{c},\boldsymbol{k}=0}(\boldsymbol{r}_u)|^2\mathrm{d}\boldsymbol{r}_u\,F_{\mathrm{e}}^*(\boldsymbol{R}_l)\cdot\boldsymbol{R}_l\cdot F_{\mathrm{g}}(\boldsymbol{R}_l)\end{aligned} \tag{8.63}$$

となる。第1項は原点のとり方を適当に選ぶと0である。また，第2項における$\boldsymbol{r}_u$の積分は単位胞に関するものであるために単位胞の体積Ωに規格化されているとすると式(8.63)は

$$\propto\sum_l F_{\mathrm{e}}^*(\boldsymbol{R}_l)\cdot\boldsymbol{R}_l\cdot F_{\mathrm{g}}(\boldsymbol{R}_l) \tag{8.64}$$

と近似できる。積分に変更すると

$$\sum_j F_{\mathrm{e}}^*(\boldsymbol{R}_j)\cdot\boldsymbol{R}_j\cdot F_{\mathrm{g}}(\boldsymbol{R}_j)=\frac{1}{\Omega}\int_{\text{結晶全体}}F_{\mathrm{e}}^*(\boldsymbol{r})\cdot\boldsymbol{r}\cdot F_{\mathrm{g}}(\boldsymbol{r})\mathrm{d}\boldsymbol{r} \tag{8.65}$$

となる。この結果は，基底状態$F_{\mathrm{g}}(\boldsymbol{r})$から励起状態$F_{\mathrm{e}}(\boldsymbol{r})$に遷移するた

めの選択則である。ドナーに束縛された電子の場合には，基底状態である 1s 軌道の包絡関数から励起状態の包絡関数に遷移する現象が選択則になることを示しているが，これは原子軌道における s→p 遷移（$\Delta l = \pm 1$）に対応している。

Si のような多谷半導体ではドナー電子の基底状態の波動関数は

$$\Psi_{\mathrm{g}}(\boldsymbol{r}) = \sum_j \alpha_{j,\mathrm{g}} F_{j,\mathrm{g}}(\boldsymbol{r}) \phi_{\boldsymbol{k}_{j0}}(\boldsymbol{r}) \tag{8.66}$$

と書ける。$\phi_{\boldsymbol{k}_{j0}}(\boldsymbol{r})$ は $\boldsymbol{k}_{j0}$ に伝導帯の底を有するブロッホ関数であり，$F_{j,\mathrm{g}}(\boldsymbol{r})$ は $\boldsymbol{k}_{j0}$ にバンドの底を有する基底状態の包絡関数である。同様にして励起状態について，包絡関数を $F_{j,\mathrm{e}}(\boldsymbol{r})$ と書くと

$$\Psi_{\mathrm{e}}(\boldsymbol{r}) = \sum_j \alpha_{j,\mathrm{e}} F_{j,\mathrm{e}}(\boldsymbol{r}) \phi_{\boldsymbol{k}_{j0}}(\boldsymbol{r}) \tag{8.67}$$

と書ける。波動関数の遷移確率は $\langle \Psi_{\mathrm{e}}(\boldsymbol{r}) | \boldsymbol{p} | \Psi_{\mathrm{g}}(\boldsymbol{r}) \rangle$ に関係するので，先と同じような議論を行うと

$$\begin{aligned}
&\frac{m_{\mathrm{e}}}{\mathrm{i}\hbar} \langle \Psi_{\mathrm{e}}(\boldsymbol{r}) | \boldsymbol{r}\mathcal{H} - \mathcal{H}\boldsymbol{r} | \Psi_{\mathrm{g}}(\boldsymbol{r}) \rangle \\
&= \frac{m_{\mathrm{e}}}{\mathrm{i}\hbar} (\mathcal{E}_{\mathrm{g}} - \mathcal{E}_{\mathrm{e}}) \langle \Psi_{\mathrm{e}}(\boldsymbol{r}) | \boldsymbol{r} | \Psi_{\mathrm{g}}(\boldsymbol{r}) \rangle \\
&= \frac{m_{\mathrm{e}}}{\mathrm{i}\hbar} (\mathcal{E}_{\mathrm{g}} - \mathcal{E}_{\mathrm{e}}) \sum_j \alpha_{j,\mathrm{e}}^{*} \alpha_{j,\mathrm{g}} \langle F_{j,\mathrm{e}}(\boldsymbol{r}) \phi_{\boldsymbol{k}_{j0}}(\boldsymbol{r}) | \boldsymbol{r} | F_{j,\mathrm{g}}(\boldsymbol{r}) \phi_{\boldsymbol{k}_{j0}}(\boldsymbol{r}) \rangle \\
&= \frac{m_{\mathrm{e}}}{\mathrm{i}\hbar} (\mathcal{E}_{\mathrm{g}} - \mathcal{E}_{\mathrm{e}}) \sum_j \alpha_{j,\mathrm{e}}^{*} \alpha_{j,\mathrm{g}} \langle F_{j,\mathrm{e}}(\boldsymbol{r}) \exp(\mathrm{i}\boldsymbol{k}_{j0} \cdot \boldsymbol{r}) u_{\boldsymbol{k}_{j0}}(\boldsymbol{r}) | \boldsymbol{r} | \\
&\quad F_{j,\mathrm{g}}(\boldsymbol{r}) \exp(\mathrm{i}\boldsymbol{k}_{j0} \cdot \boldsymbol{r}) u_{\boldsymbol{k}_{j0}}(\boldsymbol{r}) \rangle
\end{aligned} \tag{8.68}$$

である*2。積分は結晶全体に行われるが，例によって単位胞内の積分と単位胞の足し算に分解すると

*2 川村 肇，半導体の物理 第2版，槇書店（1971）を参考にした。

$$\begin{aligned}
&\frac{m_{\mathrm{e}}}{\mathrm{i}\hbar} (\mathcal{E}_{\mathrm{g}} - \mathcal{E}_{\mathrm{e}}) \sum_l \sum_j \alpha_{j,\mathrm{e}}^{*} \alpha_{j,\mathrm{g}} F_{j,\mathrm{e}}^{*}(\boldsymbol{R}_l) R_l F_{j,\mathrm{g}}(\boldsymbol{R}_l) \\
&\propto \frac{m_{\mathrm{e}}}{\mathrm{i}\hbar} (\mathcal{E}_{\mathrm{g}} - \mathcal{E}_{\mathrm{e}}) \sum_j \alpha_{j,\mathrm{e}}^{*} \alpha_{j,\mathrm{g}} \int_{\text{結晶全体}} F_{j,\mathrm{e}}^{*}(\boldsymbol{r}) \boldsymbol{r} F_{j,\mathrm{g}}(\boldsymbol{r}) \mathrm{d}\boldsymbol{r}
\end{aligned} \tag{8.69}$$

となる。この関係の基本的な性質は $\boldsymbol{k} = 0$ に伝導帯の底を有する単一バンドにおけるドナーの選択則と同じである。

実験結果はどのようになるだろうか。図 8.7 は Si のドナー電子（リン P）の光吸収スペクトルを示している。1s 軌道から励起状態への電子遷移が観測されている。p 状態はエネルギーが分裂しているが，これは水素原子と異なり包絡関数を求めるためのシュレーディンガー方程式が式(5.18)のように球対称ではないことに起因している。p 軌道はドナー原子位置での電子の存在確率が低いため，主量子数が異なる p 軌道間は不純物の個性に依存せずに同じエネルギーになる。図 8.8 は P と Li に対してこの事実を比較した結果である。理論計算によると

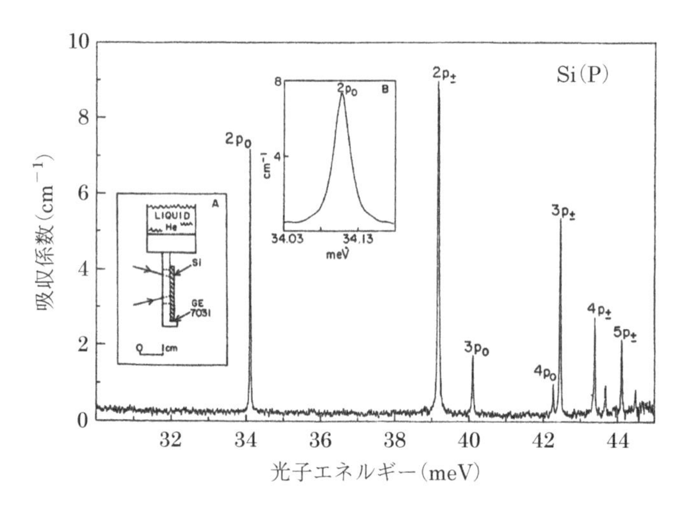

図8.7　Si半導体中のリン(P)原子ドナーの光吸収スペクトル

n, pは水素原子の表記と同じ。添え字の0, ±は磁気量子数を表す。
[C. Jagannath, Z. W. Grabowski, and A. K. Ramdas, *Phys. Rev. B*, **23**, 2082 (1981)より改変]

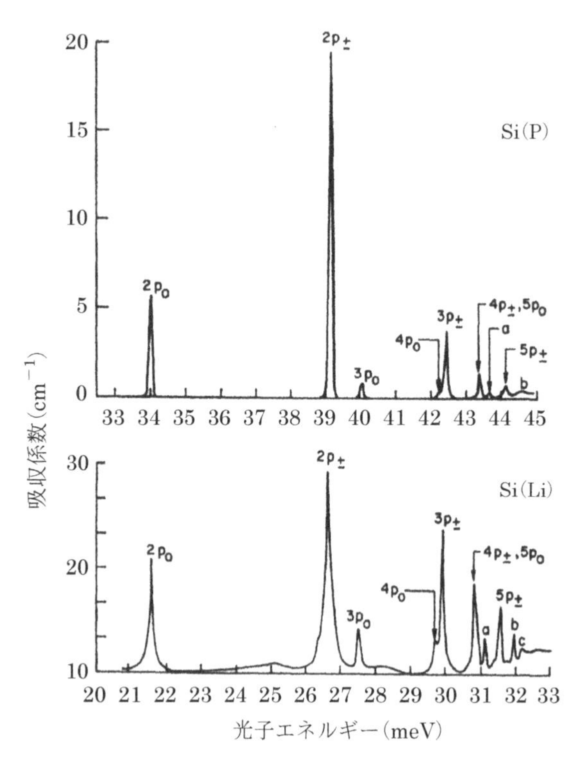

図8.8　Si半導体中のリン(P)原子，リチウム(Li)原子ドナーの光吸収スペクトル
[R. A. Faulkner, *Phys. Rev.*, **184**, 713(1969)より改変]

表 8.1 ドナー原子によるSi半導体中の光吸収スペクトルの間隔の違い(単位はmeV)

	P	As	Sb	Bi	理論値
(2p, $m=\pm 1$)−(2p, $m=0$)	5.0	5.2	4.7	5.07	5.0
(3p, $m=\pm 1$)−(2p, $m=\pm 1$)	3.1	3.25	3.4	3.44	3.0

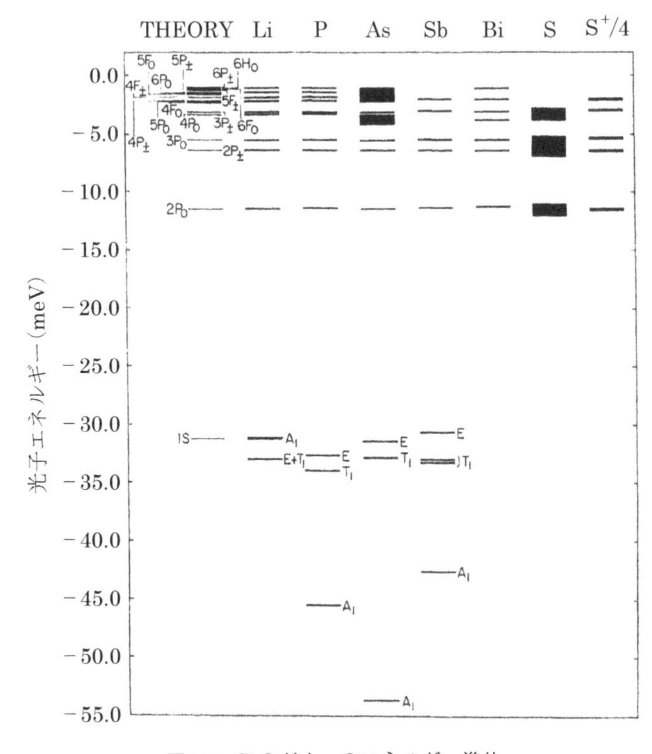

図 8.9 Siのドナーのエネルギー準位
[R. A. Faulkner, *Phys. Rev.*, **184**, 713(1969)]

$$
\begin{aligned}
(2\mathrm{p}, m=\pm 1)-(2\mathrm{p}, m=0) &= 0.050\,\mathrm{eV} \\
(3\mathrm{p}, m=\pm 1)-(2\mathrm{p}, m=\pm 1) &= 0.030\,\mathrm{eV}
\end{aligned}
\tag{8.70}
$$

と分離されることが知られている。実験結果との比較を表 8.1 に示すが，理論と非常に高い一致を示している。

Si のドナーの $2\mathrm{p}_{\pm}$ 軌道のエネルギー準位を理論計算により求めると $\mathcal{E}_c-6.4$(meV)であることが明らかになっている。この事実と基底状態→$2\mathrm{p}_{\pm}$ 遷移のエネルギーから基底状態のエネルギー準位を求めた結果を図 8.9 に示す。不純物により基底状態の準位が異なる。これを化学シフトと呼んでいる。また理論的に求まる 1*s* 状態より深い。この結果は，原子核の近傍での電子に対する引力に不純物の個性があり，しかもクーロン力よりも強いことを示している。

また，図 8.9 は 1*s* 状態が分裂していることを示しているが，この状態の存在は，測定温度を上げ，分裂した 1*s* 状態の高いエネルギー状態に熱的励起により電子を占有させ，そこから励起状態に電子を光遷移さ

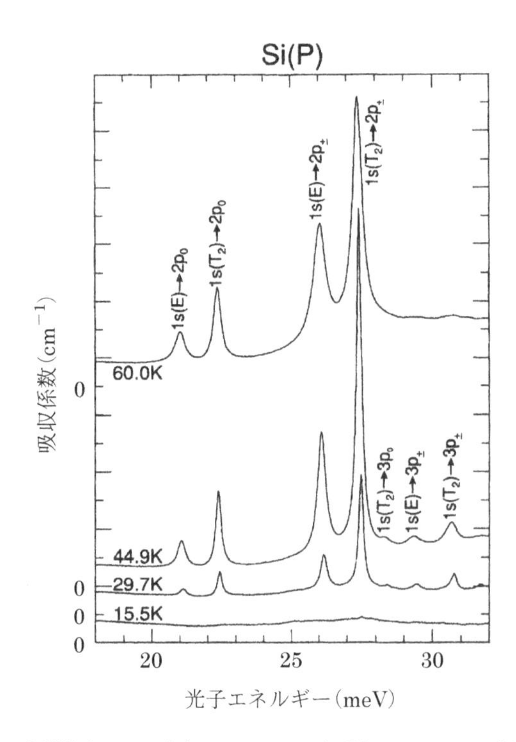

図8.10　Si半導体中のリン(P)原子ドナーの光吸収スペクトルの温度依存性
図8.7よりも低エネルギー領域であることに注意されたい。$1s(T_2) \to 3p_{\pm}$などは占有準位と遷移先を表す。
[A. J. Mayur, M. D. Sciacca, A. K. Ramdas, and S. Rodriguez, *Phys. Rev. B*, **48**, 10893(1993)より改変]

せることにより，その存在が確認されている。図8.10はその一例を示している。

第9章　pn接合

9.1　pn接合の形成方法

本章からは，半導体デバイスに関する内容を取り扱う。はじめにpn接合について説明する。他の多くの半導体工学の教科書でも，物性を説明した後，最初にpn接合を説明している。これはpn接合がすべての半導体デバイスの基礎になるからである。しかし，pn接合の動作を理解するのは非常に難しい。この難しさは少数キャリアを扱うところにある。

pn接合はp型半導体とn型半導体を単に接合すればよいように思われがちであるが，実際には簡単ではない。例えば，Siの表面は容易に酸化され，自然酸化膜(SiO_2)が形成されている。したがって，単にp型Siとn型Siを接触しても酸化膜が接触するだけでpn接合は形成されない。それではpn接合はどのようにしたら形成されるのであろうか。現在ではイオン注入という技術が広く用いられている。質量分析器と加速器を装備した機器を利用して，図9.1(a)に示すようにp型Siに対してV族のリン(P)イオンを高エネルギーに加速して打ち込む(注入する)。その際，注入された領域は結晶の原子配列に乱れが生じるため，結晶性を回復させるための熱処理を注入後に施す。Siの結晶性が回復する際，P原子が結晶格子位置に組み込まれ，結晶の表層ではn型の領域が形成される。その結果，図9.1(b)に示すようにイオン注入が行われなかったp型領域との境界にpn接合が形成される。他の方法の例として，p型のSi基板上にn型Siをエピタキシャル成長[*1]させる方法

*1　エピタキシャル成長：基板となる結晶の上に結晶を成長させることで，基板の結晶面とそろった形で別あるいは同種の結晶を成長させること。

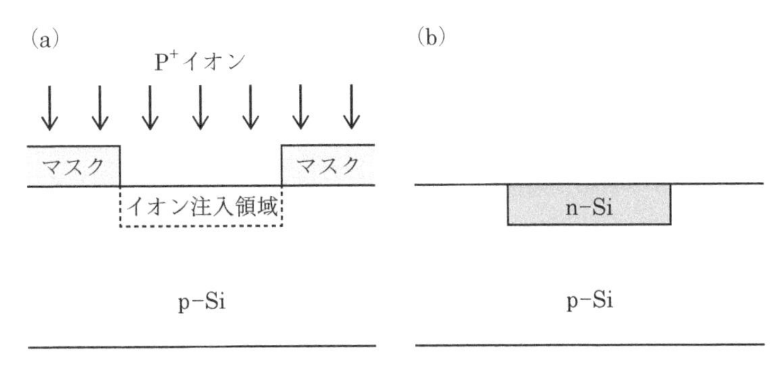

図9.1　イオンの注入によるpn接合の形成
(a)イオン注入プロセス，(b)活性化熱処理後におけるpn接合の形成。

がある。これら以外にも，さまざまな方法によりpn接合が形成されている。

9.2　拡散電流

拡散とは，粒子密度に勾配があるときに密度が高い方から低い方に向かって粒子が移動する現象である。粒子が電荷を有していれば電荷が運ばれるから電流が発生する。これを拡散電流という。図9.2のような1次元の系において，$t=0$においてデルタ関数的な密度分布で粒子が存在していたとする。時間が経過すると，粒子は図の矢印の方向に動いて密度分布を均一にしようとする。このような粒子の移動の度合いは密度勾配に比例し，位置xでの粒子の密度を$n(x)$とすると，粒子の移動の度合いは$-\partial n(x)/\partial x$に比例する。マイナス符号は，粒子が密度勾配の符号と逆の方向に移動することに起因している。粒子の流れは比例定数として拡散定数Dを付加して$D\{-\partial n(x)/\partial x\}$で表現できる。

粒子が電荷をもつ場合には，電流が流れる。1つの粒子が有する電荷をqとすると，電流密度$J(x)$は

$$J(x)=-qD\frac{\partial n(x)}{\partial x} \tag{9.1}$$

となる。3次元では容易に想像がつくように

$$\boldsymbol{J}(\boldsymbol{r})=-qD\frac{\partial n(\boldsymbol{r})}{\partial \boldsymbol{r}} \tag{9.2}$$

と変形される（Dは方向に依存せずに一定の値としている）。

もし，電場があり，かつ電荷をもつ粒子に密度の勾配があれば，両方の効果により電流が流れる。再び1次元の系を考えることとし，電場は$+x$方向に大きさ$E(x)\ (>0)$であるとする。電子（$-e : e>0$）の場合には，$n_e(x)$を位置xでの電子の密度，μ_eを電子の移動度，D_eを電子の拡散係数とすると

$$J_e(x)=(-e)n_e(x)\{-\mu_e E(x)\}-(-e)D_e\frac{\partial n_e(x)}{\partial x} \tag{9.3}$$

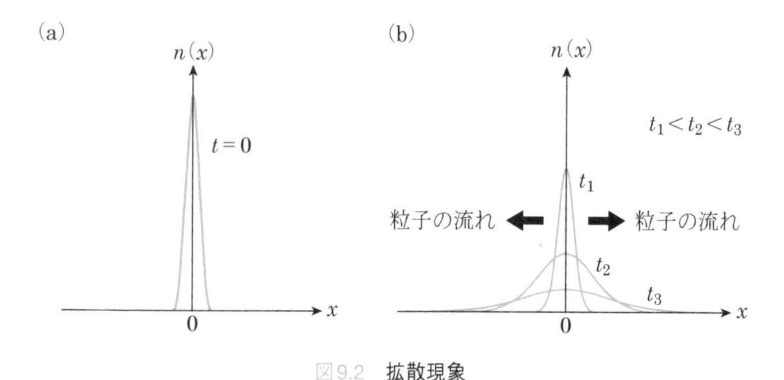

図9.2　拡散現象
(a)拡散前の粒子の分布，(b)拡散による粒子の分布変化。

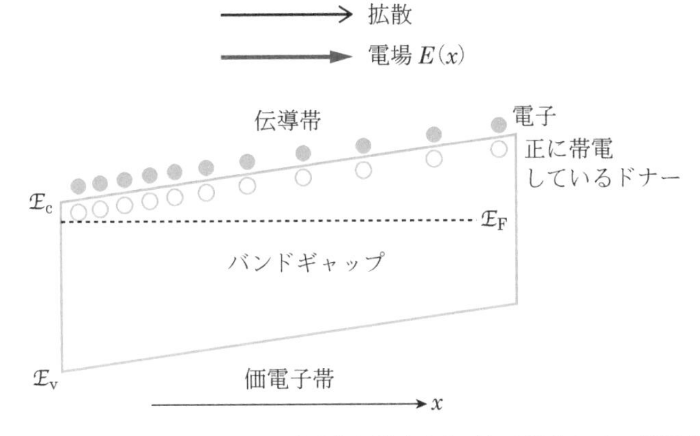

図9.3 半導体内にドナーの空間的な濃度分布がある場合のバンド形状
電子は拡散により $+x$ 方向に移動する。

である。正孔による電流は，$n_h(x)$ を位置 x での正孔の密度，μ_h を正孔の移動度，D_h を正孔の拡散係数とすると

$$J_h(x) = (+e)n_h(x)\{\mu_h E(x)\} - (+e)D_h \frac{\partial n_h(x)}{\partial x} \tag{9.4}$$

となる。電子と正孔の分布が均一で，電場も一定であるとすると全電流値 $J = J_e + J_h$ は

$$J = J_e + J_h = e(n_e\mu_e + n_h\mu_h)E \tag{9.5}$$

となる[*2]。

いま，図 9.3 に示すように n 型半導体のドナー濃度を空間的に変化させたとしよう。このとき，外部から電場を加えないものとすると，高密度に電子が存在する領域から低密度領域に拡散によって電子は移動して密度を均一にしようとする。すると図中の左側は正に帯電し，右側は負に帯電する。この結果，図中に示した電場が発生し，この電場は電子の拡散を抑制する。熱平衡状態では試料内部に電荷の流れ（電流）は無いので，式(9.3)において $J_e(x) = 0$ とおくと

$$n_e(x)\mu_e E(x) = -D_e \frac{\partial n_e(x)}{\partial x} \tag{9.6}$$

である（ここで $\partial n_e(x)/\partial x < 0$）。電子の密度分布はボルツマン分布に従うと仮定すると

$$n_e(x) = A\exp\left[-\frac{(-e)\phi(x)}{k_B T}\right] \tag{9.7}$$

と表される。ここで，$\phi(x)$ は電位[*3]，$E(x) = -\partial\phi(x)/\partial x$ であるから

$$\mu_e = \frac{eD_e}{k_B T} \tag{9.8}$$

が得られる。これをアインシュタインの関係式という。なお，図中において，フェルミ準位 $\mathcal{E}_F$ が一定に描いてある点については後ほど説明する。

＊2 式(7.8)とは電場の方向が異なる。

＊3 ブロッホの定理を満たす波動関数で同じ記号を使ったが，ここでは $\phi(x)$ は電位である。

電場によって生じるドリフトに関係する移動度という物理量と拡散(ブラウン運動)に関係する拡散係数 D の間に相関が存在することは不思議に思えるが，例えば格子振動による散乱によって拡散(ブラウン運動)が支配される場合のように緩和時間に共通のメカニズムが存在する場合には式(**9.8**)が成立する。この関係は正孔に対しても成立するが，キャリアの分布が式(**9.7**)に示したようにボルツマン統計に従う場合にのみ成立することに注意する必要がある。

9.3　pn接合近傍で生じる現象

まず，接合前のn型Siとp型Siについて考える。伝導帯の電子を真空準位に励起するためのエネルギーを電子親和力(図9.4中の $e\chi$)と呼ぶ。これは定義からn型であろうがp型であろうが同じエネルギーである。一方，フェルミ準位から電子を真空準位に遷移させるエネルギーのことを仕事関数(図9.4の $e\phi$)と呼ぶ。室温付近では，n型Siのフェルミ準位は伝導帯に近い位置にあり，p型Siのフェルミ準位は価電子帯に近い位置にある。したがって，図9.4に示すように仕事関数はn型($e\phi_{\mathrm{n}}$)とp型($e\phi_{\mathrm{p}}$)で異なることになる。

さて，何らかの方法でpn接合を形成したとしよう。n型Siには電子が多数(電子密度 $n_{\mathrm{e,n0}}$)存在し，正孔は桁違いに少ない(正孔密度 $n_{\mathrm{h,n0}}=n_{\mathrm{e,i}}{}^2/n_{\mathrm{e,n0}}=n_{\mathrm{h,i}}{}^2/n_{\mathrm{e,n0}}$)。また，p型Siには正孔が多数(正孔密度 $n_{\mathrm{h,p0}}$)存在しているが，電子は桁違いに少ない(電子密度 $n_{\mathrm{e,p0}}=n_{\mathrm{e,i}}{}^2/n_{\mathrm{h,p0}}=n_{\mathrm{h,i}}{}^2/n_{\mathrm{h,p0}}$)。例えば，室温における真性半導体Siのキャリア密度は $n_{\mathrm{e,i}}=n_{\mathrm{h,i}}\approx 10^{10}\ \mathrm{cm}^{-3}$ 程度であるから，$n_{\mathrm{e,n0}}=10^{16}\ \mathrm{cm}^{-3}$ のn型半導体を考えると $n_{\mathrm{h,n0}}\approx 10^{4}\ \mathrm{cm}^{-3}$ となる。

多数キャリアであるn型Siの電子やp型Siの正孔は，pn接合界面では拡散により密度の低い方に移動していくであろう。p型領域に入った電子は多数キャリアである正孔と再結合することで低いエネルギー状

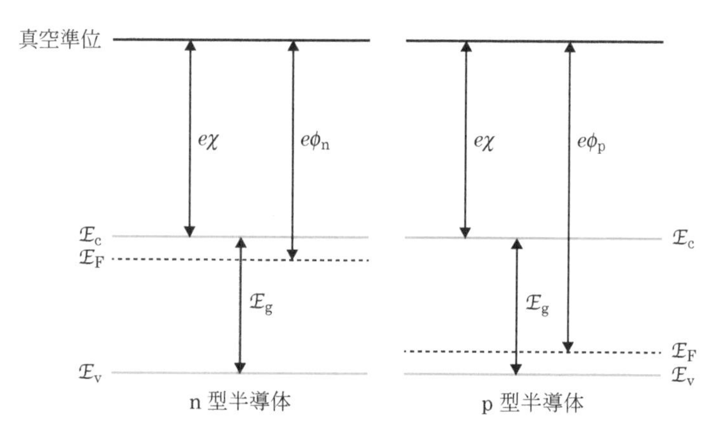

図9.4　n型半導体およびp型半導体の電子親和力 $e\chi$，仕事関数($e\phi_{\mathrm{n}}$, $e\phi_{\mathrm{p}}$)の定義
$\mathcal{E}_{\mathrm{g}}$ はバンドギャップ。

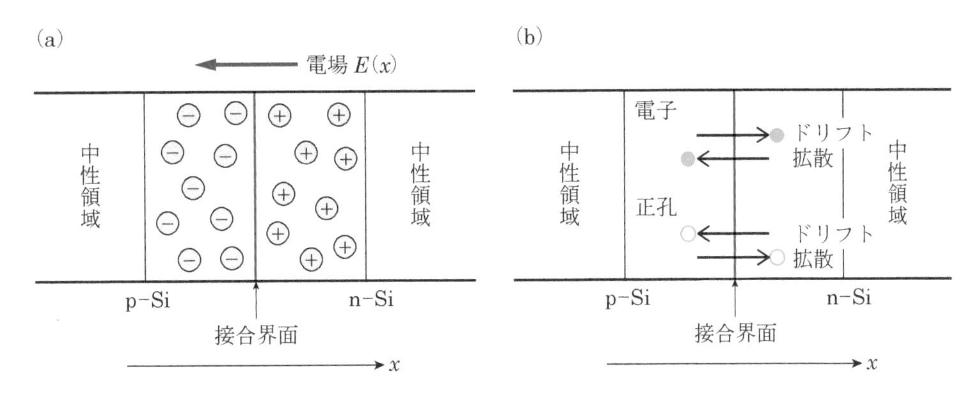

図9.5 pn接合近傍における(a)電荷分布および(b)ドリフト，拡散

態をとることができる。同じようにn型領域に入った正孔は多数キャリアの電子と再結合することで電子を低いエネルギー状態に遷移させることができる。キャリアである電子・正孔の拡散と再結合だけを考えると，長時間経過した後には，電子や正孔はpn接合を構成するSi結晶全体に均一に分布し，再結合によって数を減らした状態で安定化するように思える。しかし，この考え方は間違っている。どこに問題があるのであろうか。

上記の誤りの原因はn型領域の正に帯電したドナーとp型領域の負に帯電したアクセプターが考慮されていない点にある。これらは結晶格子に組み込まれた動けない固定電荷である。いま，n型領域の接合界面付近の電子がp型領域に移動すると，n型領域には正に帯電したドナーが出現する。同様にp型領域の正孔がn型領域に移動すると，p型領域には負に帯電したアクセプターが出現する。このようにキャリア濃度が低く正に帯電したドナーや負に帯電したアクセプターがあらわになっている領域を**空乏層**(depletion layer)と呼ぶ。空乏層はキャリア数が少ないために絶縁性である。

n型領域からp型領域に引き続いて流れ込む負電荷をもつ電子にとって，p型領域の負に帯電したアクセプターがあらわになっている領域はエネルギーの高い領域である。これは，あらわになっているドナーとアクセプターによる電荷によって，図9.5(a)に示すような電場が発生しているため，電子をアクセプターがあらわになっている領域に移動させるには仕事が必要であることによる。別の見方では，n型領域の電子を負に帯電したアクセプターがあらわになっている領域に移動させるとクーロン反発力が働いて，電子は高いエネルギー状態になるとも考えられる。同様のことが正孔についてもいえる。熱平衡状態では，図9.5(b)に示すように拡散によるキャリアの流れと電場によるキャリアの流れ(ドリフト)がバランスして安定化する。

接合界面から十分に離れたp型領域には，正孔と負に帯電したアクセプターがともに存在しているために電気的に中性である。同様に，接

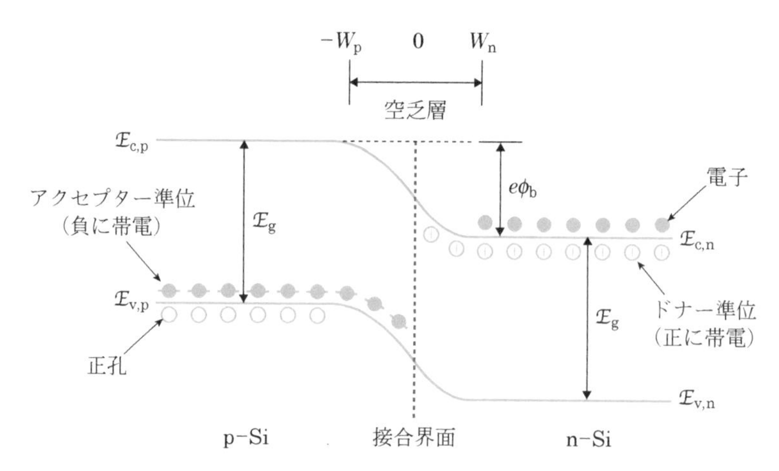

図9.6　pn接合により形成されるバンド構造

合界面から十分に離れた n 型領域は電気的に中性である。このような電気的に中性な領域には電場が存在しないため，一定のエネルギー(一定の電位)にある。したがって，pn 接合は図 9.6 のようなバンド構造を形成している。図 9.6 はバンド図であるので，縦軸は電子のエネルギーである。熱平衡状態におけるポテンシャルの障壁の大きさは，拡散電位あるいは内蔵電位 ϕ_b により $e\phi_b$ と表される。$e\phi_b$ はどのような大きさになるだろうか。

熱平衡状態は物質内に電流が流れていない状態であることは容易に想像できる。もし，電流が流れている状態であれば，物質内部に自然に電流が流れることによって電荷がバランスし，電流が流れない状態になるはずである。まず，正孔について考えよう。熱平衡状態の空乏層内では拡散とドリフトがバランスして正味の電流が流れないことから，式(9.4)は

$$J_h(x) = en_h(x)\{-\mu_h \boldsymbol{E}(x)\} - eD_h \frac{\partial n_h(x)}{\partial x} = 0 \tag{9.9}$$

となる。この式をアインシュタインの関係式 $\mu_h/D_h = e/(k_B T)$ と $-\boldsymbol{E}(x) = -\partial\phi(x)/\partial x$ を用いて変形すると

$$\frac{k_B T}{e}\int_{n_h(-W_p)}^{n_h(W_n)} \frac{1}{n_h(x)} \mathrm{d}n_h = -\int_{-W_p}^{W_n} \frac{\partial \phi(x)}{\partial x} \mathrm{d}x \tag{9.10}$$

となる。n 型領域の空乏層の幅を W_n，p 型領域の空乏層の幅を W_p としている。位置 $x = W_n$，$x = -W_p$ における電位差は

$$\phi(W_n) - \phi(-W_p) = \phi_b = \frac{k_B T}{e} \ln\left[\frac{n_h(-W_p)}{n_h(W_n)}\right] \tag{9.11}$$

と求められる。この関係は，空乏層端における正孔の密度はボルツマン分布をしていることを示している。アインシュタインの関係式はボルツマン分布を仮定して得られたことを考えると当然の帰結である。

pn 接合のフェルミ準位は，熱平衡状態において位置に依存せずに一定である。これは次のように湖に例えるとわかりやすい。いま，2 つの湖が独立して存在している場合には水面の高さは異なっていてもよい。

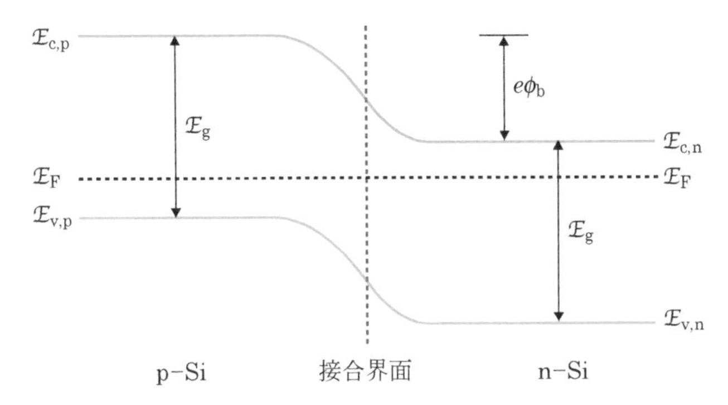

図 9.7　熱平衡状態における pn 接合のフェルミ準位

しかし，2 つの湖が一体化すると水の流れが生じ，2 つの湖は同じ水面の高さになる。この水面に対応するものがフェルミ準位である。この考え方は金属に対して直感的にイメージしやすい。しかし，半導体のフェルミ準位はバンドギャップの中にあるので少し見方を変える必要がある。pn 接合を形成して一体の物質になった場合，熱平衡状態では同じエネルギーであれば，それが n 型領域であろうが p 型領域であろうが，電子数あるいは正孔数は同じでなければならない。そうでなければキャリアの流れが生じてしまう。したがって，n 型および p 型の両領域に共通したエネルギーの基準が必要である。これがフェルミ準位であり，熱平衡状態では図 9.7 に示すように n 型，p 型の両領域に共通した $\mathcal{E}_F$ として定義される。このため障壁の大きさは $e\phi_b = \mathcal{E}_{c,p} - \mathcal{E}_{c,n} = \mathcal{E}_{F,n} - \mathcal{E}_{F,p} > 0$ となる。ここで，$\mathcal{E}_{F,n}$，$\mathcal{E}_{F,p}$ は n 型および p 型半導体がそれぞれ孤立して存在している場合の熱平衡状態におけるフェルミ準位である。また，$\mathcal{E}_{c,n}$，$\mathcal{E}_{c,p}$ は n 型領域および p 型領域の伝導帯のエネルギーである。

熱平衡状態における pn 接合の n 型領域の伝導帯の電子数は

$$n_{e,n0} = N_c \exp\left(-\frac{\mathcal{E}_{c,n} - \mathcal{E}_F}{k_B T}\right) \tag{9.12}$$

である。一方，p 型領域の伝導帯の電子数は

$$n_{e,p0} = N_c \exp\left(-\frac{\mathcal{E}_{c,p} - \mathcal{E}_F}{k_B T}\right) \tag{9.13}$$

と書けるが，この式は

$$n_{e,p0} = N_c \exp\left(-\frac{\mathcal{E}_{c,n} - \mathcal{E}_F}{k_B T}\right) \exp\left(-\frac{\mathcal{E}_{c,p} - \mathcal{E}_{c,n}}{k_B T}\right) = n_{e,n0} \exp\left(-\frac{e\phi_b}{k_B T}\right) \tag{9.14}$$

と変形され，n 型領域におけるエネルギー $\mathcal{E}_{c,p}$ の位置での電子密度と同じ大きさになっている。同様に p 型領域および n 型領域の正孔密度は

$$n_{h,p0} = N_v \exp\left(-\frac{\mathcal{E}_F - \mathcal{E}_{v,p}}{k_B T}\right) \tag{9.15}$$

$$n_{\mathrm{h,n0}} = n_{\mathrm{h,p0}} \exp\left(-\frac{e\phi_{\mathrm{b}}}{k_{\mathrm{B}}T}\right) \tag{9.16}$$

と書ける。ここで，$\mathcal{E}_{\mathrm{v,p}}$ は p 型領域の価電子帯のエネルギーである。

9.4　pn接合の熱平衡状態におけるバンド図

n 型領域のドナー密度を N_{D}，p 型領域のアクセプター密度を N_{A}，n 型領域側の空乏層の幅を W_{n}，p 型領域側の空乏層の幅を W_{p} とする。図 9.8(a)に示すように電気力線はドナーから出発してアクセプターに終端するため，電場は図 9.8(b)のような強度分布となる。電気力線の出発点と終点の数は等しいため，$N_{\mathrm{D}}W_{\mathrm{n}} = N_{\mathrm{A}}W_{\mathrm{p}}$ が成立しているはずである(この点は後で示される)。この電場によるポテンシャルの形状については，ポアソン方程式とガウスの定理から求めることができるが，ここではガウスの定理を利用しよう。ポアソン方程式からポテンシャル形状を求める方法については後ほど紹介するが，ポアソン方程式とガウスの定理は次の関係で結ばれている。一般的なガウスの定理は

$$\int_S \boldsymbol{D}\mathrm{d}\boldsymbol{s} = \int_V q(\boldsymbol{r})\mathrm{d}\boldsymbol{r} \tag{9.17}$$

である。左辺は閉曲面の面積積分であり，右辺は閉曲面内の体積積分である。ベクトル解析の公式から左辺は

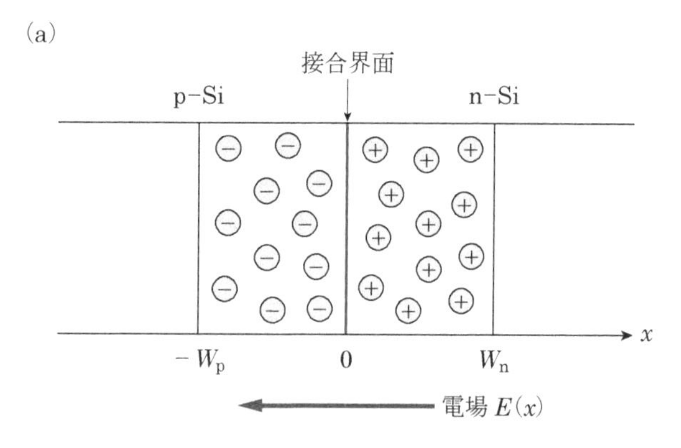

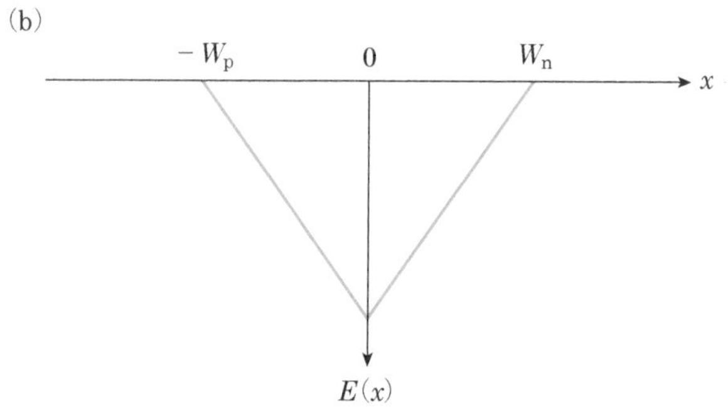

図9.8　pn接合における(a)空間電荷分布および(b)電場分布

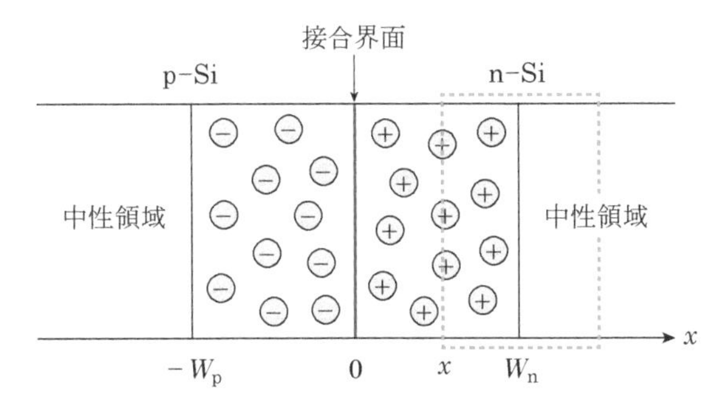

図9.9　n型領域におけるガウスの定理の適用

$$\int_S \boldsymbol{D} d\boldsymbol{s} = \int_V \mathrm{div}\, \boldsymbol{D} d\boldsymbol{r} = \int_V \mathrm{div}(\varepsilon \boldsymbol{E}) d\boldsymbol{r} = \varepsilon \int_V \mathrm{div}[-\mathrm{grad}\phi(\boldsymbol{r})] d\boldsymbol{r} \tag{9.18}$$

となる。この関係から

$$\mathrm{div}\,\mathrm{grad}\phi(\boldsymbol{r}) = \nabla^2 \phi(\boldsymbol{r}) = -\frac{q(\boldsymbol{r})}{\varepsilon} \tag{9.19}$$

のポアソン方程式が得られる。ここで，$\varepsilon(=\varepsilon_0\varepsilon_s)$はSiの誘電率である。

いま，単位面積を有する直方体のpn接合を考える。サンプルの長さ方向をx軸，接合界面のx座標を$x=0$とし，電場の方向はx軸に平行であり，位置xでの電場を$\boldsymbol{E}(x)$（ベクトル）とする。図9.9の点線の閉曲面（直方体サンプルを囲む少しサイズが大きい直方体をイメージする）に関するガウスの定理から

$$-\boldsymbol{i}\cdot\varepsilon\boldsymbol{E}_n(x) = e(W_n - x)N_D \tag{9.20}$$

となる。ここで，$\boldsymbol{i}$はx軸方向の単位ベクトルであり，左辺の$-\boldsymbol{i}$は面積積分の面積素片が$-x$方向を向いていることによる。下付き添え字のnはn型領域を表している。また，電場ベクトルが存在しない面の面積積分は0であるので，それらの面に関する面積積分は式(9.20)から削除している。したがって，電場は$\boldsymbol{E}_n(x) = -\boldsymbol{i}[e(W_n - x)N_D]/\varepsilon$となり，$-x$方向を向いている。

つづいて，電場と電位の関係

$$\boldsymbol{E}(\boldsymbol{r}) = -\mathrm{grad}\phi(\boldsymbol{r}) \tag{9.21}$$

から$\phi(\boldsymbol{r})$を求める。電場はx軸方向のみに存在するため，式(9.21)はxのみを考えればよい。$x=0$において$\phi_n(0)=0$とすると

$$\phi_n(x) = \frac{e}{\varepsilon}N_D\left(W_n x - \frac{x^2}{2}\right) \tag{9.22}$$

となる。

同様にp型領域について図9.10を用いてガウスの定理を考えると

$$+\boldsymbol{i}\cdot\varepsilon\boldsymbol{E}_p(x) = -e\{x-(-W_p)\}N_A \tag{9.23}$$

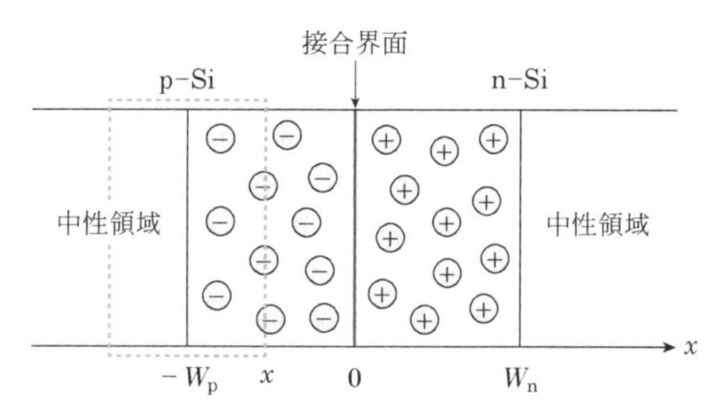

図9.10　p型領域におけるガウスの定理の適用

となる。左辺の$+\boldsymbol{i}$は面積積分の面積素片ベクトルが$+x$方向を向いていることによる。一方，右辺は閉曲面内の電荷量である。電場と電位の関係から

$$\phi_{\mathrm{p}}(x)=\frac{e}{\varepsilon}N_{\mathrm{A}}\left(W_{\mathrm{p}}x+\frac{x^2}{2}\right) \tag{9.24}$$

となる。界面$x=0$での電気力線の本数は等しいため，この場所での電場は同じ大きさのはずである。よって，式(9.20)と式(9.23)から

$$W_{\mathrm{n}}N_{\mathrm{D}}=W_{\mathrm{p}}N_{\mathrm{A}} \tag{9.25}$$

が成立する。また，$x=W_{\mathrm{n}}$における$\phi_{\mathrm{n}}(W_{\mathrm{n}})$と$x=-W_{\mathrm{p}}$における$\phi_{\mathrm{p}}(-W_{\mathrm{p}})$の差が電位差$\phi_{\mathrm{b}}$であり，

$$\phi_{\mathrm{b}}=\frac{e}{2\varepsilon}(N_{\mathrm{D}}{W_{\mathrm{n}}}^2+N_{\mathrm{A}}{W_{\mathrm{p}}}^2) \tag{9.26}$$

となる。エネルギーで表現すると

$$(-e)\phi_{\mathrm{b}}=\mathcal{E}_{\mathrm{c,n}}-\mathcal{E}_{\mathrm{c,p}}=\mathcal{E}_{\mathrm{v,n}}-\mathcal{E}_{\mathrm{v,p}}=\mathcal{E}_{\mathrm{F,p}}-\mathcal{E}_{\mathrm{F,n}} \tag{9.27}$$

である。拡散電位ϕ_{b}は，その名の通り電位であってエネルギーではないので注意する必要がある。式(9.25)と式(9.26)からW_{n}, W_{p}はそれぞれ

$$W_{\mathrm{n}}=\left\{\frac{2\varepsilon}{e}\frac{N_{\mathrm{A}}\phi_{\mathrm{b}}}{(N_{\mathrm{D}}+N_{\mathrm{A}})N_{\mathrm{D}}}\right\}^{1/2} \tag{9.28}$$

$$W_{\mathrm{p}}=\left\{\frac{2\varepsilon}{e}\frac{N_{\mathrm{D}}\phi_{\mathrm{b}}}{(N_{\mathrm{D}}+N_{\mathrm{A}})N_{\mathrm{A}}}\right\}^{1/2} \tag{9.29}$$

と求められる。

拡散電位$\phi_{\mathrm{b}}=(\mathcal{E}_{\mathrm{F,n}}-\mathcal{E}_{\mathrm{F,p}})/e$はどれくらいの大きさであろうか。真性半導体のフェルミ準位を$\mathcal{E}_{\mathrm{F,i}}$とすると，ボルツマン統計

$$\frac{n_{\mathrm{e,n0}}}{n_{\mathrm{e,i0}}}=\frac{N_{\mathrm{D}}}{n_{\mathrm{e,i0}}}=\exp\left(\frac{\mathcal{E}_{\mathrm{F,n}}-\mathcal{E}_{\mathrm{F,i}}}{k_{\mathrm{B}}T}\right) \tag{9.30}$$

$$\frac{n_{\mathrm{h,p0}}}{n_{\mathrm{h,i0}}}=\frac{N_{\mathrm{A}}}{n_{\mathrm{e,i0}}}=\frac{N_{\mathrm{A}}}{n_{\mathrm{h,i0}}}=\exp\left(\frac{\mathcal{E}_{\mathrm{F,i}}-\mathcal{E}_{\mathrm{F,p}}}{k_{\mathrm{B}}T}\right) \tag{9.31}$$

から

$$-e\phi_{\mathrm{b}} = \mathcal{E}_{\mathrm{F,n}} - \mathcal{E}_{\mathrm{F,p}} = k_{\mathrm{B}} T \ln\left(\frac{N_{\mathrm{A}} N_{\mathrm{D}}}{{n_{\mathrm{e,i0}}}^2}\right) \tag{9.32}$$

となる。具体的な例として $N_{\mathrm{D}} = N_{\mathrm{A}} = 10^{17}\ \mathrm{cm}^{-3}$ とすると，$\mathrm{e}\phi_{\mathrm{b}} \approx 0.83\ \mathrm{eV}$, $W_{\mathrm{n}} = W_{\mathrm{p}} \approx 70\ \mathrm{nm}$ が得られる。

9.5　連続の式

ここでは光と熱による少数キャリアの発生，流れによる少数キャリアの移動，さらに少数キャリアの消滅がある場合を考える。いろいろな現象が1つの式に含まれているために複雑である。この式を連続の式と呼ぶ。少数キャリアがデバイス特性に関係するpn接合やバイポーラデバイス（本書では扱わない）では，連続の式が非常に重要である。多数キャリアに注目しない理由は，キャリアの発生・消滅，流れによるキャリアの移動があっても，多数キャリアの量はもともと多く，変化量は微小と考えられるからである。

簡単化のために図9.11のような単位断面積を有するn型Siを考える。少数キャリアは正孔である。x と $x + \Delta x$ に挟まれた微小領域を考えよう。この微小領域の少数キャリアである正孔の密度の時間変化は次の2つの成分に分けられる。1つ目は，光と熱による正孔の発生および再結合による消滅であり，2つ目は流れによる正孔密度の変化である。

まず，発生と消滅による変化について考えよう。もし発生が消滅よりも多ければ，この微小領域の正孔は増える。この量の時間変化は

$$\frac{\mathrm{d}n_{\mathrm{h,n}}(x)}{\mathrm{d}t} \times \Delta x = (G - R) \times \Delta x \tag{9.33}$$

と書けるであろう[*4]。G は正孔の発生割合を，R は再結合による消滅割合を示す。熱平衡状態においては，熱励起によって電子ー正孔対が形成されると同時に再結合による消滅が生じ，両プロセスがバランスして正孔密度は時間的に変化しない。したがって，熱平衡状態において熱励起により発生する割合を $G_{\mathrm{thermal,0}}$，消滅する割合を $R_{\mathrm{thernal,0}}$ とすると，

＊4　$n_{\mathrm{h,n}}(x)$ はn型領域の位置 x での正孔の密度を表す。

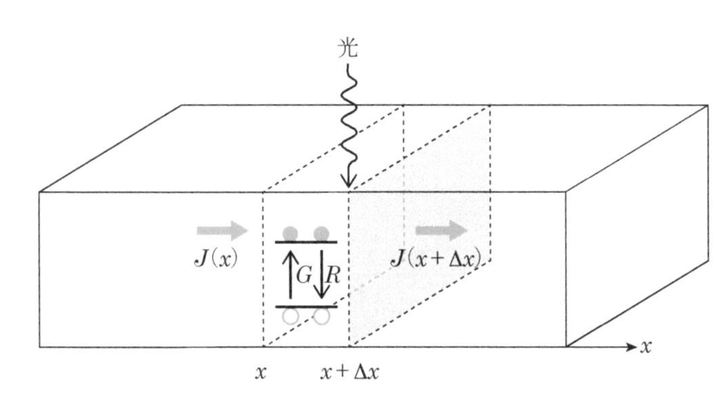

図9.11　連続の式に関するモデル

$G_{\text{thermal},0} = R_{\text{thermal},0}$ が成立している。$R_{\text{thernal},0}$ については，$R_{\text{thernal},0} = \gamma n_{\text{e,n0}} n_{\text{h,n0}}$ の関係が成り立つ。ここで，γ は比例定数である。

いま，光による励起があり，その割合を G^*_{photo} とする。また，価電子帯から伝導帯への光励起によって生じる熱平衡状態からキャリアがずれる量を $\Delta n_{\text{e,n}} = \Delta n_{\text{h,n}}$ と定義する。$n_{\text{h,n}}(x) = n_{\text{h,n0}} + \Delta n_{\text{h,n}}(x)$ であるから

$$\frac{\mathrm{d}n_{\text{h,n}}(x)}{\mathrm{d}t} \times \Delta x = (G^*_{\text{photo}} + G_{\text{thermal},0} - R) \times \Delta x \tag{9.34}$$

と書ける。再結合の割合 R は，$n_{\text{e,n0}} \gg \Delta n_{\text{e,n}} = \Delta n_{\text{h,n}} > n_{\text{h,n0}}$ が成立するような弱い光励起条件下では

$$\begin{aligned} R &= \gamma(n_{\text{e,n0}} + \Delta n_{\text{e,n}})(n_{\text{h,n0}} + \Delta n_{\text{h,n}}) \\ &\approx G_{\text{thermal},0} + \gamma n_{\text{h,n0}} \Delta n_{\text{e,n}} + \gamma n_{\text{e,n0}} \Delta n_{\text{h,n}} \\ &\approx G_{\text{thermal},0} + \gamma n_{\text{e,n0}} \Delta n_{\text{h,n}} \end{aligned} \tag{9.35}$$

であり，

$$\begin{aligned} \frac{\mathrm{d}n_{\text{h,n}}(x)}{\mathrm{d}t} \times \Delta x &= \{G^*_{\text{photo}} + G_{\text{thermal},0} - (G_{\text{thermal},0} + \gamma n_{\text{e,n0}} \Delta n_{\text{h,n}})\} \times \Delta x \\ &= (G^*_{\text{photo}} - \gamma n_{\text{e,n0}} \Delta n_{\text{h,n}}) \times \Delta x \end{aligned} \tag{9.36}$$

となる。

次に，少数キャリアの流れによる正孔密度の変化について考えよう。位置 x での正孔電流を $J_{\text{h}}(x)$ とする。また $x + \Delta x$ での正孔電流を $J_{\text{h}}(x + \Delta x)$ とする。$J(x) > J(x + \Delta x)$ であれば微小領域中に正孔が蓄積され，少数キャリアの密度は高くなる。この関係については次式のように書ける。

$$\frac{\mathrm{d}n_{\text{h,n}}(x)}{\mathrm{d}t} \times \Delta x = \frac{1}{e}\{J_{\text{h}}(x) - J_{\text{h}}(x + \Delta x)\} = -\frac{1}{e}\left\{\frac{\partial J_{\text{h}}(x)}{\partial x}\right\}\Delta x \tag{9.37}$$

2つの現象が独立に生じるとすれば，正味の変化量は両現象を加えたものになるため，

$$\frac{\mathrm{d}n_{\text{h,n}}(x)}{\mathrm{d}t} \times \Delta x = (G^*_{\text{photo}} - \gamma n_{\text{e,n0}} \Delta n_{\text{h,n}}) \times \Delta x - \frac{1}{e}\left\{\frac{\partial J_{\text{h}}(x)}{\partial x}\right\}\Delta x \tag{9.38}$$

が成立する。$\gamma n_{\text{e,n0}} = 1/\tau_{\text{h}}$ とすると

$$\frac{\mathrm{d}n_{\text{h,n}}(x)}{\mathrm{d}t} = \left\{G^*_{\text{photo}} - \frac{n_{\text{h,n}}(x) - n_{\text{h,n0}}}{\tau_{\text{h}}}\right\} - \frac{1}{e}\left\{\frac{\partial J_{\text{h}}(x)}{\partial x}\right\} \tag{9.39}$$

と書ける。これに電場 $E(x) = E$（一定値）とした式(9.4)を代入すると

$$\frac{\mathrm{d}n_{\text{h,n}}(x)}{\mathrm{d}t} = G^*_{\text{photo}} - \frac{n_{\text{h,n}}(x) - n_{\text{h,n0}}}{\tau_{\text{h}}} - \frac{\partial\{n_{\text{h,n}}(x)\mu_{\text{h}}(x)E\}}{\partial x} + D_{\text{h}}\frac{\partial^2 n_{\text{h,n}}(x)}{\partial x^2} \tag{9.40}$$

となる。

いま，$E = 0$，すなわち拡散がキャリアの流れを支配しているとすると

$$\frac{\mathrm{d}n_{\text{h,n}}(x)}{\mathrm{d}t} = G^*_{\text{photo}} - \frac{n_{\text{h,n}}(x) - n_{\text{h,n0}}}{\tau_{\text{h}}} + D_{\text{h}}\frac{\partial^2 n_{\text{h,n}}(x)}{\partial x^2} \tag{9.41}$$

が成立する。同様に，p型Si中の電子に関する連続の式は

$$\frac{\mathrm{d}n_{\mathrm{e,p}}(x)}{\mathrm{d}t}=G_{\mathrm{photo}}^{*}-\frac{n_{\mathrm{e,p}}(x)-n_{\mathrm{e,p0}}}{\tau_{\mathrm{e}}}+\frac{\partial\{n_{\mathrm{e,p}}(x)\mu_{\mathrm{e}}(x)E\}}{\partial x}+D_{\mathrm{e}}\frac{\partial^2 n_{\mathrm{e,p}}(x)}{\partial x^2} \tag{9.42}$$

となる。$E=0$ の状況下では

$$\frac{\mathrm{d}n_{\mathrm{e,p}}(x)}{\mathrm{d}t}=G_{\mathrm{photo}}^{*}-\frac{n_{\mathrm{e,p}}(x)-n_{\mathrm{e,p0}}}{\tau_{\mathrm{e}}}+D_{\mathrm{e}}\frac{\partial^2 n_{\mathrm{e,p}}(x)}{\partial x^2} \tag{9.43}$$

である。もし，光励起が $t=0$ で消滅したとすると，その後の時間変化は $G_{\mathrm{photo}}^{*}=0$ として

$$\frac{\mathrm{d}n_{\mathrm{h,n}}(x)}{\mathrm{d}t}=-\frac{n_{\mathrm{h,n}}(x)-n_{\mathrm{h,n0}}}{\tau_{\mathrm{h}}}+D_{\mathrm{h}}\frac{\partial^2 n_{\mathrm{h,n}}(x)}{\partial x^2} \tag{9.44}$$

$$\frac{\mathrm{d}n_{\mathrm{e,p}}(x)}{\mathrm{d}t}=-\frac{n_{\mathrm{e,p}}(x)-n_{\mathrm{e,p0}}}{\tau_{\mathrm{e}}}+D_{\mathrm{e}}\frac{\partial^2 n_{\mathrm{e,p}}(x)}{\partial x^2} \tag{9.45}$$

となる。式(9.44)，(9.45)が意味するところは，電場が無い状況下で位置 x に過剰に存在していた少数キャリアは，再結合による消滅と拡散によって数を減らすことを示している。電場が無い特定領域に何らかの原因で過剰な少数キャリアが流れ込んだ場合においても，想定している領域内で過剰な少数キャリアの発生が無ければ，再結合と拡散によって少数キャリアの数は減っていく。

9.6　順方向電流

pn 接合の順方向電流について考える。バンドが平らな領域を電気的中性領域と呼ぶ。試料の両端に電圧が印加されるわけであるが，この電圧は中性領域にも分圧されるはずである。p 型中性領域および n 型中性領域は抵抗をもっており，電流が流れれば電圧降下を生じるためである。しかし，ここでは理想的条件を考え，電気的中性領域では電場 $E=0$ と仮定する。このように考えるのは，接合領域の空乏層はキャリアが存在しないために非常に高抵抗であり，pn 接合に電流が流れると，電圧はほとんど空乏層に印加されるからである。

pn 接合において n 型領域から p 型中性領域に入った電子は，その領域の電場を 0 と考えているためにドリフトにより運動することはできず，拡散による移動のみが生じる。少数キャリアの発生が無く，しかも電場が存在しない条件下での連続の式(拡散方程式)は

$$\frac{\mathrm{d}n_{\mathrm{e,p}}(x)}{\mathrm{d}t}=-\frac{n_{\mathrm{e,p}}(x)-n_{\mathrm{e,p0}}}{\tau_{\mathrm{e}}}+D_{\mathrm{e}}\frac{\partial^2 n_{\mathrm{e,p}}(x)}{\partial x^2} \tag{9.46}$$

となる。一定の注入が常に存在する定常状態では $\mathrm{d}n_{\mathrm{e,p}}(x)/\mathrm{d}t=0$ であるので

$$0=-\frac{n_{\mathrm{e,p}}(x)-n_{\mathrm{e,p0}}}{\tau_{\mathrm{e}}}+D_{\mathrm{e}}\frac{\partial^2 n_{\mathrm{e,p}}(x)}{\partial x^2} \tag{9.47}$$

となる。p 型領域側の空乏層の端の位置を $x=-W_{\mathrm{p}}'$ とする。式(9.47)を解くためには，$x=-W_{\mathrm{p}}'$ での電子の密度を定義する必要があるが，こ

れを次のように考える。p型領域の伝導帯のエネルギー位置におけるn型領域から入ってくる電子数は，ボルツマン分布を考慮すると$n_{\mathrm{e,n0}}\exp[-e(\phi_{\mathrm{b}}-V)/(k_{\mathrm{B}}T)]$（$V>0$とする）となる。この値は$n_{\mathrm{e,p0}}\exp[eV/(k_{\mathrm{B}}T)]$に等しく，熱平衡状態におけるp型領域の電子の密度$n_{\mathrm{e,p0}}$よりも$\exp[eV/(k_{\mathrm{B}}T)]$倍大きい。この値は$V=1.0$ Vと仮定すると室温では$\approx 10^{17}$倍であり，多量の電子が注入されていることを表している。この関係は外部電圧が加わっている定常状態で常に成立している。しかし，$x\leq -W_{\mathrm{p}}'$では多数キャリアの正孔が存在し，電子はそれらと再結合するため，xが小さくなる（負方向に大きくなる：pn接合界面から離れる）とともに電子数は減少し，$x=-\infty$では電気的中性状態の密度に戻るために$n_{\mathrm{e,p}}(-\infty)=n_{\mathrm{e,p0}}$が成立している。したがって，p型中性領域の空乏層に隣接する領域には，図9.12に示すような電子の密度分布が形成される。この領域を**拡散層**と呼ぶ。こうした条件下で式(9.47)の微分方程式を解くと

$$n_{\mathrm{e,p}}(x)=n_{\mathrm{e,p0}}+n_{\mathrm{e,p0}}\left[\exp\left(\frac{eV}{k_{\mathrm{B}}T}\right)-1\right]\exp\left(\frac{x+W_{\mathrm{p}}'}{L_{\mathrm{n}}}\right) \tag{9.48}$$

となる。この分布によって生じる位置xでの拡散電流は

$$\begin{aligned}J_{\mathrm{e}}(x)&=-(-e)D_{\mathrm{e}}\frac{\partial n_{\mathrm{e,p}}(x)}{\partial x}\\&=-(-e)\frac{D_{\mathrm{e}}n_{\mathrm{e,p0}}}{L_{\mathrm{n}}}\left[\exp\left(\frac{eV}{k_{\mathrm{B}}T}\right)-1\right]\exp\left(\frac{x+W_{\mathrm{p}}'}{L_{\mathrm{n}}}\right)\end{aligned} \tag{9.49}$$

となる。ただし，$L_{\mathrm{n}}=(D_{\mathrm{e}}\tau_{\mathrm{e}})^{1/2}$とおいた。空乏層を通過する電子電流の値は，電子が空乏層内で消滅することは無いと仮定すると$x=-W_{\mathrm{p}}'$で流れる拡散電流と同じ値のはずである。この関係を利用すると空乏層を流れる電子電流は式(9.49)から

$$J_{\mathrm{e}}(-W_{\mathrm{p}}')=(+e)\frac{D_{\mathrm{e}}n_{\mathrm{e,p0}}}{L_{\mathrm{n}}}\left[\exp\left(\frac{eV}{k_{\mathrm{B}}T}\right)-1\right] \tag{9.50}$$

と得られる。同様にn型領域に注入された正孔については

$$n_{\mathrm{h,n}}(W_{\mathrm{n}}')=n_{\mathrm{h,n0}}\exp\left(\frac{eV}{k_{\mathrm{B}}T}\right) \tag{9.51}$$

$$n_{\mathrm{h,n}}(\infty)=n_{\mathrm{h,n0}} \tag{9.52}$$

が成立する。連続の式に従う解は

$$n_{\mathrm{h,n}}(x)=n_{\mathrm{h,n0}}+n_{\mathrm{h,n0}}\left[\exp\left(\frac{eV}{k_{\mathrm{B}}T}\right)-1\right]\exp\left[\frac{-(x-W_{\mathrm{n}}')}{L_{\mathrm{p}}}\right] \tag{9.53}$$

となる。この分布を図9.12に示した。ただし，$L_{\mathrm{p}}=(D_{\mathrm{h}}\tau_{\mathrm{h}})^{1/2}$とおいた。n型領域に注入された正孔は空乏層内で消滅することが無いと仮定しているので，空乏層を通過する正孔電流と$x=W_{\mathrm{n}}'$で流れる拡散電流は同じ大きさである。したがって，空乏層を流れる正孔電流は

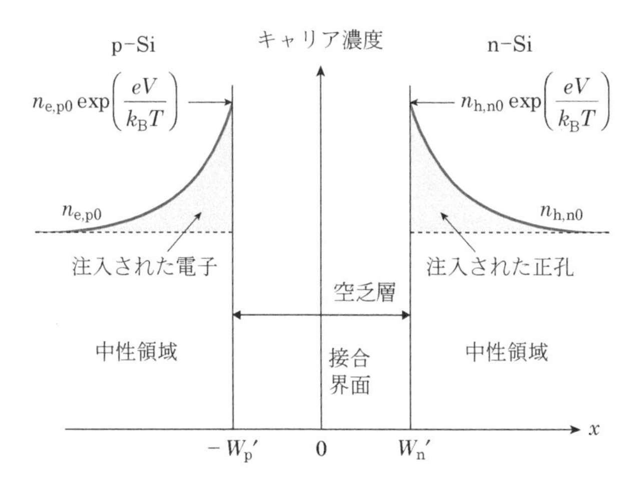

図9.12 一定電流が流れている定常状態において，中性領域に注入される少数キャリアの分布

$$J_h(W_n') = -eD_h \left.\frac{dn_{e,p}(x)}{dx}\right|_{x=W_n'} = \frac{eD_h n_{h,n0}}{L_p}\left[\exp\left(\frac{eV}{k_BT}\right)-1\right] \tag{9.54}$$

となる。pn 接合を流れる全電流は空乏層を通過する全電流と同じであるから，

$$\begin{aligned} J &= J_h(W_n') + J_e(-W_p') \\ &= \left(\frac{eD_h n_{h,n0}}{L_p} + \frac{eD_e n_{e,p0}}{L_n}\right)\left[\exp\left(\frac{eV}{k_BT}\right)-1\right] \\ &= J_0\left[\exp\left(\frac{eV}{k_BT}\right)-1\right] \end{aligned} \tag{9.55}$$

となる。ここで，

$$J_0 = \frac{eD_h n_{h,n0}}{L_p} + \frac{eD_e n_{e,p0}}{L_n} \tag{9.56}$$

と定義している。$\exp[qV/(k_BT)]$ は電圧の増加とともに非常に大きな値をとる。したがって，順方向電流は印加電圧が増加するとともに急激に増加する。拡散長については，室温において少数キャリアの緩和時間を$\sim 10^{-4}$ s とすると数 100 μm になる[*5]。

次に p 型領域における電子，正孔の分布について考える。電子が n 型領域から注入されるため，拡散層では熱平衡状態における密度よりも電子が多いことは明白である。それでは正孔数はどうなるであろうか。正孔は注入された電子と再結合するために時間経過とともに数を減らしていくだろうか。このようなことが生じると拡散領域は負の電荷をもってしまう。それを防ぐために正孔は図 9.13 のような密度分布をしており，注入された電子と電気的中性を保っているはずである。これは n 型領域の電子についても成立する。

さて，pn 接合全体を流れる電流分布はどのようになるであろうか。中性領域では多数キャリアが流れているために消滅は無視できると考え

＊5 Si では，電子の移動度は正孔の移動度よりも大きいため，電子の拡散長の方が正孔よりも大きい。

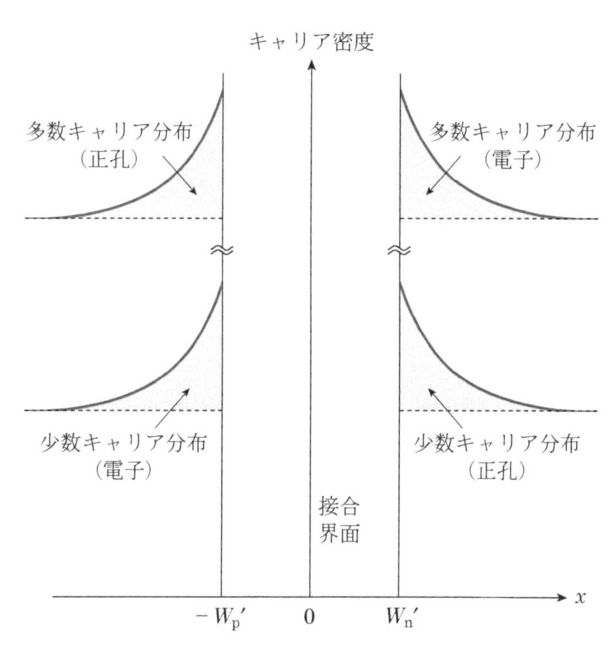

図9.13　一定電流が流れている定常状態において，中性領域に注入される少数キャリアの分布および電気的中性条件を維持するための多数キャリアの分布

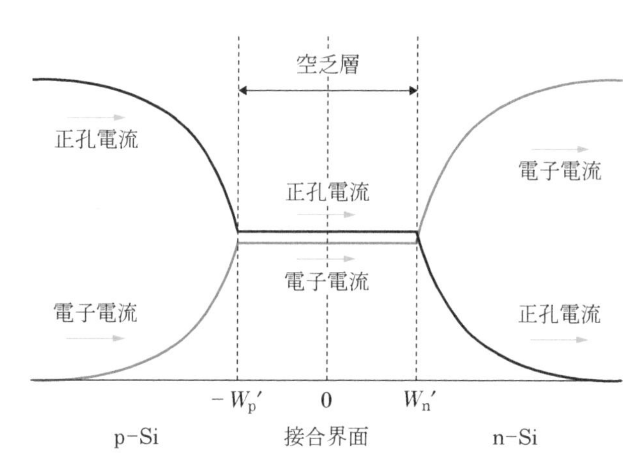

図9.14　一定電流が流れている定常状態における電流の分布

ると，空乏層を含めたすべての領域で電流値は一定のはずである。定常状態においてp型中性領域を流れる正孔の電流は，注入されてきた電子と再結合して消滅する正孔を補う成分と，空乏層を越えてn型領域に注入される正孔の合計である。一方，n型中性領域を流れる電流は，n型領域に注入された正孔と再結合して消滅する電子を補う成分と，空乏層を越えてp型中性領域に注入される成分の合計である。したがって，pn接合全体を流れる電流は図9.14のような分布になる。

9.7　逆方向電流

つづいて，pn 接合の逆方向電流について考える。試料の両端に電圧が印加されるわけであるが，ここでも中性領域の電場を 0 と仮定し，逆方向電圧 V_{R} はすべて空乏層に印加されるものとする。ただし，$V_{\mathrm{R}}>0$ とする。V_{R} は順方向と逆であるので，図 9.15 のようにポテンシャル障壁は大きくなる。この場合には，p 型領域の空乏層の端である $x=-W_{\mathrm{p}}''$ における伝導帯の電子は非常に少なくなる。ボルツマン統計に従うと

$$n_{\mathrm{e,n0}}\exp\left[-\frac{e(\phi_{\mathrm{b}}+V_{\mathrm{R}})}{k_{\mathrm{B}}T}\right]=n_{\mathrm{e,p0}}\exp\left(-\frac{eV_{\mathrm{R}}}{k_{\mathrm{B}}T}\right) \tag{9.57}$$

と書ける。この電子密度は熱平衡状態の p 型領域における電子密度 $n_{\mathrm{e,p0}}$ よりも $\exp[-eV_{\mathrm{R}}/(k_{\mathrm{B}}T)]$ 倍小さく，1.0 V が印加されていると仮定すると，この値は室温において約 10^{-17} という小さな値となる。すると p 型領域の電子密度は中性領域の方が高く，電子の拡散は p 型中性領域から空乏層に向かうことになる。この条件を境界条件として拡散方程式を解くと，$x<-W_{\mathrm{p}}''$ の領域では

$$n_{\mathrm{e,p}}(x)=n_{\mathrm{e,p0}}+n_{\mathrm{e,p0}}\left[\exp\left(-\frac{eV_{\mathrm{R}}}{k_{\mathrm{B}}T}\right)-1\right]\exp\left(\frac{x+W_{\mathrm{p}}''}{L_{\mathrm{n}}}\right) \tag{9.58}$$

となる。$\exp[-eV_{\mathrm{R}}/(k_{\mathrm{B}}T)]\approx 10^{-17}\approx 0$ と仮定すると，この式は

$$n_{\mathrm{e,p}}(x)=n_{\mathrm{e,p0}}\left\{1-\exp\left(\frac{x+W_{\mathrm{p}}''}{L_{\mathrm{n}}}\right)\right\} \tag{9.59}$$

となる。空乏層ではキャリアの消滅がないと仮定すると，空乏層を流れる電流は $x=-W_{\mathrm{p}}''$ での拡散電流と同じであるはずであり

$$J_{\mathrm{e}}(-W_{\mathrm{p}}'')=-(-e)D_{\mathrm{e}}\left.\frac{\mathrm{d}n_{\mathrm{e,p}}(x)}{\mathrm{d}x}\right|_{x=-W_{\mathrm{p}}''}=-\frac{eD_{\mathrm{e}}n_{\mathrm{e,p0}}}{L_{\mathrm{n}}} \tag{9.60}$$

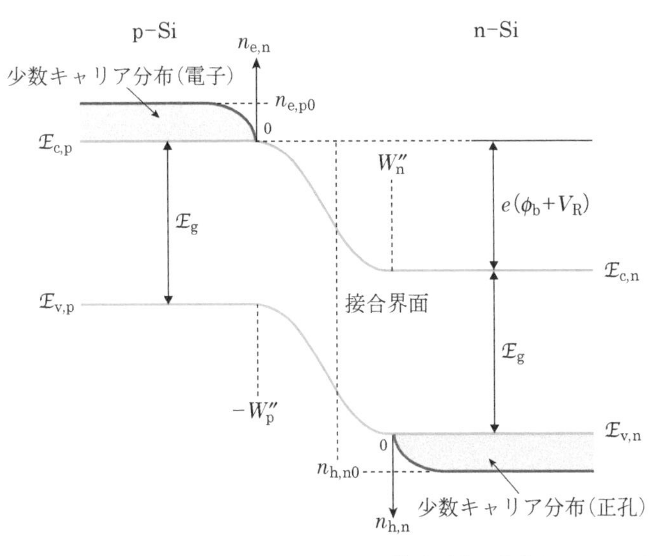

図9.15　逆方向電圧を加えた場合における pn 接合近傍の少数キャリアの分布

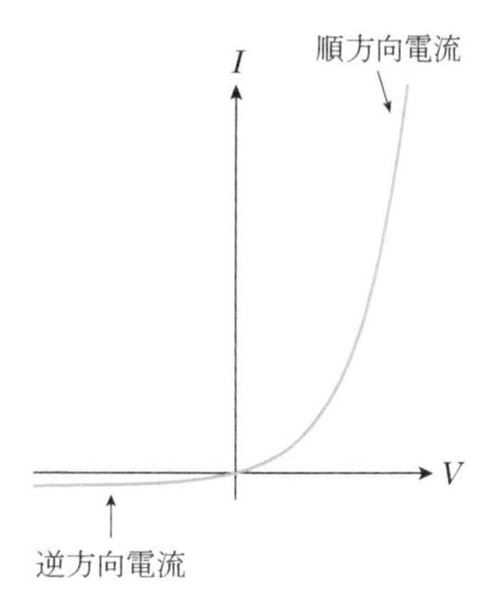

図9.16　pn接合における電流－電圧特性

と書ける。電流は少数キャリアの濃度に依存する。したがって，電流値は非常に小さくなり，さらに V_R に依存しない。また，電流は順方向と逆の方向に流れる。

同様のことをn型領域の正孔について考えると，空乏層の端を $x=W_n''$ とすると $x>W_n''$ の領域において

$$\begin{aligned} n_{h,n}(x) &= n_{h,n0}+n_{h,n0}\left[\exp\left(-\frac{eV_R}{k_BT}\right)-1\right]\exp\left(-\frac{x-W_n''}{L_p}\right) \\ &\approx n_{h,n0}\left\{1-\exp\left(-\frac{x-W_n''}{L_p}\right)\right\} \end{aligned} \tag{9.61}$$

$$J_h(W_n'') = -eD_h\left.\frac{dn_{h,p}(x)}{dx}\right|_{x=W_n''} = -\frac{eD_h n_{h,n0}}{L_p} \tag{9.62}$$

となる。全電流は両者を足し合わせた

$$\begin{aligned} J &= J_e(-W_p'')+J_h(W_n'') \\ &= -\frac{eD_e n_{e,p0}}{L_n}-\frac{eD_h n_{h,n0}}{L_p} \end{aligned} \tag{9.63}$$

である。電流は外部から印加した電圧に依存しない。また，電流値は先にも述べたが少数キャリア密度に比例するために非常に小さな値であり，しかも順方向と逆方向に流れる。以上のことから順方向，逆方向について電流－電圧特性をまとめると図9.16のようになる。

9.8　接合容量

pn接合は電気的中性の導体部分が空乏層という絶縁体を挟んでいるため，平行平板のコンデンサーとみなすことができる。もちろん，順方向電流が流れているときにはコンデンサーの機能はない。コンデンサーとしての機能を有するのは，逆方向電圧が加わった場合のみである。逆方向に電圧が加わると電位障壁が大きくなるが，pn接合の空乏層の電気力線はドナーから出発し，アクセプターに終端しているため，電位障壁を大きくするためには空乏層の幅を広げて接合界面を通過する電気力線の数を増やす必要がある。したがって，逆方向に電圧を加えると平行平板の距離が大きくなり，容量は小さくなる。この現象を議論することが本節の目的である。そのためには空乏層の幅が逆方向電圧とともにどのように変化するかを知る必要がある。

ここではポアソン方程式からスタートしよう。pn接合のn型領域のドナー濃度を N_D，p型領域のアクセプター濃度を N_A とする。それぞれの領域に対するポアソン方程式は

$$\frac{d^2\phi_n(x)}{dx^2} = -\frac{eN_D}{\varepsilon} \tag{9.64}$$

$$\frac{d^2\phi_p(x)}{dx^2} = \frac{eN_A}{\varepsilon} \tag{9.65}$$

となる。また，εは半導体の誘電率($\varepsilon=\varepsilon_0\varepsilon_s$)である。この方程式を境界条件に従って解く必要がある。式(9.64)，(9.65)の積分を行うと電場についての情報が得られる。

$$\frac{\mathrm{d}\phi_n(x)}{\mathrm{d}x}=-\frac{eN_D}{\varepsilon}(x-W_n'') \tag{9.66}$$

$$\frac{\mathrm{d}\phi_p(x)}{\mathrm{d}x}=\frac{eN_A}{\varepsilon}(x+W_p'') \tag{9.67}$$

ここでも，接合界面は$x=0$，n型領域の空乏層の端を$x=W_n''$($W_n''>0$)，p型領域の空乏層の端を$x=-W_p''$($W_p''>0$)としている。先にも述べたように電気力線の本数は$x=0$で連続であるので

$$N_DW_n''=N_AW_p'' \tag{9.68}$$

が成立している。これは電気的中性条件でもある。式(9.66)，(9.67)をもう一度積分すると電位分布が得られる。

$$\phi_n(x)=-\frac{eN_D}{\varepsilon}(x^2/2-W_n''x) \tag{9.69}$$

$$\phi_p(x)=\frac{eN_A}{\varepsilon}(x^2/2+W_p''x) \tag{9.70}$$

ここでは，境界条件として接合界面$x=0$において$\phi_n(x)=\phi_p(x)=0$とした。n型領域の空乏層の端$x=W_n''$とp型領域の空乏層の端$x=-W_p''$の電位差はϕ_b+V_Rになっているはずである。ϕ_bは熱平衡状態での拡散障壁(電位障壁)，V_Rは外部から加えた逆方向電圧の大きさである。したがって，

$$\phi_n(W_n'')-\phi_p(-W_p'')=\frac{e}{2\varepsilon}\{N_D(W_n'')^2+N_A(W_p'')^2\}=\phi_b+V_R \tag{9.71}$$

が成立する。式(9.68)と式(9.71)からW_n''，W_p''が求まる。また，空乏層の幅Wは$W=W_n''+W_p''$であり，この値は逆方向電圧に依存している。これらを整理すると

$$W=\left\{\frac{2\varepsilon(N_D+N_A)}{eN_DN_A}\times(\phi_b+V_R)\right\}^{1/2} \tag{9.72}$$

となる。容量Cは単位面積あたり

$$C=\frac{\varepsilon}{W}=\varepsilon\left\{\frac{2\varepsilon(N_D+N_A)}{eN_DN_A}\times(\phi_b+V_R)\right\}^{-1/2} \tag{9.73}$$

である。この式を変形すると

$$\frac{1}{C^2}=\frac{2(N_D+N_A)}{e\varepsilon N_DN_A}\times(\phi_b+V_R) \tag{9.74}$$

となり，$1/C^2=0$となる点からϕ_bが求められる。また，一方が高濃度にドープされた場合，例えば$N_A\gg N_D$の場合には，空乏層はn型領域に広がるが，

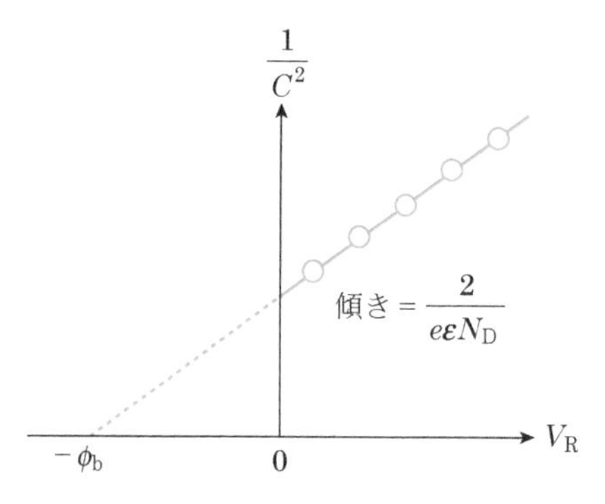

図9.17　逆方向電圧V_Rと容量Cの関係

$$\frac{1}{C^2}=\frac{2}{e\varepsilon N_D}\times(\phi_b+V_R) \tag{9.75}$$

と簡単化され，ϕ_bだけでなく直線の傾きからドナー濃度N_Dも求まる（図9.17）。

9.9　pn接合におけるトンネル効果

ドナーやアクセプターが強くドープされた（英語ではheavy dopeと表現される）半導体を考えよう。ドナーやアクセプターに束縛された電子や正孔がバンドギャップ中に決まったエネルギー準位を形成する理由は，低温においてドナーあるいはアクセプターの基底状態にあることが非常に安定で寿命が長いことによる。その結果，時間とエネルギーに関する不確定性原理から決まったエネルギー状態をとる。一方，ドナーの濃度が増えることによりドナー間の距離が小さくなると，近接するドナーの電子軌道が重なりを生じ，エネルギーに幅を生じる。このような状態を**不純物バンド**と呼ぶ。不純物濃度をさらに高くすると，不純物バンドはエネルギーの幅を広げ，伝導帯の底と連続的につながり，フェルミ準位は伝導帯の中に入る。例えば，Siにおいて$N_D=10^{19}\,\mathrm{cm}^{-3}$を超えるとドナー間の距離は数nmになるため，近接するドナーとの電子軌道が重なり（縮退）を生じる。したがって，バンド構造は図9.18(a)から(b)のように変化する[*6]。このような高濃度の不純物を有するn型半導体とp型半導体を接合してpn接合を形成したらどうなるであろうか。

*6　この系は乱れた系における伝導現象という深遠な問題を含んでいる。

熱平衡状態ではフェルミ準位が一致する状態で安定化するため，図9.19(a)のようなバンド図になる。接合の厚さは不純物濃度を$3\times10^{19}\,\mathrm{cm}^{-3}$程度とすると，式(9.72)から5 nm程度と非常に薄くなる。この接合の順方向に電圧を加えながらバンド構造の変化とそのときの電流を考えてみよう。外部電圧が0 Vの図9.19(a)では電流は流れない。一方，わずかに順方向電圧を加えた図9.19(b)の状態では伝導帯の縮退状態から価電子帯の空孔縮退状態に電子が遷移できる。この際，空乏層の幅が非常に薄いため，トンネル効果によって遷移することが許される。

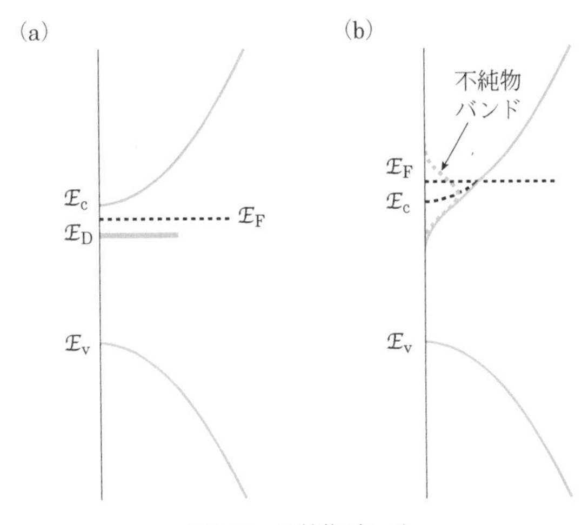

図9.18 不純物バンド
不純物濃度をさらに高くすることで，不純物バンドのエネルギーの幅は広がり，伝導帯の底と連続的につながり，フェルミ準位は伝導帯の中に入り，バンド構造は(a)から(b)のように変化する。

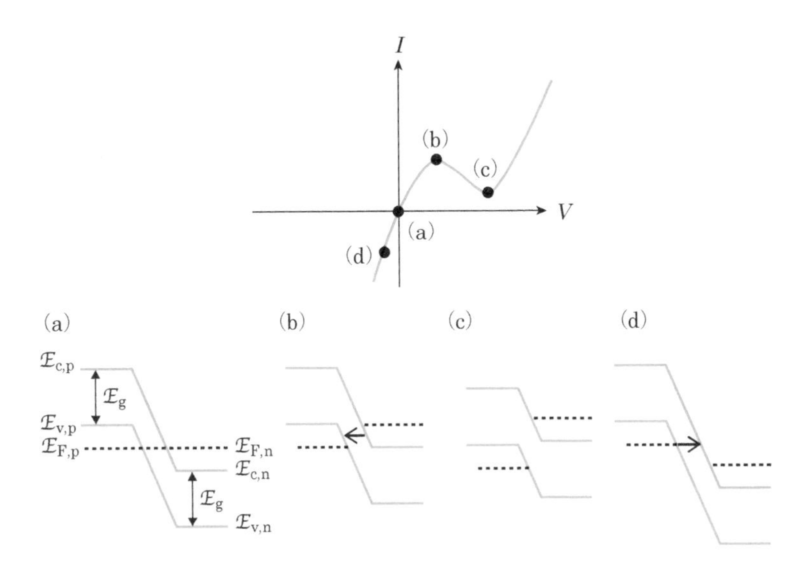

図9.19 トンネル効果が生じるpn接合における電流−電圧特性およびバンド図

トンネル効果で遷移するポテンシャルは図9.20の点線の三角形の形状になる。これはポテンシャル障壁を乗り越える経路を考えるとわかりやすい。まず，電子はポテンシャル障壁を乗り越えてp型領域に入り(経路①)，引き続いて伝導帯から価電子帯の空孔に落ちる(経路②)。したがって，三角形のポテンシャルになる。さらに順方向に電圧を加えると伝導帯の電子の遷移先はバンドギャップ中になるため，遷移確率は0になる。このときの電流値は図9.19(c)である。さらに電圧を高くすると通常の順方向電流が流れ始める。一方，逆方向電圧ではp型領域の価電子帯の電子がn型領域の伝導帯にトンネル遷移できるから電流が流

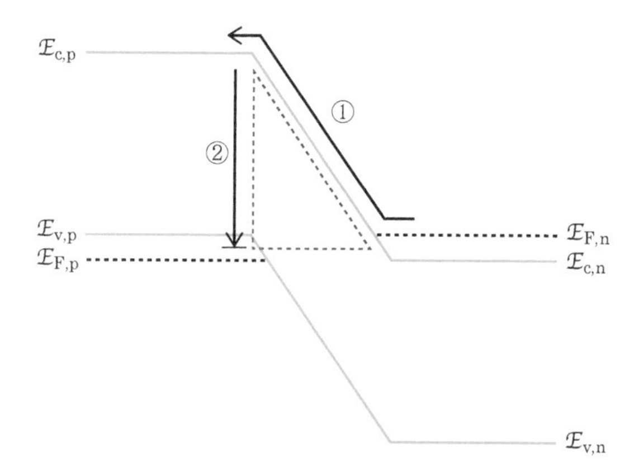

図9.20　トンネル効果におけるポテンシャルの形状

れる。したがって，電流は図 9.19(d)に対応する。

Siのような間接遷移型半導体では伝導帯の底と価電子帯の頂上とが異なる波数を有するため，トンネル効果による電子遷移は格子振動の助けを必要とする。トンネル領域の電流－電圧特性には，微細構造が存在することが明らかになっている。これらのエネルギーは音響型および光学型の格子振動と同じエネルギーである。このようにトンネル効果の中に含まれている物理現象を観測する手法は**トンネルスペクトロスコピー**と呼ばれる。

❖ 章末問題

9.1 pn接合に非常に大きな逆方向電圧を加えると，ある電圧でpn接合に突然逆方向電流が流れるようになる。この現象をトンネル効果に基づいて説明しなさい。なお，トンネル効果により引き起こされるこのような現象をツェナー効果と呼んでいる。

9.2 バイポーラトランジスタはpnpあるいはnpnの構造を有する。記号の真ん中の文字はベースと呼ばれ，電流を制御するための端子である。バイポーラトランジスタの動作原理を簡単なバンド図により説明しなさい。

第10章　MOS構造

10.1　MOS構造とは

金属(metal)－絶縁体(通常は酸化物：oxide)－半導体(semiconductor)からなる積層構造をMOS(図10.1)と呼ぶ。中間に絶縁体が存在するため，金属側から絶縁体を通して半導体へ，および，半導体から絶縁体を通して金属へ電流は流れない。金属と半導体が別々に存在する場合には，それぞれの物質のフェルミ準位が定義され，それらは異なるエネルギーであってよい。いま，半導体としてp型Si，絶縁体としてSiO_2を考え，金属とp型Siのフェルミ準位が図10.2に示すように一致していると仮定する。このような状況下でMOS構造を作製すると，図10.3のようにバンド構造は変化しない。すなわち，図10.4に示すように金属と半導体のキャリア(正孔)の分布は変化しない。p型Siの中性領域においてはアクセプターと正孔が同数存在し，半導体のバンドは平坦で

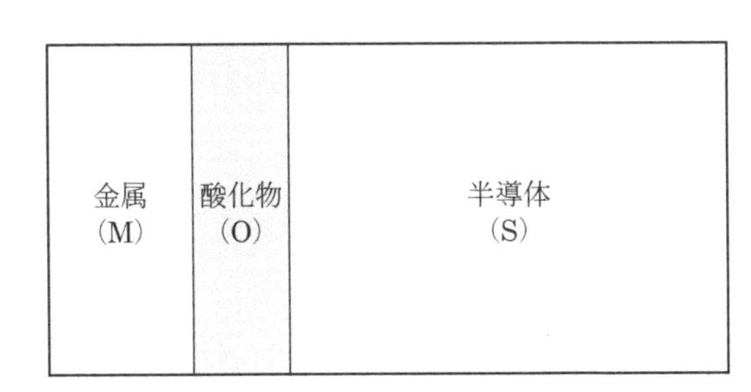

図10.1　金属(M)－酸化物(O)－半導体(S)の積層構造(MOS構造)

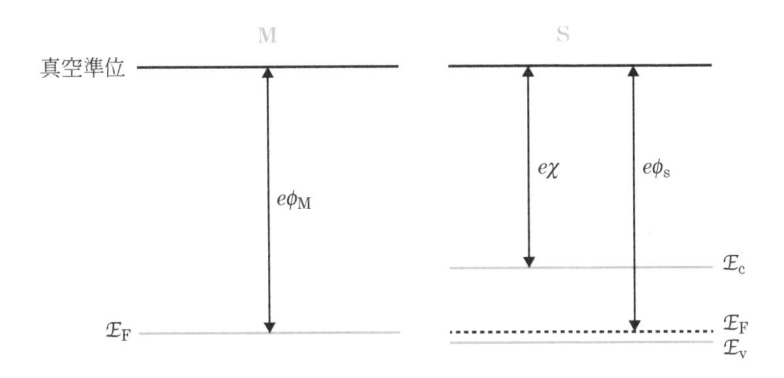

図10.2　金属の仕事関数($e\phi_M$)とp型半導体の仕事関数($e\phi_s$)が一致している状況

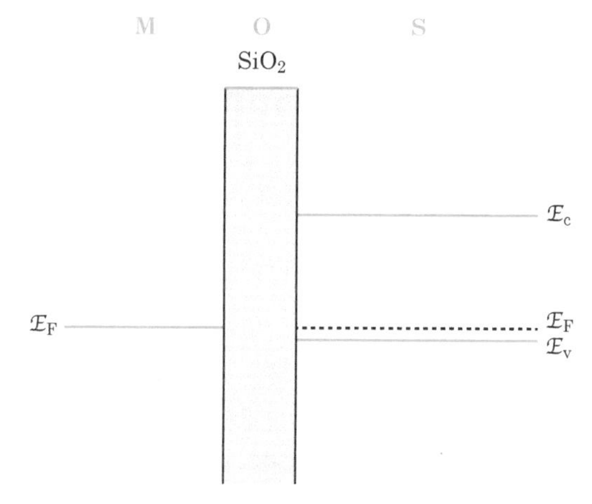

図10.3　理想MOSのバンド構造
アクセプター準位は省略している。

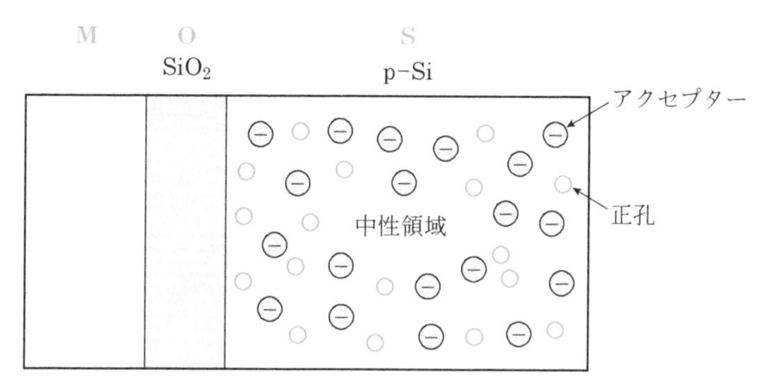

図10.4　熱平衡状態における理想MOSのp型領域内の電荷分布

あるから，正孔は Si/SiO_2 界面まで均一に存在している。これを理想MOSという。

10.2　蓄積層，空乏層，反転層における電場分布およびポテンシャル分布

ここでは理想MOSにバイアスを印加したときの蓄積層，空乏層，反転層における電場分布およびポテンシャル分布について説明する。前節と同様，半導体としてp型Si，絶縁体として SiO_2 を例にとって説明する。Si基板の裏面側は接地され，金属側にバイアスを加えるものとする。この金属のことをゲート電極と呼ぶ。

ゲート電極に負のバイアスを印加した場合を考えよう。p型Si中の正孔は正の電荷を有しているために負のバイアスが印加されたゲート電極の近くはエネルギーが低い状態である。しかし，SiO_2 は絶縁体であるから正孔は SiO_2 を通過できない。そのため，正孔は Si/SiO_2 界面に集まることになる。この状態を蓄積状態と呼び，正孔が集まっている領

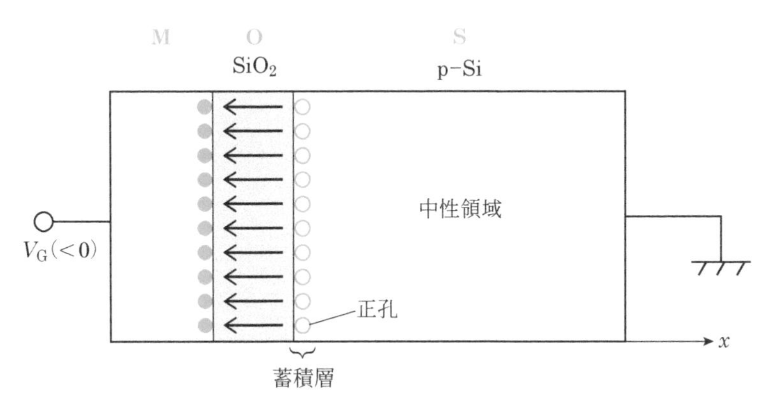

図10.5　ゲート電極に負の電圧を加えたときの電場分布

域を**蓄積層**(accumulation layer)と呼ぶ。一方，金属/SiO_2 界面の金属側には負の電荷が現れ，Si/SiO_2 界面に蓄積した正孔による正電荷と電気的中性条件を保っている。図 10.5 中の中性領域はアクセプターと正孔が共存し電気的に中性になっている部分である。したがって，電気力線を描くと図 10.5 のようになる。金属/SiO_2 界面に生じる電子の数は，金属内の圧倒的に多い電子の数に比較すれば微々たるものであり，金属内のフェルミ準位および電子分布に影響を与える量ではない。

SiO_2 内部の電気力線の本数は図 10.5 のように x 軸方向に一定であるので，SiO_2 内のエネルギーは一定の傾きをもった直線となる。これは次のように理解できる。SiO_2 内の電場を $-E$($E>0$，電場は $-x$ 方向に向いている)とすると

$$-E=-\frac{\mathrm{d}\phi(x)}{\mathrm{d}x}=\text{一定} \tag{10.1}$$

の関係から電位 $\phi(x)$ は x の 1 次関数である。したがって，電子のエネルギーは $-eEx$ となり，SiO_2 内の電子のエネルギーのグラフは右下がりの直線である。また，Si のバンド構造は Si/SiO_2 界面に正孔が集まるような形状に変化しているはずであり，Si 側は図 10.6 のように Si/SiO_2 界面で上に曲がる。

一方，ゲート電極に正の電圧を印加すると，Si/SiO_2 界面付近は正孔にとってエネルギーが高くなる。熱平衡状態において Si/SiO_2 界面まで均一に分布していた正孔は界面から離れ，図 10.7 のような分布になる。正孔が界面付近から遠ざかることにより，負の固定電荷であるアクセプターがあらわになる。この領域は前章で pn 接合について述べたのと同様に，動けるキャリア(正孔や電子)が存在しない空乏層であり，電気的には絶縁体である。中性領域はアクセプターと正孔が共存し，電気的に中性になっている。電気力線は図 10.7 のように終端している。SiO_2 内では電気力線の本数が場所に依存せずに一定であるので，電場強度は一定であるが，空乏層内部では x に依存して電気力線の本数が異なっており，電場強度が x により変化する。

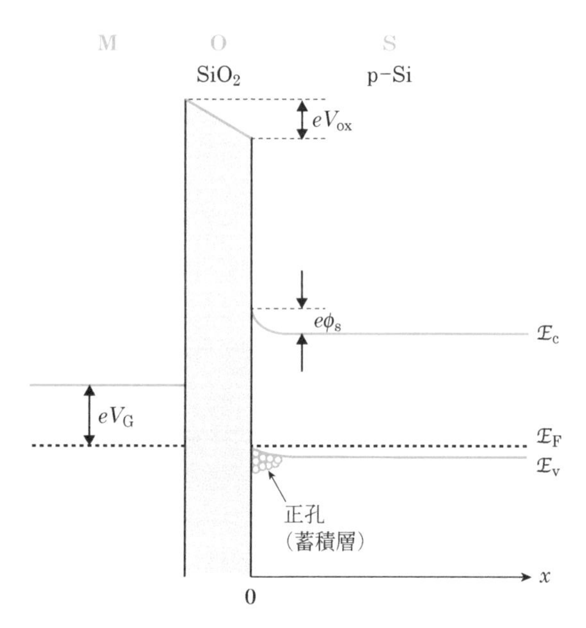

図10.6　ゲート電極に負の電圧を加えたときのバンド構造
アクセプター準位は省略している。SiO_2/Si界面に正孔が多数集まる。

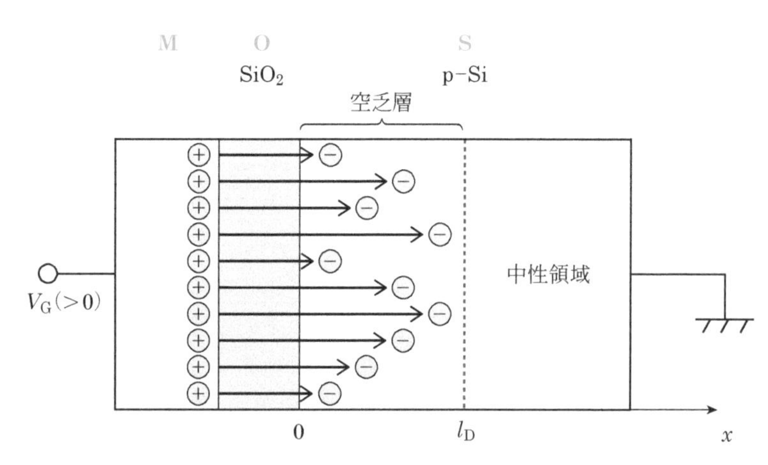

図10.7　ゲート電極に小さい正の電圧を加えたときの電場分布

SiO_2や空乏層内での電位はどのように表現されるのであろうか。空乏層内の電位分布を求めるためにポアソン方程式を利用する。ガウスの定理を用いても同じ答えが得られることは前章で述べたとおりである。電位を$\phi(x)$とすると空乏層内のポアソン方程式は

$$\frac{\mathrm{d}^2\phi(x)}{\mathrm{d}x^2} = -\frac{\rho(x)}{\varepsilon} = \frac{eN_{\mathrm{A}}}{\varepsilon} \qquad (10.2)$$

である*1。N_{A}はアクセプターの濃度，$\varepsilon(\varepsilon=\varepsilon_0\varepsilon_{\mathrm{s}})$はSiの誘電率である。Si/$SiO_2$界面を$x=0$（原点），空乏層の端を$x=l_{\mathrm{D}}$とすると，$x=l_{\mathrm{D}}$においては電気力線は無い。すなわち，$E(l_{\mathrm{D}})=0$であるから

*1　ここで，電子の電荷は$-e\,(e>0)$である。

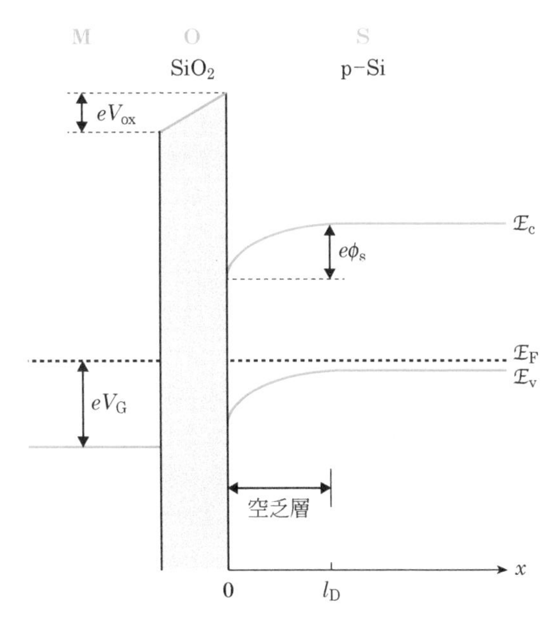

図10.8　ゲート電極に小さい正の電圧を加えたときのバンド構造
アクセプター準位は省略している。

$$E(x)=-\frac{\mathrm{d}\phi(x)}{\mathrm{d}x}=\frac{eN_A(l_D-x)}{\varepsilon} \tag{10.3}$$

となる。さらに，$\phi(l_D)=0$ とすると電位 $\phi(x)$ は

$$\phi(x)=\frac{eN_A}{\varepsilon}\left(\frac{x^2}{2}-l_Dx+\frac{l_D{}^2}{2}\right) \tag{10.4}$$

となる。上式は電位であるので，電子のエネルギーを考える際には $-e$ をかける必要がある。したがって，半導体の電子のエネルギー(バンドの曲がり)は図 10.8 に示すように，$x=l_D$ にピークを有する凸形の2次関数となる[*2]。Si/SiO_2 界面($x=0$)では

*2　$x=0$ から $x=l_D$ の間の形状である。

$$(-e)\phi_s=-\frac{e^2N_Al_D{}^2}{2\varepsilon} \tag{10.5}$$

で与えられる分だけエネルギーが下がっている。アクセプターの濃度 N_A が一定の場合，空乏層の幅が狭ければ電気力線の本数は少なく電場強度が小さいため，ハンドの曲がりは小さい。また，空乏層の幅が一定の場合，アクセプター濃度が高いと空乏層内の電気力線の本数は多く，したがってバンドの曲がりは大きい。式(10.5)はこの関係を表している。

空乏層の総電荷量は $-eN_Al_D$ である。したがって，SiO_2 内の電場はガウスの定理を利用すると

$$\int \boldsymbol{D}\mathrm{d}\boldsymbol{s}=-\varepsilon_{ox}E_{ox}=-eN_Al_D \tag{10.6}$$

から

$$E_{ox}=\frac{eN_Al_D}{\varepsilon_{ox}} \tag{10.7}$$

となる。ここで，$\varepsilon_{ox}=\varepsilon_0\varepsilon^*_{ox}$（$\varepsilon^*_{ox}$ は SiO_2 層の比誘電率）である。また，式(10.6)の第 2 項が負になっている理由は，式(10.6)のガウスの定理で使う SiO_2 中の閉曲面の面法線単位ベクトルが $-x$ 方向を向いているためである。電場は金属から半導体に向かう方向で式(10.7)に従う一定値であるから，SiO_2 内のエネルギーは傾き一定の直線となり，図 10.8 のように酸化膜中のエネルギーは直線になっている。

正の電圧をさらに増加し続けるとどうなるであろうか。バンドが大きく曲がることによって Si/SiO_2 界面付近の Si の伝導帯のエネルギーが下がると，p 型 Si のフェルミ準位は真性フェルミ準位よりも上にくる。この状態は単純に考えると p 型領域が n 型に変化したことに対応する。したがって，図 10.9 に示すように Si/SiO_2 界面の伝導帯に電子が溜まり始める。このようにして電子が蓄積した領域を**反転層**（inversion layer）という。電気力線は図 10.10 に示すように反転層の電子と空乏層のアクセプターに終端するようになる。

さて，ゲートに加える正バイアスをさらに増加させるとバンドはもっと強く曲がるだろうか。バンドが強く曲がろうとすると反転層に電子が多く形成されるため，電気力線は反転層の電子に終端する。すなわち，ゲート電圧を大きくしてもアクセプターに終端している電気力線の数は増加しない。このことはバンドの曲がりの形状は変化しないことを意味している。反転層が形成されている場合，SiO_2 を通過する電気力線の本数が増えることは明らかであり，このことは SiO_2 内の電場が強くなっていることを示している。すなわち，バンド構造において SiO_2 のエネルギーの傾きは強くなっている。この現象をバンド図で表すと図 10.11

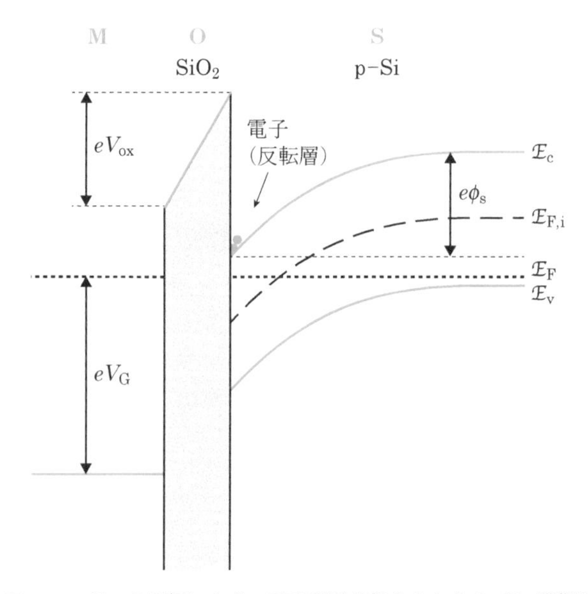

図10.9　ゲート電極に大きい正の電圧を加えたときのバンド構造
アクセプター準位は省略している。

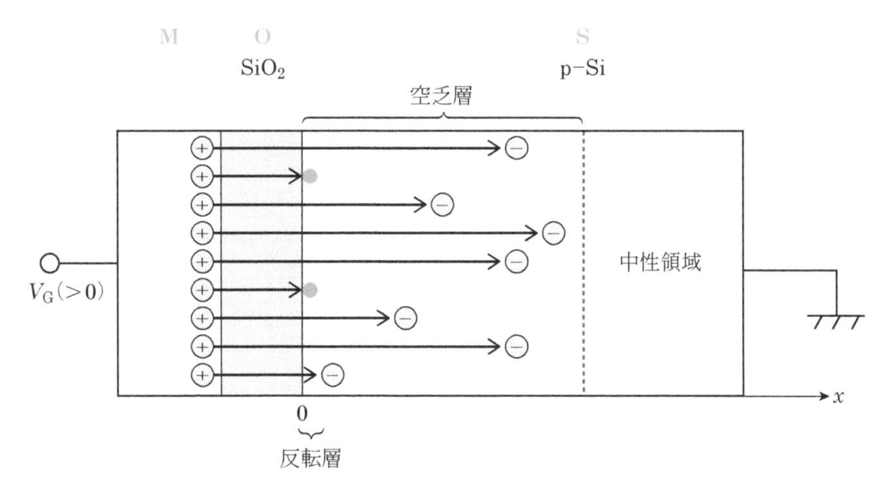

図 10.10　ゲート電極に大きい正の電圧を加えたときの電場分布

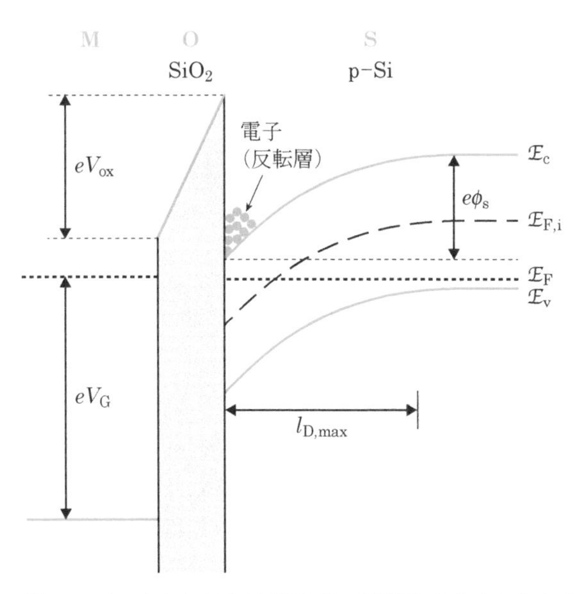

図 10.11　図 10.10 よりも大きな正の電圧をゲート電極に加えたときのバンド構造
アクセプター準位は省略している。SiO_2 膜中の傾きは図 10.9 よりも大きい。

のようになる。$l_{D,max}$ は空乏層が最大に広がったときの空乏層の長さである。

反転層は，その形成が始まるとゲート電圧が大きくなるとともに連続的に電子の数が増加するので，どの電圧で反転層が形成され，その後どのように電子数が変化するか知る必要がある。反転層の形成は次のように定義されている。すなわち，反転層に形成された電子密度が p 型半導体の中性領域の正孔密度と同じである状態を反転層が形成されたと定義する。この条件を実現するためにゲート電極に加える電圧を閾値電圧 V_{th} と呼ぶ。この条件はボルツマン統計を使うと求めることができる。

Si/SiO_2 界面のバンドの曲がりの大きさを $e\phi_s (e>0)$ とする。このと

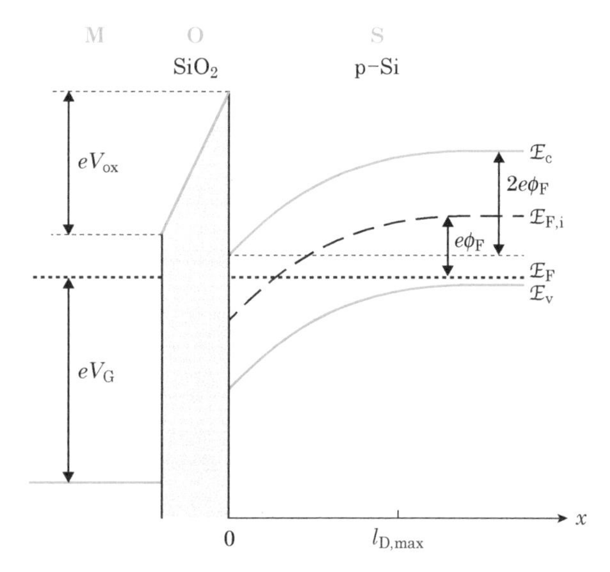

図10.12　反転層が形成されているとき($V_G > V_{th}$)のバンド構造
アクセプター準位は省略している。

きのバンド構造を図10.12に示す。真性半導体のフェルミ準位 $\mathcal{E}_{F,i}$ と p 型 Si のフェルミ準位 $\mathcal{E}_{F,p}$ の差を $\mathcal{E}_{F,i} - \mathcal{E}_{F,p} = e\phi_F$ とする。反転層が形成されたときの電子密度 $n_{e,s}$ は，上の定義から

$$n_{e,s} = n_{e,p0} \exp\left(\frac{e\phi_s}{k_B T}\right) = n_{h,p0} \tag{10.8}$$

の関係を満たす。このときの ϕ_s を求めるわけであるが，$n_{h,p0} = n_{e,i} \exp[e\phi_F/(k_B T)]$，$n_{e,p0} = n_{e,i} \exp[-e\phi_F/(k_B T)]$ を考慮すると

$$\phi_s = 2\phi_F = \frac{2k_B T}{e} \ln\left(\frac{N_A}{n_{h,i}}\right) \tag{10.9}$$

となる。ここでは，$n_{h,p0} = N_A$，$n_{e,i} = n_{h,i}$ を利用している。式(10.9)を見ると基板のアクセプターの濃度は対数項の中に入っていることから，$N_A = 10^{16} \sim 10^{18}\ \mathrm{cm}^{-3}$ と変化させても $2\phi_F$ は 0.72〜0.94 eV とわずかに変化するだけである。後の章で説明するように，反転層の幅は電子状態が量子化される程度に薄く，閾値電圧で反転層に存在する電子の絶対数は非常に小さいということに気をつけなければならない。

以上から Si/SiO_2 界面における最大のバンドの曲がり量は，電位で表現すると $\phi_s = 2\phi_F$(エネルギーで表現すると大きさ $2e\phi_F$)であり，ゲート電圧を V_{th} より大きくしても反転層の電子数が増えるだけで，Si のバンドの曲がり量は $2\phi_F$ 以上にはならないことが示された。Si のバンドの曲がり量が電位で $\phi_s = 2\phi_F$ のとき，空乏層の幅は式(10.5)より

$$l_{D,max} = \left(\frac{4\phi_F \varepsilon}{eN_A}\right)^{1/2} \tag{10.10}$$

となる。空乏層内の総電荷量は $Q = Q_e + Q_D$ である。ここで，Q_e は反転層の電子の総電荷量，Q_D は空乏層のアクセプターによる電荷量である

が，先述したように V_{th} での反転層の電子の絶対数は非常に小さいので空乏層内の総電荷量は

$$Q \approx Q_D = -eN_A\left(\frac{4\phi_F\varepsilon}{eN_A}\right)^{1/2} = -(4\phi_F\varepsilon eN_A)^{1/2} \qquad (10.11)$$

と書ける。SiO_2 の電場の大きさはガウスの定理から

$$E_{ox} = \left|\frac{Q_D}{\varepsilon_{ox}}\right| = \frac{(4\phi_F\varepsilon eN_A)^{1/2}}{\varepsilon_{ox}} \qquad (10.12)$$

であり，SiO_2 両端の電位差は

$$V_{ox} = E_{ox}\times d = +\frac{(4\phi_F\varepsilon eN_A)^{1/2}}{\varepsilon_{ox}}\times d = \frac{Q_D}{C_{ox}} \qquad (10.13)$$

となる。なお，上式では平行平板のコンデンサー容量の式 $C_{ox}=\varepsilon_{ox}/d_{ox}$ を使っている。閾値電圧は $V_G=V_{th}=V_{ox}+\phi_s=V_{ox}+2\phi_F$ で与えられ，

$$V_{th} = +\frac{(4\phi_F\varepsilon eN_A)^{1/2}}{C_{ox}} + 2\phi_F \qquad (10.14)$$

と定義できる。重要なことは，ゲート容量とアクセプター濃度が決まれば閾値電圧が定義できることである。$V_G>V_{th}$ での反転層の電子数はどのように表現できるだろうか。

反転層の電子数は次のように簡単化できる。反転状態における空乏層の総電荷量の大きさは $Q=Q_e+Q_D$ であり，SiO_2 の両端にかかる電圧は $V_{ox}=V_G-2\phi_s$ である。この電圧は SiO_2 の両端の総電荷量をコンデンサー容量で割った値であるから

$$V_{ox} = V_G - 2\phi_s = \frac{Q_e+Q_D}{C_{ox}} \qquad (10.15)$$

が成立する。閾値電圧 $V_G=V_{th}$ では $Q_e\approx 0$ であるから

$$V_{th} - 2\phi_s = \frac{Q_D}{C_{ox}} \qquad (10.16)$$

である。式(10.15)および式(10.16)から

$$Q_e = C_{ox}(V_G - V_{th}) \quad (V_G \geq V_{th}) \qquad (10.17)$$

となる。上式は，ゲート電圧が V_{th} に達するまでは SiO_2 と半導体のバンドを曲げることに使われ，ゲート電圧が V_{th} を超えた分のみが反転層の電子の形成に使われることを示している。

10.3　Si表面の電子

10.3.1　Si表面の電子密度の定式化

電子を古典的な粒子と考えるボルツマン分布によれば，電子あるいは正孔の数はバンドの曲がりの大きさ，すなわち Si/SiO_2 界面からの距離に依存して連続的に変化するはずである。前節の議論では，この点が考慮されていない。本節ではこの点について考察する。

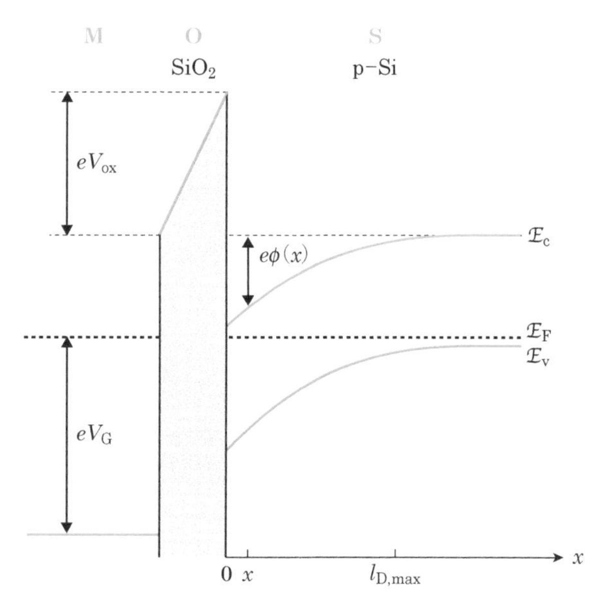

図10.13　Si/SiO_2 界面からの距離に依存した反転層の電子密度の考え方
アクセプター準位は省略している。

図10.13に示すように，Si/SiO_2 界面からの位置 x におけるバンドの曲がりの大きさを $e\phi(x)$ ($\phi(x)$ は電位) とする。位置 x における正味の電荷量 $\rho(x)$ は

$$\rho(x)=e\{n_{\mathrm{h}}(x)-n_{\mathrm{e}}(x)-N_{\mathrm{A}}^{-}+N_{\mathrm{D}}^{+}\} \tag{10.18}$$

である ($e>0$)。中性領域では $-N_{\mathrm{A}}^{-}+N_{\mathrm{D}}^{+}-n_{\mathrm{e,p0}}+n_{\mathrm{h,p0}}=0$ であるから

$$\rho(x)=e\{n_{\mathrm{h}}(x)-n_{\mathrm{e}}(x)+n_{\mathrm{e,p0}}-n_{\mathrm{h,p0}}\} \tag{10.19}$$

と書ける。ボルツマン統計を使って $n_{\mathrm{h}}(x)$，$n_{\mathrm{e}}(x)$ を記述すると

$$\begin{aligned}\rho(x)&=e\left\{n_{\mathrm{h,p0}}\exp\left(-\frac{e\phi(x)}{k_{\mathrm{B}}T}\right)-n_{\mathrm{e,p0}}\exp\left(\frac{e\phi(x)}{k_{\mathrm{B}}T}\right)+n_{\mathrm{e,p0}}-n_{\mathrm{h,p0}}\right\}\\&=e\left[n_{\mathrm{h,p0}}\left\{\exp\left(-\frac{e\phi(x)}{k_{\mathrm{B}}T}\right)-1\right\}-n_{\mathrm{e,p0}}\left\{\exp\left(\frac{e\phi(x)}{k_{\mathrm{B}}T}\right)-1\right\}\right]\end{aligned} \tag{10.20}$$

となる。位置 x におけるポアソンの方程式は

$$\begin{aligned}\frac{\mathrm{d}^2\phi(x)}{\mathrm{d}x^2}&=-\frac{\rho(x)}{\varepsilon}\\&=-\frac{e}{\varepsilon}\left[n_{\mathrm{h,p0}}\left\{\exp\left(-\frac{e\phi(x)}{k_{\mathrm{B}}T}\right)-1\right\}-n_{\mathrm{e,p0}}\left\{\exp\left(\frac{e\phi(x)}{k_{\mathrm{B}}T}\right)-1\right\}\right]\end{aligned} \tag{10.21}$$

と書ける。ε はSiの誘電率 ($\varepsilon=\varepsilon_0\varepsilon_{\mathrm{s}}$) である。この方程式は次の方法により解ける。左辺に $[\mathrm{d}\phi(x)/\mathrm{d}x]\mathrm{d}x$ をかけると $[\mathrm{d}\phi(x)/\mathrm{d}x]\mathrm{d}x\times\mathrm{d}^2\phi(x)/\mathrm{d}^2x$ となる。これは

$$\frac{\mathrm{d}\phi(x)}{\mathrm{d}x}\times\frac{\mathrm{d}}{\mathrm{d}x}\left[\frac{\mathrm{d}\phi(x)}{\mathrm{d}x}\right]\mathrm{d}x=\frac{\mathrm{d}\phi(x)}{\mathrm{d}x}\times\mathrm{d}\left[\frac{\mathrm{d}\phi(x)}{\mathrm{d}x}\right] \tag{10.22}$$

である。$E(x)=-\mathrm{d}\phi(x)/\mathrm{d}x$ であることを考慮して積分すると

$$\int\frac{\mathrm{d}\phi(x)}{\mathrm{d}x}\times\mathrm{d}\left[\frac{\mathrm{d}\phi(x)}{\mathrm{d}x}\right]=\int[-E(x)]\mathrm{d}[-E(x)] \tag{10.23}$$

となる。式(10.21)の右辺に $[\mathrm{d}\phi(x)/\mathrm{d}x]\mathrm{d}x$ をかけて積分すると

$$\begin{aligned}&\int[-E(x)]\mathrm{d}[-E(x)]\\&=-\frac{e}{\varepsilon}\int\left[\frac{\mathrm{d}\phi(x)}{\mathrm{d}x}\right]\mathrm{d}x\left[n_{\mathrm{h,p0}}\left\{\exp\left(-\frac{e\phi(x)}{k_{\mathrm{B}}T}\right)-1\right\}-n_{\mathrm{e,p0}}\left\{\exp\left(\frac{e\phi(x)}{k_{\mathrm{B}}T}\right)-1\right\}\right]\\&=-\frac{e}{\varepsilon}\int\left[n_{\mathrm{h,p0}}\left\{\exp\left(-\frac{e\phi(x)}{k_{\mathrm{B}}T}\right)-1\right\}-n_{\mathrm{e,p0}}\left\{\exp\left(\frac{e\phi(x)}{k_{\mathrm{B}}T}\right)-1\right\}\right]\mathrm{d}\phi(x)\end{aligned} \tag{10.24}$$

となる。空乏層と中性領域の境界では $\phi(x)=0$ であり，この点で $E(x)=-\mathrm{d}\phi(x)/\mathrm{d}x=0$ となることを考慮すると

$$\begin{aligned}E(x)&=-\frac{\mathrm{d}\phi(x)}{\mathrm{d}x}\\&=\pm\left(\frac{2k_{\mathrm{B}}Tn_{\mathrm{h,p0}}}{\varepsilon}\right)^{1/2}\times\left[\left\{\exp\left(-\frac{e\phi(x)}{k_{\mathrm{B}}T}\right)+\frac{e\phi(x)}{k_{\mathrm{B}}T}-1\right\}\right.\\&\qquad\left.+\left(\frac{n_{\mathrm{e,p0}}}{n_{\mathrm{h,p0}}}\right)\left\{\exp\left(\frac{e\phi(x)}{k_{\mathrm{B}}T}\right)-\frac{e\phi(x)}{k_{\mathrm{B}}T}-1\right\}\right]^{1/2}\end{aligned} \tag{10.25}$$

となる。$\mathrm{Si/SiO_2}$ 界面 $x=0$ で $\phi(0)=\phi_{\mathrm{s}}$ とすると

$$\begin{aligned}E_{\mathrm{s}}=\pm(2k_{\mathrm{B}}Tn_{\mathrm{h,p0}}/\varepsilon)^{1/2}&\left[\left\{\exp\left(-\frac{e\phi_{\mathrm{s}}}{k_{\mathrm{B}}T}\right)+\frac{e\phi_{\mathrm{s}}}{k_{\mathrm{B}}T}-1\right\}\right.\\&\left.+\left(\frac{n_{\mathrm{e,p0}}}{n_{\mathrm{h,p0}}}\right)\left\{\exp\left(\frac{e\phi_{\mathrm{s}}}{k_{\mathrm{B}}T}\right)-\frac{e\phi_{\mathrm{s}}}{k_{\mathrm{B}}T}-1\right\}\right]^{1/2}\end{aligned} \tag{10.26}$$

である。符号の±は＋が $\phi_{\mathrm{s}}>0$，－は $\phi_{\mathrm{s}}<0$ の場合である。

空乏層内の総電荷量はガウスの定理から求まる。ここで図 10.14 に示すように閉曲面を半導体の電気的中性領域から $\mathrm{Si/SiO_2}$ 界面における Si 領域まで囲むと，閉曲面内の総電荷量 Q_{s} は空乏層の電荷と反転層の電子を合計した総電荷量である。$\mathrm{Si/SiO_2}$ 界面における Si 側の電場を E_{s} とすると，ガウスの定理から $Q_{\mathrm{s}}=-\varepsilon E_{\mathrm{s}}$ が成立する。マイナス符号はガウスの定理で用いる閉曲面の面法線方向が $-x$ 方向を向いていることによる。よって，式(10.26)から

$$\begin{aligned}Q_{\mathrm{s}}=\pm(2\varepsilon k_{\mathrm{B}}Tn_{\mathrm{h,p0}})^{1/2}&\left[\left\{\exp\left(-\frac{e\phi_{\mathrm{s}}}{k_{\mathrm{B}}T}\right)+\frac{e\phi_{\mathrm{s}}}{k_{\mathrm{B}}T}-1\right\}\right.\\&\left.+\left(\frac{n_{\mathrm{e,p0}}}{n_{\mathrm{h,p0}}}\right)\left\{\exp\left(\frac{e\phi_{\mathrm{s}}}{k_{\mathrm{B}}T}\right)-\frac{e\phi_{\mathrm{s}}}{k_{\mathrm{B}}T}-1\right\}\right]^{1/2}\end{aligned} \tag{10.27}$$

となる。Q_{s} のマイナス符号は $E_{\mathrm{s}}>0$, $\phi_{\mathrm{s}}>0$(バンドの曲がりは下向き)で

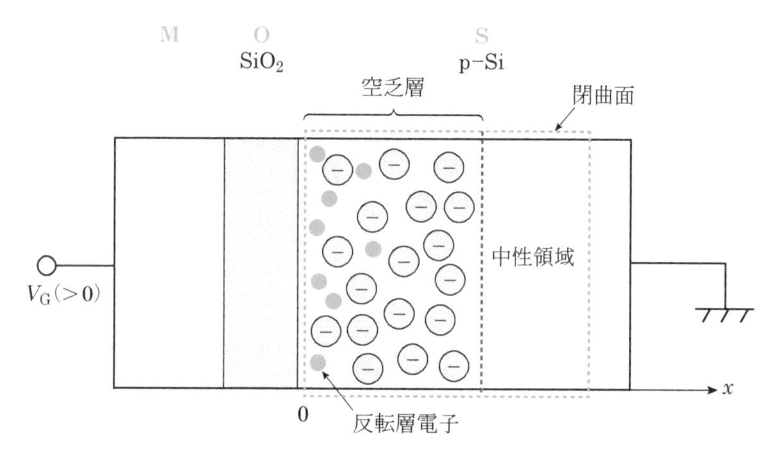

図10.14　Si/SiO_2 界面からの距離に依存した反転層の電子の分布

空乏層・反転層に対応し，Q_s のプラス符号は $E_s<0$，$\phi_s<0$（バンドの曲がりは上向き）で蓄積層に対応する。式(10.27)は次のようにも書ける。

$$Q_s = \pm(2\varepsilon k_B T N_A)^{1/2}\left[\left\{\exp\left(-\frac{e\phi_s}{k_B T}\right)+\frac{e\phi_s}{k_B T}-1\right\} + \left(\frac{n_{e,i}}{N_A}\right)^2\left\{\exp\left(\frac{e\phi_s}{k_B T}\right)-\frac{e\phi_s}{k_B T}-1\right\}\right]^{1/2} \tag{10.28}$$

ここでは，$N_A = n_{h,p0}$，$n_{h,p0}\times n_{e,p0} = n_{e,i}{}^2$ を用いた。

10.3.2　蓄積層の電荷

蓄積層が形成される場合には $\phi_s<0$ になっているため $\exp[-e\phi_s/(k_B T)] \gg |e\phi_s/(k_B T)-1|$，$\exp[-e\phi_s/(k_B T)]\gg 1$ であるから，優位な項は $\exp(-e\phi_s/k_B T)$ であり

$$Q_s \approx (2\varepsilon k_B T N_A)^{1/2}\exp\left(-\frac{e\phi_s}{2k_B T}\right) \tag{10.29}$$

が成立する。したがって，ゲート電極に負の電圧が加わって $\phi_s<0$ になると正孔の数は指数関数的に増加する。

10.3.3　空乏層の電荷

バンドが下向き($\phi_s>0$)に曲がり始めると空乏層が形成され，負の電荷を有するアクセプターがあらわになる。空乏層ではバンドの曲がりとともに空乏層の幅が広がるので，アクセプターに起因する電荷量が増える。ϕ_s が小さいとし，通常 $n_{e,p0}/n_{h,p0} = (n_{e,i}/N_A)^2$ は小さな値であるので無視すると，式(10.28)右辺は $e\phi_s/(k_B T)$ のみが残り

$$Q_s \approx -(2e\varepsilon N_A \phi_s)^{1/2} \tag{10.30}$$

と書ける。

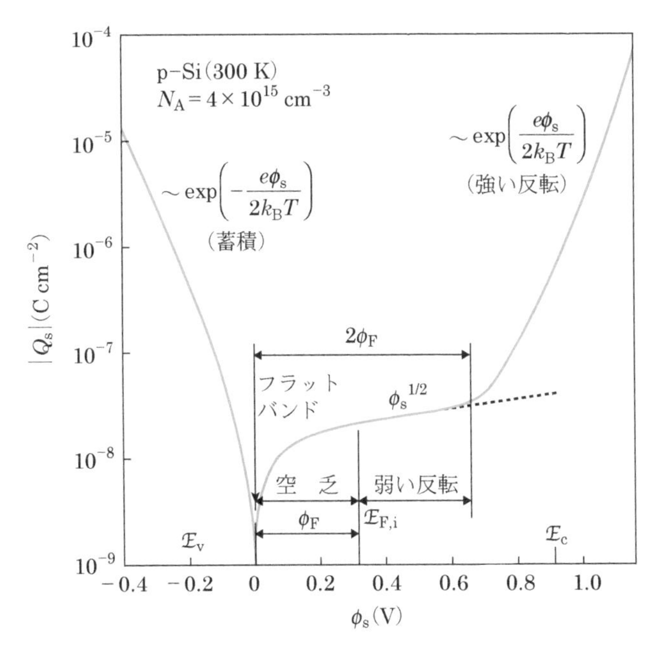

図10.15　ϕ_sに対する空間電荷層電荷(固定電荷＋可動電荷)の関係
[S. M. Sze著，南日康夫，川辺光央，長谷川文夫 訳，半導体デバイス，産業図書(1987)より改変]

10.3.4 反転層の電荷

ゲート電圧が正の値に十分大きくなることによってϕ_sが大きくなると

$$Q_s \approx -(2\varepsilon k_B T N_A)^{1/2} \times \left(\frac{n_{e,i}}{N_A}\right) \times \exp\left(\frac{e\phi_s}{2k_BT}\right) \tag{10.31}$$

となる。ϕ_sがわずかに変化するだけで電子の数が指数関数的に増加することに注意しよう。これらの関係を示したのが図10.15である。

10.4 理想MOSの容量

10.4.1 MOS容量の一般論

MOS構造では絶縁体であるSiO_2が金属・半導体に挟まれた形で存在するため，必ず容量をもつ。電圧はゲート電極に加えるが，SiO_2/Si界面のSi層の状態に依存して容量は変化する。本節では，この点について考える。

ゲート電極に加える電圧(ゲート電圧)をV_Gとする。ゲート電圧は酸化膜とSiに直列に分圧されている。したがって，この状態ではSiO_2の容量C_{ox}とSiの容量C_sは図10.16に示すように直列接続となっており，MOS構造の容量Cとの関係は

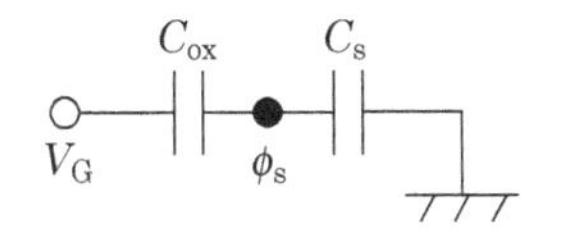

図10.16　MOS容量の等価回路

$$\frac{1}{C}=\frac{1}{C_{\rm ox}}+\frac{1}{C_{\rm s}} \tag{10.32}$$

と書ける。SiO_2 膜（ゲート絶縁膜）の両端の電位差を $V_{\rm ox}$ とし，半導体に加わる電位を $\phi_{\rm s}$ とすると，$V_{\rm G}=V_{\rm ox}+\phi_{\rm s}=Q_{\rm s}/C_{\rm ox}+\phi_{\rm s}$ である。$Q_{\rm s}$ は半導体側の総電荷量である。MOS 容量 C は

$$C=\frac{{\rm d}Q_{\rm s}}{{\rm d}V_{\rm G}} \tag{10.33}$$

となる。$V_{\rm G}=V_{\rm ox}+\phi_{\rm s}=Q_{\rm s}/C_{\rm ox}+\phi_{\rm s}$ の関係を使うと上式は

$$\frac{{\rm d}V_{\rm G}}{{\rm d}Q_{\rm s}}=\frac{1}{C_{\rm ox}}+\frac{{\rm d}\phi_{\rm s}}{{\rm d}Q_{\rm s}}=\frac{1}{C_{\rm ox}}+\frac{1}{{\rm d}Q_{\rm s}/{\rm d}\phi_{\rm s}}=\frac{1}{C_{\rm ox}}+\frac{1}{C_{\rm s}} \tag{10.34}$$

となり，式(10.32)と同じ式が導出される。ここでは，$C_{\rm s}={\rm d}Q_{\rm s}/{\rm d}\phi_{\rm s}$ としている。$C_{\rm ox}$ は SiO_2 の容量であるので単位面積あたり $C_{\rm ox}=\varepsilon_{\rm ox}/d_{\rm ox}$ である。$\varepsilon_{\rm ox}=\varepsilon_0\varepsilon_{\rm ox}^*$ および $d_{\rm ox}$ は，酸化膜の誘電率および厚さである。

10.4.2　蓄積層形成時の容量

蓄積層が形成されている場合，Si とゲート電極の間にあるものはゲート絶縁膜のみであるから，単位面積あたりの容量は平行平板の容量の公式に従って

$$C_{\rm ox}=\frac{\varepsilon_{\rm ox}}{d_{\rm ox}} \tag{10.35}$$

となる。

10.4.3　空乏層形成時の容量

空乏層は絶縁体であるため，絶縁層はゲート絶縁膜と空乏層の 2 層構造になっている。したがって，絶縁体層は厚くなっており，容量は減少する。空乏層の容量を表す式

$$C_{\rm s}=\frac{{\rm d}Q_{\rm s}}{{\rm d}\phi_{\rm s}} \tag{10.36}$$

は，$\phi_{\rm s}=eN_{\rm A}l_{\rm D}{}^2/(2\varepsilon)$，$Q_{\rm s}=(2\phi_{\rm s}\varepsilon eN_{\rm A})^{1/2}$ から

$$C_{\rm s}=\left(\frac{\varepsilon eN_{\rm A}}{2\phi_{\rm s}}\right)^{1/2}=\frac{\varepsilon}{l_{\rm D}} \tag{10.37}$$

となる。この式からわかるように，容量は $\phi_{\rm s}$ の関数になっている。MOS 構造で制御するのはゲート電圧 $V_{\rm G}$ であるから，$\phi_{\rm s}$ ではなく $V_{\rm G}$ で表現する必要がある。$\phi_{\rm s}$ と $V_{\rm G}$ の間には

$$V_{\rm G}=\frac{(2\phi_{\rm s}\varepsilon eN_{\rm A})^{1/2}}{C_{\rm ox}}+\phi_{\rm s} \tag{10.38}$$

の関係があるから $\phi_{\rm s}$ を $V_{\rm G}$ で表現できる。この書き換えを行うと

$$C=C_{\rm ox}\left(1+\frac{2C_{\rm ox}{}^2V_{\rm G}}{\varepsilon eN_{\rm A}}\right)^{-1/2} \tag{10.39}$$

となる。これは反転層が形成されるまで成立する式であるので，

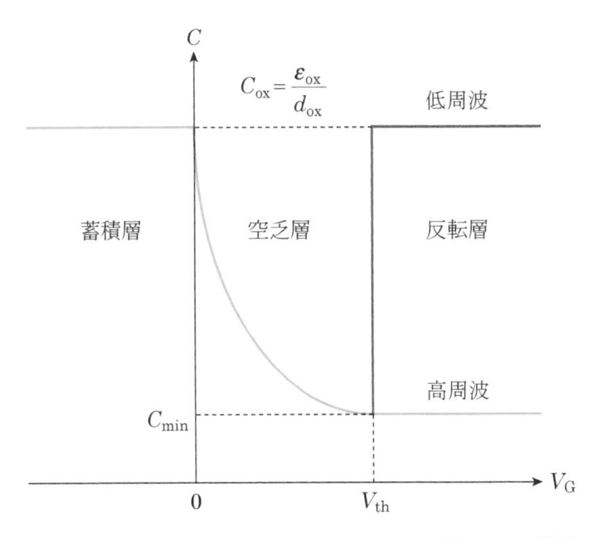

図10.17　理想MOSにおける容量Cとゲート電圧V_Gの関係

$0<V_G<V_{th}$の領域での容量である。反転層が形成される直前では空乏層は最大に広がっているので空乏層容量は最小になり，$C_{s,min}=\varepsilon/l_{D,max}$となる。したがって，全体の容量はこのときに最小になり

$$\frac{1}{C_{min}}=\frac{1}{C_{ox}}+\frac{1}{C_{s,min}} \tag{10.40}$$

となる。

10.4.4　反転層形成時の容量

反転層が形成されるとSi/SiO_2界面のSiの伝導帯に伝導層が形成されるので，再びSiO_2膜のみを介した平行平板のコンデンサーに戻る。したがって，単位面積あたりのSiO_2膜の容量は$C_{ox}=\varepsilon_{ox}/d_{ox}$となる。

以上の変化を図示すると図10.17のようになる。実際には，図10.17のような急峻な変化を示すわけではなく，もう少し丸みを帯びた形状になる。真の形状を求めるためには前章で得られたQ_sを利用して，$C_s=dQ_s/d\phi_s$から半導体の容量を計算し，それとSiO_2との直列容量を計算する必要がある。この計算は非常に複雑になる。より専門的な他書を参考にしてほしい。

10.4.5　周波数依存性

上記の議論は理想MOSにおける低周波の容量と呼ばれている。反転層の電子が形成されるためにはSi/SiO_2界面の伝導帯に電子が溜まる必要がある。これは熱的に価電子帯から伝導帯に電子が励起される現象や格子欠陥を介して伝導帯に電子が励起される現象などを必要とする。

室温においては，Siの価電子帯から伝導帯に電子が熱励起される現象は簡単には生じず，Siのような結晶の完全性が非常に高い材料は結晶欠陥も少ない。したがって，反転層に電子が溜まる現象は，ある程度

の時間を必要とする。一方，高周波での測定ではゲート電圧に微小電圧が印加され，それが高周波の周波数で振動しているため，反転層の電子が形成されても形成直後に排出されてしまう。これにより低周波での測定と高周波での測定では図 10.17 のような違いを生じる。

10.5　理想MOSでない場合

いままでの議論は理想 MOS の場合であった。金属と半導体の仕事関数が異なる場合には，電荷の移動が生じる。この電荷の移動は酸化膜を通過した移動ではなく，配線を経由した電荷移動である。金属の仕事関数が小さい場合，すなわち金属のフェルミ準位が半導体よりも高い場合には，金属から半導体へ電子の移動が生じる。そのため，金属側には正の電荷，半導体側には負の電荷が現れる。半導体側に移動した電子は Si/SiO_2 界面に集まるが，この電子は正孔と再結合するため，図 10.18 に示すように負のアクセプターがあらわとなり，空乏層を有するバンド構造に変化する。したがって，バンドは図 10.19 のように変形している。

この曲がったバンドをフラットに戻すためには，ゲート電極に負の電圧を加え，金属のフェルミ準位を高くする必要がある。仕事関数はエネルギーであるため電位に換算する必要があるが，$V_{fb} = \phi_M - \phi_s$ に対応する負の電圧を金属側に印加すればよい。ここで，ϕ_M および ϕ_s は金属および半導体の仕事関数を電位で表した値である。V_{fb} を**フラットバンド電圧**と呼んでいる。フラットバンド電圧を加え，バンドが平らに戻れば，先に述べた議論が成立するため，V_{th} は

$$V_{th} = V_{fb} + \frac{(4\phi_F \varepsilon e N_A)^{1/2}}{C_{ox}} + 2\phi_F \tag{10.41}$$

と表現できる。

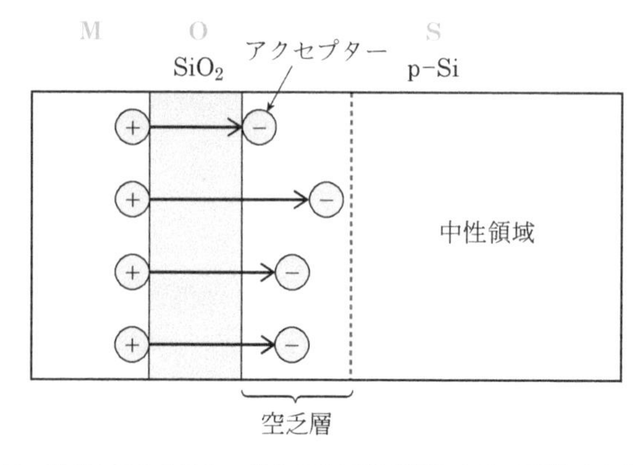

図10.18　理想MOSではない場合の熱平衡状態における電場分布（$\phi_M < \phi_s$）

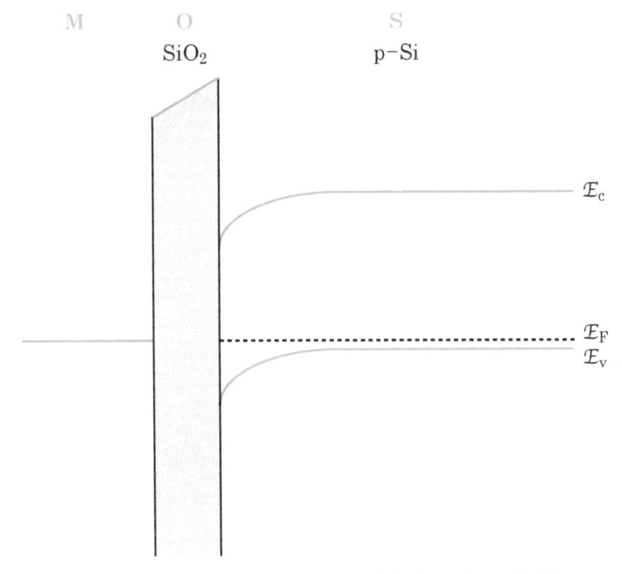

図10.19　理想MOSではない場合の熱平衡状態のバンド構造($\phi_M < \phi_s$)
アクセプター準位は省略している。

❖ 章末問題

10.1　MOS界面の反転層に多量の電子を誘起するためには絶縁膜を薄くすればよい。その他の方法について考えなさい。

10.2　低いゲート電圧で反転層を形成するためにゲート電極の仕事関数に要求される特徴について検討しなさい。

第11章　MOSによる電界効果トランジスタ

11.1　MOSによる電界効果トランジスタの構造

MOS電界効果トランジスタは，前章で述べたMOS構造を利用したトランジスタである。電界効果トランジスタ(field-effect transistor)はFETと略記されるため，MOS電界効果トランジスタはMOSFETと表記される。MOSFETの構造を図11.1(a)，(b)に示す。MOSFETには3つの電極があり，ソース(source, S)，ゲート(gate, G)，ドレイン(drain, D)と呼ばれる。

nチャネル型MOSFETとpチャネル型MOSFETは対称的な構造をしている。nチャネル型MOSFETの基板はp型，ソースとドレインは強くドープされたn型領域(n^+と表記する)となっている。一般的にソースと基板は接地され，ゲートとドレインには正のバイアス電圧が加えられている。一方，pチャネル型MOSFETは基板がn型，ソースとドレインが強くドープされたp型領域(p^+と表記する)となっている。ソースと基板は接地され，ゲートとドレインには負のバイアス電圧が加えられている。

これらはトランジスタの動作を考える際の基本構造であるが，回路がこれらの電圧で動作しているわけではない。図11.1(a)，(b)両図の条件において，キャリアはともにソースからドレインに向かってSi/SiO_2界面の反転層を移動する。この領域をチャネルと呼ぶ。

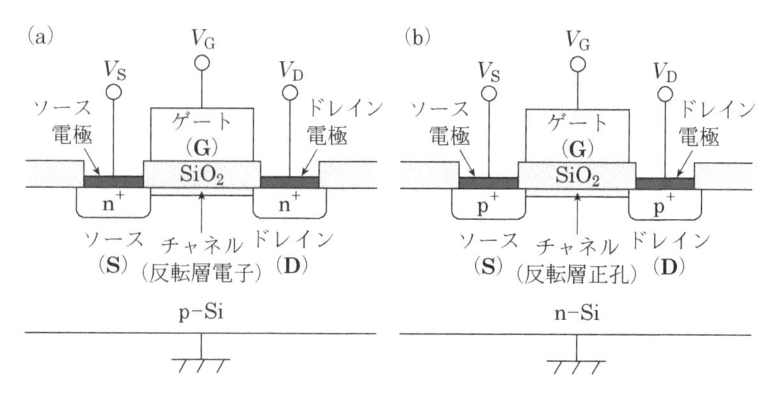

図11.1　MOSFETの構造
(a) nチャネル型MOSFET，(b) pチャネル型MOSFET。

11.2 MOS電界効果トランジスタの動作原理(1)：線形領域

nチャネル型MOSFETを例にとり，MOSFETの動作原理について説明する。図11.2は図11.1のMOSFETを上から見た図である。ゲートの長さをL, 幅をWとする。ゲートの下にはゲート絶縁膜が存在する。MOSFETではドレインとゲートに独立に電源がつながれているため，各電極のバイアス条件により動作状況が異なる。また，基板に対してもバイアス電圧が印加される場合がある。これを基板バイアスと呼ぶ。重要なことは，ソースが基準であるという点である。これはソースからチャネルに電子が注入されることを考えると納得できる。

ここでは基板とソースがともに接地されている場合を考える。ゲートとソースの間のバイアス電圧をV_{SG}，ドレインとソースの間のバイアス電圧をV_{SD}，基板とソースの間のバイアス電圧を$V_{S,sub}$，さらにゲートと基板の間のバイアス電圧を$V_{sub,G}$と定義する。$V_{SG}=V_{S,sub}+V_{sub,G}$である。まず，ドレイン電圧($V_D=V_{SD}$)がゲート電圧($V_G=V_{SG}$)よりも十分に小さい場合($V_D \ll V_G$)について考える。もちろん，$V_G$が前章で述べた閾値電圧$V_{th}$よりも小さく反転層が形成されない場合には電流は流れない[*1]。一方，ゲート電圧がV_{th}よりも大きく反転層が形成されているとソースからドレインにキャリアが流れる経路(チャネル)ができ，電流が流れる。$V_D \ll V_G$の条件下では，チャネルの位置とは無関係に同じようにゲート電圧が作用していると考えられる。

もう少し詳細に考えてみよう。チャネルが形成される条件である$V_G > V_{th}$において，ソースの端$x=0$でのバンドの曲がり量は，電位で表現すると$2\phi_F$であり，この状況はMOS構造における$V_G > V_{th}$の条件と同じである[*2]。また，V_Dは非常に小さいと仮定するとドレイン端

*1 ドリフト電流は非常に小さい。

*2 第10章で説明したように，反転層が形成されているときには，これ以上バンドは曲がらないことに注意されたい。

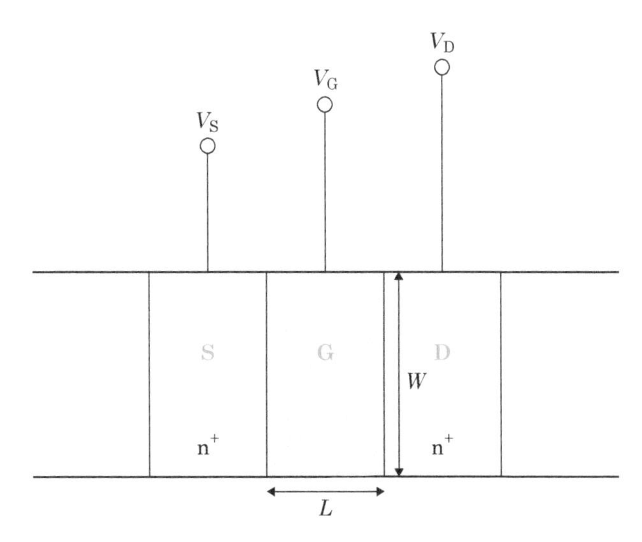

図11.2 nチャネル型MOSFETにおけるゲート長L，ゲート幅Wの定義

でもソース端と同じバンド構造が成立しており，バンドの曲がり量は電位で表現すると $2\phi_F$ であると考える。ここで，V_G(ただし $V_G > V_{th}$)が大きくなると反転層の電子が増えるため，チャネルを流れる電子が多くなる。すなわち，多くの電流が流れる。

それでは，電流はどのような式で表現できるだろうか。ドレインからソースに向かう電場は，ドレイン電圧 V_D(ただし $V_D \ll V_G$)を用いて，$E = V_D/L$ である。この電場はチャネルの反転層の電子をドレインに向かってドリフト運動させる効果を有する。ドリフト速度は

$$v_d = \mu_e \times \frac{V_D}{L} \tag{11.1}$$

である。ここで，μ_e は電子の移動度である。電流の大きさ(向きは無視している)はドリフト速度を用いると

$$I_D = e n_e v_d W \tag{11.2}$$

で与えられる。ここで，n_e は反転層に存在する単位面積あたりの電子数，W はゲートの幅である。n_e は

$$n = \frac{Q_e}{e} = \frac{C_{ox}(V_G - V_{th})}{e} \tag{11.3}$$

と書ける。Q_e は反転層の電子の単位面積あたりの総電荷量，C_{ox} は単位面積あたりのゲートの容量である。式(11.3)を式(11.2)に代入すると，W に対する電流の大きさ I(向きは無視する)は

$$\begin{aligned} I_D &= e n v_d W \\ &= \mu_e C_{ox} \frac{W}{L}(V_G - V_{th}) V_D \end{aligned} \tag{11.4}$$

となる。図 11.3 はこの関係をグラフ化したものである。ドリフト速度はソース →ドレイン方向の電場の大きさに比例することから電流値は V_D に比例している。このような特性の領域を**線形領域**(linear region)と呼ぶ。また，電流値は V_G のパラメータであり，V_G が大きくなると

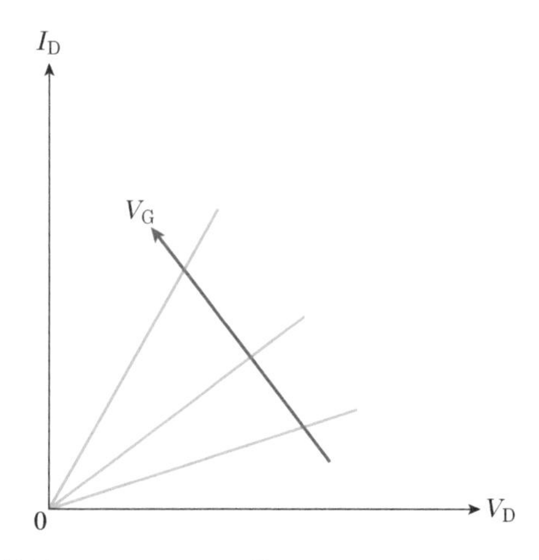

図11.3　線形領域におけるドレイン電流とドレイン電圧の関係($I_D - V_D$特性)

電流値は大きくなる。これは $V_G > V_{th}$ の条件下では，V_G が大きくなるとともに反転層の電子が増えるためである。

11.3　MOS電界効果トランジスタの動作原理(2)：一般的な電流−電圧特性

nチャネル型MOSFETを例にとり，一般的な電流−電圧特性を考える。ここでもソースと基板は接地されているものとする。一般的な大きさのドレイン電圧を考えた場合，チャネルの位置によって反転層の状況が異なる。チャネルの位置による反転層の状況の違いを端的に表す例について見ていく。

図11.4に示すようにドレイン電圧がゲート電圧よりも大きい場合($V_D > V_G$)，ドレイン端に注目するとドレインからゲートに向かって電場が発生する。一方，ソース端ではゲートから基板に向かって電場が発生しており，電場の向きがソース端とドレイン端では逆になっている。

図11.5に示すようにSi/SiO_2界面上に x 軸にとり，ソース端を $x = 0$，ドレイン端を $x = L$ とする。位置 x でのドレイン電圧の影響を $V(x)$ とすると，ソース端 $x = 0$ では $V(0) = 0$，ドレイン端である $x = L$（L はゲー

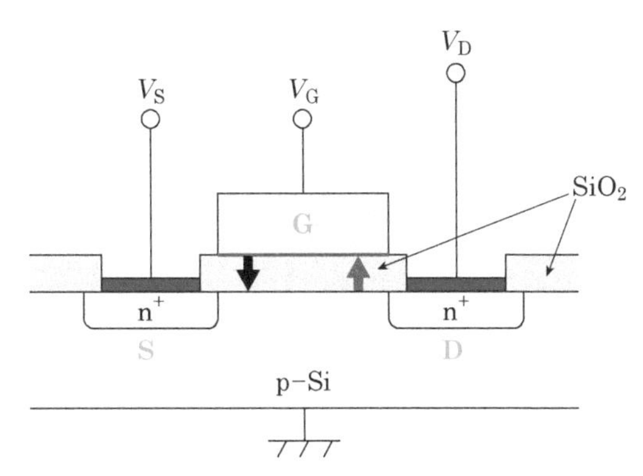

図11.4　ドレイン電圧がゲート電圧よりも大きい場合($V_D > V_G$)における電場の発生
ソース端，ドレイン端に発生する電場の方向は逆向きである。

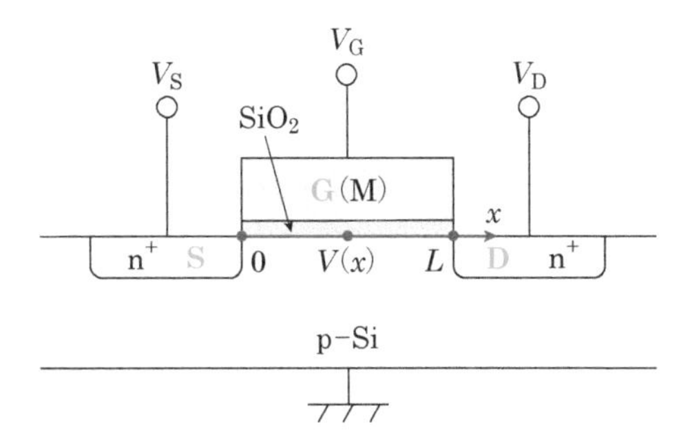

図11.5　nチャネル型MOSFETにおけるチャネル位置 x の設定
Si/SiO_2界面のSiに及ぼすドレイン電圧の影響を $V(x)$ とする。

ト長)では $V(L)=V_D$ である。$V_G>V_{th}$ では，ソース端 $x=0$ でのバンドの曲がり量は $2\phi_F$(電位で考えている)であり，この状況はMOS構造における $V_G>V_{th}$ と同じである。V_G(ただし $V_G>V_{th}$)が大きくなれば，反転層の電子が増えるので多くの電子がチャネルに注入される。一方，位置 x ではドレイン電圧の影響が加わるので，バンドの曲がり量を電位で表現すると $2\phi_F+V(x)$ となる。したがって，SiO_2 膜を挟む単位面積あたりの総電荷量は位置 x の関数であり，位置 x での単位面積あたりの総電荷量は

$$Q(x)=C_{ox}[V_G-\{2\phi_F+V(x)\}] \tag{11.5}$$

となる。反転層の電子の電荷量 $Q_e(x)$ は

$$Q_e(x)=Q(x)-Q_D(x) \tag{11.6}$$

である(10.2節参照)。ここで，$Q_D(x)$ は位置 x での空乏層のアクセプターによる電荷量である。界面でバンドが $2\phi_F+V(x)$ だけ曲がっている場合の空乏層の電荷量は $Q_D(x)=\{2[2\phi_F+V(x)]\varepsilon eN_A\}^{1/2}$ であるから

$$Q_e(x)=C_{ox}[V_G-\{2\phi_F+V(x)\}]-[2\{2\phi_F+V(x)\}\varepsilon eN_A]^{1/2} \tag{11.7}$$

となる。この式を用いて電流を計算することは可能であるが，複雑な形式となる。これに対する取り扱いは参考書を見ていただくことにして，本書では次のような簡単化を行う。すなわち，本来ならば上記のように空乏層幅は x に依存するが，空乏層の幅はソース端と同じであると仮定する。この近似の下では，式(11.7)は

$$Q_e(x)=C_{ox}[V_G-\{2\phi_F+V(x)\}]-Q_D(x=0) \tag{11.8}$$

と書ける。ここで，$Q_D(x=0)=(4\phi_F\varepsilon eN_A)^{1/2}$ である。ソース端に反転層が形成される条件である $V_G=V_{th}$ において，ソース端では $Q_e(0)\approx 0$，$V(0)=0$ と近似できるから

$$0=C_{ox}(V_{th}-2\phi_F)-Q_D(x=0) \tag{11.9}$$

である。式(11.8)と式(11.9)から

$$Q_e(x)=C_{ox}\{V_G-V_{th}-V(x)\} \tag{11.10}$$

と簡単化できる。位置 x での反転層の電子数およびドリフト速度をそれぞれ $n_e(x)$，$v_d(x)$ とすると，位置 x における電流の大きさ(向きは無視する)は

$$\begin{aligned} I(x)&=en_e(x)v_d(x)W \\ &=ev_d(x)\frac{C_{ox}\{V_G-V_{th}-V(x)\}}{e}W \end{aligned} \tag{11.11}$$

で与えられる。ドリフト電場の大きさは位置 x に依存する。また，移動度は Si/SiO_2 界面に対して垂直な電場(垂直電場)の強さに依存するた

め，$v_d(x) = \mu_e(x)E(x)$と書けるが，簡単化のために移動度は一定値μ_eであるとし，$E(x) = -\mathrm{d}V(x)/\mathrm{d}x$を導入すると，上式は

$$I(x) = \mu_e \frac{\mathrm{d}V(x)}{\mathrm{d}x} C_{ox}\{V_G - V_{th} - V(x)\}W \tag{11.12}$$

となる。電流は連続的に流れ，消滅も発生もしないと仮定すると$I(x) = I =$一定となる。

式(11.12)の両辺に$\mathrm{d}x$をかけて積分することを考えよう。

$$\int I\mathrm{d}x = \int \mu_e C_{ox}\{V_G - V_{th} - V(x)\}W\mathrm{d}V(x) \tag{11.13}$$

左辺はxによる積分であり，積分範囲は0からLになる。右辺は$V(x)$による積分であり，積分範囲は0からV_Dまでであるから，上式は

$$IL = \mu_e C_{ox} W\{(V_G - V_{th})V_D - V_D{}^2/2\} \tag{11.14}$$

となる。これを変形すると

$$I = \mu_e C_{ox} \frac{W}{L}\{(V_G - V_{th})V_D - V_D{}^2/2\} \tag{11.15}$$

である。$V_D \ll V_G$ではV_Dを微小量として$V_D{}^2$を無視すると

$$I = \mu_e C_{ox} \frac{W}{L}(V_G - V_{th})V_D \tag{11.16}$$

となる。この式は式(11.4)と同じである。一方，式(11.15)は上に凸の二次関数であるから，$V_D = V_G - V_{th}$のときに最大値

$$I = \mu_e C_{ox} \frac{W}{2L}(V_G - V_{th})^2 \tag{11.17}$$

をとる。式(11.10)によると，$V(x) = V_G - V_{th}$よりもドレインに近い領域では反転層の電子は消滅しているため，式(11.11)を適用することはできない。このように反転層の電子が消滅し始める点を**ピンチオフ点**(pinch-off point)と呼ぶ。

11.4　MOS電界効果トランジスタの動作原理(3)：飽和領域

ピンチオフ点からドレインまでの電流－電圧特性はどのようになるであろうか。図11.6はnチャネル型MOSFETを例にとり，ゲート電圧が一定の条件下において，ドレイン電圧を変化させた場合のチャネルの状態変化を模式的に示したものである。この場合もソースと基板は接地されているとする。一定のゲート電圧V_Gの下でドレイン電圧は最小値0から最大値V_Dまで印加される。$V_D > V_G - V_{th}$とする。ドレイン電圧が大きくピンチオフ点がチャネル内に存在する場合，すなわち図11.6(c)の電流－電圧特性について議論する。

本題に入る前に，図11.6においては空乏層の幅がV_Dの増加とともに大きくなるように描いているが，この点について説明しておこう。こ

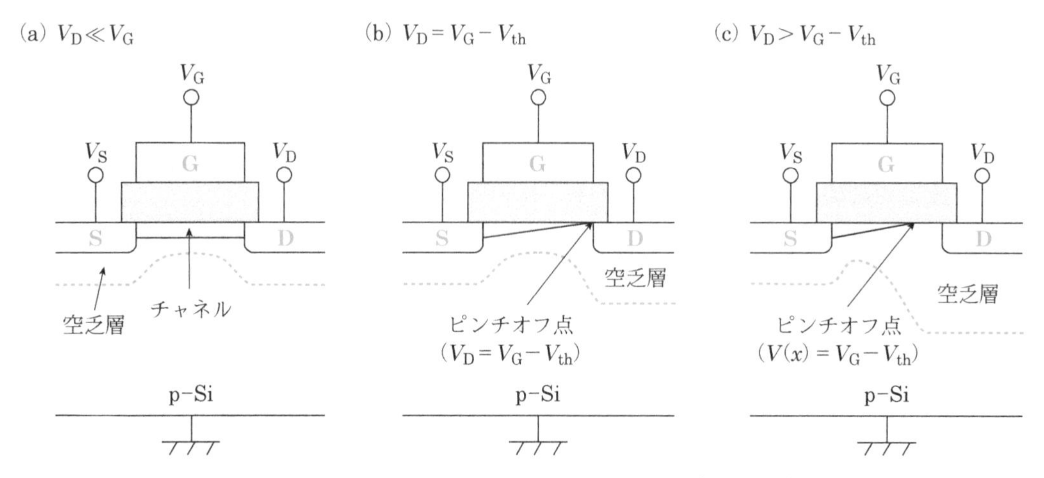

図11.6　ドレイン電圧 V_D に依存した反転層の形成（V_G=一定）

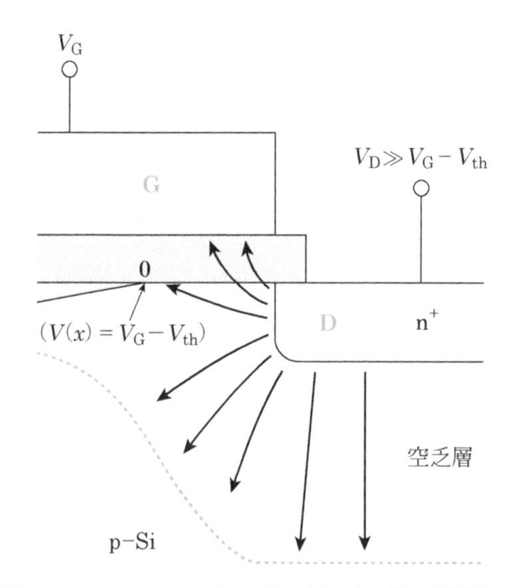

図11.7　$V_D > V_G - V_{th}$ におけるドレイン端の電場分布

れは V_D が大きくなるとドレインにおける pn 接合の逆方向電圧が大きくなることによる。さらに，チャネル領域は，前章で述べたように $2\phi_F + V(x)$ だけバンドが曲がるため，空乏層の幅が広くなることによる。

ピンチオフ点は $V(x) = V_G - V_{th}$ の点であり，このドレイン電圧を $V_{D,sat}$ とする。前節の議論に従うと，ドレイン電流は $V_{D,sat}$ で最大値 $I_{max} = \mu_e C_{ox}(W/2L)(V_G - V_{th})^2 = \mu_e C_{ox}(W/2L)V_{D,sat}{}^2$ をとる。ピンチオフ点からドレイン端に近い領域では，図11.6(c)および図11.7に示すように反転層の電子が形成されない空乏層が続いている。したがって，ピンチオフ点以降の Si/SiO_2 界面近傍は高抵抗(絶縁体)領域である。ドレイン端に近い位置に存在するこの狭い絶縁体領域に $V_D - V_{D,sat}$ の電圧が作用するため，この領域にはきわめて高い電場が発生している。またこの電場は，図11.7に示すように Si/SiO_2 界面近傍では界面に対し

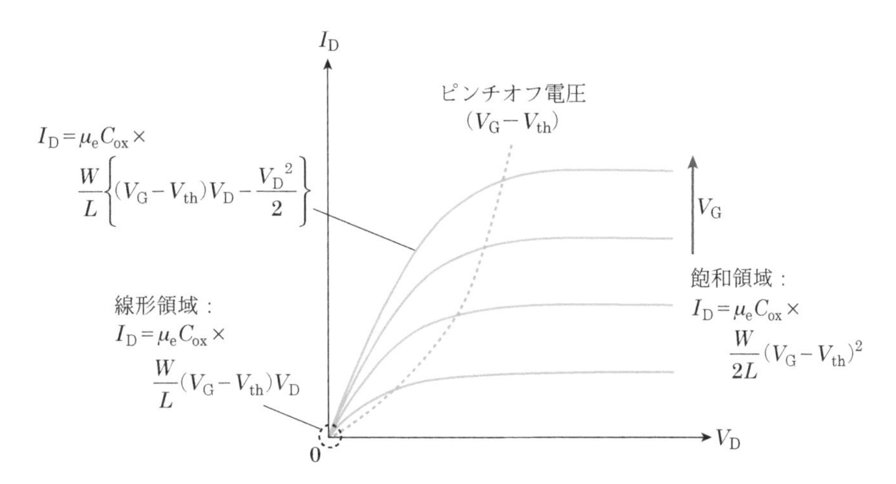

図11.8　nチャネル型MOSFETにおけるドレイン電流とドレイン電圧の関係(出力特性)

てほぼ平行で，電流を制御するメカニズムは無い。したがって，この領域では電子は強くドレインに引き込まれることになる。ピンチオフ点は $V(x) = V_G - V_{th}$ の関係で決まるため，V_D を高くしていくとソース側に移動していく。これによりピンチオフ点からドレイン端までの高抵抗領域の距離は長くなるが，$V_D - V_{D,sat}$ も大きくなるため，高電場が発生していることには変わりない。したがって，ドレイン電流とドレイン電圧の関係(出力特性)は図 11.8 のようになる。この領域を**飽和領域**(saturation region)と呼ぶ。

この議論はチャネル長が大きく，$V_D - V_{D,sat}$ の距離がチャネル長に比較して小さい場合に成立する。実際には，ドレイン電圧を上げてピンチオフ点がソース側に移動すると実効的なチャネル長が短くなる。したがって，電流値は完全に一定値になるのではなく，やや上昇傾向を示す。この効果をチャネル長変調効果と呼び，チャネル長が短い場合に顕著になる。

11.5　移動度

n チャネル型 MOSFET を例にとり，移動度を求める方法を説明する。もっとも簡単な方法は線形領域(V_D が小さい，例えば $V_D = 0.05$ V)におけるドレイン電流とゲート電圧の関係から

$$g_m = \left.\frac{\partial I_D}{\partial V_G}\right|_{V_D} = \mu_e C_{ox} \frac{W}{L} V_D \tag{11.18}$$

を計算する方法である。ドレイン電流とゲート電圧の関係($I_D - V_G$ 特性)はトランスファー特性あるいは伝達特性と呼ばれる。上式の g_m は伝達(相互)コンダクタンスと呼ばれ，$I_D - V_G$ 特性の数値データから直接求めることができる。一方，右辺では移動度 μ_e 以外の値はすべて既知であるから移動度を求めることができる。

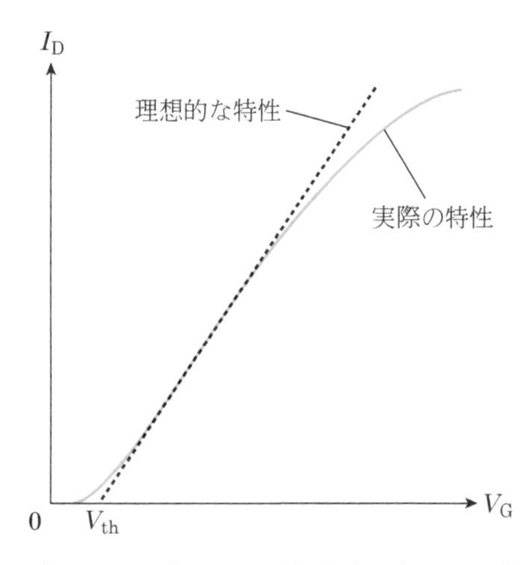

図11.9　伝達特性（$I_D - V_G$特性）のゲート電圧依存性（ドレイン電圧が小さい場合）
ゲート電圧が高い領域では理論特性から外れる。

一方，出力特性からも移動度を求めることができる。この場合，線形領域のチャネルコンダクタンス $g_d = \partial I_D / \partial V_D |_{V_G}$ は

$$g_d = \left.\frac{\partial I_D}{\partial V_D}\right|_{V_G} = \mu C_{ox} \frac{W}{L}(V_G - V_{th}) \tag{11.19}$$

となる。$C_{ox}(V_G - V_{th})$ は反転層の電子の電荷量であり，V_{th} が決まれば求められる。しかし，V_{th} は次節で述べるように決定方法が多数あり，それぞれの方法により多少のばらつきがある。これを排除するために反転層の電子の電荷量である $C_{ox}(V_G - V_{th})$ を容量測定から直接求める方法（スプリットCV法）も用いられる。

線形領域（V_D が小さい）の $I_D - V_G$ 特性は図11.9に示すようにゲート電圧が大きくなると直線から外れる。これは反転層の垂直電場が強くなるためである。以下では，Si/SiO_2 界面での垂直電場の強さについて考える。まず，垂直電場を求めるために空乏層の総電荷量と反転層の電荷の半分の量に対してガウスの定理を適用し，これを界面での有効垂直電場強度 E_{eff} とする。この定義の下で E_{eff} は

$$E_{eff} = \frac{Q_D + Q_e/2}{\varepsilon} \tag{11.20}$$

と表される。反転層の電子の電荷量は $Q_e = C_{ox}(V_G - V_{th})$ であり，空乏層の電荷量は理想MOSでは $Q_D = C_{ox}(V_{th} - 2\phi_F)$ である。また $C_{ox} = \varepsilon_{ox}/d_{ox}$，Siの誘電率 $\varepsilon = 3\varepsilon_{ox}$ *3 を考慮すると

$$E_{eff} = \frac{V_G - V_{th}}{6d_{ox}} + \frac{V_{th} - 2\phi_F}{3d_{ox}} \tag{11.21}$$

が得られ，10^5～10^6 V/cm程度の大きさになる*4。ゲート電圧が大きくなると垂直電場は強くなるが，これは式(11.20)の垂直電場の定義を考慮すると納得できる。垂直電場が大きくなると Si/SiO_2 界面に電子を押し付ける効果が増大する。移動度と垂直電場の間には図11.10に示すよ

＊3　Siの比誘電率(12)はSiO_2のそれ(4)の3倍である。

＊4　Y. Taur, T. Ning著，芝原健太郎，宮本恭幸，内田 建 監訳，タウア・ニン 最新VLSIの基礎 第2版，丸善出版(2013)を参考にしている。

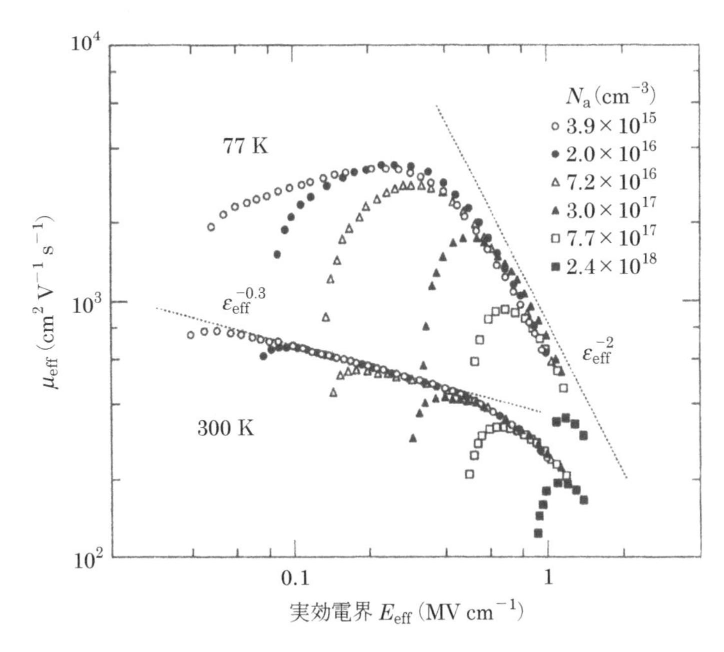

図11.10　**移動度の有効垂直電場依存性（ユニバーサル特性）**
［S. Takagi *et al.*, *IEEE Trans. on Electron Devices*, **41**, 2357 (1994) より改変］

うに一定の関係があることが知られている。これはユニバーサル特性と呼ばれ，次式により表現される。

$$\mu_{\rm eff} = 32500 \times E_{\rm eff}{}^{-1/3}\ [{\rm cm^2/(Vs)}]\ （室温の場合） \tag{11.22}$$

さらに垂直電場が強くなるとフォノン散乱や不純物散乱に加えて界面の粗さ（ラフネス）による散乱や界面電荷の影響を強く受けるようになり，垂直高電場領域においては移動度の急激な減少が観測される。したがって，MOSFET の移動度はバルクの移動度とは大きく異なってくる。

同様に正孔に対する垂直電場の強さは

$$E_{\rm eff} = \frac{Q_{\rm D} + Q_{\rm h}/3}{\varepsilon} \tag{11.23}$$

で定義するとユニバーサル特性をうまく説明できることが知られている。

11.6　閾値電圧

定義に従うと閾値電圧 $V_{\rm th}$ は反転層の電子密度がバルクの正孔密度と同じ値になるときのゲート電圧であるが，$V_{\rm th}$ よりも小さいゲート電圧でも反転層には電子が存在するから，電流はわずかに流れている。したがって，実験的に $V_{\rm th}$ を求める際にはあいまいさが残る。ここでは図 11.11 に示す 3 種類の閾値電圧の定義方法を紹介する。

図 11.11 (a) の線形領域（$V_{\rm D} \ll V_{\rm G}$）を使用した閾値電圧の定義方法では，式 (11.16) から $I_{\rm D} = 0$ の点で $V_{\rm th}$ を定義する。この方法を線形外挿

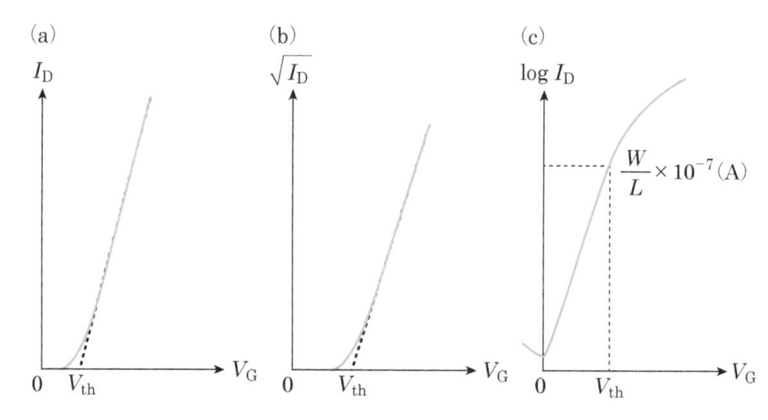

図11.11　閾値電圧 V_{th} の定義方法

(a)線形領域から求める方法(線形外挿法)，(b)飽和領域から求める方法，(c)ドレイン電流値が一定となるゲート電圧で定義する方法。

法という。一方，図11.11(b)の飽和領域($V_D \gg V_G - V_{th}$)を使用した方法では，式(11.17)に基づいて $I_D^{1/2}$ と V_G の関係から $I_D = 0$ の横軸切片として V_{th} を定義する。また，図11.11(c)のように，ある一定のドレイン電流値を示すゲート電圧を V_{th} として定義する方法もある。$W/L = 1$ のとき，$I_D = 10^{-7}$ A の値がよく用いられる。$W/L = 1$ ではない場合には，$I_D = (W/L) \times 10^{-7}$ A のときの V_G の値を V_{th} として定義する。

11.7　サブスレッショルド・スロープ

nチャネル型MOSFETの伝達特性(トランスファー特性，$I_D - V_G$ 特性)は，縦軸をlogスケールにしてグラフ化すると図11.12のようになり，急激に電流が立ち上がる領域が存在する。小さい V_G で高いオン電流となり，また $V_G = 0$ V で電流値が極限まで0に近づくことがトランジスタとしては理想である。これを満足するためには，ゲート電圧の増加に対して急峻に電流が立ち上がる必要がある。この急峻に立ち上がる領域のことを弱反転領域あるいは**サブスレッショルド領域**(subthreshold region)と呼ぶ。

立ち上がりの特性を表現する方法としてサブスレッショルド・スロープ(s.s.)がある。この値はドレイン電流を1桁変えるために必要なゲート電圧として定義されている。したがって，s.s.の単位はV/decという形式になっており，小さい値であるほど急峻に電流が立ち上がることを示している。s.s.値は

$$\text{s.s.} = \frac{\partial V_G}{\partial \log I_D} \tag{11.24}$$

として表現される。この式を変形すると，

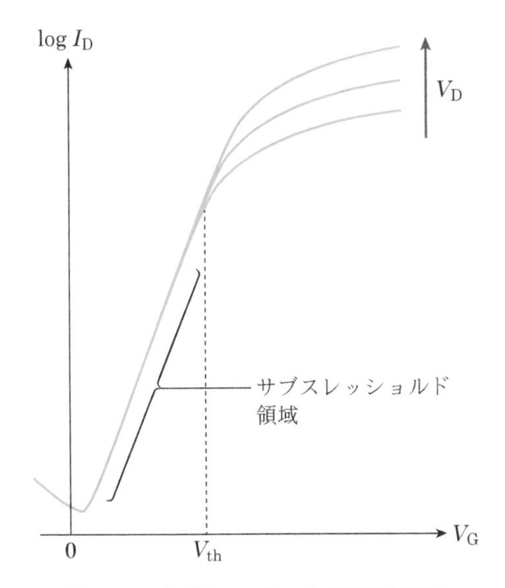

図 11.12　サブスレッショルド領域の特性

$$
\begin{aligned}
\text{s.s.} &= \frac{\partial V_G}{\partial \phi_s} \times \frac{\partial \phi_s}{\partial \log I_D} \\
&= \left(1 + \frac{C_s}{C_{ox}}\right) \times \frac{\partial \phi_s}{\partial \log I_D}
\end{aligned}
\tag{11.25}
$$

となる。C_s は空乏層の容量である。$(1+C_s/C_{ox})$ の項は C_{ox} と C_s からなる直列のコンデンサーを考慮すると $V_{ox}+\phi_s=V_G$，$C_{ox}V_{ox}=C_s\phi_s$ の関係から求められる。

図 11.12 を注意深く見ると，V_G が大きい領域では電流値はドレイン電圧に依存している。この性質は反転層の電子の数がゲート電圧に依存し，それらがドリフトで移動することに起因している。一方，電流の立ち上がり領域ではドレイン電圧に依存せず同じ軌跡を描く。図 11.12 の縦軸は対数で書かれているため，急峻に立ち上がる領域は電流値が非常に小さな値であり，ゲート電圧が閾値電圧よりも小さい領域になっている。それでは，この電流の起源は何であろうか。

電流にはドリフト電流と拡散電流があることを思い出していただきたい。$V_G > V_{th}$ では反転層が形成されるため，ドリフト起因の電流が圧倒的に大きく，拡散による電流成分は存在していたとしても観測できないほど小さい。しかし，$V_G < V_{th}$ ではドリフト電流は非常に小さくなる。一方，ソース端とドレイン端で電子の密度が異なれば拡散電流が流れる。チャネルにおけるソース端の電子密度は，ボルツマン分布を使うと $n_{e,p0}\exp[e\phi_s/(k_B T)]$ と書ける。ここで，$\phi_s < 2\phi_F$ である。一方，ドレイン端においては電子がドレインに落ち込むと単純化すると電子密度は $\mathbf{0}$ に近似できる。すなわち，ソースからドレインに向かって密度勾配が存在する。この密度勾配の大きさはゲート長を L とすると

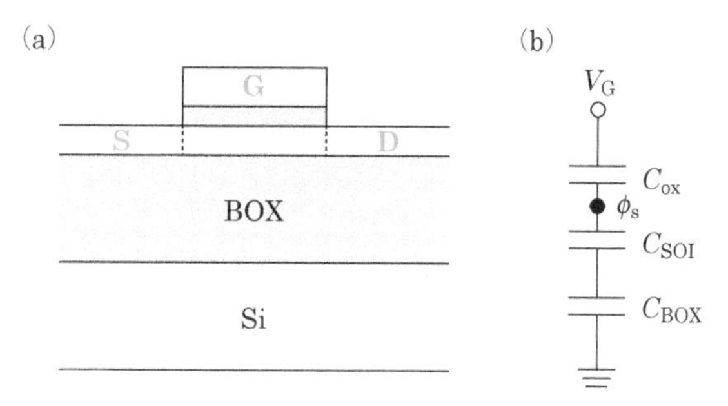

図11.13　FD-SOIの(a)デバイス構造および(b)等価回路

$$\left|\frac{\Delta n}{\Delta x}\right| \approx \frac{1}{L}\left\{n_{\mathrm{e,p0}}\exp\left(\frac{e\phi_{\mathrm{s}}}{k_{\mathrm{B}}T}\right)-0\right\} \qquad (11.26)$$

と近似できる。電子の拡散係数をD_{e}，その他の比例定数をAと書くと，密度勾配に依存する拡散電流の大きさは

$$I_{\mathrm{D}} \approx \frac{AeD_{\mathrm{e}}n_{\mathrm{e,p0}}}{L}\exp\left(\frac{e\phi_{\mathrm{s}}}{k_{\mathrm{B}}T}\right) \qquad (11.27)$$

となるから，$\partial \log I_{\mathrm{D}}/\partial\phi_{\mathrm{s}} = (\ln 10)^{-1}\mathrm{e}/(k_{\mathrm{B}}T)$である。したがって，

$$\mathrm{s.s.} = \left(1+\frac{C_{\mathrm{s}}}{C_{\mathrm{ox}}}\right)\times(\ln 10)\times\frac{k_{\mathrm{B}}T}{\mathrm{e}} \qquad (11.28)$$

と変形できる。$(\ln 10)\times k_{\mathrm{B}}T/\mathrm{e}$は室温では約60 mV/decという値をとるが，s.s.値は$(1+C_{\mathrm{s}}/C_{\mathrm{ox}})\times 60$ mV/decとなるため，必ず60 mV/decよりも大きくなる。したがって，室温動作では60 mV/decの壁がある。

近年，この壁を打破するためのさまざまなアイデアが提案されている。トンネルFETや負性容量FETはその代表的な例である。前者の技術は，ソースからチャネルへの電子の注入過程に注目し，ソースから熱活性化過程を経て電子をチャネルに注入する代わりに，トンネル効果によって電子を注入する技術である。後者は，強誘電体を利用してゲート容量C_{ox}を負の値にすることで$(1+C_{\mathrm{s}}/C_{\mathrm{ox}})\leq 1$を実現する技術である。

また，C_{s}を小さくする技術として完全空乏型SOI(fully depleted silicon on insulator, FD-SOI)[*5]がある。FD-SOIは図11.13(a)に示す構造を有している。デバイスの活性層は空乏層よりも薄くなっており完全に空乏化され，活性層の下には埋め込み酸化膜(buried oxide, BOX)が存在する。図11.13(b)の等価回路より，$V_{\mathrm{ox}}+\phi_{\mathrm{s}}=V_{\mathrm{G}}$，$C_{\mathrm{ox}}V_{\mathrm{ox}}=[1/(1/C_{\mathrm{SOI}}+1/C_{\mathrm{BOX}})]\phi_{\mathrm{s}}$が成立するため(半導体基板の空乏化は簡単化のため無視している)，

$$\mathrm{s.s.} = \left\{1+\frac{C_{\mathrm{SOI}}C_{\mathrm{BOX}}}{(C_{\mathrm{SOI}}+C_{\mathrm{BOX}})C_{\mathrm{ox}}}\right\}\times(\ln 10)\times\frac{k_{\mathrm{B}}T}{\mathrm{e}} \qquad (11.29)$$

となる。{　}内の第2項の値がMOSFETの$C_{\mathrm{s}}/C_{\mathrm{ox}}$よりも小さければs.s.値はMOSFETの値よりも小さくなる。FD-SOIでは，この関係を実現することが可能であり，MOSFETよりも小さいs.s.値を得ることができる。

＊5　SOIは和訳すると絶縁体上のシリコンとなるが，該当する和名ではなくSOIと略して呼ばれることがほとんどである。

11.8　基板バイアス効果

ここまでは基板とソースを接地している場合について考えてきたが，本節では基板を接地せずに，バイアスを印加したときの効果について，nチャネル型MOSFETを例に考える。基板にV_{sub}($V_{sub}<0$)を加え，ソースは接地されているとする。基板が接地されている場合にはSi/SiO_2界面のバンドを$2\phi_F$曲げれば反転層が形成され，ソースとつながると考えたが，基板にV_{sub}($V_{sub}<0$)が印加されている場合には，p型Siのエネルギーは$(-e)V_{sub}(=e|V_{sub}|)$だけ上昇するため，Si/SiO_2界面のバンドを$2\phi_F+|V_{sub}|$(電位で考えた場合)の大きさ曲げる必要がある。このときに加えられるゲート電圧は

$$V'_{th}=\frac{1}{C_{ox}}\{2\varepsilon eN_A(2\phi_F+|V_{sub}|)\}^{1/2}+(2\phi_F+|V_{sub}|) \tag{11.30}$$

となる。右辺第1項はバンドが$2\phi_F+|V_{sub}|$の大きさ曲がっている場合のSiO_2膜両端の電位差である。式(11.30)は基板を基準に考えたゲート電圧である。$V_{S,sub}$(基板とソースの電位差)は$-|V_{sub}|$であるのでV_{SG}(ゲートとソースの電位差)は

$$\begin{aligned}V^*_{th}&=V_{SG}=V_{S,sub}+V_{sub,G}=(-|V_{sub}|)+V'_{th}\\&=\frac{1}{C_{ox}}\{2\varepsilon eN_A(2\phi_F+|V_{sub}|)\}^{1/2}+2\phi_F\end{aligned} \tag{11.31}$$

となる。この値は基板とソースがともに接地されているときよりも大きい。基板バイアスV_{sub}($V_{sub}<0$)を加えると空乏層が広がるため，空乏層の電荷が増加する。この影響により反転層の電子が減少する。それを補うためにゲート電圧は余分に加える必要が生じ，V_{th}は図11.14のように大きくなる方向にシフトする。

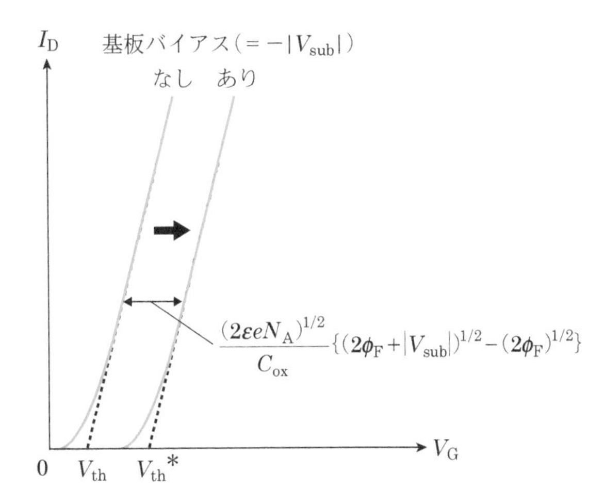

図11.14　負の基板バイアスを加えたときのV_{th}の変化

❖ 章末問題

11.1　本書で説明した平面型MOSFET構造は近年の微細MOSFETでは使われておらず，FINと呼ばれる構造が実用化されている。FIN−MOSFETの構造とその特徴について調べなさい。

11.2　高集積化を実現するためにはMOSFETの面積を小さくする必要がある。このために縦型FETの開発が急がれている。縦型FETの構造について調べなさい。また，FIN−MOSFETの次の世代のトランジスタ技術について調べなさい。

第12章　集積回路

12.1　CMOSインバータの構造

MOSFETからつくられる基本回路の1つにCMOSインバータがある。MOSFETにはエンハンスメント(E)型とデプレッション(D)型がある。D型は$V_G = 0$ Vで電流が流れるタイプである。したがって，nチャネル型のV_{th}は負の値，pチャネル型のV_{th}は正の値になる。一方，E型ではnチャネル型のV_{th}は正の値，pチャネル型のV_{th}は負の値になる。この違いをnチャネル型MOSFETについて図12.1に示す。図12.1(a)はE型，(b)はD型である。ディジタル電子回路では，$V_G = 0$ Vにおいて電流が流れると集積回路(LSI)の消費電力が大きくなるため，E型が用いられる。

厳密にはE型とD型のMOSFETの記号は異なるが，その点を無視すると，CMOSインバータの回路は図12.2のようになり，1つの基板上でnチャネル型MOSFETとpチャネル型MOSFETが隣接している必要がある。そのため，ウェル(well)と呼ばれる構造が形成される。図12.3はp型Si基板に対してnウェルを形成した例である。nチャネル型MOSFETはp型Si基板に直接形成し，pチャネル型MOSFETはnウェル中に形成する。ドレインは連結して出力端子につながれており，入力信号は連結され，nチャネル型MOSFETとpチャネル型MOSFETのゲートにつながれている。さらに，p型基板は接地され，

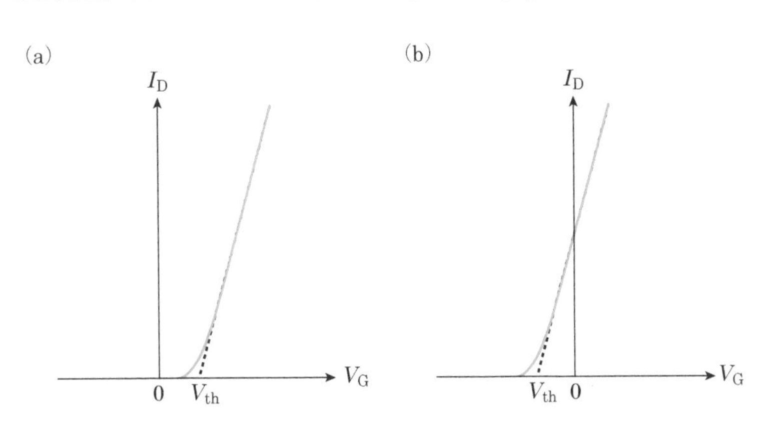

図12.1　nチャネル型MOSFETの2つのタイプにおけるドレイン電流I_Dとゲート電圧V_Gの関係
線形領域を表示。(a)エンハンスメント型(E型)，(b)デプレッション型(D型)。

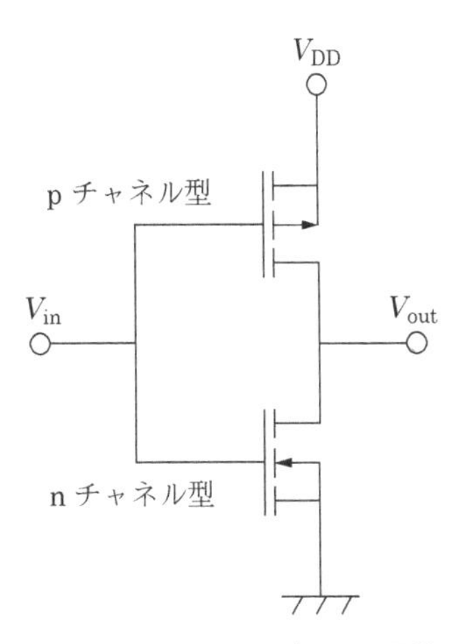

図12.2　CMOSインバータの回路構成

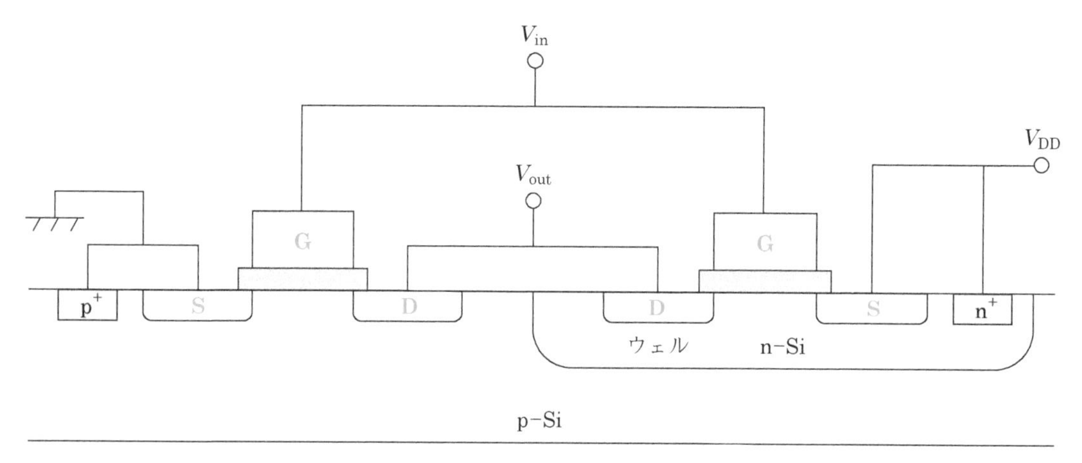

図12.3　CMOSインバータの構造

nウェルは電源(V_{DD})につながれている。なお，小さい四角で示したp^+領域あるいはウェル中のn^+領域は，基板およびウェルと良好なオーミック接触をとるための部分である。このように接続されている理由と動作原理を次節で見ていこう。

12.2　CMOSインバータにおけるpチャネル型MOSFETの動作原理

CMOSインバータを構成するpチャネル型MOSFETの動作には注意が必要である。一般的に，ディジタル電子回路における入力1(high)はゲートに電源電圧V_{DD}(>0)を加えた状態であり，入力0(low)は0Vの状態であって，CMOSを動作させるための電源電圧に負の値はない。したがって，pチャネル型MOSFETを正の電圧で動作させる必要がある。図12.3の構造にはそのための工夫が含まれている。

前章ではnチャネル型MOSFETを例にとって説明したが，ここではpチャネル型MOSFETの動作原理について考える。基板はn型Siで

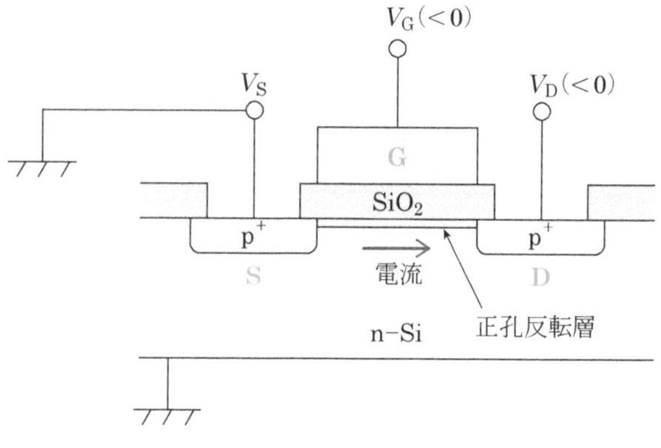

図12.4　pチャネル型MOSFETの構造

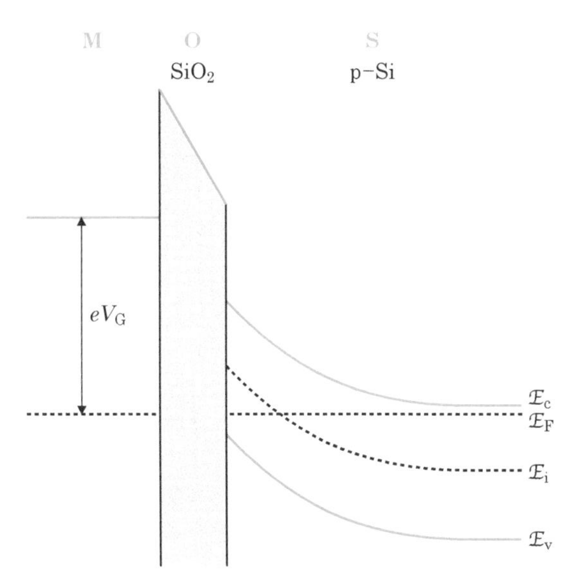

図12.5 pチャネル型MOSFETのバンド構造
ドナーの準位は省略している。

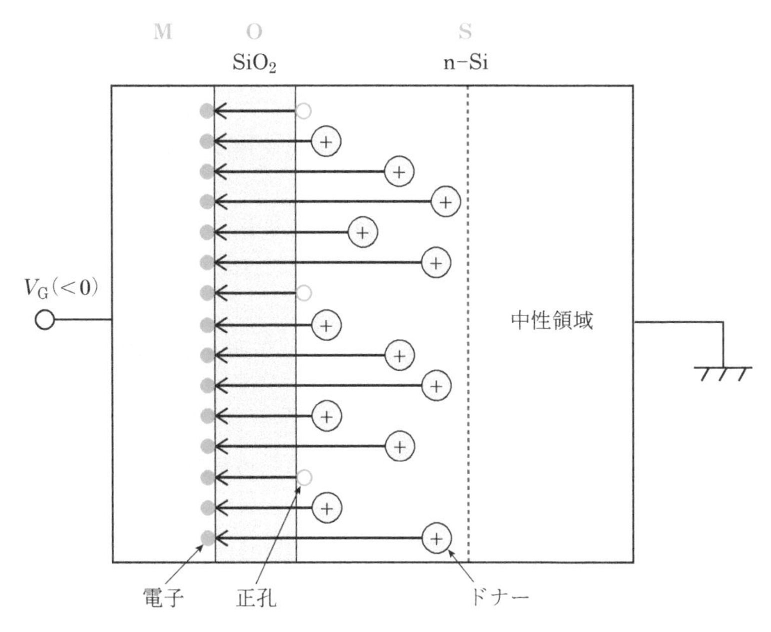

図12.6 pチャネル型MOSFETの電場分布

あり，ソースと基板が接地され，ゲートとドレインに負電圧を印加する。図12.4に示すように，反転層に形成された正孔はソースからドレインに流れる。正孔からなる反転層を形成するためには図12.5のようなバンド構造を形成する必要がある。このときのMOS界面の電場分布は図12.6のようになる。

次に，CMOSの中のpチャネル型MOSFETについて考える。ウェ

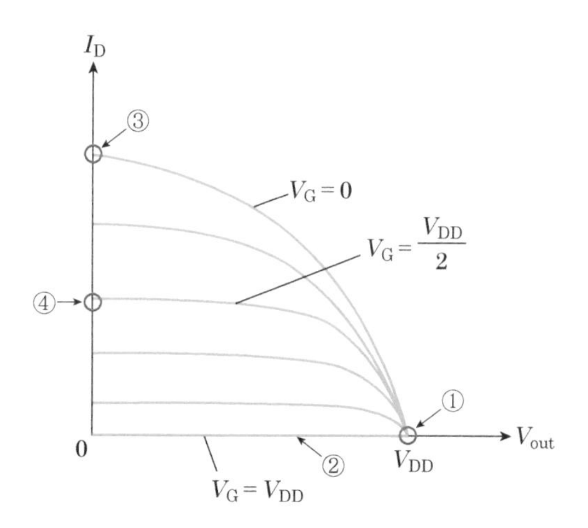

図12.7　CMOSインバータにおけるpチャネル型MOSFETの出力特性
①〜④のそれぞれの状態については本文を参照。

ルとpチャネル型MOSFETのソースは電源(V_{DD})につながれている。特に，ウェルが電源につながっていることは重要である。入力のゲート電圧は0からV_{DD}まで変化するため，ウェルに対して負になっている。チャネル領域をMOS断面構造として見ると，ウェルからゲートに向かって電場が発生しており，図12.6と同じである。したがって，バンド構造は図12.5のようになり，正孔からなる反転層を形成しうる。また，ドレイン電圧は0からV_{DD}の間で変化するため，ソースに対して負電圧になっており，ソースからドレインに向かう電場が存在する。したがって，Si/SiO_2界面に形成された反転層中の正孔を図12.4に示すようにソースからドレインに運ぶことができる。

図12.7は，図12.2に示したCMOS中のpチャネル型MOSFETの出力特性であるが，このようなグラフになる理由をそれぞれの電圧条件で考えてみよう。ここでは，nチャネル型MOSFETに流れる電流と同じ向きに流れる電流を正としている。簡単化のため，pチャネル型MOSFETの閾値電圧$V_{th,p}=0$と仮定する。

①$V_D(=V_{out})=V_{DD}$の場合

ドレインはソースと等電位であるから，いかなるゲート電圧でも電流は流れない。したがって，$I_D=0$である。

②$V_G=V_{DD}$の場合

ソースとゲートが等電位であるため($V_{SG,p}=0$)，ソース端で反転層を形成できない。したがって，$V_D(=V_{out})$に無関係に$I_D=0$である。

③$V_D(=V_{out})=0$，$V_G=0$の場合

ソース端でソースとゲートに最大の電位差が存在し反転層が形成されるためチャネルにキャリア(正孔)が注入され，電流値は最大である。ドレイン端を見るとゲートと等電位であり，ドレイン端がピンチオフ点である。

④ $V_D(=V_{out})=0$, $V_G \approx V_{DD}/2$の場合

ソース端で反転層が形成されるが，チャネルに存在する正孔密度は$V_G=0$の場合よりも小さい。また，ドレイン端ではすでにピンチオフ状態である。したがって，ピンチオフ点はソース側に移動しており，ソースとドレインの間に存在しているため，飽和領域の特性が観測される。

以上の考察から，概ね図12.7のグラフとなることが推測される。

12.3　CMOSインバータにおけるpチャネル型MOSFETの動作原理の数式を用いた考察

最初にnチャネル型MOSFETについて考えるが，後述するpチャネル型MOSFETの表記と共通化させるため，電位差を明確に表す$V_{SD,n}$, $V_{SG,n}$という表現を用いる。MOSFETで基準になる電位はソースである。$V_{SD,n}$はnチャネル型MOSFETにおけるドレインとソースの電位差，$V_{SG,n}$はゲートとソースの電位差として定義する。nチャネル型MOSFETのソースと基板がともに接地されていることを考えると，$V_{SD,n}=V_{out}(>0)$，$V_{SG,n}=V_{in}(>0)$である。先に述べたようにディジタル電子回路で使われるMOSFETは，通常E型に設定されている。

nチャネル型MOSFETの非飽和領域における電流特性は

$$\begin{aligned} I_D &= \mu_e C_{ox}(W_n/L)[(V_{SG,n}-V_{th,n})V_{SD,n}-V_{SD,n}{}^2/2] \\ &= \mu_e C_{ox}(W_n/L)[(V_{in}-V_{th,n})V_{out}-V_{out}{}^2/2] \end{aligned} \tag{12.1}$$

であり，飽和領域$(V_{SD,n}>V_{SG,n}-V_{th,n})$では

$$\begin{aligned} I_D &= \mu_n C_{ox}(W_n/2L)(V_{SG,n}-V_{th,n})^2 \\ &= \mu_n C_{ox}[W_n/(2L)](V_{in}-V_{th,n})^2 \end{aligned} \tag{12.2}$$

である。電子はソースからドレインに向かうため，電流はドレインからソースに流れている。これらを図示すると図12.8の実線になる。

一方，CMOSインバータのpチャネル型MOSFETでは

$$\begin{aligned} V_{SG,p} &= V_{S,sub,p}+V_{sub,G,p}=0+(V_{in}-V_{DD}) \\ &= V_{in}-V_{DD}<0 \end{aligned} \tag{12.3}$$

$$\begin{aligned} V_{SD,p} &= V_{S,sub,p}+V_{sub,D,p}=0+(V_{out}-V_{DD}) \\ &= V_{out}-V_{DD}<0 \end{aligned} \tag{12.4}$$

になっている。ここで，$V_{S,sub,p}$, $V_{sub,D,p}$, $V_{sub,G,p}$はpチャネル型MOSFETにおける基板とソース，ドレインと基板，ゲートと基板の間の電位差として定義している。電流の向きに注意すると，CMOSインバータのpチャネル型MOSFETの電流はソースからドレインに向かっているため，CMOSインバータのnチャネル型MOSFETの電流の向きと同じである。nチャネル型MOSFETの電流の向きを正とすると，非飽和領域では

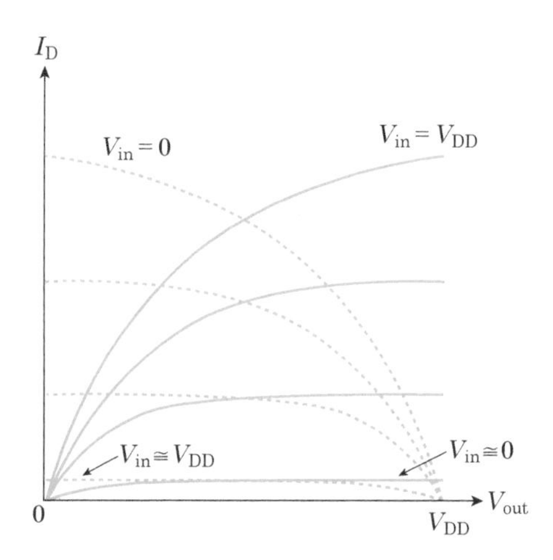

図12.8　CMOSインバータにおけるnチャネル型およびpチャネル型MOSFETの動作

この図は12.4節における$\beta_n=\beta_p$の条件である。実線はnチャネル型, 点線はpチャネル型。

$$I_D=\mu_h C_{ox}(W_p/L)[(V_{in}-V_{DD}-V_{th,p})(V_{out}-V_{DD})-(V_{out}-V_{DD})^2/2] \tag{12.5}$$

飽和領域では

$$I_D=\mu_h C_{ox}[W_p/(2L)](V_{in}-V_{DD}-V_{th,p})^2 \tag{12.6}$$

となる。これらを図示すると図12.8の点線になる。

12.4　CMOSインバータの動作原理の数式を用いた考察

式(12.1), (12.2), (12.5), (12.6)に出てくる$\mu_e C_{ox}(W_n/L)$, $\mu_h C_{ox}(W_p/L)$は利得係数と呼ばれ, β_n, β_pで表現される。ここでは$\beta_n=\beta_p$の場合を考える。通常, nチャネル型MOSFET, pチャネル型MOSFETのゲート長とゲート酸化膜は同じ値であるので, $\beta_n=\beta_p$の条件では$\mu_e W_n=\mu_h W_p$であり, Siを例にとると移動度については$\mu_e\approx 3\mu_h$の関係が成立しているため, $3W_n\approx W_p$に設計される。

電流はpチャネル型MOSFETを通過してnチャネル型MOSFETを流れるので, 入力電圧V_{in}に対して同じ電流値を示す出力電圧V_{out}が実現される。以下, 3つの場合に分けて, CMOSインバータの動作を考える。

①nチャネル型MOSFET, pチャネル型MOSFETともに飽和領域の場合

ともに飽和領域の場合には, $V_{out}\geq V_{in}-V_{th,n}$, $V_{out}-V_{DD}\leq V_{in}-V_{DD}-V_{th,p}$となる。すなわち, $V_{in}-V_{th,n}\leq V_{out}\leq V_{in}-V_{th,p}$である。nチャネル型MOSFETとpチャネル型MOSFETの電流が一致する点は

$$(V_{in}-V_{th,n})^2=(V_{in}-V_{DD}-V_{th,p})^2 \tag{12.7}$$

の関係から

$$V_{\mathrm{in}}=\frac{1}{2}(V_{\mathrm{DD}}+V_{\mathrm{th,p}}+V_{\mathrm{th,n}}) \tag{12.8}$$

となる。先に述べたように CMOS を構成する MOSFET は E 型であるので $V_{\mathrm{th,p}}+V_{\mathrm{th,n}}\approx 0$ であるから $V_{\mathrm{in}}\approx V_{\mathrm{DD}}/2$ となる。したがって，

$$\frac{V_{\mathrm{DD}}}{2}-V_{\mathrm{th,n}}\leq V_{\mathrm{out}}\leq\frac{V_{\mathrm{DD}}}{2}-V_{\mathrm{th,p}} \tag{12.9}$$

となり，一点に定まらない。

②nチャネル型MOSFETが飽和領域，pチャネル型MOSFETが非飽和領域の場合

nチャネル型 MOSFET が飽和領域であるためには，n チャネル型 MOSFET のドレイン端ではピンチオフ状態である必要がある。そこで $V_{\mathrm{in}}\approx 0$ とする。このとき，p チャネル型 MOSFET のソースとゲート間，ドレインとゲート間の電圧を考えると非飽和領域である。したがって，

$$\frac{(V_{\mathrm{in}}-V_{\mathrm{th,n}})^2}{2}=(V_{\mathrm{in}}-V_{\mathrm{DD}}-V_{\mathrm{th,p}})(V_{\mathrm{out}}-V_{\mathrm{DD}})-\frac{(V_{\mathrm{out}}-V_{\mathrm{DD}})^2}{2} \tag{12.10}$$

が成立する。$V_{\mathrm{in}}\approx 0$ であるから

$$\frac{{V_{\mathrm{th,n}}}^2}{2}=(-V_{\mathrm{DD}}-V_{\mathrm{th,p}})(V_{\mathrm{out}}-V_{\mathrm{DD}})-\frac{(V_{\mathrm{out}}-V_{\mathrm{DD}})^2}{2} \tag{12.11}$$

となる。$V_{\mathrm{th,n}}\approx 0$ であるので $V_{\mathrm{out}}\approx V_{\mathrm{DD}}$ となり，電流値は $I_{\mathrm{D}}\approx 0$ となる。

③nチャネル型MOSFETが非飽和領域，pチャネル型MOSFETが飽和領域の場合

p チャネル型 MOSFET が飽和領域であるためには，p チャネル型 MOSFET のドレイン端がピンチオフ状態である必要がある。そこで $V_{\mathrm{in}}\approx V_{\mathrm{DD}}$ とする。このとき，n チャネル型 MOSFET のソースとゲー

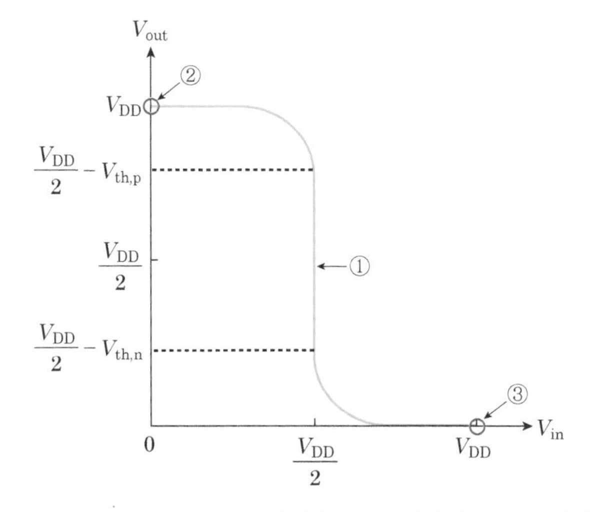

図12.9　CMOSインバータの入力電圧 V_{in} と出力電圧 V_{out} の関係
①～③のそれぞれの状態については本文を参照。

ト間，ドレインとゲート間の電圧を考えると非飽和領域になるから

$$(V_{\mathrm{in}}-V_{\mathrm{th,n}})^2 V_{\mathrm{out}}-\frac{{V_{\mathrm{out}}}^2}{2}=\frac{(V_{\mathrm{in}}-V_{\mathrm{DD}}-V_{\mathrm{th,p}})^2}{2} \quad (12.12)$$

である。右辺 $\approx \mathbf{0}$ であるから $V_{\mathrm{out}} \approx \mathbf{0}$ となる。$V_{\mathrm{in}} \approx V_{\mathrm{DD}}$，$V_{\mathrm{out}} \approx \mathbf{0}$ であるから $I_{\mathrm{D}} \approx \mathbf{0}$ となる。

以上をまとめると V_{in} と V_{out} の関係は図 12.9 になる。

12.5　CMOSインバータのスイッチング特性

出力が high $= V_{\mathrm{DD}}$ から low $= 0$ に変化するのに要する時間，あるいは 0 から 1 に変化するのに要する時間，すなわちスイッチング時間は，CMOS インバータのスイッチング性能の指標の 1 つになる。この時間を簡単な解析から見積もることで，高速に動作させるためのトランジスタ構造について考えてみよう。

スイッチング時間を算出するために，図 12.10 のように出力端子に負荷容量 C_{L} のコンデンサーが接続されている回路を考える。いま，コンデンサーが空であったとする。このコンデンサーに電荷が蓄積されていけば出力電圧 V_{out} は次第に大きくなっていく。一方，コンデンサーの電荷が次第に放出されれば V_{out} が小さくなっていく。電荷の蓄積および放出にかかる時間はスイッチング性能の指標となる。

初期状態としてコンデンサーは空であると仮定する。入力が 0 であるとき，n チャネル型 MOSFET の $V_{\mathrm{SG,n}}$ は 0 であるため n チャネル型 MOSFET に電流は流れない。p チャネル型 MOSFET については，$V_{\mathrm{SG,p}}$ に電位差が存在し，反転層が形成される。初期において V_{out} は 0 V であるからドレイン端ではピンチオフ状態であり，トランジスタは飽和状態で動作する。時間が経過してコンデンサーに電荷が蓄積され，V_{out} が大きくなってくると線形領域の動作に変化する。このように時間とともに p チャネル型 MOSFET は飽和特性から線形特性に変化するが，

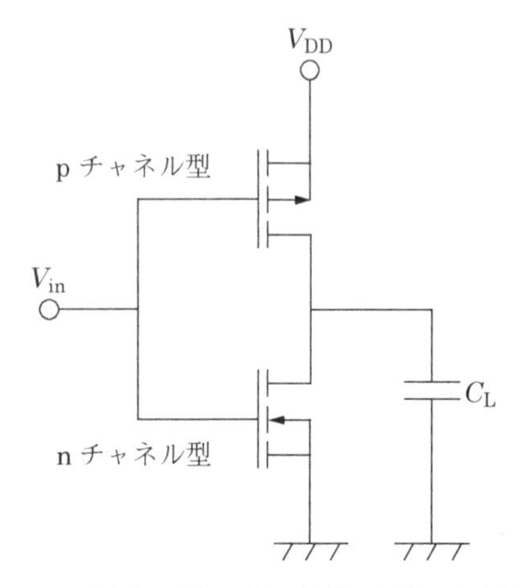

図 12.10　スイッチング時間を算出するための回路

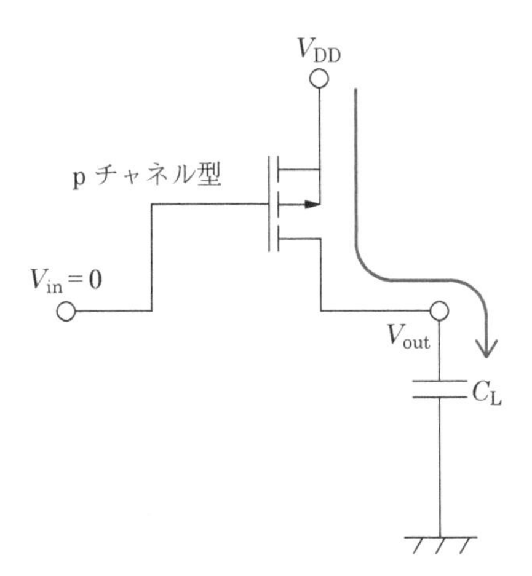

図12.11　コンデンサーC_Lに電荷を蓄積するための回路

ここでは議論を簡単にするため，pチャネル型MOSFETの動作はすべて次式の線形特性，すなわち式(12.5)で$V_{in}=0$とした

$$I_D=\mu_h C_{ox}(W_p/L)(V_{DD}+V_{th,p})(V_{DD}-V_{out}) \qquad (12.13)$$

であると仮定する*1。pチャネル型MOSFETによってコンデンサーに電荷が蓄えられる過程は図12.11の回路に相当し，式で記述すると

*1　2乗の項は小さいとして無視している。

$$V_{DD}=R_{p,MOS}\times I(t)+\frac{Q(t)}{C_L} \qquad (12.14)$$

となる。$I(t)$は時刻tにおいてpチャネル型MOSFETを流れる電流である。$R_{p,MOS}$はトランジスタのオン抵抗であり，

$$\begin{aligned} R_{p,MOS}&=\left|\frac{d(V_{DD}-V_{out})}{dI_D}\right|=[\mu_h C_{ox}(W_p/L)(V_{DD}+V_{th,p})]^{-1} \\ &=[\beta_p(V_{DD}+V_{th,p})]^{-1} \end{aligned} \qquad (12.15)$$

の関係がある。$Q(t)$はコンデンサーの電荷であり，$I(t)=dQ(t)/dt$であるから，式(12.14)は

$$V_{DD}=R_{p,MOS}\times\frac{dQ(t)}{dt}+\frac{Q(t)}{C_L} \qquad (12.16)$$

となり，$Q(t)=C_L V(t)$の関係から上式は

$$V_{DD}=R_{p,MOS}C_L\times\frac{dV(t)}{dt}+V(t) \qquad (12.17)$$

となる。$V(0)=0$，$V(\infty)=V_{DD}$として解を求めると

$$V(t)=V_{DD}\left\{1-\exp\left(-\frac{t}{R_{p,MOS}C_L}\right)\right\} \qquad (12.18)$$

となる。

次に，入力が0から1に切り替わったとする。このとき，pチャネル型MOSFETは$V_{SG,p}=0$であるために電流は流れない。一方，nチャネル型MOSFETでは$V_{SG,n}=V_{DD}$であり，反転層が形成される状態に

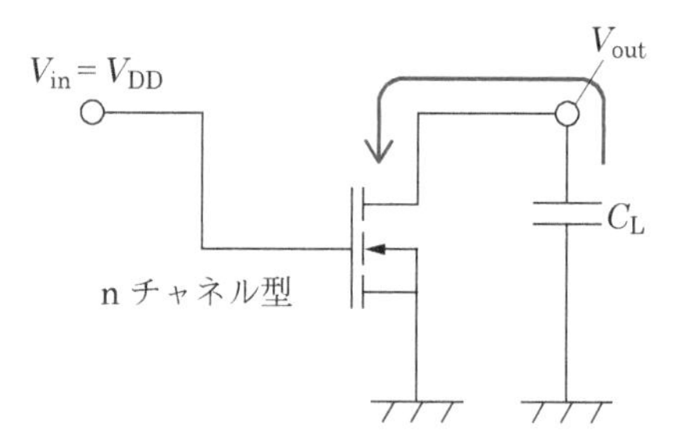

図12.12　コンデンサー C_L に蓄積された電荷を放電するための回路

あり，n チャネル型 MOSFET には電流が流れる。したがって，コンデンサーに蓄えられた電荷は，図 12.12 に示すように n チャネル型 MOSFET を通過してソース(接地)に流れていく。初期においては $V_{out} = V_{DD}$ であるからドレイン端ではピンチオフ状態であり，トランジスタは飽和状態で動作する。時間が経過して V_{out} が低下すると線形動作に変化する。このように時間の経過とともにトランジスタの動作は変化するが，ここでも議論を簡単にするため n チャネル型 MOSFET の動作はすべて次式の線形特性であると仮定する。

$$I_D = \mu_e C_{ox}(W_n/L)(V_{DD} - V_{th,n})V_{out} \tag{12.19}$$

放電過程を記述する電気回路の方程式は

$$C_L \frac{dV(t)}{dt} + \frac{V(t)}{R_{n,MOS}} = 0 \tag{12.20}$$

となる。$V(0) = V_{DD}$ とすると

$$V(t) = V_{DD} \exp\left(-\frac{t}{R_{n,MOS}C_L}\right) \tag{12.21}$$

となる。ここで

$$\begin{aligned} R_{n,MOS} &= [\mu_e C_{ox}(W_n/L)(V_{DD} - V_{th,n})]^{-1} \\ &= [\beta_n(V_{DD} - V_{th,n})]^{-1} \end{aligned} \tag{12.22}$$

である。式(12.18)と式(12.21)からわかるように，高速にスイッチングするためには $C_L R$ が小さいことが必要である。

トランジスタ抵抗 R を小さくするためには，式(12.15)と式(12.22)が示すように β 値が大きい必要がある。したがって，ゲート長 L は小さく，酸化膜容量が大きく(ゲート絶縁膜は薄く)，移動度が大きいことが重要である。しかし，β を大きくするためにゲート幅 W を大きくするとゲートとドレイン間の容量が大きくなるという問題が発生する。移動度は材料によって決まってしまうため，例えば Si を使って高性能化を図ろうとすると L の縮小と酸化膜の薄膜化が重要となる。しかし，この改良だけを行えば高性能化を実現できるかというとそうではない。デバイスを正常に動作させ，さらに高性能化を図るためには次節で述べるスケーリングの考え方が重要である。

12.6 スケーリング

ゲート長とゲート酸化膜を微細化してもトランジスタは正常に動作しない。その理由は，ゲート長が小さくなると図 12.13(a)が示すようにドレインの影響がソースに及ぶことになり，図 12.13(b)に示すようにオフ特性が悪くなるためである。したがって，ゲート長を小さくしたときにはソースやドレインの深さを浅くすると同時にドレイン端のpn接合の空乏層の広がりも狭くしなければならない。すなわち，図 12.14(a)の構造から図 12.14(b)の構造に変更する必要がある。デバイスを正常動作させるためのデバイス構造の縮小指針を電場一定のスケーリング則(比例縮小則)で見てみよう。

電場一定のスケーリング則とは，縦・横の電場強度を一定に保ったまま，次のようにデバイスサイズを縮小する方法である。

(1)すべてのトランジスタサイズを $1/k$ 倍($k>1$)にする。これにはゲート長 L，ゲート幅 W，SiO_2 層の厚さ，接合深さが含まれる。

(2)すべての電圧(V_{th} や基板バイアスも含まれる)を $1/k$ 倍にする。

(3)基板のアクセプター濃度 N_A を k 倍にする。

それぞれの効果について考えてみよう。ゲート長を $1/k$ 倍にして V_D

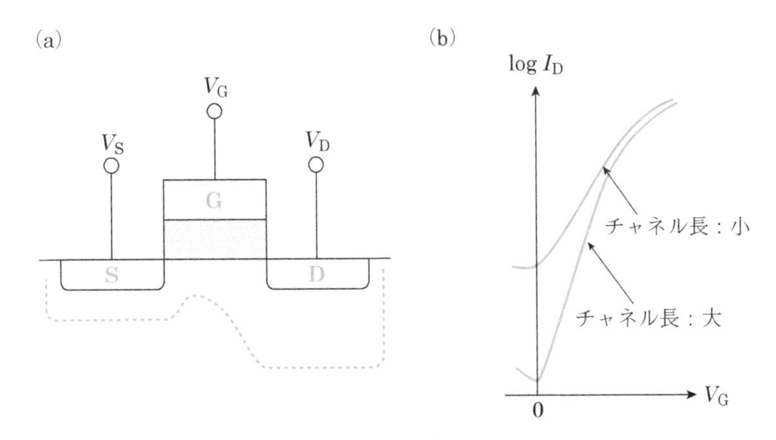

図 12.13 (a)ゲート長を縮小した場合の空乏層の分布，(b)チャネル長が大きい場合と小さい場合の伝達特性

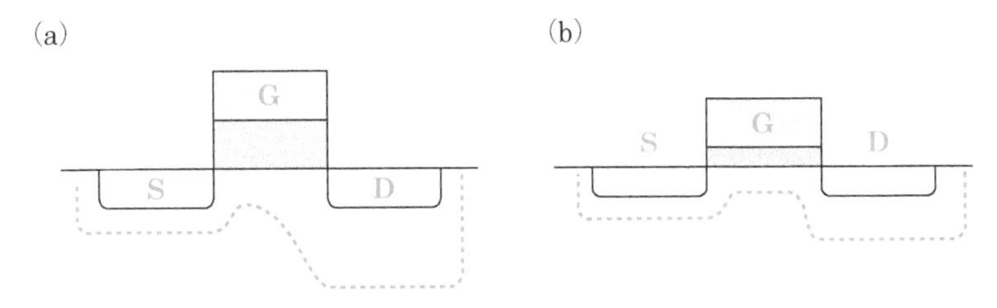

図 12.14 (a)単に ゲート長を縮小した場合，(b)スケーリング則に基づいてデバイスを縮小した場合における空乏層の分布
図 12.14 (a)は図 12.13 (a)と同じ。

を$1/k$倍にするとソースードレイン間の電場は一定である。したがって，ドリフト速度は縮小前と変わらない。ゲート絶縁膜の厚さは$1/k$倍になっているのでゲート容量はkC_{ox}である。理想MOSにおいて基板バイアス$V_{sub}(<0)$を印加したときのV_{th}は

$$V_{th}^{*}=\frac{[2\varepsilon eN_A(2\phi_F+|V_{sub}|)]^{1/2}}{C_{ox}}+2\phi_F \tag{12.23}$$

であるが，理想MOSでない場合にはフェルミ準位の差$\Phi_{MS}(=\phi_M-\phi_s$：ϕ_Mは金属の仕事関数，ϕ_sは半導体の仕事関数)に対応する電位V_{fb}を用いて

$$V_{th}^{**}=V_{fb}+2\phi_F+\frac{[2\varepsilon eN_A(2\phi_F+|V_{sub}|)]^{1/2}}{C_{ox}} \tag{12.24}$$

と表記されることを思い出していただきたい(第10章10.5節参照)。

ここで，SiO_2層の厚さを$1/k$倍，アクセプター濃度N_Aをk倍にスケーリングすることを考える。V_{fb}やϕ_Fは材料によって決まるため，スケーリングできない物理量である。しかし，n^+poly-Siをnチャネル型MOSFETのゲートに使うと$\Phi_{MS}\approx-\mathcal{E}_g$である。一方，$2e\phi_F$の大きさは$\mathcal{E}_g$に近い値である。したがって，$\Phi_{MS}+2e\phi_F\approx 0$となる*2。さらに，$2\phi_F+|V_{sub}|/k'=(2\phi_F+|V_{sub}|)/k$になるような基板バイアスのスケーリング係数$k'$を用いると，式(12.24)は

$$V_{th}^{**}=\frac{[2\varepsilon ekN_A(2\phi_F+|V_{sub}|)/k]^{1/2}}{kC_{ox}}\approx\frac{V_{th}}{k} \tag{12.25}$$

と近似できる*3。

*2　n^+poly-Siのフェルミ準位$\mathcal{E}_F$は$\mathcal{E}_c$の近くにある。一方，p型Siの$\mathcal{E}_F$は$\mathcal{E}_v$の近くにある。

*3　柴田 直，半導体デバイス入門，数理工学社(2014)を参考にした。

次に，接合深さについて考える。アクセプター濃度がN_Aで，基板バイアスV_{sub}とドレイン電圧V_Dが印加されているときのドレインにおけるpn接合の空乏層の幅l_Dは

$$l_D=\left[\left(\frac{2\varepsilon}{eN_A}\right)(V_b+|V_{sub}|+V_D)\right]^{1/2} \tag{12.26}$$

である。V_bは熱平衡状態でpn接合に形成される電位障壁である。スケーリング後に，基板バイアスとしてV_{sub}/kが印加され，基板濃度がkN_Aになったとすると，

$$l_D^{*}=\left[\left(\frac{2\varepsilon}{ekN_A}\right)(V_b+|V_{sub}|/k+V_D/k)\right]^{1/2}\approx\frac{l_D}{k} \tag{12.27}$$

となる。ここで，$V_b<|V_{sub}|/k+V_D/k$と仮定している*3。

ゲート電圧が$1/k$倍，V_{th}が$1/k$倍になったとすると，反転層の電子の総数は$Q_e=kC_{ox}(V_G/k-V_{th}/k)$であるから単位面積あたりの反転層のキャリア数は変わらない。また，ドリフト速度も変わらない。したがって，単位W長さあたりのI_Dは変化しないが，Wは$1/k$倍に縮小されているのでI_Dは$1/k$倍となる。

電場一定下でのスケーリング条件で遅延時間を計算する。ここでは次段のゲート容量を充電する時間を遅延時間τとして定義すると，ゲート面積が$1/k^2$倍，単位面積あたりのゲート容量がk倍，ドレイン電流値

が $1/k$ 倍であるから，スケーリング後の遅延時間 τ' は

$$\begin{aligned}\tau' &= \frac{C'_{ox}V'_{DD}}{I'_D} = \left(\frac{kC_{ox}}{k^2} \times \frac{V_{DD}}{k}\right) \bigg/ \frac{I_D}{k} = \left(\frac{C_{ox}V_{DD}}{I_D}\right) \bigg/ k \\ &\approx \frac{\tau}{k}\end{aligned} \tag{12.28}$$

となる。すなわち，電場一定下でのスケーリング則に従った微細化により，高速で動作することがわかる。

以上の結果をまとめると，上記(1)～(3)のようにデバイスサイズを縮小すると，消費電力 $I_D \times V_D$ は $1/k^2$ 倍，単位面積あたりのデバイス数(集積度)は k^2 倍，消費電力密度(単位面積あたりの消費電力)は変わらず，遅延時間は $1/k$ 倍となる。

❖ 章末問題

12.1 チャネル長 L がキャリアの平均自由行程より短くなった場合，チャネルを移動するキャリアはどのように移動するであろうか。考えなさい。

12.2 MOSFET の微細化は CMOS ディジタル回路の高速化・高集積化・低消費電力化に欠かせない。最近では，液浸露光，極端紫外線(extreme ultraviolet, EUV)露光が実用化されている。液浸露光，EUV 露光の原理について調べなさい。

第13章　界面の量子化

13.1　Si-MOS反転層電子の量子化

MOS界面を例にとって反転層電子の量子化を考えてみよう。第11章で述べたように，反転層の電子はp型半導体のゲートに大きな正の電圧を印加し，半導体のバンドを曲げることにより形成される。界面に対して垂直な方向（z軸方向）に注目すると，界面ではポテンシャルの谷が狭く鋭くなっており，この間隔が電子の平均自由行程より小さくなるとz軸方向に電子の定在波が形成される。したがって，z軸方向に電子状態は量子化される。一方，反転層の電子は界面に沿った方向（xy面）に対しては自由に運動できるため，xy面内の電子の運動とz軸方向の電子の運動は異なる性質を有する。電子はxy面内で自由に動けるから波動関数は平面波で与えられる。

まず，z軸方向の運動を不確定性原理から考えてみよう。第11章で説明したように，古典論ではバンドの曲がりは界面からの距離の2次関数であるが，議論を簡単化するために界面における狭く鋭くなっている領域では直線近似を行い，図13.1のような三角形のポテンシャルを仮

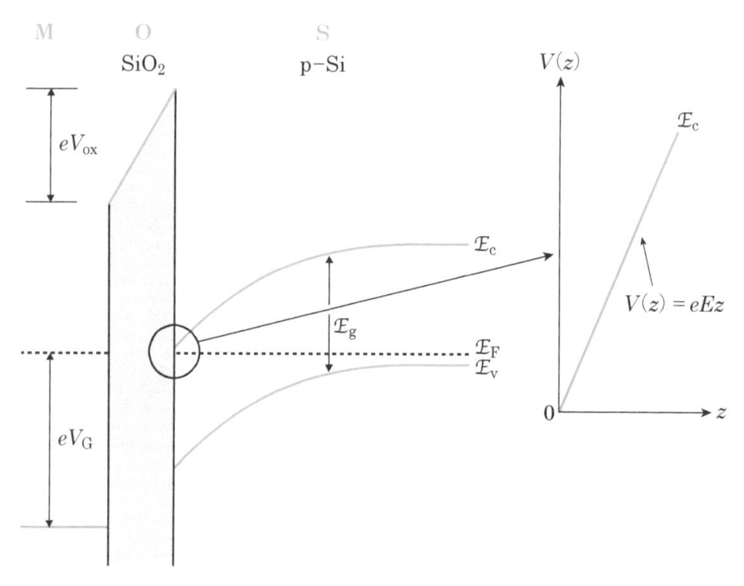

図13.1　nチャネル型MOSFETの反転層におけるバンド構造と界面近傍を拡大したバンド図（界面近傍を直線近似）

定する。Si/SiO_2 界面の Si 中の電場を E とすると，電位は $V(z)=-Ez$ で与えられる。電場は z 軸方向を向いているため，$E>0$ である。ポテンシャルは $V(z)=eEz$ である。ここで，$z=0$ でのポテンシャルエネルギーを 0 としている。

このときの基底状態における電子のエネルギーを求めてみよう。電子の分布に基づく位置の不確定性を a とする。不確定性原理から運動量は $\Delta p \approx \hbar/a$ 程度である。このときの運動エネルギー $\mathcal{E}$ は $\mathcal{E}=(\Delta p)^2/(2m_e^*)=\hbar^2/(2m_e^* a^2)$ となる。ここで，m_e^* は電子の有効質量である。全エネルギー $\mathcal{E}=\hbar^2/(2m_e^* a^2)+eEa$ を最小にする a は

$$a=\left(\frac{\hbar^2}{m_e^* eE}\right)^{1/3} \tag{13.1}$$

であり，

$$\mathcal{E}=\frac{3}{2}\left\{\frac{(eE\hbar)^2}{m_e^*}\right\}^{1/3} \tag{13.2}$$

となる。電子の有効質量 $m_e^*=0.2m_e$（m_e は自由電子の質量），$E=10^5$ V/cm と仮定すると，$\mathcal{E}\approx 50$ meV となる。これを温度に換算すると 600 K 程度である。このことは，反転層の電子は室温においても量子化の影響を受けることを意味している。式(13.1)より $a\approx 3.5$ nm 程度であり，Si の原子間隔に比較すると大きな値である。したがって，MOS 界面の三角ポテンシャルに対しては有効質量近似が成立するとして議論を進めよう。

13.2 擬2次元電子系の電子状態*1

*1 J. H. Davies 著，樺沢宇紀 訳，低次元半導体の物理，シュプリンガー・フェアラーク(2004)を参考にしている。

13.2.1 擬2次元電子系の電子状態

Si–MOS 界面の電子状態について考える前に，図 13.2 に示すような単純な系である擬 2 次元電子系について考えてみよう。擬 2 次元電子系では，電子は xy 面内を自由に運動し，z 軸方向に関しては幅 a 以外の領域は無限に高いポテンシャルが存在すると仮定する。すなわち，z 軸方向に関しては，$V(z)=0$ の井戸内に電子が存在すると考える。有効質量 m_e^* は等方的で伝導帯の底を $\boldsymbol{k}=0$ とすると，包絡関数 $F(\boldsymbol{r})$ のシュレーディンガー方程式は

$$\left\{-\frac{\hbar^2}{2m_e^*}\left(\frac{\partial}{\partial x^2}+\frac{\partial}{\partial y^2}+\frac{\partial}{\partial z^2}\right)+V(z)\right\}F(\boldsymbol{r})=\mathcal{E}F(\boldsymbol{r}) \tag{13.3}$$

となる。この方程式は xy 面内の運動と z 軸方向の運動に分離できる。xy 面の運動方程式は

$$\left\{-\frac{\hbar^2}{2m_e^*}\left(\frac{\partial}{\partial x^2}+\frac{\partial}{\partial y^2}\right)\right\}\psi_{2D}(x,y)=\mathcal{E}_{2D}\psi_{2D}(x,y) \tag{13.4}$$

である。一辺が L の 2 次元平面に周期的境界条件を適用すると

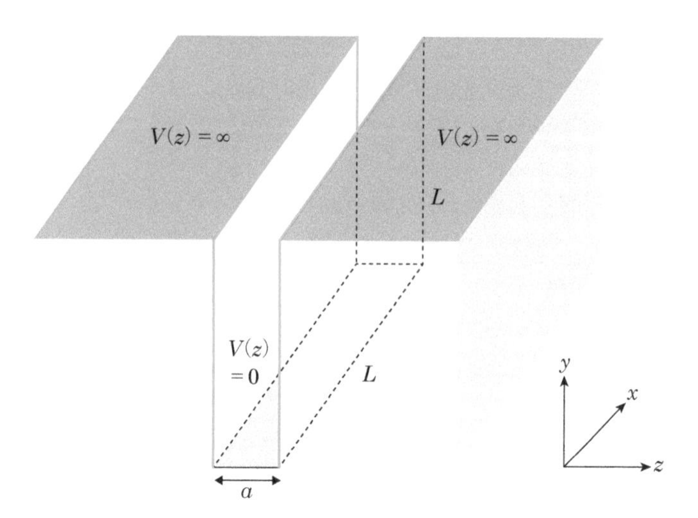

図13.2　擬2次元電子系のポテンシャル分布

$$\psi_{2\mathrm{D}}(x,y)=\left(\frac{1}{L^2}\right)^{1/2}\exp[\mathrm{i}(k_{x,/\!/}x+k_{y,/\!/}y)] \tag{13.5}$$

$$\mathcal{E}_{2\mathrm{D}}=\frac{\hbar^2(k_{x,/\!/}{}^2+k_{y,/\!/}{}^2)}{2m_\mathrm{e}^*} \tag{13.6}$$

である。ここでは，面内に平行な運動に対して，下付き添え字$/\!/$を付した。周期的境界条件下では，$k_{x,/\!/}=(2\pi/L)n_{x,/\!/}$（$n_{x,/\!/}=0,\ \pm1,\ \pm2,\ \cdots$），$k_{y,/\!/}=(2\pi/L)n_{y,/\!/}$（$n_{y,/\!/}=0,\ \pm1,\ \pm2,\ \cdots$）である。一方，$xy$面と垂直な方向である$z$軸方向のシュレーディンガー方程式は

$$\left\{-\frac{\hbar^2}{2m_\mathrm{e}^*}\frac{\partial^2}{\partial z^2}+V(z)\right\}\psi_{nz,\perp}(z)=\mathcal{E}_{nz,\perp}\psi_{nz,\perp}(z) \tag{13.7}$$

である。z軸方向が幅aの井戸型ポテンシャルであることを考慮すると，z軸方向の波動関数およびエネルギーは

$$\psi_{nz,\perp}(z)=\left(\frac{2}{a}\right)^{1/2}\sin\left(\frac{\pi n_{z,\perp}z}{a}\right)\quad(n_{z,\perp}=1,2,3,\cdots) \tag{13.8}$$

$$\mathcal{E}_{nz,\perp}=\frac{\hbar^2}{2m_\mathrm{e}^*}\left(\frac{\pi n_{z,\perp}}{a}\right)^2 \tag{13.9}$$

で与えられる。結局，包絡関数は$F(\boldsymbol{r})=\psi_{2\mathrm{D}}(x,y)\psi_{nz,\perp}(z)$，全エネルギーは$\mathcal{E}=\mathcal{E}_{2\mathrm{D}}+\mathcal{E}_{nz,\perp}$であり，

$$F(\boldsymbol{r})=\left(\frac{1}{L^2}\right)^{1/2}\left(\frac{2}{a}\right)^{1/2}\exp[\mathrm{i}(k_{x,/\!/}x+k_{y,/\!/}y)]\sin\left(\frac{\pi n_{z,\perp}z}{a}\right) \tag{13.10}$$

$$\mathcal{E}=\frac{\hbar^2(k_{x,/\!/}{}^2+k_{y,/\!/}{}^2)}{2m_\mathrm{e}^*}+\frac{\hbar^2}{2m_\mathrm{e}^*}\left(\frac{\pi n_{z,\perp}}{a}\right)^2 \tag{13.11}$$

となる。$k_{x,/\!/}{}^2+k_{y,/\!/}{}^2=\boldsymbol{k}_{/\!/}{}^2$とおくと

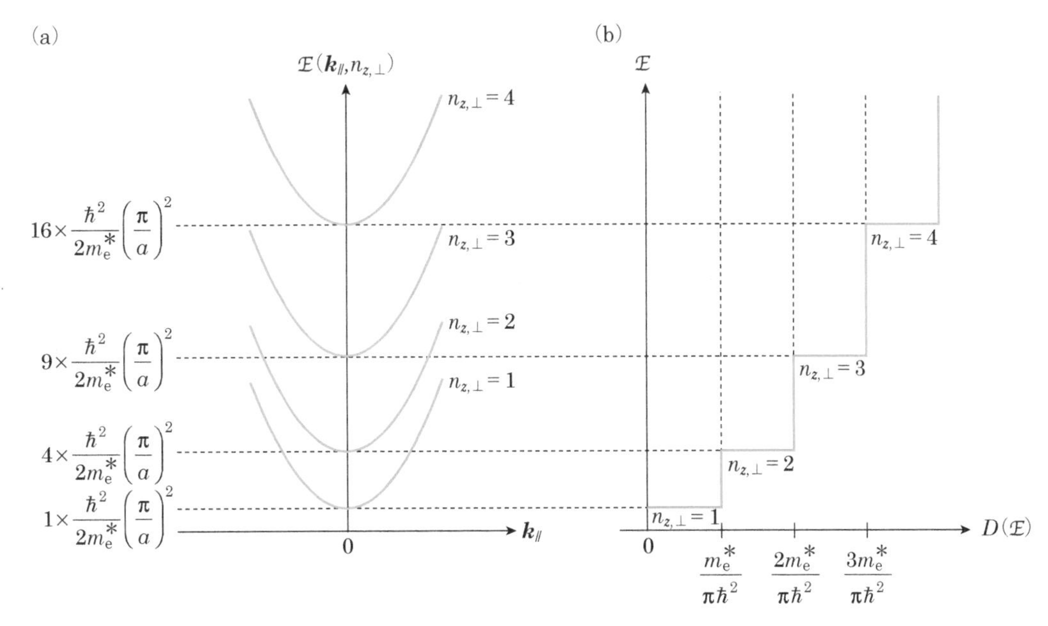

図13.3　(a)擬2次元電子系のエネルギー構造，(b)擬2次元電子系の状態密度

$$\mathcal{E}(\boldsymbol{k}_{/\!/}, n_z)=\frac{\hbar^2}{2m_e^*}\left[\boldsymbol{k}_{/\!/}{}^2+\left(\frac{\pi n_{z,\perp}}{a}\right)^2\right]\quad (n_{z,\perp}=1,2,3,\cdots)\tag{13.12}$$

である。この関係を図示すると図13.3(a)のようになる。$n_{z,\perp}=1$と$n_{z,\perp}=2$における分散関係の同じエネルギー値を比較すると，$n_{z,\perp}=2$は$\boldsymbol{k}_{/\!/}=0$で高いエネルギー状態に存在するため，運動エネルギーである$\hbar^2\boldsymbol{k}_{/\!/}{}^2/(2m_e^*)$は小さくなる。すなわち，$n_{z,\perp}=2$の分散関係は$n_{z,\perp}=1$の分散関係の内側に存在する。同様に$n_{z,\perp}=3$の分散関係は$n_{z,\perp}=2$の分散関係の内側に存在する。

次に状態密度について注目してみよう。2次元電子系の状態密度は単位面積あたり$m_e^*/(\pi\hbar^2)$で与えられる一定値である(スピンの縮退を考慮)。したがって，全体の状態密度は図13.3(b)のようになる。このような状態をサブバンドと呼ぶ。

13.2.2　擬2次元電子系におけるバンド間遷移

半導体の伝導帯および価電子帯が両方とも擬2次元構造をしていると仮定して，光吸収によるバンド間遷移を考えよう。簡単化のため，それぞれのバンドは$\boldsymbol{k}=0$に底あるいは頂点をもつとする。伝導帯の包絡関数$F(\boldsymbol{r})$は

$$F_c(\boldsymbol{r})\propto\exp[\mathrm{i}(k_{cx,/\!/}x+k_{cy,/\!/}y)]\sin\left(\frac{\pi n_{z,\perp}^c z}{a}\right)\tag{13.13}$$

で与えられる。したがって，波動関数は

$$\Psi_{\mathrm{e}}(\boldsymbol{r})=F_{\mathrm{c}}(\boldsymbol{r})\phi_{\mathrm{c}}(\boldsymbol{r})\propto\exp[\mathrm{i}(k_{\mathrm{c}x,/\!/}x+k_{\mathrm{c}y,/\!/}y)]\sin\left(\frac{\pi n^{\mathrm{c}}_{z,\perp}z}{a}\right)u_{\mathrm{c}}(\boldsymbol{r}) \tag{13.14}$$

となる。$\phi_{\mathrm{c}}(\boldsymbol{r})$はブロッホ関数であるが，伝導帯の底を$\boldsymbol{k}=\boldsymbol{0}$としているので$\phi_{\mathrm{c}}(\boldsymbol{r})=u_{\mathrm{c}}(\boldsymbol{r})$である。ここで，$u_{\mathrm{c}}(\boldsymbol{r})$はブロッホ関数を構成する単位胞の周期関数の部分である。同様に価電子帯の波動関数は

$$\Psi_{\mathrm{v}}(\boldsymbol{r})=F_{\mathrm{v}}(\boldsymbol{r})\phi_{\mathrm{v}}(\boldsymbol{r})\propto\exp[\mathrm{i}(k_{\mathrm{v}x,/\!/}x+k_{\mathrm{v}y,/\!/}y)]\sin\left(\frac{\pi n^{\mathrm{v}}_{z,\perp}z}{a}\right)u_{\mathrm{v}}(\boldsymbol{r}) \tag{13.15}$$

となる。黄金律に従うと光学遷移確率Wは

$$W\propto\frac{2\pi}{\hbar}|\langle\Psi_{\mathrm{c}}(\boldsymbol{r})|\boldsymbol{A}\cdot\boldsymbol{p}|\Psi_{\mathrm{v}}(\boldsymbol{r})\rangle|^2\delta[\mathcal{E}_{\mathrm{c}}(\boldsymbol{k}_{\mathrm{c},/\!/},n^{\mathrm{c}}_{z,\perp})-\mathcal{E}_{\mathrm{v}}(\boldsymbol{k}_{\mathrm{v},/\!/},n^{\mathrm{v}}_{z,\perp})-\hbar\omega] \tag{13.16}$$

の関係がある。したがって，Wは

$$W\propto\left|\int_V\Psi_{\mathrm{c}}(\boldsymbol{r})\boldsymbol{e}\cdot\boldsymbol{p}\Psi_{\mathrm{v}}(\boldsymbol{r})\mathrm{d}\boldsymbol{r}\right|^2=\left|\int_V F_{\mathrm{c}}{}^*(\boldsymbol{r})\phi_{\mathrm{c}}{}^*(\boldsymbol{r})\boldsymbol{e}\cdot\boldsymbol{p}[F_{\mathrm{v}}(\boldsymbol{r})\phi_{\mathrm{v}}(\boldsymbol{r})]\mathrm{d}\boldsymbol{r}\right|^2 \tag{13.17}$$

である。ここで，$\boldsymbol{e}$は偏光方向である。式(13.16)のデルタ関数の部分はエネルギー保存則であり，終状態と始状態のエネルギー差は光のエネルギーに等しいことを示している。式(13.17)の積分は結晶全体にわたって行う。式(13.17)は

$$W\propto\left|\int_V F_{\mathrm{c}}{}^*(\boldsymbol{r})u_{\mathrm{c}}^*(\boldsymbol{r})[u_{\mathrm{v}}(\boldsymbol{r})\boldsymbol{e}\cdot\boldsymbol{p}F_{\mathrm{v}}(\boldsymbol{r})+F_{\mathrm{v}}(\boldsymbol{r})\boldsymbol{e}\cdot\boldsymbol{p}u_{\mathrm{v}}(\boldsymbol{r})]\mathrm{d}\boldsymbol{r}\right|^2 \tag{13.18}$$

となる。位置ベクトル$\boldsymbol{r}$を単位胞内の位置ベクトル$\boldsymbol{r}_u$と各単位胞の原点の位置ベクトル$\boldsymbol{R}_j$に分解し$\boldsymbol{r}=\boldsymbol{R}_j+\boldsymbol{r}_u$と書くと式(13.18)の第1項は

$$\begin{aligned}&\int_V F_{\mathrm{c}}{}^*(\boldsymbol{r})u_{\mathrm{c}}^*(\boldsymbol{r})u_{\mathrm{v}}(\boldsymbol{r})\boldsymbol{e}\cdot\boldsymbol{p}F_{\mathrm{v}}(\boldsymbol{r})\mathrm{d}\boldsymbol{r}\\&\propto\sum_j F_{\mathrm{c}}{}^*(\boldsymbol{R}_j)\boldsymbol{e}\cdot\boldsymbol{p}F_{\mathrm{v}}(\boldsymbol{R}_j)\int_{\text{単位胞}}u_{\mathrm{c}}^*(\boldsymbol{r}_u)u_{\mathrm{v}}(\boldsymbol{r}_u)\mathrm{d}\boldsymbol{r}_u=0\end{aligned} \tag{13.19}$$

となる。ここでは，包絡関数の性質$F_{\mathrm{c}}(\boldsymbol{R}_j+\boldsymbol{r}_u)\approx F_{\mathrm{c}}(\boldsymbol{R}_j)$，$F_{\mathrm{v}}(\boldsymbol{R}_j+\boldsymbol{r}_u)\approx F_{\mathrm{v}}(\boldsymbol{R}_j)$とブロッホ関数の性質$u_{\mathrm{c}}(\boldsymbol{R}_j+\boldsymbol{r}_u)=u_{\mathrm{c}}(\boldsymbol{r}_u)$, $u_{\mathrm{v}}(\boldsymbol{R}_j+\boldsymbol{r}_u)=u_{\mathrm{v}}(\boldsymbol{r}_u)$および異なるバンドの電子状態は直交することを利用した。また，$\int_{\text{単位胞}}$は単位胞内の積分である。式(13.18)の|　|内の第2項は

$$\begin{aligned}&\left|\int_V F_{\mathrm{c}}{}^*(\boldsymbol{r})u_{\mathrm{c}}^*(\boldsymbol{r})F_{\mathrm{v}}(\boldsymbol{r})\boldsymbol{e}\cdot\boldsymbol{p}u_{\mathrm{v}}(\boldsymbol{r})\mathrm{d}\boldsymbol{r}\right|^2\\&\propto\left|\sum_j F_{\mathrm{c}}{}^*(\boldsymbol{R}_j)F_{\mathrm{v}}(\boldsymbol{R}_j)\int_{\text{単位胞}}u_{\mathrm{c}}^*(\boldsymbol{r}_u)\boldsymbol{e}\cdot\boldsymbol{p}u_{\mathrm{v}}(\boldsymbol{r}_u)\mathrm{d}\boldsymbol{r}_u\right|^2\end{aligned} \tag{13.20}$$

となる。$\sum_j$を積分に書き換えると式(13.20)は

$$\left|\int_V F_c^*(\boldsymbol{r})u_c^*(\boldsymbol{r})F_v(\boldsymbol{r})\boldsymbol{e}\cdot\boldsymbol{p}u_v(\boldsymbol{r})\mathrm{d}\boldsymbol{r}\right|^2 = \left|\frac{1}{\Omega}\int_V F_c^*(\boldsymbol{r})F_v(\boldsymbol{r})\mathrm{d}\boldsymbol{r}\times\int_{\text{単位胞}} u_c^*(\boldsymbol{r}_u)\boldsymbol{e}\cdot\boldsymbol{p}u_v(\boldsymbol{r}_u)\mathrm{d}\boldsymbol{r}_u\right|^2 \tag{13.21}$$

に書き換えられる。Ωは単位胞の体積である。1つ目の積分は結晶全体，2つ目の積分は単位胞に対して行う。1つ目の積分は

$$\int_V F_c^*(\boldsymbol{r})F_v(\boldsymbol{r})\mathrm{d}\boldsymbol{r} = \int_V \exp[\mathrm{i}(-k_{cx,/\!/}x - k_{cy,/\!/}y)]\sin\left(\frac{\pi n_{z,\perp}^c z}{a}\right) \exp[\mathrm{i}(k_{vx,/\!/}x + k_{vy,/\!/}y)]\sin\left(\frac{\pi n_{z,\perp}^v z}{a}\right)\mathrm{d}\boldsymbol{r} \tag{13.22}$$

となる。

この積分は $\boldsymbol{k}_{c,/\!/}=\boldsymbol{k}_{v,/\!/}$, $n_{z,\perp}^c=n_{z,\perp}^v$ のときに0ではない値となる。$\boldsymbol{k}_{c,/\!/}=\boldsymbol{k}_{v,/\!/}$ は波数空間における垂直遷移で光吸収が生じること，$n_{z,\perp}^c=n_{z,\perp}^v$ は井戸内の z 軸方向に関する波動関数は同じ対称性であることを示している。式(13.21)右辺の2つ目の積分に関しては，価電子帯がp軌道から，伝導帯がs軌道から構成されていると仮定すると0ではない値を有する。したがって，価電子帯から伝導帯へ図13.4のような遷移側で光吸収が起きる。価電子帯の電子構造は非常に複雑であり，式(13.21)右辺の2つ目の積分については，詳細な議論を必要とする。興味のある読者は参考書で勉強していただきたい。

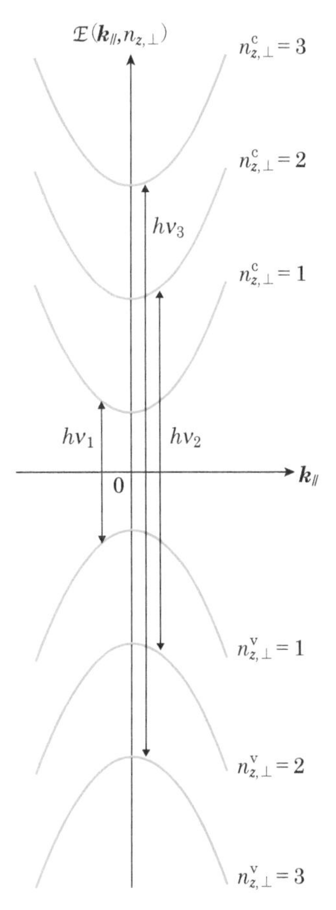

図13.4　擬2次元電子系のバンド間遷移

13.2.3　擬2次元電子系からなるサブバンド間遷移

波数 $\boldsymbol{k}=0$ に伝導帯の底を有する電子が擬2次元電子系を形成していると仮定し，光吸収によるサブバンド間遷移を考えよう。波動関数は

$$\Psi_c(\boldsymbol{r}) = F_c(\boldsymbol{r})\phi_c(\boldsymbol{r}) \propto \exp[\mathrm{i}(k_{cx,/\!/}x + k_{cy,/\!/}y)]\sin\left(\frac{\pi n_{z,\perp}^c z}{a}\right)u_c(\boldsymbol{r}) \tag{13.23}$$

である。ここで，$u_c(\boldsymbol{r})$ は波数 $\boldsymbol{k}=0$ に伝導帯の底におけるブロッホ関数の周期関数の部分である。光吸収による遷移確率 W は

$$W \propto \left|\int_V F_c'^*(\boldsymbol{r})\phi_c^*(\boldsymbol{r})\boldsymbol{e}\cdot\boldsymbol{p}[F_c(\boldsymbol{r})\phi_c(\boldsymbol{r})]\mathrm{d}\boldsymbol{r}\right|^2 \tag{13.24}$$

に比例する。$F_c'(\boldsymbol{r})$ は $F_c(\boldsymbol{r})$ と異なるサブバンドの1つである。もちろんエネルギー保存則により，終状態と始状態のエネルギー差は光エネルギーに等しい必要がある。式(13.24)の積分は結晶全体について行う。前項と同じ手法を用いると，式(13.24)は

$$\int_V F_c'^*(\boldsymbol{r})\phi_c^*(\boldsymbol{r})\boldsymbol{e}\cdot\boldsymbol{p}[F_c(\boldsymbol{r})\phi_c(\boldsymbol{r})]\,\mathrm{d}\boldsymbol{r} \propto \int_V F_c'^*(\boldsymbol{r})\boldsymbol{e}\cdot\boldsymbol{p}F_c(\boldsymbol{r})\mathrm{d}\boldsymbol{r} \tag{13.25}$$

となり，包絡関数のみが光学遷移に関係するという結果が得られる。

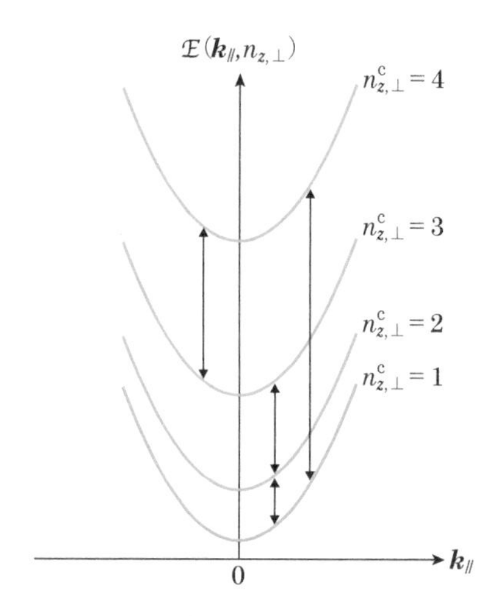

図13.5　準2次元電子系のバンド内遷移

この関係は浅い不純物準位内の電子遷移に対して得られた結果と類似している。電場ベクトルが z 軸方向に進行し，x 軸方向に偏極していると仮定すると，式(13.25)は

$$\int_V F_c'^*(\boldsymbol{r})\boldsymbol{e}\cdot\boldsymbol{p}F_c(\boldsymbol{r})\mathrm{d}\boldsymbol{r} \propto (hk_{cx,/\!/})\delta_{c\boldsymbol{k}',/\!/,c\boldsymbol{k},/\!/}\int_z \sin\left(\frac{\pi n'^{c}_{z,\perp}z}{a}\right)\sin\left(\frac{\pi n^{c}_{z,\perp}z}{a}\right)\mathrm{d}z = 0 \tag{13.26}$$

となる(サブバンド間遷移であるから $n'^{c}_{z,\perp} \neq n^{c}_{z,\perp}$)。これは y 軸方向に偏極した場合でも同じである。したがって，面に対して垂直に光を入射した場合には光吸収は生じない。一方，z 軸方向に偏極している光，すなわち面に対して平行に入射する光を利用すると，式(13.25)は

$$\int_V F_c'^*(\boldsymbol{r})\boldsymbol{e}\cdot\boldsymbol{p}F_c(\boldsymbol{r})\mathrm{d}\boldsymbol{r} \propto \delta_{c\boldsymbol{k}'/\!/,c\boldsymbol{k}/\!/}\int_z \sin\left(\frac{\pi n'^{c}_{\perp z}z}{a}\right)\cos\left(\frac{\pi n^{c}_{\perp z}z}{a}\right)\mathrm{d}z \tag{13.27}$$

であり，$n'^{c}_{z,\perp}-n^{c}_{z,\perp}$ が奇数のときには $\mathbf{0}$ ではない値を有し，遷移が許容される。一方，$n'^{c}_{z,\perp}-n^{c}_{z,\perp}$ が偶数のときには $\mathbf{0}$ となるために禁制遷移となる。したがって，$n'^{c}_{z,\perp}-n^{c}_{z,\perp}=$ 奇数の関係を満足する図13.5に示す光吸収が生じる。

実験を行う場合，サンプル面に対して垂直に光を入射することは容易であるが，このセットアップでは光吸収は生じないため，サンプル面に対して平行に光を入射する必要がある。また，1層だけの擬2次元構造では吸収強度が弱いため，何層にも積層した超格子と呼ばれる構造を作製することで，サブバンド間遷移が測定されている。

13.2.4　3次元における磁気光吸収との関連性

前項までで述べた現象はバルク半導体の磁気光吸収に類似している。バルク半導体の z 軸方向に磁場を印加すると，電子の軌道は z 軸方向の自由電子の運動と，磁場に対して垂直な面内の周回運動（サイクロトロン運動）に分離される。z 軸方向の自由電子の運動に関する波動関数は $\exp(\mathrm{i}k_z z)$ に比例するが，xy 面内の周回運動の波動関数は $\phi_n(x)\exp(\mathrm{i}k_y y)$ に比例する。したがって，全体の包絡関数は $\phi_n(x)\exp[\mathrm{i}(k_y y+k_z z)]$ に比例する。ここで，$\phi_n(x)$ は調和振動子の波動関数である。全体の包絡関数は式(13.10)に類似している。

また，エネルギーに関しては $\mathcal{E}_n(k_z)=\hbar^2 k_z{}^2/(2m_\mathrm{e}^*)+(n+1/2)\hbar\omega_\mathrm{c}$ $(n=0, 1, 2\cdots)$ と書けるが，この関係も式(13.11)とよく似ている。ω_c は第7章7.2節で説明したサイクロトロン周波数である。したがって，遷移則は図13.4に示したバンド間遷移と図13.5に示したバンド内遷移に分類できる。なお，磁場下の電子の運動については13.4節で再度検討する。

13.3　Si-MOS反転層の電子状態

三角ポテンシャルと単純なバンド構造を仮定して，Si-MOS界面にある反転層の電子状態について考えてみよう。伝導帯の底は $\boldsymbol{k}=0$ にあり，等方的な有効質量 m_e^* を有するものとする。

有効質量近似の下でのシュレーディンガー方程式は

$$\left\{-\frac{\hbar^2}{2m_\mathrm{e}^*}\left(\frac{\partial}{\partial x^2}+\frac{\partial}{\partial y^2}+\frac{\partial}{\partial z^2}\right)+eEz\right\}F(\boldsymbol{r})=\mathcal{E}F(\boldsymbol{r}) \quad (13.28)$$

である。Si-MOS界面の三角ポテンシャルでも，擬2次元電子系と同じように xy 面内の運動と z 軸方向の運動に分離できる。xy 面の波動関数とエネルギーは次のように表される。

$$\psi_{2\mathrm{D}}(x,y)=\frac{1}{L}\exp[\mathrm{i}(k_{\mathrm{c}x,/\!/}x+k_{\mathrm{c}y,/\!/}y)] \quad (13.29)$$

$$\mathcal{E}_{2\mathrm{D}}=\frac{\hbar^2(k_{\mathrm{c}x,/\!/}{}^2+k_{\mathrm{c}y,/\!/}{}^2)}{2m_\mathrm{e}^*} \quad (13.30)$$

ここで，$k_{\mathrm{c}x,/\!/}=(2\pi/L)n_x$, $k_{\mathrm{c}y,/\!/}=(2\pi/L)n_y$ $(n_x=0, \pm1, \pm2, \cdots; n_y=0, \pm1, \pm2, \cdots)$ である。

一方，z 軸方向のシュレーディンガー方程式は

$$\left(-\frac{\hbar^2}{2m_\mathrm{e}^*}\frac{\partial^2}{\partial z^2}+eEz\right)\psi_{nz,\perp}(z)=\mathcal{E}_{nz,\perp}\psi_{nz,\perp}(z) \quad (13.31)$$

である。簡単のために Si/SiO_2 界面 $z=0$ には無限のポテンシャル障壁があると仮定すると，境界条件は $\phi_{nz,\perp}(0)=0$ となる。式(13.31)の解はエアリー関数（Airy function）で表現できることが知られており，エネルギー固有値は近似的に

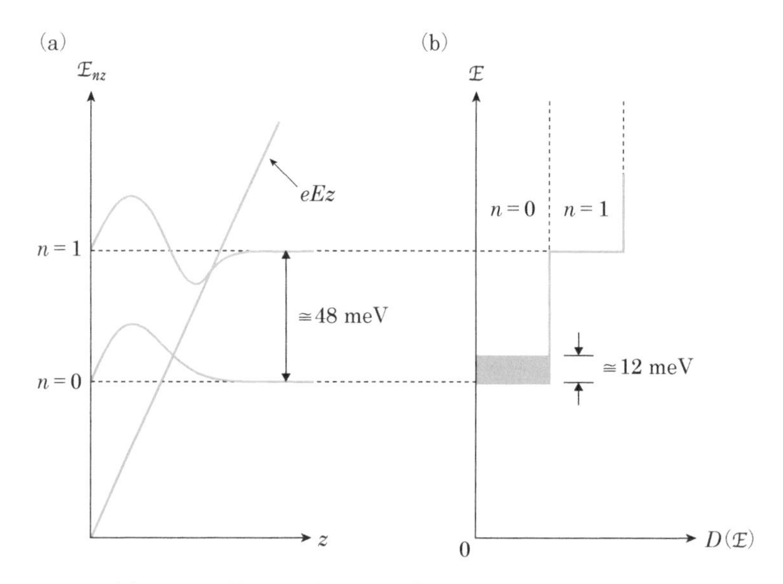

図13.6　(a) Si-MOS界面に形成される2次元電子系のエネルギー準位，(b) 状態密度および電子の分布
(b)では反転層の電子密度を $1\times10^{12}\ \mathrm{cm}^{-2}$ とした。

$$\mathcal{E}_{nz}=\left\{\frac{3\pi(n+3/4)}{2}\right\}^{2/3}\left\{\frac{(eE\hbar)^2}{2m_e^*}\right\}^{1/3}\quad (n=0,1,2,\cdots)\qquad(13.32)$$

と書ける。z 軸方向の波動関数の形状は，井戸型ポテンシャルを参考にすると，基底状態においては半波長，第1励起状態では1波長の波，というように変化するはずである。一方，Siのバンド曲がりの大きさは有限であるから，電子は三角ポテンシャルの外にも染み出しており，無限障壁井戸型ポテンシャルの波動関数のように対称にはならない。これらを考慮すると図13.6(a)のような波動関数になる。

具体的な数値を入れて基底状態，第1励起状態についてエネルギーを求めてみよう。電子の有効質量を $m_e^*=0.2m_0$, $E=10^5\ \mathrm{V/cm}$ とすると，$\mathcal{E}_{0z}\approx62\ \mathrm{meV}$, $\mathcal{E}_{1z}\approx110\ \mathrm{meV}$ となり，差は約48 meVである。これを温度に換算すると約600 Kである。2次元系の単位面積あたりの状態密度 $m_e^*/(\pi\hbar^2)$（スピン縮退を考慮）は $8.3\times10^{13}\ \mathrm{cm}^{-2}/\mathrm{eV}$ であるから，反転層の電子密度を $1\times10^{12}\ \mathrm{cm}^{-2}$ とするとエネルギー幅は12 meV程度になり，$\mathcal{E}_{1z}-\mathcal{E}_{0z}$ よりも小さくなる。したがって，反転層の電子は，低温では図13.6(b)に示すように $n=0$ の最低サブバンドに存在していると考えられる。

なお，以上の計算は単純化しすぎており，実際のSiは6つの伝導帯の谷を有し，それらの等エネルギー面は回転楕円体である。有効質量は運動方向に依存して異なるため，実際にはこれらを考慮した計算が必要である。より詳しい内容は参考書で勉強していただきたい。

さて，前節で議論したようなサブバンド間遷移は，非対称ポテンシャルのSi-MOS界面で観察可能であろうか。前節の結論は対称的な矩形ポテンシャルであったため，選択則は厳密なものとなった。三角ポテンシャルでは，対称な矩形ポテンシャルに比較して選択則は厳密ではないと推測されるが，z軸方向の波動関数はs的な基底状態からp的な第1励起状態への遷移，すなわち$n=0 \rightarrow n=1$への遷移が低温ではもっとも強く観測されるであろう。

Si-MOSにおける界面の電場(すなわち，三角ポテンシャルの形状)は式(11.21)に示したようにゲート電圧に依存する。サブバンド間の遷移の観測は，界面に対して垂直な方向(z軸方向)に偏極を有する光(すなわち界面に沿った方向に進行する光)を照射し，その波長(エネルギー)を連続的に変化させる代わりに，一定波長の光源を使い，ゲート電圧を変えることで三角ポテンシャルのサブバンドの間隔を変化させ，サブバンド間のエネルギー差が光のエネルギーに一致する条件を作りだす方法でも可能である。この方法を用いたサブバンド間遷移の観測が報告されている。

13.4 磁場下における2次元電子系とエッジ状態

13.4.1 磁場下における2次元電子系

Si-MOSの反転層界面に対して垂直な方向(すなわちz軸方向)に磁場が印加されている場合を考えよう。反転層の電子はz軸方向(磁場の方向と平行)には三角ポテンシャルによって量子化されており，さらに最低サブバンド($n=0$)のみに存在すると仮定する。2次元面内を運動している電子はローレンツ力を受けるため，遠心力mv^2/rとローレンツ力evBがつり合う状態，すなわち角振動数$\omega_c = eB/m_e^*$で周回運動(サイクロトロン運動)を行う。この運動を界面と平行な方向から観察すると，調和振動子と同じ往復運動であるから運動エネルギーは$\hbar\omega_c$の間隔で量子化される。この運動エネルギーの準位を**ランダウ準位**と呼ぶ。なお，いまは散乱が無いことを仮定しているが，散乱がある場合でも周回運動を完全に完成できる場合には，すなわちキャリアの散乱の緩和時間τが周期Tよりも十分長ければ($\tau \gg T$)，エネルギーと時間に関する不確定性原理$(\Delta\mathcal{E}) \times \tau \approx \hbar$から，エネルギーの不確定性幅$\Delta\mathcal{E} = \hbar/\tau$とサイクロトロンエネルギー$\hbar\omega_c$の間には$\hbar\omega_c \gg \Delta\mathcal{E}$の関係が成立し，分離したランダウ準位を完成できる。散乱の効果は主にランダウ準位の幅の広がり(不確定性幅)に寄与する。

ローレンツ力は電子の運動方向と垂直であるから仕事をしない。磁場が強ければローレンツ力は強くなるため，一定の運動エネルギーの下での周回運動の半径は小さくなり，結果として界面に平行な方向から観察したときの往復運動が激しくなる(角振動数が大きくなる)。したがって，磁場が強くなると量子化準位の間隔$h\omega_c$は大きくなる。$mv^2/2 = (p+1/2)$

$\hbar\omega_c(p=0, 1, 2, \cdots)$から求めた軌道半径$l_p$は$l_p=\{(\hbar/eB)\times(2p+1)\}^{1/2}=l_0(2p+1)^{1/2}$となる。ここで，$l_0=(\hbar/eB)^{1/2}$は$p=0$の軌道半径である。磁場が強くなって周回運動の半径が小さくなると，多くの電子が同じような周回運動を行うことが可能になる。したがって，ランダウ準位の占有数は大きくなる。2次元電子系の状態密度はスピンによる縮退が解けていれば$L^2m_e^*/(2\pi\hbar^2)$（L^2はサンプルの面積）であるが，ランダウ準位が形成されると$\hbar\omega_c\times L^2m_e^*/(2\pi\hbar^2)$が1つランダウ準位に集約されるため，1つのランダウ準位には$\hbar\omega_c\times L^2m_e^*/(2\pi\hbar^2)=\omega_c L^2m_e^*/(2\pi\hbar)=\Phi/\Phi_0$の状態数がある。$\Phi$は2次元平面を貫通する磁束$\Phi=BL^2$, Φ_0は磁束量子h/eであり，単位面積あたりの状態数はeB/hである。

上記の現象を数式によって展開してみよう。ここでは，ランダウゲージでのベクトルポテンシャル$\boldsymbol{A}=(0, Bx, 0)$を考える。電磁気学で学習した$\boldsymbol{B}=\mathrm{rot}\,\boldsymbol{A}$を計算すると$\boldsymbol{B}=(0, 0, B)$になり，$z$軸方向（界面に対して垂直な方向）に磁場$B$を印加したことになる。

量子力学によると磁場下におけるシュレーディンガー方程式はベクトルポテンシャルを使って

$$\left\{\frac{(\boldsymbol{p}+e\boldsymbol{A})^2}{2m_e^*}+V(z)\right\}F(\boldsymbol{r})=\mathcal{E}F(\boldsymbol{r}) \tag{13.33}$$

と書ける。$\boldsymbol{p}$は$\boldsymbol{p}=-\mathrm{i}\hbar\nabla$，$-e(e>0)$は電子の電荷である。この式を変形すると

$$\left\{-\frac{\hbar^2}{2m_e^*}\left(\frac{\partial^2}{\partial x^2}+\frac{\partial^2}{\partial y^2}+\frac{\partial^2}{\partial z^2}\right)-\left(\frac{\mathrm{i}\hbar eBx}{m_e^*}\right)\frac{\partial}{\partial y}+\frac{(eBx)^2}{2m_e^*}+V(z)\right\}F(\boldsymbol{r})=\mathcal{E}F(\boldsymbol{r}) \tag{13.34}$$

となる。電子はz軸方向に関しては量子化された最低サブバンドのみを占めていると仮定すると，xy面の方程式のみが重要であり，

$$\left\{-\frac{\hbar^2}{2m_e^*}\left(\frac{\partial^2}{\partial x^2}+\frac{\partial^2}{\partial y^2}\right)-\left(\frac{\mathrm{i}\hbar eBx}{m_e^*}\right)\frac{\partial}{\partial y}+\frac{(eBx)^2}{2m_e^*}\right\}F(x,y)=\mathcal{E}F(x,y) \tag{13.35}$$

となる。この方程式の解を

$$F(x,y)=\psi_x(x)\exp(\mathrm{i}k_y y) \tag{13.36}$$

と仮定すると，式(13.35)は

$$\left\{-\frac{\hbar^2}{2m_e^*}\frac{\partial^2}{\partial x^2}+\frac{1}{2}m_e^*{\omega_c}^2(x-x_0)^2\right\}\psi_x(x)=\mathcal{E}\psi_x(x) \tag{13.37}$$

となる。ここで，$x_0=-\hbar k_y/(eB)$，$\omega_c=eB/m_e^*$としている。式(13.37)は調和振動子の運動方程式と同じであり，振動子の中心x_0はy軸方向の波数k_yの関数である。調和振動子であるからエネルギーは

$$\mathcal{E}=\mathcal{E}_p=\left(p+\frac{1}{2}\right)\hbar\omega_c \quad (p=0,1,2,\cdots) \tag{13.38}$$

に量子化されるはずであり，k_y（すなわちx_0）に依存しない。このことは，

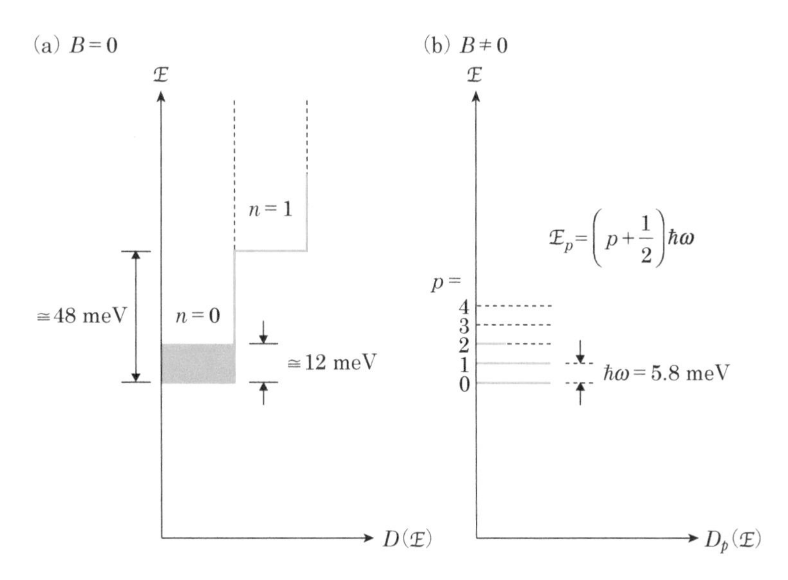

図13.7　(a) $B=0$ の場合の電子分布，(b) $B=10$ T のエネルギー状態と電子分布

同じ量子数 p であれば k_y(すなわち x_0)に対して縮退していることを示している。

いま，2次元平面の面積を L_xL_y とし，y 軸方向に周期的境界条件を適用すると $\Delta k_y = 2\pi/L_y$ であるから $\Delta x_0 = -\{\hbar/(eB)\}\Delta k_y = -\{\hbar/(eB)\}\times(2\pi/L_y)$ である。軌道の縮退度は $L_x/\Delta x_0 = BL_xL_y/(h/e) = \Phi/\Phi_0$ となる。単位面積を考えると1つのランダウ準位の縮退度は eB/h であり，1つのランダウ準位に単位面積あたり eB/h 個の電子を収容できる。以上の議論は軌道のみを考えているため，スピンの縮退がある場合には $2eB/h$ である。この値は $B=10$ T のとき，$2eB/h = 4.8\times10^{11}$ cm^{-2} になる。ランダウ準位の間隔は $m_e^* = 0.2m_0$, $B=10$ T では $\hbar\omega_c \approx 5.8$ meV となるから，電子密度を 1×10^{12} cm^{-2} とすると図13.7に示すようにランダウ準位 $p=2$ の一部まで電子が占有することになる。この図では省略しているが，各ランダウ準位は散乱のために $\Delta\mathcal{E} = \hbar/\tau$ の幅を有している。実際の磁場下における Si–MOS 界面の2次元電子系は，6つの伝導帯の谷，有効質量の異方性，スピンの効果，ランダウ準位の広がりにより非常に複雑に変化することを再度注意しておく。

13.4.2　エッジチャネル

サンプルが x 軸方向に端(エッジ)を有する場合を考える。通常のサンプルは有限の大きさであるために必ずエッジが存在する。また，x 軸方向のサンプルの両エッジでは井戸型ポテンシャルと同様に無限のポテンシャル障壁が存在すると仮定する。

式(13.37)左辺の第2項は磁気ポテンシャルと呼ばれる。調和振動子のポテンシャルエネルギーに対応する形式を有しており，その起源が磁場に由来するためである。$k_y = 0$ では磁気ポテンシャルは $x_0 = 0$ で最小

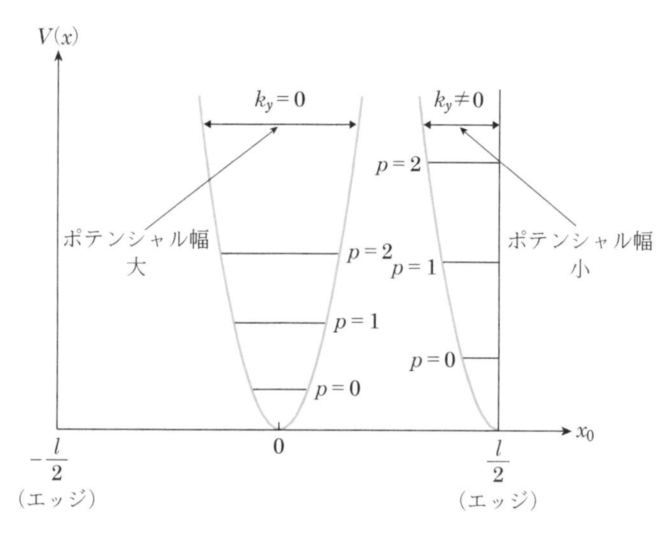

図13.8　$B \neq 0$における2次元電子系のランダウ準位の位置依存性

値をとる。磁場を強くすることは式(13.38)の磁気ポテンシャルを狭く鋭くする(調和振動子ではバネ定数を強くする)効果に対応するため，調和振動子での類推からエネルギー間隔$\hbar\omega_c$が大きくなる。また，同じく調和振動子での類推から波動関数は磁気ポテンシャル内部に局在していると考えられる。

一方，サンプルのエッジでは，磁場が一定であっても，無限のポテンシャル障壁が存在するため，x_0がエッジに向かうとともに図13.8のような狭いポテンシャルが形成される。このため，エネルギー間隔$\hbar\omega_c$は大きくなる。エッジの影響を受けないサンプル中央の領域では，エネルギーは$p=0, 1, 2, 3, \cdots$と指数付けされ，またエッジにおいても$p=0, 1, 2, 3, \cdots$と指数付けされる。それぞれの準位はx_0の位置の変化に対して連続的に変化するから，サンプルの中心からエッジに向かって図13.9のようなエネルギーが形成される。

2次元系の電子のサイクロトロン運動による回転運動と，式(13.36)が示すy軸方向に関する波数k_yを有する空間に広がった進行波の状態は矛盾しているように思える。電子はy軸方向に移動しているであろうか。これを明らかにするためには群速度を計算してみればよい。サンプル中央の平坦なエネルギー領域では，式(13.38)が示すようにエネルギーはk_yに依存しないため，y軸方向に群速度を有していない。一方，エッジ状態ではエネルギーはx_0に依存するため，$\mathcal{E}=\mathcal{E}_p(x_0)$と表記すると，ある1つのランダウ準位$p$に注目した$y$軸方向の群速度は

$$
\begin{aligned}
v_{g,y}(x_0) &= \frac{1}{\hbar}\frac{\mathrm{d}\mathcal{E}_p(x_0)}{\mathrm{d}k_y} = \frac{1}{\hbar}\frac{\mathrm{d}x_0}{\mathrm{d}k_y}\frac{\mathrm{d}\mathcal{E}_p(x_0)}{\mathrm{d}x_0} \\
&= -\frac{1}{eB}\frac{\mathrm{d}\mathcal{E}_p(x_0)}{\mathrm{d}x_0}
\end{aligned}
\tag{13.39}
$$

となり，0ではない。この式の微分項$\mathrm{d}\mathcal{E}_p(x_0)/\mathrm{d}x_0$は左右のエッジで符

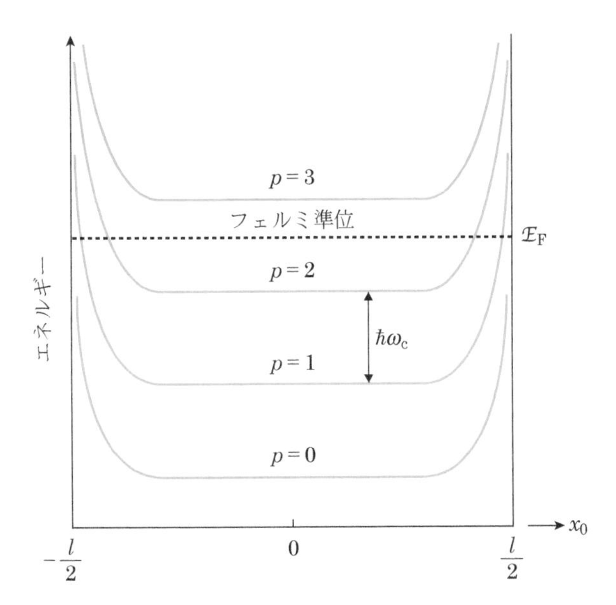

図13.9　$B \neq 0$におけるサンプルの中央とエッジにおける磁気ポテンシャル
右側のエッジの形状は磁気ポテンシャルではないが，エッジを考慮して簡単化している。

号が反対であるから，群速度は反対向きである。

1つのランダウ準位に注目すると全電流は

$$
\begin{aligned}
I_y &= \sum_{x_0}(-e)v_{g,y}(x_0) \Big/ L_y = \sum_{x_0}\left(\frac{1}{BL_y}\right) \times \frac{\mathrm{d}\mathcal{E}_p(x_0)}{\mathrm{d}x_0} \\
&= \left(\frac{1}{\Delta x_0}\right)\int\left(\frac{1}{BL_y}\right) \times \frac{\mathrm{d}\mathcal{E}_p(x_0)}{\mathrm{d}x_0}\mathrm{d}x_0 \\
&= \frac{e}{h}\int \mathrm{d}\mathcal{E}_p(x_0) = \frac{e(\mu_A - \mu_B)}{h}
\end{aligned}
\tag{13.40}
$$

となる。AとBはエッジの両端の電子が占めている状態を表す。左右のエッジで流れる電流は逆向きであるため，左右のエッジが同じエネルギーまで電子を占有していると($\mu_A = \mu_B$の場合)，正味の電流は**0**である。しかし，エッジ電流は反対向きに流れていることに注意する必要がある。$\mu_A \neq \mu_B$の場合には$I_y = e(\mu_A - \mu_B)/h$となり正味の電流が流れる。

いま，サンプル中央付近でフェルミ準位以下にN個のランダウ準位があると仮定すると，エッジでは必ずフェルミ準位とN個のランダウ準位が交差するため，全電流は

$$
I_y = \frac{Ne(\mu_A - \mu_B)}{h} \tag{13.41}
$$

となる。$\mu_A - \mu_B = eV_x$とすると

$$
I_y = \frac{Ne^2}{h}V_x \tag{13.42}
$$

となる。V_xはホール効果におけるホール電圧に対応する。

個々のエッジチャネルの電子は1次元的な性質を有しており，散乱

という視点で見たとき，同じ側のエッジにある別のチャネルに散乱されるか，または，反対側のエッジに存在するチャネルに散乱されることが可能である。しかし，同じ側のエッジの別のチャネルに散乱されても電流は同じ方向に流れるため，電流値に変化はない。一方，反対側のエッジは空間的に離れた領域（試料反対側のエッジ）に存在するため，散乱確率は非常に小さい。したがって，エッジチャネルは全体で見ると散乱されない伝導チャネルである。エッジチャネルは量子ホール効果を説明するための1つのアプローチとして非常に重要である。

13.5　ヘテロ接合

バンドギャップの異なる2つの半導体を接触させると，界面付近にはさまざまなバンド構造が実現される。いま，GaAsとそれよりもバンドギャップが大きい$Al_{1-x}Ga_xAs$を考える。GaAsと$Al_{1-x}Ga_xAs$は格子定数が非常に近く，格子欠陥が無いきれいな半導体界面を実現できる。例えば，図13.10に示すようにGaAsは軽くドーピングされたp型であり，$Al_{1-x}Ga_xAs$はドナーがドープされたn型であるとする。$Al_{1-x}Ga_xAs$のドナーから伝導帯に励起された電子は高いエネルギー状態にあるため，低いエネルギーを実現できるGaAsの伝導帯に移動する。一方，GaAsに移動した電子の発生源であった$Al_{1-x}Ga_xAs$中のドナーは正にイオン化されるため，GaAsに移動した電子は$Al_{1-x}Ga_xAs$の正にイオン化したドナーに引き寄せられる。しかし，障壁によって$Al_{1-x}Ga_xAs$の領域に戻っていくことはできないためにヘテロ界面に蓄積される。最終的に$Al_{1-x}Ga_xAs$中のドナーからGaAs中に向かって電場が発生するため，バンド構造は図13.11のように変化する。

このようなヘテロ界面に束縛されている電子は2次元電子系を形成する。通常，その厚さは10 nm程度であり，界面に垂直なz軸方向にはMOS界面や量子井戸のように量子化されて離散的なエネルギー準位を有している。一方，界面に平行なxy面内では自由に運動することが

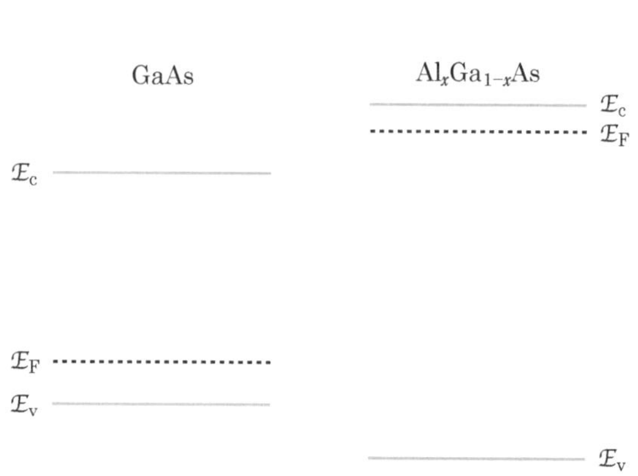

GaAs　　$Al_xGa_{1-x}As$

$\mathcal{E}_c$　$\mathcal{E}_F$　$\mathcal{E}_c$　$\mathcal{E}_F$　$\mathcal{E}_v$　$\mathcal{E}_v$

図13.10　p型GaAsとn型$Al_{1-x}Ga_xAs$のバンドの関係

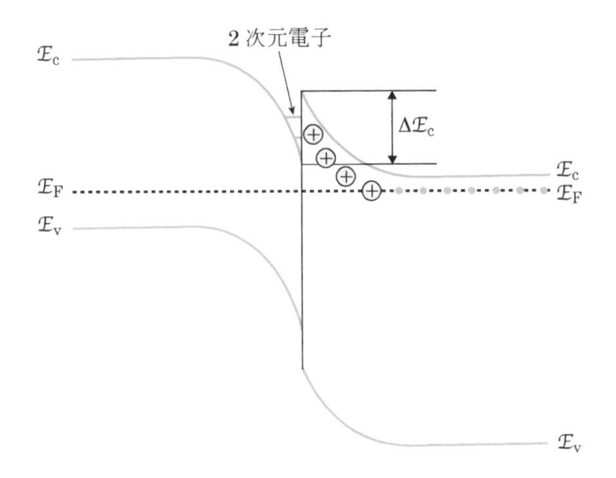

図 13.11 p 型 GaAs を利用したヘテロ界面におけるバンド構造

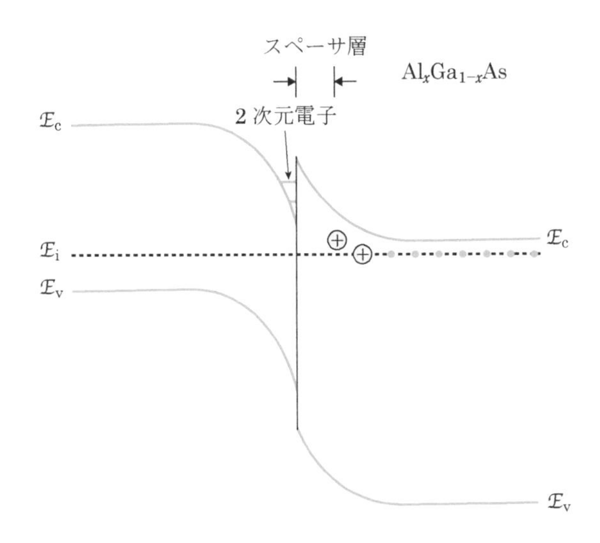

図 13.12 スペーサ層を有するヘテロ界面

できる。しかし，z 軸方向に量子化された電子は，ポテンシャルの障壁 $\Delta\mathcal{E}_c$ が小さいために $Al_{1-x}Ga_xAs$ 中にも染み出す。電子は xy 面を運動する際，$Al_{1-x}Ga_xAs$ 中にも存在確率を有することになり，$Al_{1-x}Ga_xAs$ 中のドナーによるイオン化不純物散乱を受ける。

この影響を抑制するために界面に対してドナーが存在しない領域（スペーサ層）を挿入した構造が高移動度を実現する目的で利用されている。この場合のバンド構造は図 13.12 のようになる。スペーサ層の厚さを大きくすると移動度が増加することや x を大きくする（x を大きくすると障壁 $\Delta\mathcal{E}_c$ が大きくなる）と移動度が増加することが明らかになっている。GaAs の電子のバルク移動度は Si や Ge に比べてはるかに大きい。しかも，GaAs 側は不純物が少ない。加えて，界面近傍の $Al_{1-x}Ga_xAs$ にもドナー不純物が存在しない。また，界面は格子不整に基づく格子欠陥が無く，非常にきれいである。したがって，この系では低温において非常に高い移動度(例えば 1000 $m^2/V\,s$)が実現されている。このような高い移動度を実現しうる構造を有したトランジスタ(HEMT : high electron mobility transistor)が実用化されている。

一方，このような 2 次元電子系にゲートを付加することにより 0 次元的に電子を閉じ込め，人工原子(量子ドット)を形成する試みもなされている。量子ドットを作製するためには，軌道半径を大きくできる，すなわち有効質量の小さい半導体(例えば GaAs)が有利である。一方，最近では量子ドット内部の電子スピンを制御することにより，量子ビットを実現しようとする試みも進んでいる。量子ドットに閉じ込められた電子スピンはさまざまなノイズに敏感である。原子核が有する核スピンもノイズ源となる。そのため，核スピンを有する GaAs 系の代わりに，^{29}Si(核スピン＝1/2，4.9％の存在率)を排除した ^{28}Si(核スピン＝0)系の量子ドットが注目されている。

❖ 章末問題

13.1 Si の伝導帯は 6 つの〈100〉方向に主軸を有する回転楕円体の等エネルギー面から成り立っている。この点を考慮したときの Si/SiO_2 界面の 2 次元電子系のエネルギー分離を考察しなさい。なお, 有効質量は $m_t = 0.19\,m_0$ と $m_l = 0.98\,m_0$ として考えること。また，Si/SiO_2 界面は Si の(100)面を利用して形成するものとする。

13.2 MOSFET を高性能化する技術(テクノロジーブースター)としてチャネルにストレスを加える方法がある。なぜストレスを加えると MOSFET の性能が向上するのか，バンド構造の変調との関連性から，そのメカニズムについて考えなさい。

参考書

以下では学部生および大学院生にとって参考になると思われる書籍を出版年順にあげているが，絶版になっているものも含まれている。筆者は過去に出版されたすべての書籍を知っているわけでない。他にも良書はたくさんあることを前もって指摘させていただきたい。最近は特定分野に絞った専門性の高い書籍が多数出版されているが，それらは除外している。

量子力学の参考書

- 小出昭一郎，量子論，裳華房(1968)
  →量子力学をはじめて学ぶ学生を対象とした代表的な教科書である。改訂版が出版されているが，内容は初版のほうが豊富である。また，同一著者による『量子力学I』『量子力学II』および改訂版(いずれも裳華房)がある。
- 齋藤理一郎，量子物理学，培風館(1995)
  →化学結合論的な視点から量子力学およびバンド構造について，ていねいに説明されている。
- 上村 洸，山本貴博，基礎からの量子力学，裳華房(2013)
  →物性の内容が豊富である。
- 小野行徳，電子・物性系のための量子力学—デバイスの本質を理解する，森北出版(2015)
  →物性およびデバイスの内容が豊富である。
- 山本貴博，工学へのアプローチ 量子力学，裳華房(2020)
  →物性の内容が豊富である。

半導体物性に関する参考書

- 植村泰忠，菊池 誠，半導体の理論と応用(上)，裳華房(1960)
  →固体電子論に関する話題にも詳しい。数式を多用せずに物理を説明している点で非常に参考になる。最近の教科書にない奥深い物理の記述を有する。入門的な内容を勉強した後に読むとよい。
- 植村泰忠，不完全結晶の電子現象，岩波書店(1961)
  →数式を多用せずに物理を説明している点で非常にわかりやすい。しかし，高度な内容も含まれているので，必要な部分を選んで読むとよい。
- 阿部龍蔵，電気伝導，培風館(1969)
  →電気伝導を扱ったこの分野の代表的な教科書である。量子力学を使って計算されているので数式は複雑であるが，計算の過程が詳細に説明されており，自学書としても最適である。古い書籍であるため，最近の量子伝導に関する話題はない。
- 川村 肇，半導体の物理 第2版，槇書店(1971)
  →半導体物理の基礎的な話題の記述に詳しい名著であるが内容は高度である。初版は1961年に出版されている。
- C. Kittel 著，堂山昌男 訳，固体の量子論，丸善(1972)
  →『キッテル 固体物理学』に比較すると非常に高度な内容である。半導体に関する話題も豊富であるが，物性理論を目指す学生に最適であると思われる。
- 菅野卓雄，御子柴宣夫，平木昭夫，表面電子工学，コロナ社(1979)
  →Si-MOS界面の2次元電子系の物理の記述が豊富(第3章，第4章)であり，この分野にはじめて触れる読者に最適である。

• 御子柴宣夫，半導体の物理，培風館(1982)／御子柴宣夫，半導体の物理 改訂版，培風館(1991)
→学部から大学院の学生を対象にした国内における半導体物理の代表的な教科書である。内容も豊富であり，最近の話題も含まれている。この書籍を自力で読めるようになることが本書の目標の1つである。

• 川村 肇，半導体物理，共立出版(1987)
→同じ著者の『半導体の物理』(槇書店)に新しい内容を加えた教科書である。数式が減って読みやすくなっているが，高度な内容が含まれている。1つ上の御子柴宣夫『半導体の物理』(培風館)よりはレベルが高い。

• 小林浩一，化学者のための電気伝導入門，裳華房(1989)
→量子力学に基づいて電気伝導を扱っている。この分野の代表的な教科書の1冊である。計算の過程や物理が詳細に説明されているので自学書としても最適である。古い書籍であるため，最近の量子伝導に関する話題はない。

• P. Y. Yu, M. Cardona 著，末元 徹，岡 泰夫，勝本信吾，大成誠之助 訳，半導体の基礎，シュプリンガー・フェアラーク東京(1999)
→レベルは非常に高い。大学院生以上の教科書，専門書である。原著のタイトルは *Fundamentals of Semiconductors*(Springer)。

• 浜口智尋，半導体物理，朝倉書店(2001)
→大学院生以上を対象にした半導体物理の教科書である。内容も豊富であり，最近の話題も含まれている。御子柴宣夫『半導体の物理』(培風館)よりもレベルは高い。

• 家 泰弘，量子輸送現象，岩波書店(2002)
→コンパクトにまとめられた低次元系半導体の量子輸送現象に関する教科書である。平易に解説されているが，扱っているテーマには高度な内容が含まれている。

• 勝本信吾，実験・人工量子力学，岩波書店(2003)
→微細加工を利用して実現される半導体構造の量子現象を扱っている。わかりやすく，低次元半導体物理の入門書としても最適である。同一著者による『量子の匠―実験量子力学入門』(丸善，2014)も非常に良い低次元半導体物理の教科書である。

• J. H. Davies 著，樺沢宇紀 訳，低次元半導体の物理，シュプリンガー・フェアラーク(2004)
→低次元半導体の物理を扱った学部生，大学院生用の教科書である。説明が詳細で非常にわかりやすい。数式も丁寧に解説されている。原著のタイトルは *The Physics of Low-Dimensional Semiconductors* (Springer)。御子柴宣夫『半導体の物理』(培風館)を勉強した後，この本を推奨する。

• D. K. Ferry 著，落合勇一，打波 守，松田和典，石橋幸治 訳，ナノデバイスへの量子力学，シュプリンガー・フェアラーク(2006)
→低次元半導体の物理およびデバイスに関する記述に詳しい。原著のタイトルは *Quantum Mechanics: An Introduction for Device Physicists and Electrical Engineers*(Taylor and Francis)。

• 中山正昭，半導体の光物性，コロナ社(2013)
→大学院生や専門家向けの半導体光物性に関する専門書である。数式の展開や説明がていねいであり，図面・実験データが多い。低次元系の光物性についても豊富な記述がある。

• 勝本信吾，半導体量子輸送物性，培風館(2014)
→最近の話題が多く含まれており，レベルの高い内容がコンパクトにまとめられている。この分野を専門とする大学院生，および研究者向けに最適である。

• 平山祥郎，山口浩司，佐々木 智，半導体量子構造の物理，朝倉書店(2016)
→量子ドット，量子スピン制御などの最近の話題が含まれ，それらが平易に説明されている。この分野に関心がある学部生および大学院生に最適である。

半導体デバイス(特に電界効果トランジスタ)に関する参考書

• 松本 智，半導体デバイスの基礎，培風館(2003)
→コンパクトにまとめられた半導体デバイスに関する教科書である。学部生および大学院生に最適である。

- 平本俊郎，内田 健，杉井信之，竹内 潔，集積ナノデバイス，丸善出版（2009）
  →MOSFETに特化したレベルが高い専門書である。大学院生以上・研究者に最適である。
- Y. Taur, T. H. Ning著，芝原健太郎，宮本恭幸，内田 健 監訳，最新VLSIの基礎 第2版，丸善出版（2013）
  →著名な書籍 *Fundamentals of Modern VLSI Devices, 2nd edition*（Cambridge University Press）の訳本である。この分野を専門とする大学院生・研究者向けの専門書である。詳細な議論が含まれておりレベルが高い。
- 土屋英明，ナノ構造エレクトロニクス入門，コロナ社（2013）
  →ナノスケールのトランジスタでは量子力学的な視点からの考察が重要である。このような視点に立ったデバイス物理の教科書である。学部生・大学院生に最適である。数式の展開がていねいであり一読を薦める。
- 柴田 直，半導体デバイス入門―その原理と動作のしくみ，数理工学社 （2014）
  →半導体デバイスの物理に関する説明が明快である。タイトルに入門とあるが，入門的な内容を勉強した後に読むとよい。
- 小林清輝，集積回路のための半導体デバイス工学，コロナ社（2018）
  →MOSFETを中心としたデバイスや論理回路，メモリの動作原理，LSIプロセスを含んだ集積デバイスに関する総合的な教科書である。学部生・大学院生に最適であり，一読を薦める。
- 名取研二，ナノスケール・トランジスタの物理，朝倉出版（2018）
  →古典的なトランジスタに比較してナノスケールのトランジスタではメゾスコピック系の量子伝導現象に基づいた動作原理の理解が重要である。このような新しい視点に立ったデバイス物理の教科書である。土屋英明『ナノ構造エレクトロニクス入門』（コロナ社）に比較するとレベルが高い。大学院生・研究者に最適であろう。

本書で省略した内容については，以下の参考書の中に記述がある。参考にしていただきたい。

金属・半導体接合

- 松本 智，半導体デバイスの基礎，培風館（2003）
- 柴田 直，半導体デバイス入門–その原理と動作のしくみ，数理工学社（2014）

バイポーラトランジスタ

- 松本 智，半導体デバイスの基礎，培風館（2003）
- Y. Taur, T. H. Ning著，芝原 健太郎，宮本恭幸，内田 建 監訳，タウア・ニン 最新VLSIの基礎 第2版，丸善出版（2013）
- 柴田 直，半導体デバイス入門―その原理と動作のしくみ，数理工学社（2014）

メモリデバイス

- Y. Taur, T. H. Ning著，芝原 健太郎，宮本恭幸，内田 建 監訳，タウア・ニン 最新VLSIの基礎 第2版，丸善出版（2013）
- 小林清輝，集積回路のための半導体デバイス工学，コロナ社（2018）

光デバイス

- 松本 智，半導体デバイスの基礎，培風館（2003）

パワーデバイス

- 柴田 直，半導体デバイス入門―その原理と動作のしくみ，数理工学社（2014）

章末問題の解答

[第1章　量子力学の基礎]

1.1　領域Iの左から電子波が進行するのであるからエネルギー$\mathcal{E}>0$である。領域Iのシュレーディンガー方程式は

$$\left(-\frac{\hbar^2}{2m}\frac{\partial^2}{\partial x^2}\right)\varphi_{\mathrm{I}}(x)=\mathcal{E}\varphi_{\mathrm{I}}(x)$$

であり，波動関数は$k^2=2m\mathcal{E}/\hbar^2$とおくと

$$\varphi_{\mathrm{I}}(x)=A\exp(\mathrm{i}kx)+B\exp(-\mathrm{i}kx)$$

と書ける。kを正の値とすると第1項は入射波，第2項は反射波を表している。領域IIのシュレーディンガー方程式は

$$\left(-\frac{\hbar^2}{2m}\frac{\partial^2}{\partial x^2}-V_0\right)\varphi_{\mathrm{II}}(x)=\mathcal{E}\varphi_{\mathrm{II}}(x)$$

である。波動関数は$k'^2=2m(\mathcal{E}+V)/\hbar^2$とおくと

$$\varphi_{\mathrm{II}}(x)=C\exp(\mathrm{i}k'x)$$

となる。ここで，k'は正の値である。領域IIにおいては，電子波を反射させる要因は存在しないため，電子波としてはxが増加する方向に進行する波のみが存在する。$x=0$での連続の条件から

$$A+B=C$$
$$k(A-B)=k'C$$

ここで確率密度の流れを計算する。領域IとIIで電子が同一の質量mであるとすると，入射波，反射波，透過波に対して，それぞれ

$$\left(\frac{\hbar k}{m}\right)\times|A|^2,\ \left(\frac{\hbar k}{m}\right)\times|B|^2,\ \left(\frac{\hbar k'}{m}\right)\times|C|^2$$

である。反射率Rは$R=|B|^2/|A|^2$，透過率Tは$T=k'|C|^2/(k|A|^2)$である。それぞれ

$$R=\frac{(k'-k)^2}{(k'+k)^2},\quad T=\frac{4kk'}{(k'+k)^2}$$

となり，$R+T=1$が成立している。ポテンシャル障壁が無いとすると$k=k'$であり，$R=0$, $T=1$となる。一方，ポテンシャル障壁が無限に深いとすると$R=1$, $T=0$となる。

1.2　図1のようなポテンシャルに対してξ程度の範囲で電子が束縛されていると仮定する。1次元においては，電子に働くポテンシャルの影響は$\approx-V_0\times(a/\xi)$である。一方，不確定性原理から運動量の不確定性は$\hbar/\xi$程度であるから運動エネルギーは$(\hbar/\xi)^2/(2m)$であり，全エネルギー$\mathcal{E}$は

$$\mathcal{E}\approx\frac{(\hbar/\xi)^2}{2m}-V_0\times\frac{a}{\xi}$$

である。$\mathcal{E}$の最小値が負の値になれば束縛状態が形成されることになるが，$\xi=\hbar^2/(mV_0a)$の

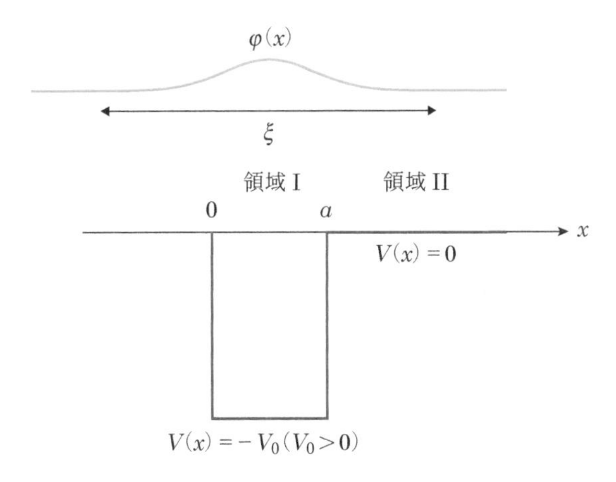

章末問題1.2の図1

とき，最小値 $\mathcal{E}_{\min} = -mV_0{}^2a^2/(2\hbar^2)$ となる。したがって，1次元では引力がどんなに弱くても束縛状態が形成されることになる（参考：長岡洋介，低温・超伝導・高温超伝導，丸善出版（1995））。

しかし，この簡単な取り扱いが許されるのは，電子の存在確率がもっとも高い領域が井戸の中にある場合である。問題のポテンシャルでは，左側の壁で電子の存在確率が0となるため，電子に対する引力が弱まっている。シュレーディンガー方程式から解を求めてみよう。

領域Iのシュレーディンガー方程式は

$$\left(-\frac{\hbar^2}{2m}\frac{\partial^2}{\partial x^2} - V_0\right)\varphi_{\rm I}(x) = \mathcal{E}\varphi_{\rm I}(x)$$

ただし，$V_0 > 0$ である。領域IIのシュレーディンガー方程式は

$$\left(-\frac{\hbar^2}{2m}\frac{\partial^2}{\partial x^2}\right)\varphi_{\rm II}(x) = \mathcal{E}\varphi_{\rm II}(x)$$

となる。束縛状態が形成されることは，$\mathcal{E} < 0$ であることを意味する。$\mathcal{E} = -|\mathcal{E}|$ とすると

$$\left(-\frac{\hbar^2}{2m}\frac{\partial^2}{\partial x^2}\right)\varphi_{\rm I}(x) = (V_0 - |\mathcal{E}|)\varphi_{\rm I}(x)$$

となるが，電子のエネルギーが $-V_0$ よりも小さくなることはないため，$V_0 - |\mathcal{E}| > 0$ である。

$$\frac{\partial^2 \varphi_{\rm I}(x)}{\partial x^2} = -\frac{2m(V_0 - |\mathcal{E}|)}{\hbar^2}\varphi_{\rm I}(x) = -k_1{}^2\varphi_{\rm I}(x)$$

ここで，$k_1 > 0$ とする。領域IIにおいては

$$\frac{\partial^2 \varphi_{\rm II}(x)}{\partial x^2} = \frac{2m|\mathcal{E}|}{\hbar^2}\varphi_{\rm II}(x) = k_2{}^2\varphi_{\rm II}(x)$$

となる。ここで，k_2 は正の値とする。境界条件として $\varphi_{\rm I}(0) = 0$ および $\varphi_{\rm II}(\infty) = 0$ を満たす必要がある。$\varphi_{\rm I}(0) = 0$ を満たす解は

$$A\sin(k_1 x)$$

である。また，$\varphi_{\rm II}(\infty) = 0$ を満たす解は

$$B\exp(-k_2 x)$$

となる。$x = a$ での波動関数の連続性を考慮すると

$$A\sin(k_1 a) = B\exp(-k_2 a)$$
$$Ak_1\cos(k_1 a) = -Bk_2\exp(-k_2 a)$$

が成立する。これから A, B を消去すると

$$\frac{\tan(k_1 a)}{k_1} = -\frac{1}{k_2}$$

となる。ここで少し工夫をしよう。tan の中は $k_1 a$ であるから

$$k_1 a\cot(k_1 a) = -k_2 a$$

と書き換える。また

$$(k_1 a)^2 + (k_2 a)^2 = \frac{2mV_0 a^2}{\hbar^2} \quad (*)$$

である。この解を求めることは少し難しいので作図で考える。x 軸を $k_1 a$，y 軸を $k_2 a$ とすると上の式(＊)は半径 $= (2mV_0 a^2/\hbar^2)^{1/2}$ の円である。この関係は図 2 に示す。一方，$k_1 a \times \cot(k_1 a) = -k_2 a$ の方程式は曲線である。2 つのグラフの交点が解になるが，$(2mV_0 a^2/\hbar^2)^{1/2} < \pi/2$ の場合には交点が存在しない。したがって，V_0 はある程度の大きさが必要なことを意味している。

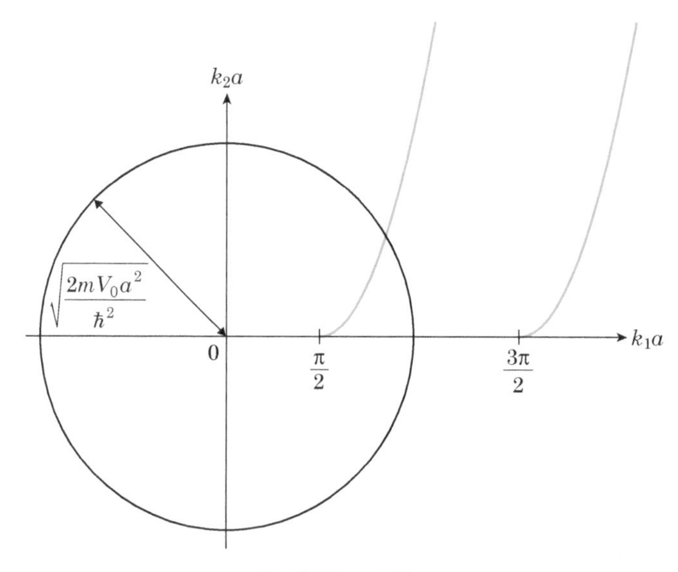

章末問題 1.2 の図 2

[第 2 章　水素原子から物質へ]

2.1　波長の短い状態(高エネルギー状態)から作図していく。ただし，左右の電子分布(波の 2 乗)は重心に対して対象であるから，この点を考慮すると図のようになる。

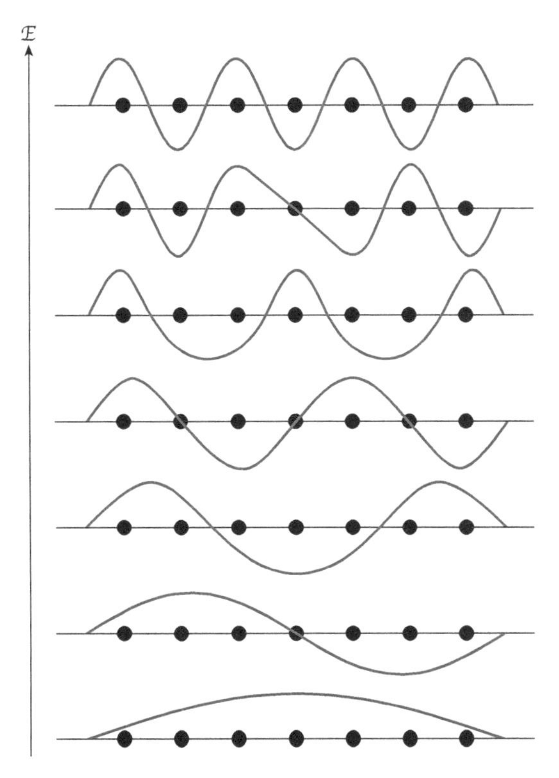

章末問題2.1の図

2.2 原子間隔 a が大きい場合，s 軌道と p 軌道は図(a)のような k 依存性が実現される。ここで，破線は s 軌道と p 軌道の間に相互作用が無いと仮定したときの k 依存性である。s 軌道と p 軌道に相互作用が生じると実線のように変調を受け，青色のバンドが形成される。一方，原子間隔 a が小さくなると s 軌道や p 軌道の k 依存性は強くなる。これは原子間距離が小さくなると隣の原子との軌道の重なりが強くなることによる。このとき，s 軌道と p 軌道に相互作用がないと仮定すると，点線で示すように s 軌道と p 軌道は $0<k<\pi/a$ の間のどこかで交差する。一方，s 軌道と p 軌道の間に相互作用が生じる場合には，図(b)の実線に示すように，k 空間においてバンドが交差する点を中心に，より低いエネルギー状態をとるように s 軌道と p 軌道から構成される新しい軌道が形成される。一方，その反結合性軌道として高いエネルギーをとる新しい軌道が形成される。その結果，図(b)の実線で示すような k 依存性とそれに対応する青色のバンドが現れる。これは縮退した摂動論の考え方に従うものであり，s 軌道と p 軌道のエネルギーが十分に離れている状態(例えば，$k=0$ や $k=\pi/a$)では，元の波動関数の性質が強く現れる。

＊参考：N. F. Mott and H. Jones, *The Theory of the Properties of Metals and Alloys*, Dover Publications (1936)

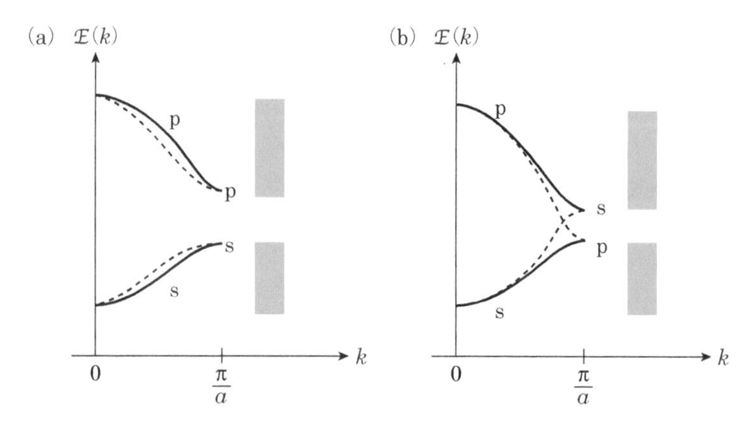

章末問題2.2の図

[第3章　バンド理論]

3.1 グラフェンを構成するπ軌道(p_z軌道)はs軌道と同じであるので図において○で表現する。(a)のΓ点に関しては，左の単位胞内の2原子は結合性軌道から構成されている。この場合，隣接の3つの原子間の結合が結合性軌道になっている。したがって，エネルギーはもっとも低い。一方，(a)の右図の単位胞内の2原子は反結合性軌道から構成されている。1つの原子は隣接の3つの原子との反結合性軌道から構成されており，エネルギーがもっとも高い。(b)のM点に関しては，結合性軌道を出発点としている左図の場合には，1つの原子は結合性軌道2つと反結合性軌道1つから構成されている。また，反結合から出発している(b)の右図は2つの反結合性軌道と1つの結合性軌道から構成される。以上からエネルギーは(a)の左図＜(b)の左図＜(b)の右図＜(a)の右図の順になる。

＊参考：P. A. Cox 著，魚崎浩平，高橋 誠，米田 龍，金子 普 訳，固体の電子構造と化学，技報堂出版(1989)

3.2 強結合近似での波動関数は

$$\Psi_{\boldsymbol{k}}(\boldsymbol{r})=\sum_{ml} C_{ml}\phi_{\boldsymbol{k},ml}(\boldsymbol{r})$$

で与えられる。ここで，

$$\phi_{\boldsymbol{k},ml}(\boldsymbol{r})=\frac{1}{\sqrt{N}}\sum_{i}\exp[\mathrm{i}\boldsymbol{k}\cdot(\boldsymbol{R}_i+\boldsymbol{r}_l)]\varphi_{ml}[\boldsymbol{r}-(\boldsymbol{R}_i+\boldsymbol{r}_l)]$$

である。$\boldsymbol{R}_i$ は i 番目の単位胞の位置，$\boldsymbol{r}_l$ は単位胞内の l 番目の原子の位置である。$\varphi_{ml}(\boldsymbol{r})$ は l 番目の原子の m 番目の軌道とする。また N は単位胞の数である。ここでは面心立方格子のp軌道について考える。面心立方格子は単位胞の中に原子1つを含む。したがって，原子の位置は $\boldsymbol{R}_i$ だけで表現すればよい。また，p軌道は3重縮退であるから p_x, p_y, p_z (φ_x, φ_y, φ_z) とする。それぞれの軌道に対して強結合近似の波動関数は

$$\phi_{\boldsymbol{k},x}(\boldsymbol{r})=\frac{1}{\sqrt{N}}\sum_{i}\exp(\mathrm{i}\boldsymbol{k}\cdot\boldsymbol{R}_i)\varphi_x(\boldsymbol{r}-\boldsymbol{R}_i)$$

$$\phi_{\boldsymbol{k},y}(\boldsymbol{r})=\frac{1}{\sqrt{N}}\sum_{i}\exp(\mathrm{i}\boldsymbol{k}\cdot\boldsymbol{R}_i)\varphi_y(\boldsymbol{r}-\boldsymbol{R}_i)$$

$$\phi_{\boldsymbol{k},z}(\boldsymbol{r})=\frac{1}{\sqrt{N}}\sum_{i}\exp(\mathrm{i}\boldsymbol{k}\cdot\boldsymbol{R}_i)\varphi_z(\boldsymbol{r}-\boldsymbol{R}_i)$$

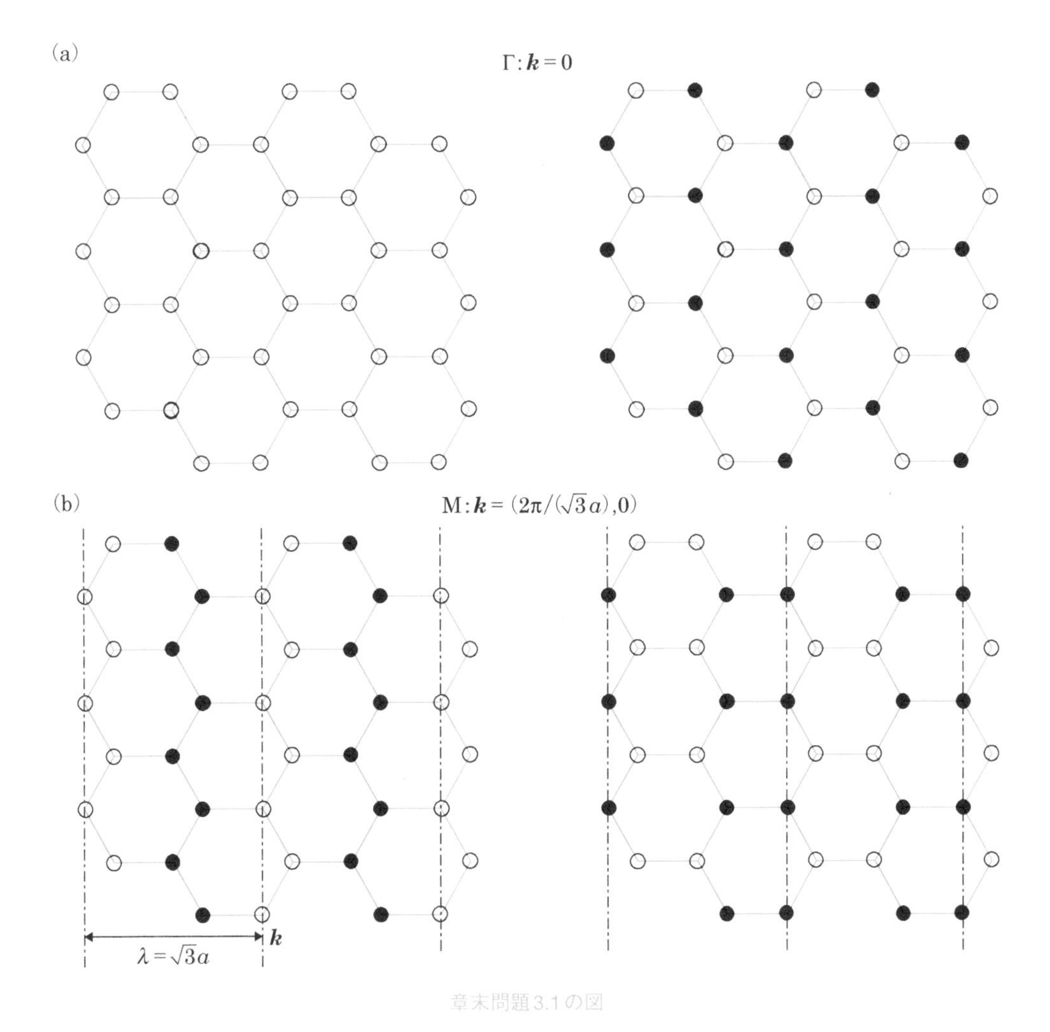

章末問題3.1の図

と書けるから，全体の波動関数は

$$\Psi_{\boldsymbol{k}}(\boldsymbol{r}) = C_x \frac{1}{\sqrt{N}} \sum_i \exp(\mathrm{i}\boldsymbol{k}\cdot\boldsymbol{R}_i)\varphi_x(\boldsymbol{r}-\boldsymbol{R}_i) + C_y \frac{1}{\sqrt{N}} \sum_i \exp(\mathrm{i}\boldsymbol{k}\cdot\boldsymbol{R}_i)\varphi_y(\boldsymbol{r}-\boldsymbol{R}_i) + C_z \frac{1}{\sqrt{N}} \sum_i \exp(\mathrm{i}\boldsymbol{k}\cdot\boldsymbol{R}_i)\varphi_z(\boldsymbol{r}-\boldsymbol{R}_i)$$

となる。シュレーディンガー方程式

$$\mathcal{H}|\Psi_{\boldsymbol{k}}(\boldsymbol{r})\rangle = \mathcal{E}|\Psi_{\boldsymbol{k}}(\boldsymbol{r})\rangle$$

を具体的に書くと

$$\begin{aligned}\mathcal{H}\Psi_{\boldsymbol{k}}(\boldsymbol{r}) &= C_x \frac{1}{\sqrt{N}} \sum_i \exp(\mathrm{i}\boldsymbol{k}\cdot\boldsymbol{R}_i)\mathcal{H}\varphi_x(\boldsymbol{r}-\boldsymbol{R}_i) \\ &\quad + C_y \frac{1}{\sqrt{N}} \sum_i \exp(\mathrm{i}\boldsymbol{k}\cdot\boldsymbol{R}_i)\mathcal{H}\varphi_y(\boldsymbol{r}-\boldsymbol{R}_i) + C_z \frac{1}{\sqrt{N}} \sum_i \exp(\mathrm{i}\boldsymbol{k}\cdot\boldsymbol{R}_i)\mathcal{H}\varphi_z(\boldsymbol{r}-\boldsymbol{R}_i) \\ &= \mathcal{E}\Psi_{\boldsymbol{k}}(\boldsymbol{r})\end{aligned}$$

となる。この式に左から$(1/\sqrt{N})\sum_j \exp(-\mathrm{i}\boldsymbol{k}\cdot\boldsymbol{R}_j)\,\varphi_x^*(\boldsymbol{r}-\boldsymbol{R}_j)$をかけて空間積分を実行する。$C_x$の

項に関する積分は

$$C_x \sum_i \exp(\mathrm{i}\boldsymbol{k}\cdot\boldsymbol{R}_i)\langle\varphi_x(\boldsymbol{r})|\mathcal{H}|\varphi_x(\boldsymbol{r}-\boldsymbol{R}_i)\rangle$$
$$= C_x\left\{\langle\varphi_x(\boldsymbol{r})|\mathcal{H}|\varphi_x(\boldsymbol{r})\rangle + \sum_{i\neq 0}\exp(\mathrm{i}\boldsymbol{k}\cdot\boldsymbol{R}_i)\langle\varphi_x(\boldsymbol{r})|\mathcal{H}|\varphi_x(\boldsymbol{r}-\boldsymbol{R}_i)\rangle\right\}$$

である。{ }の第1項は

$$\langle\phi_x(\boldsymbol{r})|\mathcal{H}|\phi_x(\boldsymbol{r})\rangle = \mathcal{E}_0 + \langle\varphi_x(\boldsymbol{r})|\Delta V|\varphi_x(\boldsymbol{r})\rangle = \mathcal{E}_\mathrm{p}$$

であり，$\boldsymbol{k}$ に依存しない。{ }の第2項は $\sum_{i\neq 0}\exp(\mathrm{i}\boldsymbol{k}\cdot\boldsymbol{R}_i)\langle\varphi_x(\boldsymbol{r})|\Delta V|\varphi_x(\boldsymbol{r}-\boldsymbol{R}_i)\rangle$ であり，$\boldsymbol{R}_i$ は $(\pm a/2, \pm a/2, 0)$，$(\pm a/2, 0, \pm a/2)$，$(0, \pm a/2, \pm a/2)$ となる。$\boldsymbol{R}_i = (\pm a/2, \pm a/2, 0)$ に対し，$\boldsymbol{i}, \boldsymbol{j}$ を x, y 方向の単位ベクトルとすると

$$\sum_{i\neq 0}\exp(\mathrm{i}\boldsymbol{k}\cdot\boldsymbol{R}_i)\langle\varphi_x(\boldsymbol{r})|\Delta V|\varphi_x(\boldsymbol{r}-\boldsymbol{R}_i)\rangle$$
$$= \exp\left[\mathrm{i}\frac{a}{2}(k_x+k_y)\right]\langle\varphi_x(\boldsymbol{r})|\Delta V|\varphi_x[\boldsymbol{r}-(a/2)\boldsymbol{i}-(a/2)\boldsymbol{j}]\rangle$$
$$+ \exp\left[\mathrm{i}\frac{a}{2}(k_x-k_y)\right]\langle\varphi_x(\boldsymbol{r})|\Delta V|\varphi_x[\boldsymbol{r}-(a/2)\boldsymbol{i}+(a/2)\boldsymbol{j}]\rangle$$
$$+ \exp\left[\mathrm{i}\frac{a}{2}(-k_x+k_y)\right]\langle\varphi_x(\boldsymbol{r})|\Delta V|\varphi_x[\boldsymbol{r}+(a/2)\boldsymbol{i}-(a/2)\boldsymbol{j}]\rangle$$
$$+ \exp\left[\mathrm{i}\frac{a}{2}(-k_x-k_y)\right]\langle\varphi_x(\boldsymbol{r})|\Delta V|\varphi_x[\boldsymbol{r}+(a/2)\boldsymbol{i}+(a/2)\boldsymbol{j}]\rangle$$
$$= 4\cos\left(\frac{ak_x}{2}\right)\cos\left(\frac{ak_y}{2}\right)\times\frac{1}{2}(V_{\mathrm{pp}\sigma}+V_{\mathrm{pp}\pi})$$

となる。$V_{\mathrm{pp}\sigma}$ は2つの原子を結ぶ方向に p_x 軌道が存在するときの σ 結合に関する積分であり，大きな正の値をとる（σ 結合は原子が並んでいる方向に結合の手を出すため強く相互作用している）。$V_{\mathrm{pp}\pi}$ は2つの原子を結ぶ方向と垂直に p_x 軌道が存在するとしたときの π 結合に関する積分であり，一般的には小さな負の値をとる（π 結合は原子が並んでいる方向と垂直方向に結合の手を出すため，弱く相互作用している）。ここで $(1/2)(V_{\mathrm{pp}\sigma}+V_{\mathrm{pp}\pi})$ は，xy 面内の p_x 軌道の積分を2つの原子を結ぶ方向とそれに垂直な方向に分解すると導かれる。この関係は xz 面に存在する原子に対しても同じである。したがって，xy および xz 面の最近接原子に対しては両者を加算して

$$4\cos\left(\frac{ak_x}{2}\right)\left[\cos\left(\frac{ak_y}{2}\right)+\cos\left(\frac{ak_z}{2}\right)\right]\times\frac{1}{2}(V_{\mathrm{pp}\sigma}+V_{\mathrm{pp}\pi})$$

となる。yz 面に存在する最近接原子に対しては，すべての原子に対して π 結合になっている。したがって

$$\left\{\exp\left[\mathrm{i}\frac{a}{2}(k_y+k_z)\right]+\exp\left[\mathrm{i}\frac{a}{2}(k_y-k_z)\right]+\exp\left[\mathrm{i}\frac{a}{2}(-k_y+k_z)\right]+\exp\left[\mathrm{i}\frac{a}{2}(-k_y-k_z)\right]\right\}\times V_{\mathrm{pp}\pi}$$
$$= 4\cos\left(\frac{ak_y}{2}\right)\cos\left(\frac{ak_z}{2}\right)\times V_{\mathrm{pp}\pi}$$

となる。以上から，すべての最近接原子に対して

$$M_{xx}=2\cos\left(\frac{ak_x}{2}\right)\left[\cos\left(\frac{ak_y}{2}\right)+\cos\left(\frac{ak_z}{2}\right)\right]\times(V_{\mathrm{pp\sigma}}+V_{\mathrm{pp\pi}})$$
$$+4\cos\left(\frac{ak_y}{2}\right)\cos\left(\frac{ak_z}{2}\right)\times V_{\mathrm{pp\pi}}$$

が得られる。次に

$$\mathcal{H}\Psi_{\boldsymbol{k}}(\boldsymbol{r})=C_x\frac{1}{\sqrt{N}}\sum_i\exp(\mathrm{i}\boldsymbol{k}\cdot\boldsymbol{R}_i)\mathcal{H}\varphi_x(\boldsymbol{r}-\boldsymbol{R}_i)$$
$$+C_y\frac{1}{\sqrt{N}}\sum_i\exp(\mathrm{i}\boldsymbol{k}\cdot\boldsymbol{R}_i)\mathcal{H}\varphi_y(\boldsymbol{r}-\boldsymbol{R}_i)+C_z\frac{1}{\sqrt{N}}\sum_i\exp(\mathrm{i}\boldsymbol{k}\cdot\boldsymbol{R}_i)\mathcal{H}\varphi_z(\boldsymbol{r}-\boldsymbol{R}_i)$$
$$=\mathcal{E}\Psi_{\boldsymbol{k}}(\boldsymbol{r})$$

に対して左から$(1/\sqrt{N})\sum_j\exp(-\mathrm{i}\boldsymbol{k}\cdot\boldsymbol{R}_j)\,\varphi_x^*(\boldsymbol{r}-\boldsymbol{R}_j)$をかけて空間積分を行ったときの$C_y$の項である$M_{xy}$を計算する。

$$M_{xy}=\sum_i\exp(\mathrm{i}\boldsymbol{k}\cdot\boldsymbol{R}_i)\langle\varphi_x(\boldsymbol{r})|\mathcal{H}|\varphi_y(\boldsymbol{r}-\boldsymbol{R}_i)\rangle$$
$$=\left\{\langle\varphi_x(\boldsymbol{r})|\mathcal{H}|\varphi_y(\boldsymbol{r})\rangle+\sum_{i\neq0}\exp(\mathrm{i}\boldsymbol{k}\cdot\boldsymbol{R}_i)\langle\varphi_x(\boldsymbol{r})|\mathcal{H}|\varphi_y(\boldsymbol{r}-\boldsymbol{R}_i)\rangle\right\}$$
$$=\sum_{i\neq0}\exp(\mathrm{i}\boldsymbol{k}\cdot\boldsymbol{R}_i)\langle\varphi_x(\boldsymbol{r})|\mathcal{H}|\varphi_y(\boldsymbol{r}-\boldsymbol{R}_i)\rangle$$

となる。xy面の最近接原子について考えると

$$M_{xy}=\exp\left[\mathrm{i}\frac{a}{2}(k_x+k_y)\right]\times\frac{1}{2}(V_{\mathrm{pp\sigma}}-V_{\mathrm{pp\pi}})+\exp\left[\mathrm{i}\frac{a}{2}(k_x-k_y)\right]\times\frac{1}{2}(-V_{\mathrm{pp\sigma}}+V_{\mathrm{pp\pi}})$$
$$+\exp\left[\mathrm{i}\frac{a}{2}(-k_x+k_y)\right]\times\frac{1}{2}(-V_{\mathrm{pp\sigma}}+V_{\mathrm{pp\pi}})+\exp\left[\mathrm{i}\frac{a}{2}(-k_x-k_y)\right]\times\frac{1}{2}(V_{\mathrm{pp\sigma}}-V_{\mathrm{pp\pi}})$$
$$=-2\sin\left(\frac{ak_x}{2}\right)\sin\left(\frac{ak_y}{2}\right)\times(V_{\mathrm{pp\sigma}}-V_{\mathrm{pp\pi}})$$

である。ここで$(1/2)(V_{\mathrm{pp\sigma}}-V_{\mathrm{pp\pi}})$は，原子を結ぶ方向とそれに垂直な方向に原子軌道を分解することにより求められる。一方，xz面やyz面に存在する最近接原子のp_y軌道との積分は0になる。したがって，C_yの係数であるM_{xy}は

$$M_{xy}=-2\sin\left(\frac{ak_x}{2}\right)\sin\left(\frac{ak_y}{2}\right)\times(V_{\mathrm{pp\sigma}}-V_{\mathrm{pp\pi}})$$

である。この計算をC_zに対しても行い，全体を整理すると以下の方程式が得られる。

$$C_x[\mathcal{E}_{\mathrm{p}}+M_{xx}]+C_yM_{xy}+C_zM_{xz}=C_x\mathcal{E}$$

すなわち，

$$C_x[\mathcal{E}_{\mathrm{p}}+M_{xx}-\mathcal{E}]+C_yM_{xy}+C_zM_{xz}=0$$

となる。同様にしてM_{yy}, M_{zz}を求めると

$$M_{yy}=2\cos\left(\frac{ak_y}{2}\right)\left[\cos\left(\frac{ak_x}{2}\right)+\cos\left(\frac{ak_z}{2}\right)\right]\times(V_{\mathrm{pp\sigma}}+V_{\mathrm{pp\pi}})$$
$$+4\cos\left(\frac{ak_x}{2}\right)\cos\left(\frac{ak_z}{2}\right)\times V_{\mathrm{pp\pi}}$$

$$M_{zz} = 2\cos\left(\frac{ak_z}{2}\right)\left[\cos\left(\frac{ak_x}{2}\right) + \cos\left(\frac{ak_y}{2}\right)\right] \times (V_{pp\sigma} + V_{pp\pi})$$
$$+ 4\cos\left(\frac{ak_x}{2}\right)\cos\left(\frac{ak_y}{2}\right) \times V_{pp\pi}$$

となる。また，$\boldsymbol{M}_{xy}$ の成分を参考にすると，非対角要素は波数を要素の成分に変更すればよいことがわかる。これにより 3×3 の行列要素が求まる。いま，k_x 軸に沿って $\mathcal{E}(k_x)$ 曲線を描くと図に示すように $k_x = 0$ において 3 重に縮退し，$k_x \neq 0$ では 1 重と 2 重縮退した上に凸の 2 つの $\mathcal{E}(k_x)$ 曲線が得られる。

＊参考：G. グロッソ，G. P. パラビチニ 著，安食博志 訳，固体物理学（上），吉岡書店（2004）

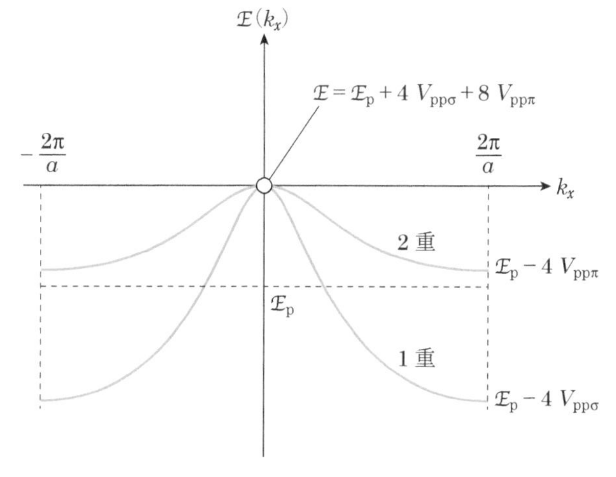

章末問題3.2の図

［第４章　半導体のバンド構造］

4.1　スピン軌道相互作用は一般的に $\mathcal{H}' = \lambda \boldsymbol{l} \cdot \boldsymbol{s}$ と表記される。昇降演算子を使うと

$$\mathcal{H}' = \lambda \boldsymbol{l} \cdot \boldsymbol{s} = \lambda\left(\frac{l_+ s_- + l_- s_+}{2} + l_z s_z\right)$$

である。ここで，$l_+ = l_x + \mathrm{i}l_y$, $l_- = l_x - \mathrm{i}l_y$, $s_+ = s_x + \mathrm{i}s_y$, $s_- = s_x - \mathrm{i}s_y$ である。l_+ は磁気量子数を 1 だけ上げる演算子，l_- は磁気量子数を 1 だけ下げる演算子，s_+ はスピン量子数を 1 だけ上げる演算子，s_- はスピン量子数を 1 だけ下げる演算子である。$l_+ s_-$ はスピンを 1 だけ下げ，磁気量子数を 1 だけ上げる。同様に $l_- s_+$ はスピンを 1 だけ上げ，磁気量子数を 1 だけ下げることになるため，$\boldsymbol{j} = \boldsymbol{l} + \boldsymbol{s}$ が保存される。$l_z s_z$ は変化を与えないので，結局，$\boldsymbol{j} = \boldsymbol{l} + \boldsymbol{s}$ が重要なパラメータであると考えられる。

例えば，Si や Ge の価電子帯の頂上（$\boldsymbol{k} = 0$）のように p 軌道から構成されている場合，$l = 1$, $s = 1/2$ である。したがって $j = l + s = 3/2$ が保存される値になる。このとき，$m_j = 3/2, 1/2, -1/2, -3/2$ の 4 通りが可能である。スピンまで含めて p 軌道を考えると 6 通り（軌道 3×スピン 2）の可能性があるため，残り 2 つの状態が存在するはずである。それらは $\boldsymbol{j} = \boldsymbol{l} - \boldsymbol{s} = 1/2$ の状態であり，$m_j = 1/2, -1/2$ が許される。これらを含めると確かに 6 つの状態がある。$\boldsymbol{k} = 0$ では $\boldsymbol{k} \cdot \boldsymbol{p}$ 摂動は無いため，スピン軌道相互作用のみを考慮すると

$$\mathcal{H}' = \lambda \boldsymbol{l} \cdot \boldsymbol{s} = \frac{\lambda}{2}(\boldsymbol{j}^2 - \boldsymbol{l}^2 - \boldsymbol{s}^2) = \frac{\lambda\hbar^2}{2}[j(j+1) - l(l+1) - s(s+1)]$$

となるが，$\boldsymbol{j} = 3/2$ のときには $\lambda \boldsymbol{l} \cdot \boldsymbol{s} = \lambda\hbar^2/2$, $\boldsymbol{j} = 1/2$ のときには $\lambda \boldsymbol{l} \cdot \boldsymbol{s} = -\lambda\hbar^2$ を示す。したがって $\boldsymbol{k} = 0$ において，エネルギーは 4 重縮退と 2 重縮退に分離し（分離エネルギー $= 3\lambda\hbar^2/2$），$\lambda > 0$ とすると 2 重縮退（スプリットオフバンドと呼ばれている）は 4 重縮退よりも低いエネルギー状態にある。分離幅の大きさは先に述べたように $3\lambda\hbar^2/2$ である。

$\boldsymbol{k} \neq 0$ の状態に対しては $\boldsymbol{k} \cdot \boldsymbol{p}$ 摂動が加わる。摂動論に従うと，エネルギーが離れた状態は波

動関数やエネルギーの変化に対する影響が弱い。スピン軌道相互作用が $\boldsymbol{k}\cdot\boldsymbol{p}$ 摂動よりも十分に強ければ，4重縮退の状態に関しては，4重縮退の波動関数を用いて $\boldsymbol{k}\cdot\boldsymbol{p}$ 摂動を扱えばよい。一方，2重縮退の状態に対しては2重縮退の状態の波動関数の線形結合で表される。以上は直感的なイメージであり，実際には複雑な取り扱いを必要とする。スピン軌道相互作用の詳しい議論に関しては，次に示す量子力学の教科書あるいは専門的な半導体物理の教科書を参考にされたい：

・小出昭一郎，量子力学I 改訂版，裳華房(1990)
・御子柴宣夫，半導体の物理 改訂版，培風館(1991)
・川村 肇，半導体物理，共立出版(1987)
・浜口智尋，半導体物理，朝倉書店(2001)

4.2 例えば，本文にある有効状態密度を用いて，真性半導体のフェルミ準位をバンドギャップの中央と仮定し，バンドギャップの大きさを指定すれば図が得られる。

[第5章 不純物半導体]

5.1 Si と Ge の比誘電率は 12 と 16 である。物質の比誘電率はクーロン力を弱める目安を与える。有効質量近似で与えられるドナーの束縛状態のエネルギーは比誘電率の2乗に反比例することから，基底状態のエネルギーは水素原子の基底状態の $(1/12)^2$，$(1/16)^2$ となる。ただし，有効質量も重要な因子であることをコメントしておく。図は Si と Ge のドナーのエネルギー準位を示したものであるが，Ge は Si に比較して非常に浅い準位を有していることが確認できる。

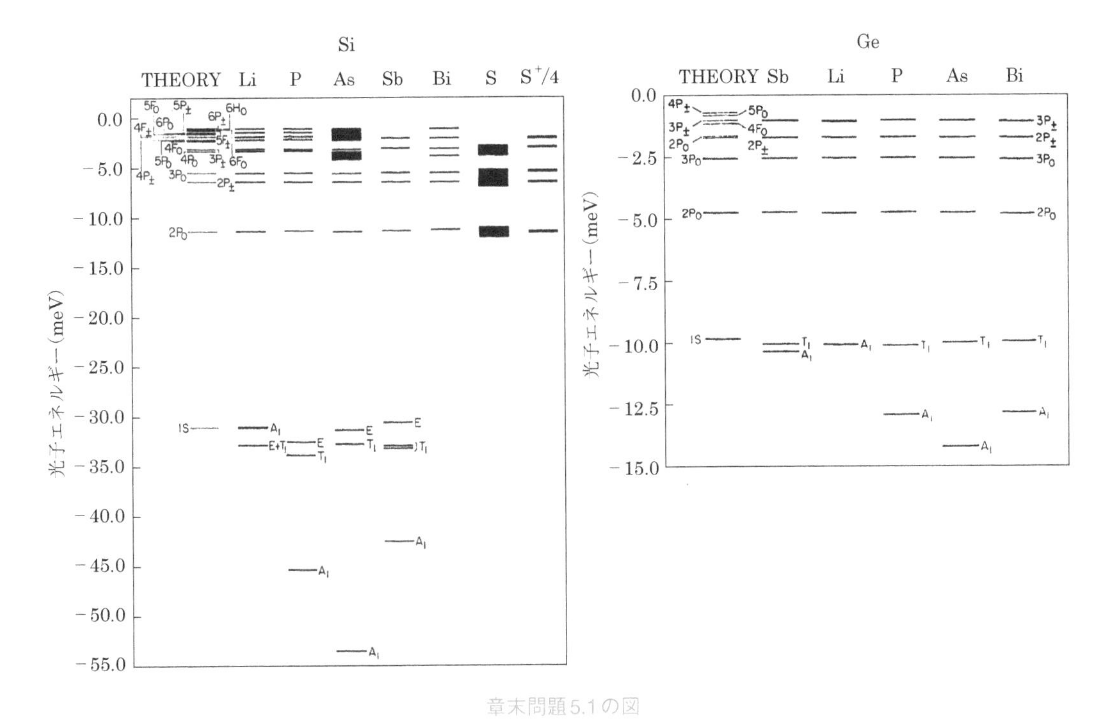

章末問題5.1の図

[R. A. Faulkner, *Phys. Rev.*, **184**, 713 (1969)]

5.2 VI 族の原子が Si を置換した場合，VI 族原子の原子核は Si に比べて +2 の電荷を有し，2 つの余分な電子を束縛している。熱エネルギーが与えられ，1 つの電子が伝導帯に励起する現象を考える。このとき，コアは +2 と電子が 1 つ束縛された状態であり，トータルとして +1 のコアの引力からの解放になる。さらに温度が上がって残りの電子 1 つを伝導帯に励起する過程を考えると，この電子は +2 のコアに束縛されているため，より強いコアからの引力で束縛されている。したがって，エネルギー準位を図示すると図のようになる。

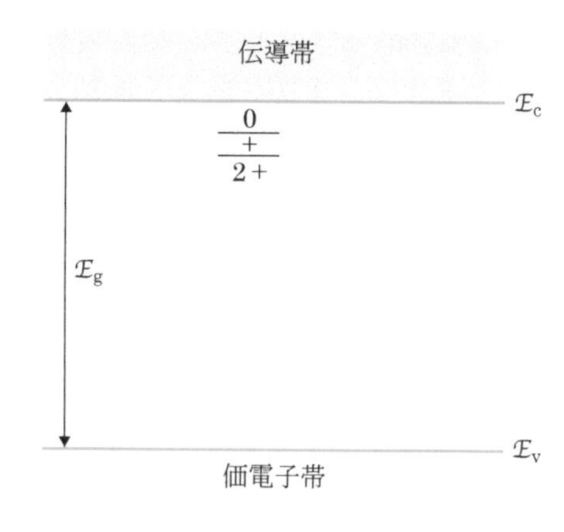

章末問題5.2の図

5.3 G. Feher, *Phys. Rev.*, **114**, 1219(1959)を入手し，読んでみること。なお，以下の書籍に解説がある：
・植村泰忠，不完全結晶の電子現象 第 2 版，岩波書店(1961)
・川村 肇，半導体の物理 第 2 版，槇書店(1971)

[第6章 格子振動]

6.1 He が固体になったときの原子間隔を a とする。また，He 原子が固体を形成したときの 1 原子あたりのポテンシャルエネルギーの得を $-\mathcal{E}(\mathcal{E}>0)$，He 原子の質量を m とする。He は軽いため原子間距離 a 程度まで振動していると仮定すると位置の不確定性 Δx は a である。不確定性原理から運動量の不確定性 Δp は $\hbar/a$ 程度である。運動エネルギー $\hbar^2/(2ma^2)$ が固体化することによって得するエネルギーの大きさ $\mathcal{E}$ よりも小さければ He 原子は固体化し，エネルギーを得することができる。したがって，$\hbar^2/(2ma^2)<\mathcal{E}$ が条件になる。

＊参考：岡崎 誠，物質の量子力学，岩波書店(1995)
　　　　長岡洋介，低温・超伝導・高温超伝導，丸善(1995)

6.2 単位胞に 2 原子が存在しているため，真に 2 次元世界の物質であれば，縦波 1，横波 1 の 2 本の音響モードと 2 本の光学モードが存在するはずである。しかし，6 本の分散関係が存在することは，3 次元的に振動しており，横波には面内で振動するモードと面外に振動するモードが存在することを意味している。

[第7章 キャリアの輸送現象]

7.1 キャリアの散乱は無いと仮定する。Si や Ge の伝導帯の底のように閉じた等エネルギー面を有する場合，一定の磁場の下では電子は等エネルギー面上を磁場に垂直な軌道上で回転運動を行う。この状況下で交流電場が磁場に垂直方向に加わると，サイクロトロン周波数が交流電場の周数数と等しいときに共鳴現象が生じる。共鳴周波数は $\omega=\omega_c=eB/m_e^*$ である。m_e^* は電子の有効質量である。実験では周波数 ω を固定し，磁場の大きさを変化させる。すると $B=m_e^*\omega_c/e$ を満足する磁場で共鳴吸収が生じる。この測定から有効質量が求まる。この測定をさまざまな磁場の方向で行う。通常は結晶対称性が高い方向，例えば(110)面内で印加磁場の方向を変化させる。

まず，もっとも簡単な図 1 のような回転楕円体を有する等エネルギー面

$$\mathcal{E}(\boldsymbol{k})=\hbar^2\left[\frac{(k_x{}^2+k_y{}^2)}{2m_\mathrm{t}}+\frac{k_z{}^2}{2m_\mathrm{l}}\right]$$

があったとする。図の等エネルギー回転楕円体に対して k_z 方向に磁場が印加されているとき，電子の軌道は円軌道であり，有効質量が m_t になることは直ちに理解できるが，それ以外の場合は軌道が楕円体になるため検討が必要である。詳しい計算によると有効質量は

$$\left(\frac{1}{m_\mathrm{e}{}^*}\right)^2=\frac{\cos^2\theta}{m_\mathrm{t}{}^2}+\frac{\sin^2\theta}{m_\mathrm{t}m_\mathrm{l}}$$

と書ける。ここで，θ は k_z 軸と磁場のなす角度である。

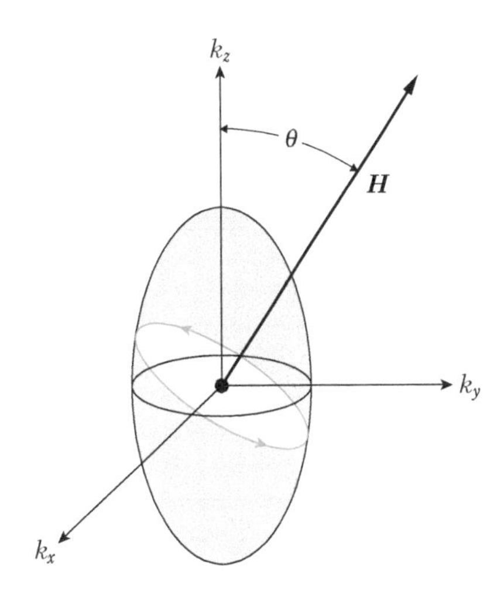

章末問題7.1の図1

次に Si と Ge の伝導帯のバンド構造がわかっているものとしてサイクロトロン共鳴の磁場方向依存性について考えてみよう。(011)面内で磁場を加えたとする。最初に図2の Si について考える。⟨001⟩ 方向に磁場を加えた場合，対称性から 1 : 2 の強度を有する 2 本のスペクトルが得られる。このうちの強度 1 のスペクトルは m_t の情報を直接与える。一方，⟨111⟩ 方向に対しては 6 つの伝導帯の底は磁場方向に対して等価であるから 1 本のシグナルが得られる。また，磁場を ⟨011⟩ 方向に加えた場合，1 : 2 の強度の 2 本に分離する。

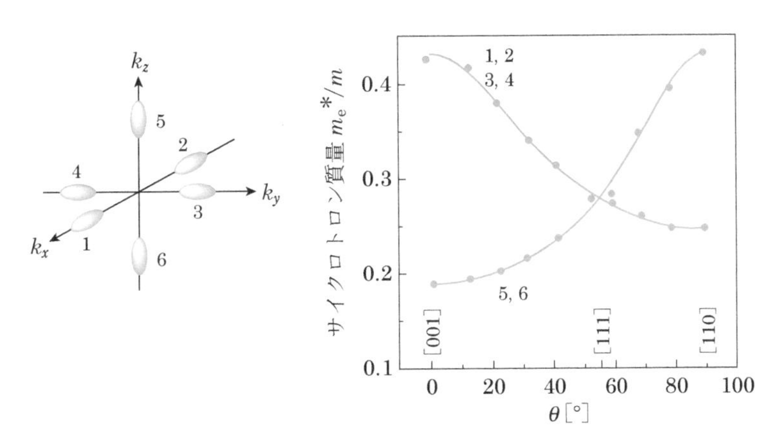

章末問題7.1の図2

次に図3の Ge について考える。⟨001⟩ 方向ではすべての回転楕円体について等価であるから 1 本のスペクトルが得られる。⟨111⟩ 方向に対しては 1 : 3 の 2 本のスペクトルが得られる。このうち強度 1 のスペクトルは m_t の情報を直接与える。⟨011⟩ 方向に対しては 1 : 1 の 2 本が得られる。

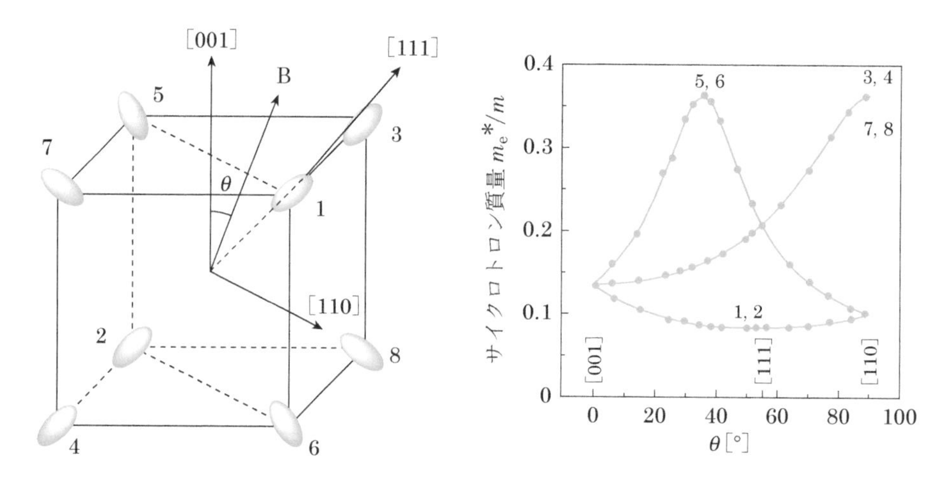

章末問題7.1の図3

以上は伝導帯のバンド構造がわかっているものとしたため理解しやすいが，実験ではスペクトルの分離とその強度の磁場方向依存性から対称性を推測し，仮定した対称性の下で有効質量をパラメータとして実験結果に対してフィッティングを行う。

サイクロトロン共鳴では伝導帯の底の $\boldsymbol{k}$ 空間での方向と有効質量を決めることはできるが，伝導帯の底の $\boldsymbol{k}$ 空間の位置（Γ 点からの距離）を決めることはできない。また，価電子帯に対しては，そのバンド構造の複雑性からスペクトルの解釈も複雑である。

＊参考：川村 肇，半導体の物理 第 2 版，槇書店（1971）
　　　浜口智尋，半導体物理，朝倉書店（2001）

7.2 共鳴が生じるためにはサイクロトロン運動を完成させることが必要である。この条件は，緩和時間を τ とすると $\tau \gg T$（T は周期）である。この条件は $\omega\tau \gg 1$ と書き直すこともできる。緩和時間を長くするためには散乱を抑える必要がある。これを実現するために高純度で欠陥が少ない結晶を利用し，キャリアの散乱要因の 1 つである格子振動散乱を抑制するために極低温で測定する。高純度すなわち不純物（ドナー，アクセプター）の少ない結晶を極低温に保つとキャリアが発生しない。この問題点を解決するために光照射によりキャリアーを発生させる。また，光照射をパルス化し，パルスと同じ周期で変化するシグナルをロックインアンプで検出するなどの工夫を行う。

＊参考：川村 肇，半導体の物理 第 2 版，槇書店（1971）
　　　浜口智尋，半導体物理，朝倉書店（2001）

［第 8 章　光学的性質］

8.1 章末問題 5.2 の解答で述べたように VI 族のドナーの場合，0/+ と +/++ の 2 つの準位が生じる。このドナーの電子状態が有効質量近似で与えられる場合，中性状態およびイオン化状態のそれぞれにおいて基底状態から励起状態への電子遷移が生じる。このとき，p 状態間のスペクトル間隔に対しても両者で違いが生じる。もちろん，基底状態のエネルギーも異なる。中性状態における基底状態から励起状態への電子遷移は，原子核の +2 と電子 1 個からなる系（トータル +1）の場の中を電子が中心力場を受けて束縛運動していると考えられる。このときには V 族の中性ドナーと同じである。一方，イオン化した状態における基底状態から励起状態への電子遷移は，コアが +2 の状態にあるため，中性状態のそれらの 2 倍の引力の大きさを有する。

図はSi中に形成されるサーマルドナーの光吸収スペクトルである。サーマルドナーはダブルドナーとして知られており，（　）内の数値はドナーの番号を示す（サーマルドナーは多種類のドナーを同時に形成することが特徴である）。例えば，中性状態における番号3のドナーの光吸収スペクトル（右の図）を見ると$2p_0(3)$と$2p_{\pm}(3)$のスペクトルの間隔は$\sim$45 cm^{-1}程度であるが，イオン化ドナーにおける$2p_0(3)$と$2p_{\pm}(3)$のスペクトル（左の図）の間隔は$\sim$180 cm^{-1}程度である。この値は中性ドナーの約4倍の大きさを有している。

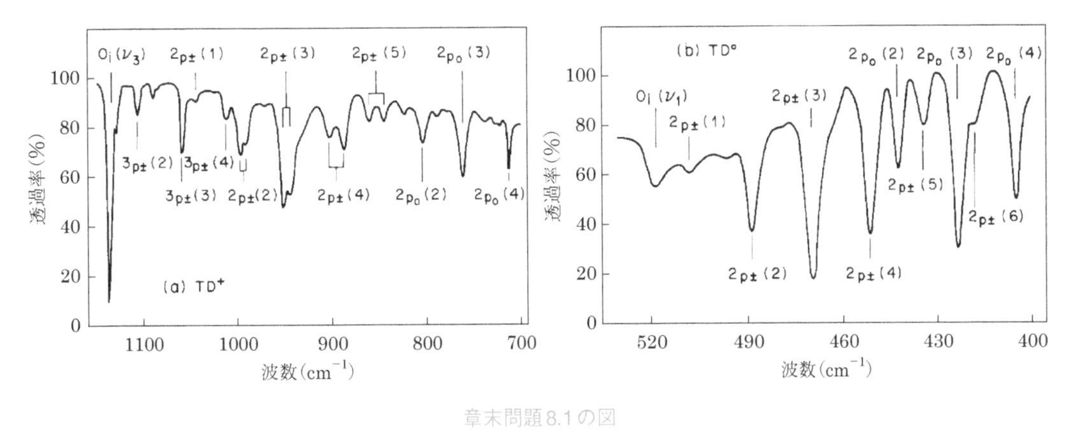

章末問題8.1の図

［M. Stavola, *Physica*, **146B**, 187（1987）］

8.2 光による遷移は波数空間において垂直遷移である。間接遷移型半導体の伝導帯の底は$\boldsymbol{k} \neq 0$にあるが，その伝導帯の底の位置から垂直遷移で価電子帯に遷移すると，遷移先の同じ$\boldsymbol{k}$を有する価電子帯の電子は低エネルギー領域であり，常に電子で満ちている。したがって，パウリの排他原理から伝導帯の電子は垂直遷移できない。一方，伝導帯に励起された電子は格子振動との相互作用により，光を放出せずに自身のエネルギーを失っていく。このような過程を無輻射遷移と呼んでいる。このような現象が生じる前に光を放出して価電子帯に遷移しなければならない。1つの方法は，結晶欠陥や不純物を利用することである。伝導帯に存在していた電子がバンドギャップ内にエネルギー準位を有する不純物や格子欠陥などに捕獲されると，その状態は実空間において電子が局在した状態であり，位置の不確定性が非常に小さい。不確定性原理に基づけば，このことは波数空間では非常に広い範囲にわたって電子が分布していることを意味している。したがって，$\boldsymbol{k}=0$を占有する可能性が生まれる。$\boldsymbol{k}=0$は価電子帯の頂上であり，正孔が存在する波数領域であるから，垂直遷移が可能である。このようにして，光を放出する電子（垂直）遷移が可能となる。このような現象を図で表現すると左図のようになる。

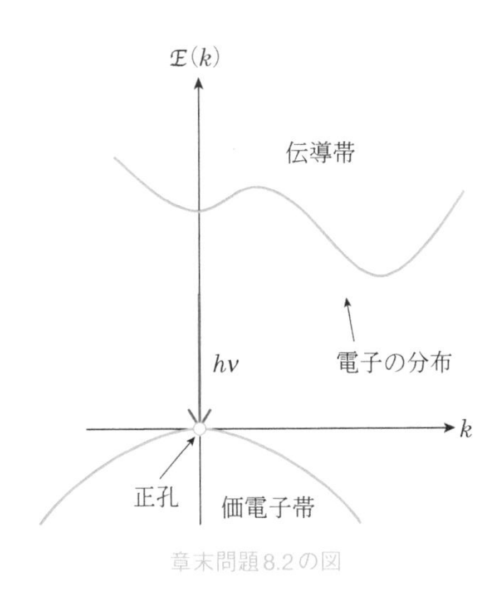

章末問題8.2の図

[第9章　pn接合]

9.1　強い逆方向電圧が加わるとpn接合のバンド構造は図のようになる。このとき，価電子帯に存在する電子は図中のグレーの三角形の領域をトンネルすることにより，n型の伝導帯領域にトンネル遷移できる。逆方向電圧が大きくなればトンネルの障壁が薄くなるため，多くの電流が流れる。

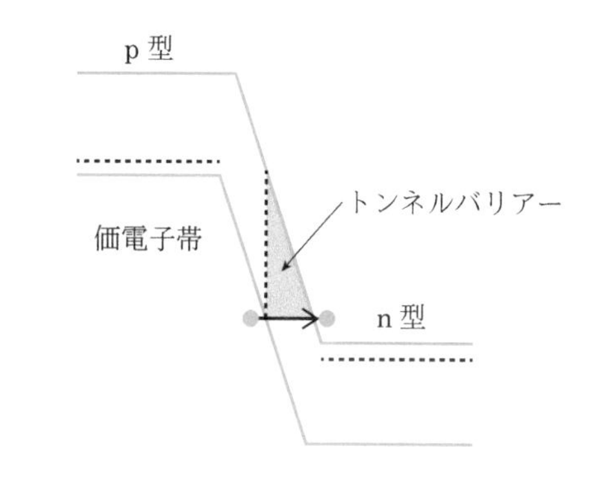

章末問題9.1の図

9.2　npn接合のコレクタに正の電圧，エミッタに0Vを印加するとエミッタとコレクタのバンド構造は図のようになる。コレクタ領域のエネルギーは低いが，ベースがポテンシャル障壁になっており，エミッタに存在する電子は簡単にコレクタに到達できない。しかし，薄いベースの領域に正の電圧を加えて障壁を下げると，エミッタの電子はコレクタに流れるようになる。電子が伝導帯内でボルツマン分布をしているとわずかなベース電圧の変化でコレクタに流れる電流を大幅に変えることができる。しかし，エミッタとコレクタ間の電圧は，すでに電子がポテンシャルの坂を下るようなバンド構造（逆方向電圧）になっているため，コレクタ電圧を変化させても電流値は大きく変化しない。

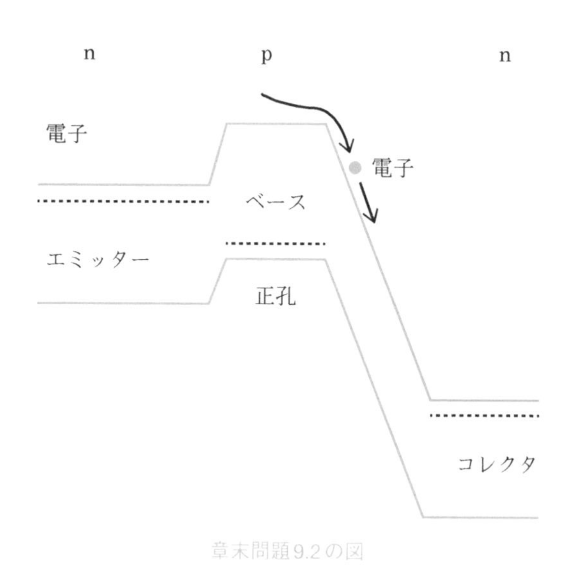

章末問題9.2の図

[第10章　MOS構造]

10.1　反転層の単位面積あたりの電子数はゲート電圧・閾値電圧・ゲート容量に依存する。容量は絶縁膜の厚さと比誘電率で決まる。すなわち，比誘電率が大きな材料を利用すれば容量は大きくなる。現在のナノCMOSにおけるゲート絶縁膜は比誘電率4のSiO_2から比誘電率～20のHfO_2系材料に変更されている。

10.2　ここではnチャネル型MOSFETを例にとり説明する。低いゲート電圧で反転層を形成するためには，ゲート電圧0Vで反転層電子が形成されない程度にバンドが下向きに曲がっていればよい。そのためにはゲート材料の仕事関数がp型Siの仕事関数よりも適当な大きさだけ小さければよい。例えば，本文中で示したようにドナーを非常に強くドープしたn^+-Siをゲートに利用すればよい。現在のナノCMOSではn^+-Siゲート/絶縁膜界面に形成されるわずかな空乏層が特性悪化の要因になることから，再び金属ゲートが用いられている。ただし，ここではnチャネル型，pチャネル型で仕事関数が異なる金属電極が必要である。

[第11章　MOS電界効果トランジスタ]

11.1　FIN-FET をキーワードとして web などで調べなさい。

11.2　Nanosheet FET, Gate-all-around(GAA)FET, Vertical FET, Complementary FET をキーワードとして web などで調べなさい。

[第12章　集積回路]

12.1　ゲート長が平均自由行程より短い場合には，キャリアは散乱されずにドレインまで到達する。このような伝導をバリスティック伝導と呼んでいる。室温でデバイスを動作させた場合には，1 回も散乱を受けないということはない。したがって，実際に実現される伝導は準バリスティック伝導である。電子が散乱を多数回繰り返しながら，電場による力を受けて運動するドリフトという概念は，ここにはない。したがって，移動度というパラメータもない。チャネルを通過するキャリアの速度は，ソースからチャネルに注入される速度に強く依存すると考えられている。

＊参考：土屋英明，ナノ構造エレクトロニクス入門，コロナ社(2013)

名取研二，ナノスケール・トランジスタの物理，朝倉書店(2018)

12.2　液浸露光，EUV 露光をキーワードとして web などで調べなさい。

[第13章　界面の量子化]

13.1　Si は〈100〉方向に 6 つの谷(伝導帯の底)を有している。Si(100)面は Si と SiO_2 界面の欠陥密度がもっとも小さいことから，トランジスタに利用されている。この結晶面を用いた場合，図 1 に示すように谷 1, 2 とそれらに垂直な 4 つの谷 3, 4, 5, 6 が存在している。谷 1, 2 は界面に垂直方向の有効質量が重い m_l であるため, 界面の三角ポテンシャルで量子化された場合, 基底状態のエネルギーは低く，準位の分離幅は小さい。一方，谷 3, 4, 5, 6 の 4 つは界面に垂直方向の有効質量は軽い m_t である。したがって，界面の三角ポテンシャルで量子化された場合，基底状態のエネルギーは高く，準位の分離幅は大きい。本文中の

$$\mathcal{E}_{nz}=\left[\frac{3\pi\{n+(3/4)\}}{2}\right]^{2/3}\left[\frac{(eE\hbar)^2}{2m^*}\right]^{1/3}\qquad(n=0,\ 1,\ 2,\ \cdots)$$

に基づいて計算すると谷 1, 2 の基底状態，第 1 励起状態のエネルギーは 36.5, 64.2 meV とな

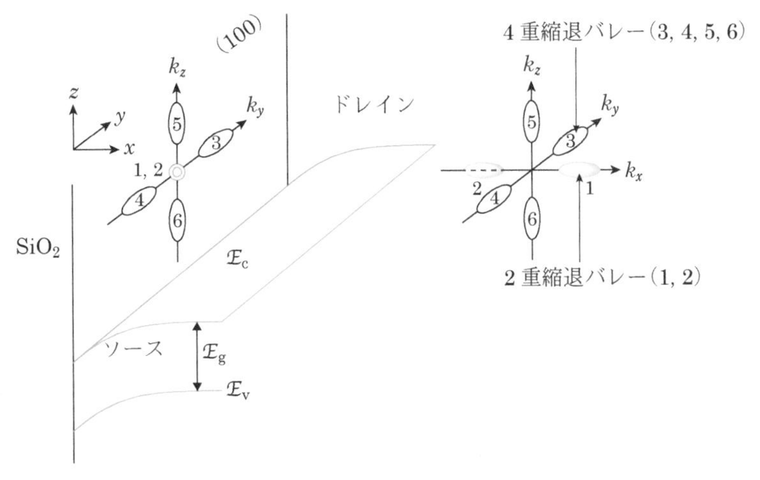

章末問題13.1の図1

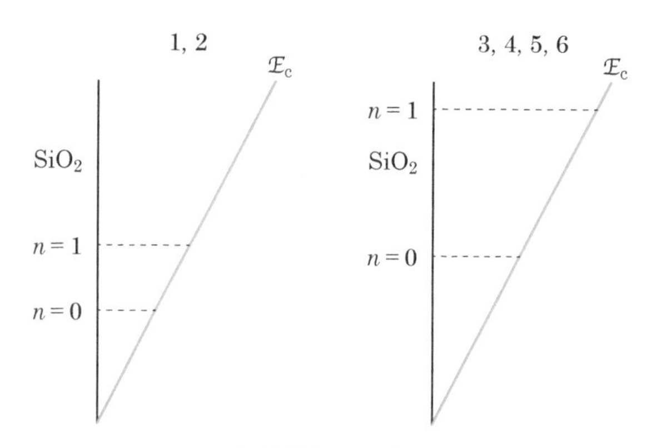

章末問題13.1の図2

る。一方，谷 3, 4, 5, 6 では，基底状態と第 1 励起状態は 63.1, 111.0 meV となり，図 2 が得られる。谷 1, 2 の基底状態と第 1 励起状態のエネルギー差は 27.7 meV である。また，谷 1, 2 の基底状態から谷 3, 4, 5, 6 の基底状態までのエネルギーは 26.6 meV である。これらの値は，液体ヘリウム温度における熱エネルギーに比較してはるかに大きい。最低サブバンドの 2 次元電子の界面に平行に運動する有効質量は 0.19 m_0 である。簡単のため谷間の相互作用を無視すると，反転層電子密度が 1×10^{12} cm^{-2} の場合，液体 He 温度では，すべての電子が最低サブバンドのみに存在している。

＊参考：菅野卓雄，御子柴宣夫，平木昭夫，表面電子工学，コロナ社(1979)
平本俊郎，内田 健，杉井信之，竹内 潔，集積ナノデバイス，丸善出版(2009)
土屋英明，ナノ構造エレクトロニクス入門，コロナ社(2013)

13.2 谷 1, 2 と谷 3, 4, 5, 6 はその対称性から Si/SiO$_2$ 面内に 2 次元的なひずみを加えた場合，ひずみに対する応答が異なる。ひずみを加えることでバンド構造が変化することは，強結合近似において原子間距離が変化することを考えるとイメージできる。谷 1, 2 に存在する電子は，MOS 界面に垂直方向に運動する場合には有効質量は大きいが，界面に沿って運動する場合は有効質量が小さく，移動度が大きくなることが期待できる。極論で説明すると，ひずみによって谷 1, 2 にすべての電子を収容できるようにバンド変調を行うことができれば，電子の移動度は上昇し，ON 電流が大きくなる。しかし，室温でデバイスを動作させる場合には，熱エネルギーによってバンド 3, 4, 5, 6 にも電子が占有することに注意する必要がある。

ひずみは 2 次元的に加える方法と 1 次元的に加える方法がある。2 次元的にひずみを加えるとは，例えば Si よりも格子定数が大きい基板上に薄膜 Si をエピタキシャル成長させる場合に相当する。基板と格子定数を合わせるためにエピタキシャル成長された薄膜 Si は面内の原子間隔が伸びている。一方，Si よりも格子定数が小さい基板を用いれば，エピタキシャル成長された薄膜 Si の面内の格子定数を小さくすることが可能である。1 次元的にひずみを加えることも可能である。例えば，SD(ソース・ドレイン)領域に Si よりも格子定数が大きい材料を埋めることによりチャネルに一軸性の圧縮ひずみを加えることができる。この方法は，Intel 社が SD 領域に Si よりも格子定数が大きな SiGe を利用し，チャネルに対して SD 方向に平行に一軸性の圧縮ひずみを加え p チャネル型 MOSFET の性能を飛躍的に向上させた方法として有名である。

＊参考：菅野卓雄，御子柴宣夫，平木昭夫，表面電子工学，コロナ社(1979)
平本俊郎，内田 健，杉井信之，竹内 潔，集積ナノデバイス，丸善出版(2009)
土屋英明，ナノ構造エレクトロニクス入門，コロナ社(2013)

索　引

著者紹介

原　明人（はら　あきと）　博士（理学）

1983年　東京理科大学理学部第1部応用物理学科卒業
1985年　東北大学理学研究科物理学専攻前期博士課程修了
1985年　民間企業にて半導体結晶工学，半導体デバイスの研究開発に従事
1998年　博士（理学）東北大学
2006年　東北学院大学工学部電子工学科助教授
2008年　東北学院大学工学部電子工学科教授
現　在　東北学院大学工学部電気電子工学科教授

著書（いずれも分担執筆）
『超LSI技術17：デバイスとプロセス　その7』（半導体研究　第38巻：工業調査会，西澤潤一 編，1993年），第9章 CZ-Si結晶中の軽元素不純物の挙動
『超LSI技術20：デバイスとプロセス　その10』（半導体研究　第42巻：工業調査会，西澤潤一 編，1996年），第9章 シリコンにおける重金属ゲッタリング
など8冊

NDC 549.8　303 p　26 cm

初歩から学ぶ半導体工学（しょほからまなぶはんどうたいこうがく）

2022年11月1日　第1刷発行

著　者　原 明人（はら あきと）
発行者　髙橋明男
発行所　株式会社　講談社
〒112-8001　東京都文京区音羽2-12-21
販　売　(03)5395-4415
業　務　(03)5395-3615

KODANSHA

編　集　株式会社　講談社サイエンティフィク
代表　堀越俊一
〒162-0825　東京都新宿区神楽坂2-14　ノービィビル
編　集　(03)3235-3701

本文データ制作　株式会社　双文社印刷
印刷・製本　株式会社　KPSプロダクツ

落丁本・乱丁本は，購入書店名を明記のうえ，講談社業務宛にお送りください．送料小社負担にてお取り替えします．なお，この本の内容についてのお問い合わせは講談社サイエンティフィク宛にお願いいたします．
定価はカバーに表示してあります．

Printed in Japan

ISBN978-4-06-528292-2